战略性新兴领域“十四五”高等教育系列教材

智能制造工程基础

主　编　阎　艳　王　儒
副主编　杨　军　孙　勇
参　编　马志伟　胡耀光　李　园　张延滋
　　　　王佐旭　彭　涛　郭东栋　赖丽娟
　　　　谭华春　郑　湃　张大舜　孙　谋
　　　　王浩楠　毛国庆　贺　凯　郭明哲
　　　　杜文博　郭　克　邹尚博　张东星
　　　　郭秋泉

机械工业出版社

本书以智能制造当前所呈现出的“数据与知识驱动”“柔性敏捷主导”“虚实互映融合”“云网边端协同”“绿色低碳先行”五个发展趋势特征为主线，围绕产品设计研发、生产制造、数字化工厂、运维与服务、供应链的全生命周期智能化，通过阐述智能制造工程的基本概念与技术体系、基础理论与典型模式，重点探讨了产品研发智能增强、生产制造智能场景、数字化工厂建设、智能运维与服务升级、供应链协同管控五个维度下关键概念与技术，并给出智能制造的新模式与跨学科发展趋势。全书体系完整、重点突出、主线清晰，从理论、方法与技术的体系化视角，构建起智能制造工程新工科专业核心课程知识体系。

本书可作为高等院校智能制造工程新工科专业本科生的教材，以及机械工程相关专业本科生和硕士研究生的参考教材，也可供智能制造专业的技术人员阅读参考。

本书配有以下教学资源：教学课件、教学大纲、教学视频和习题答案，欢迎选本书作教材的教师登录 www.cmpedu.com 注册后下载，或发邮件至 jinacmp@163.com 索取。

图书在版编目（CIP）数据

智能制造工程基础 / 阎艳，王儒主编．-- 北京：机械工业出版社，2024. 12. --（战略性新兴领域“十四五”高等教育系列教材）. -- ISBN 978-7-111-77679-6

Ⅰ. TH166

中国国家版本馆 CIP 数据核字第 2024MQ9806 号

机械工业出版社（北京市百万庄大街 22 号　邮政编码 100037）

策划编辑：吉　玲　　　责任编辑：吉　玲　章承林

责任校对：郑　婕　陈　越　　封面设计：张　静

责任印制：刘　媛

涿州市般润文化传播有限公司印刷

2024 年 12 月第 1 版第 1 次印刷

184mm × 260mm · 17.5 印张 · 423 千字

标准书号：ISBN 978-7-111-77679-6

定价：65.00 元

电话服务　　　　　　　　网络服务

客服电话：010-88361066　机　工　官　网：www.cmpbook.com

010-88379833　机　工　官　博：weibo.com/cmp1952

010-68326294　金　书　网：www.golden-book.com

　机工教育服务网：www.cmpedu.com

前 言

PREFACE

在新一轮科技革命和产业变革中，智能制造已成为世界各国抢占发展机遇的主攻方向。国家制造强国战略明确指出以“创新驱动、质量为先、绿色发展、结构优化、人才为本”为基本方针，其中人才是推动制造强国战略最基础、最根本的因素。随着智能制造学科的发展，如何将新工科教育理念、跨学科知识体系融入专业课程与教材建设中，成为培养多元化、交叉创新的复合型智能制造工程专业人才需要解决的关键问题。因此，适应新工科专业特色的教材建设迫在眉睫。

本书编写组以北京理工大学智能制造工程新工科专业教学团队为主体，联合电子科技大学（深研院）、北京航空航天大学、浙江大学、香港理工大学等高校的教师，以及中国五洲工程设计集团有限公司、北京奔驰汽车有限公司等企业的专家，在充分调研与分析当前已有的智能制造概论著作与教材的基础上，遵循“以学生为中心、以能力为导向”的教学理念，紧扣新工科专业在新时期下面向卓越工程人才的培养需求、目标、特色，结合智能制造工程专业培养方案和课程体系，确定教材知识边界、章节脉络、教材形态。

本书立足于智能制造工程新工科专业的专业基础课程，并结合校企协同、产教融合的研究型教学与项目制学习的教学创新需求，以满足高等院校培养制造强国战略所需智能制造领域紧缺人才之急需。本书从概念理论、方法技术、企业实践的体系化视角，为国内智能制造工程新工科专业基础导论课、创新实践课等提供了系统的教学内容，打破传统智能制造导论、关键技术、实践应用等内容介绍的人为割裂，按照新工科理念，强调前沿技术趋势的实践与应用以及跨学科内容整合，围绕产品设计、生产制造、运维服务、供应链管理、数字化工厂等的智能化发展，共享制造、人本制造和认知制造等新兴制造模式，以及工业元宇宙、具身智能、脑机接口、原子制造、量子计算、6G 通信等前沿技术，构建涵盖智能制造工程的理论基础、核心技术体系、最新发展趋势与实践等的系统化教材内容。

全书共计 9 章，由阎艳、王儒、胡耀光、杨军构思了全书的结构和大纲，并在编写组集体研讨的基础上确定了各章节的细分结构。第 1、2 章为智能制造工程的概述和理论基础、技术体系与典型生产模式，由胡耀光、阎艳、王儒编写。第 3 ～ 7 章围绕产品智能研发、生产制造、数字化工厂、智能运维与服务升级、供应链协同管控五个维度，分别从“数据与知识驱动”“柔性敏捷主导”“虚实互映融合”“云网边端协同”“绿色低碳先行”五个视角特征内容展开。第 3、4 章由阎艳、杨军牵头编写，其中第 3 章由阎艳、王儒编写，4.1 节由赖丽娟编写，4.2 节由杨军、孙勇、张东星、郭秋泉编写，4.3 节由王儒、郑湃编写；第 5 章由马志伟、李园牵头编写，其中 5.1 节、5.2 节由李园、孙谋、毛国庆、郭明哲编写，5.3.1 节由郭东栋、杜文博、邹尚博编写，5.3.2 节由贺凯编写，5.3.3 节由张大舜、郭克编写；第 6 章由王佐旭牵头编写，其中 6.1 节由谭华春编写，6.2 节由王佐旭、郭东栋、孙勇编写，6.3 节由王佐旭、赖丽娟编写；第 7 章由张延滋编写。第 8 章介绍了共享制造、人本制造和认知制造三个代表性智能制造新模式，由彭涛、王浩楠编写。第 9 章选取工业元宇宙、具身智能、脑机接口、原子制造、量子计算、6G 通信等前沿技术，探讨了新兴智能制造技术的跨学科发展趋势，由杨军、孙勇、张东星、郭秋泉编写。

本书在编写过程中得到了国内众多专家学者与兄弟单位的支持，感谢北京理工大学敬石开教授、广东工业大学冷杰武教授等参与编写探讨，感谢中国五洲工程设计集团有限公司、北京汽车股份有限公司、国机智能技术研究院有限公司、北京奔驰汽车有限公司对教学实践环节和教材案例研讨的大力支持，感谢北京理工大学对智能制造工程新工科专业教学改革的支持。感谢本书编写过程中引用的各类参考文献和资料的原作者及其单位。

鉴于编者对智能制造工程理论及技术理解有限，书中不足之处在所难免，敬请读者批评指正。

编　者

目 录

CONTENTS

第 1 章　智能制造工程概述

学习目标

1. 能够准确掌握智能制造工程的概念体系。
2. 能够准确辨析制造系统智能化演进不同阶段的主要特点。
3. 能够解释产品生命周期的基本概念及阶段划分。
4. 能够掌握产品生命周期各阶段智能化的主要特点。

知识点思维导图

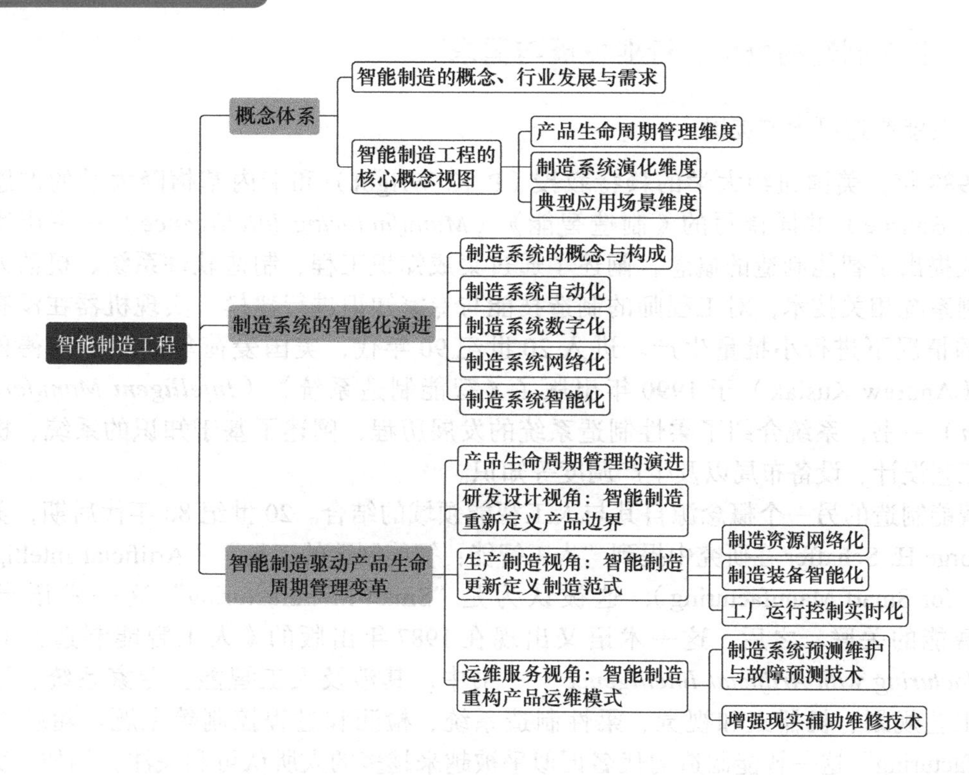

导读

随着新一代信息技术的迅猛发展和制造业转型升级浪潮席卷全球，智能制造正逐渐成为全球制造业的新高地。本章将从智能制造的概念、行业发展趋势与现实需求等方面介绍智能制造工程的基本概念体系，并重点以产品生命周期管理、制造系统演化、典型应用场景三个维度，给出智能制造的核心概念视图；同时，通过进一步阐述制造系统的概念与构成，以及其自动化、数字化、网络化、智能化的演化发展，从研发设计、生产制造、运维服务三个视角详细探讨智能制造驱动的产品生命周期管理变革。

本章知识点

- 智能制造行业的发展现状与趋势以及智能制造工程核心概念视图
- 制造系统的概念、构成及其自动化、数字化、网络化、智能化的演进过程
- 产品生命周期管理变革
- 研发设计、生产制造、运维服务三个视角下的智能制造

1.1 智能制造工程的概念体系

1.1.1 智能制造的概念、行业发展与需求

1. 智能制造概念的提出

1988 年，美国纽约大学的赖特教授（P. K. Wright）和卡内基梅隆大学的伯恩教授（D. A. Bourne）共同撰写的《制造智能》（*Manufacturing Intelligence*）一书出版，书中首次提出了智能制造的概念，阐述了通过集成知识工程、制造软件系统、机器人视觉与控制系统相关技术，对工程师的制造技能与专家知识进行建模，实现机器在没有人工干预的情况下进行小批量生产。进入 20 世纪 90 年代，美国爱荷华大学的安德鲁・库夏克（Andrew Kusiak）于 1990 年出版了《智能制造系统》（*Intelligent Manufacturing System*）一书，系统介绍了柔性制造系统的发展历程，阐述了基于知识的系统、机器学习、工艺设计、设备布局以及生产调度等知识。

智能制造的另一个概念源自其与人工智能领域的结合。20 世纪 80 年代后期，美国学者 George H. Schaffer 在研究中提到“人工智能：智能制造的工具”（Artificial Intelligence: A Tool for Smart Manufacturing），这被认为是“Smart Manufacturing”这一术语最早与人工智能的关联。之后，这一术语又出现在 1987 年出版的《人工智能制造》（*Smart Manufacturing with Artificial Intelligence*）一书中，其涉及人工智能、专家系统、计算机辅助工艺规划、机器人和视觉、柔性制造系统、检测和过程控制等主题。随后“Smart Manufacturing”这一智能制造的代名词似乎被越来越多的人所认可和关注。例如，美国国家标准及技术协会（National Institute of Standards and Technology，NIST）于 2016 年 2 月发布的《智能制造系统标准》（Current Standards Landscape for Smart Manufacturing Systems）

中，对于智能制造（Smart Manufacturing）的定义是：“智能制造是将信息和通信技术应用于生产制造相关的各个业务环节中，实现生产制造企业的业务目标。”另外，美国还成立了一个智能制造领导力联盟（Smart Manufacturing Leadership Coalition，SMLC），将智能制造（Smart Manufacturing）定义为：“通过高级智能系统的深度应用，从而实现新产品快速制造，产品需求的动态响应，生产和供应链网络的实时优化。”尽管学术界和企业界等对智能制造概念的“Intelligent Manufacturing”和“Smart Manufacturing”这两个术语有不同的理解和态度，但对于智能制造这一概念至少在以下两方面拥有共识：

一是智能制造离不开先进智能技术的加持。正如，安德鲁·库夏克（Andrew Kusiak）1990 年创办的《智能制造杂志》（*Journal of Intelligent Manufacturing*）的创刊语中所指出：“制造业正在面临人工智能带来的巨大挑战。我们正在见证人工智能在工业领域应用的快速发展，从金融、营销到设计和制造流程。人工智能工具已经被整合进计算机辅助设计软件、车间调度软件，以及物流系统中。”近些年来，人工智能技术的发展及其在制造业中的不断融入，不断深化着智能制造的发展。

二是智能制造发展的重要性得到了世界各国的普遍认同。在不同战略导引下，企业界和学术界围绕智能制造提出了多种表述，包括“工业 4. 0”（Industry 4. 0）、“未来工厂”（the Factory of the Future）、数字化制造（Digital Manufacturing）等。这些术语尽管表述有所不同，但本质都是借助新一代信息和智能技术，促进制造业的高质量智能化发展，智能制造成为全球制造业发展的大趋势。

我国最早的智能制造研究始于 1986 年，杨叔子院士开展了人工智能在制造领域中的应用研究工作。杨叔子院士认为，智能制造系统通过智能化和集成化的手段来增强制造系统的柔性和自组织能力，提高快速响应市场需求变化的能力。吴澄院士认为，从实用、广义角度理解，智能制造是以智能技术为代表的新一代信息技术，它包括大数据、互联网、云计算、移动技术等，以及在制造全生命周期的应用中所涉及的理论、方法、技术和应用。工业和信息化部在《智能制造发展规划（2016—2020 年）》中定义，智能制造是基于新一代信息通信技术与先进制造技术深度融合，贯穿于设计、生产、管理、服务等制造活动的各个环节，具有自感知、自学习、自决策、自执行、自适应等功能的新型生产方式。

进入 21 世纪，随着人工智能、云计算、大数据等新一代信息和智能技术的快速发展，世界主要发达国家纷纷建立起相应的研究机构与实验基地，智能制造的研究和实践取得长足进步。2017 年 12 月，中国科协智能制造学会联合体（由中国机械工程学会、中国仪器仪表学会、中国自动化学会、中国人工智能学会等 13 家成员学会组成）发起筹备国际智能制造联盟，旨在促进更大范围内的智能制造国际交流，共同建立开放协同的创新生态，增加更多跨国界、跨领域、跨行业的合作，进而推动全球制造业的数字化、网络化、智能化。2019 年 5 月，国际智能制造联盟启动会在北京召开，原中国工程院院长、中国机械工程学会荣誉理事长周济院士在会议上首次提出面向新一代智能制造的“人 – 信息 – 物理系统”概念，并概括了“数字化制造、互联网 + 制造、新一代智能制造”分别具有的“数字化、网络化、智能化”特征，形成了智能制造伴随“智能升级”的范式演进路径，如图 1-1 所示。实际上，智能制造是制造业价值链各个环节的智能化，是融合了信息与通信技术、工业自动化技术、现代企业管理技术、先进制造技术和人工智能技术五大领域技术的全新制造模式，它实现了企业的生产模式、运营模式、决策模式和商业模式的创新。

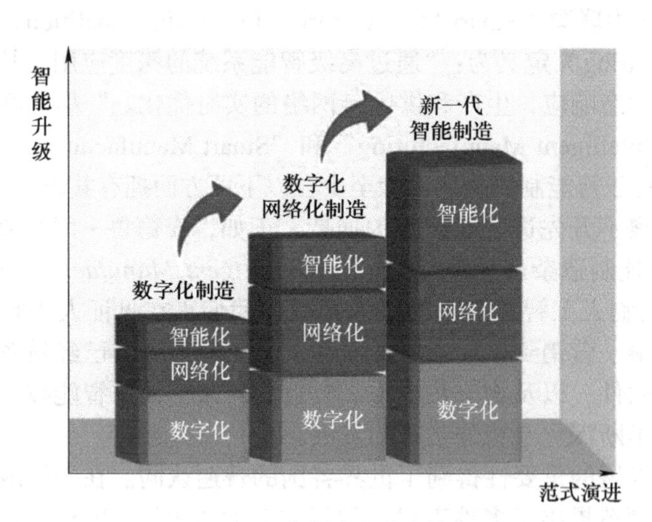

图 1-1　智能制造的范式演进

2. 世界制造业发展现状与趋势

2008 年国际金融危机之后，以美国为首的发达国家认识到“去工业化”发展的严重弊端，制定了“重返制造业”的发展战略，世界各国都纷纷认识到以制造业为主体的实体经济的重要性，开启了制造业的“复兴”之旅，同时也伴随着对全球制造强国地位的激烈争夺。为巩固在全球制造业中的地位，抢占制造业发展的先机，世界各国的企业不断探索适合本国制造业发展的不同模式，主要发达国家的政府机构也积极制定智能制造发展战略。

3. 中国制造业发展的现实需求

在我国的社会主义现代化进程中，制造业始终是国民经济发展的主体，是立国之本、兴国之器、强国之基。在中国共产党的领导下，14 亿中国人坚持改革开放，取得了举世瞩目的伟大成就。建党百年来，我国从积贫积弱到百废待兴、到改革开放 40 多年已经成为世界第二大经济体，中华民族迎来了从站起来、富起来到强起来的伟大飞跃。习近平总书记指出，要加快建设制造强国，加快发展先进制造业，推动互联网、大数据、人工智能和实体经济深度融合；支持传统产业优化升级，加快发展现代服务业，瞄准国际标准提高水平；促进我国产业迈向全球价值链中高端，培育若干世界级先进制造业集群。

新中国成立尤其是改革开放以来，我国制造业持续快速发展，建成了门类齐全、独立完整的产业体系，有力地推动了工业化和现代化进程。然而，与世界先进水平相比，我国制造业仍然大而不强，在自主创新能力、资源利用效率、产业结构水平、信息化程度、质量效益等方面差距明显，制造业转型升级和实现高质量发展的任务紧迫而艰巨。

伴随新一轮科技革命和产业变革与我国加快转变经济发展方式形成历史性交汇，国际产业分工格局正在重塑。全球主要制造业大国均在积极推动制造业转型升级，以智能制造为代表的先进制造已成为主要工业国家抢占国际制造业竞争制高点、寻求经济新增长点的共同选择。2014 年以来，美国工业互联网、德国“工业 4.0”的浪潮，似乎一夜之间传遍中国。对于当时的中国而言，只经历过短短 30 多年的工业化快速奔跑，必须思考在第四次工业革命浪潮中，如何走好自身的工业变革之路。不同的国家意志，不同的核心优势，不同的目标设定，却在同一个时代思考着同一个命题——这就是互联网时代工业的变革之路。

2015 年可以称为互联网时代的中国工业变革元年。2015 年 5 月 8 日，国务院正式印发《中国制造 2025》，标志着我国正式向世界制造强国之列起步迈进。“中国制造 2025”是在新的国际、国内环境下，中国政府立足于国际产业变革大势，做出的全面提升中国制造业发展质量和水平的重大战略部署，其根本目标在于改变中国制造业“大而不强”的局面，通过十年的努力，使中国迈入制造强国行列，为到 2045 年将中国建成具有全球引领和影响力的制造强国奠定坚实基础。其核心目标是：坚持“创新驱动、质量为先、绿色发展、结构优化、人才为本”的基本方针；坚持“市场主导、政府引导、立足当前、着眼长远、整体推进、重点突破、自主发展、开放合作”的基本原则，通过三步走实现制造强国的战略目标。

第一步：力争用十年时间，迈入制造强国行列。到 2020 年，基本实现工业化，制造业大国地位进一步巩固，制造业信息化水平大幅提升。掌握一批重点领域关键核心技术，优势领域竞争力进一步增强，产品质量有较大提高。制造业数字化、网络化、智能化取得明显进展。重点行业单位工业增加值能耗、物耗及污染物排放明显下降。到 2025 年，制造业整体素质大幅提升，创新能力显著增强，全员劳动生产率明显提高，两化（工业化和信息化）融合迈上新台阶。重点行业单位工业增加值能耗、物耗及污染物排放达到世界先进水平。形成一批具有较强国际竞争力的跨国公司和产业集群，在全球产业分工和价值链中的地位明显提升。

第二步：到 2035 年，我国制造业整体达到世界制造强国阵营中等水平。创新能力大幅提升，重点领域发展取得重大突破，整体竞争力明显增强，优势行业形成全球创新引领能力，全面实现工业化。

第三步：新中国成立一百年时，制造业大国地位更加巩固，综合实力进入世界制造强国前列。制造业主要领域具有创新引领能力和明显竞争优势，建成全球领先的技术体系和产业体系。

《中国制造 2025》确定了五大工程，涉及十大领域，如图 1-2 所示。其中，制造业创新中心建设工程以突破重点领域前沿技术和关键共性技术为方向，建立从技术开发到转移扩散、到首次商业化应用的创新链条；智能制造工程以数字化制造普及、智能化制造示范为抓手，推动制造业智能转型，推进产业迈向中高端；工业强基工程主要解决核心基础零部件、关键基础材料、先进基础工艺的工程和产业化瓶颈问题，构建产业技术基础服务；绿色制造工程通过推动制造业各行业、各环节的绿色改造升级，加快构建绿色制造体系；高端装备创新工程以突破一批重大装备的产业化应用为重点，为各行业升级提供先进的生产工具。

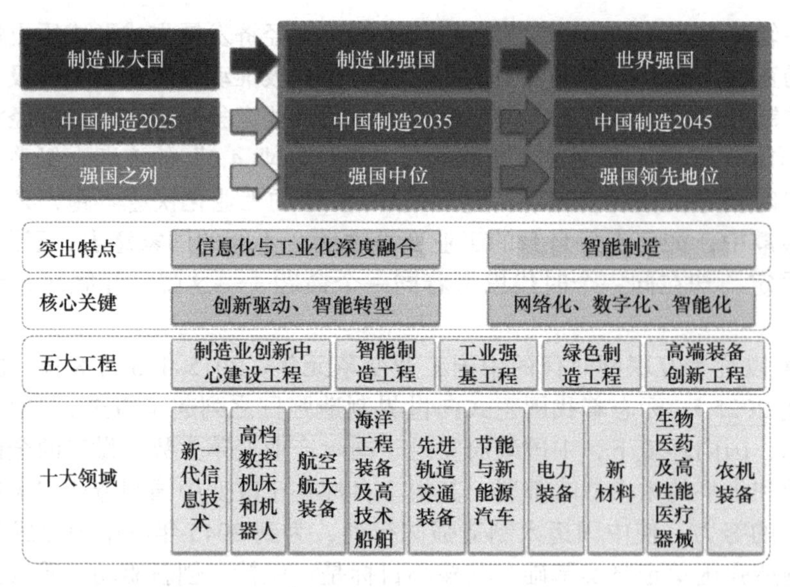

图 1-2 《中国制造 2025》的主要内容

2021 年 12 月，工业和信息化部等八部门联合印发了《“十四五”智能制造发展规划》（以下简称《规划》)。《规划》全面总结了“中国制造 2025”战略发布及“十三五”以来，我国制造业数字化、网络化、智能化水平显著提升，形成了央地紧密配合、多方协同推进的工作格局，发展态势良好；供给能力不断提升，智能制造装备国内市场满足率超过 50%，主营业务收入超 10 亿元的系统解决方案供应商达 43 家；支撑体系逐步完善，构建了国际先行的标准体系，发布国家标准 285 项，牵头制定国际标准 28 项，培育具有一定影响力的工业互联网平台 70 余个；推广应用成效明显，试点示范项目生产效率平均提高 45%，产品研制周期平均缩短 35%，产品不良品率平均降低 35%，涌现出离散型智能制造、流程型智能制造、网络协同制造、大规模个性化定制、远程运维服务等新模式新业态。

随着全球新一轮科技革命和产业变革的深入发展，新一代信息技术、生物技术、新材料技术、新能源技术等不断突破，并与先进制造技术加速融合，为制造业高端化、智能化、绿色化发展提供了历史机遇。同时，国际环境日趋复杂，全球科技和产业竞争更趋激烈，大国战略博弈进一步聚焦制造业，美国“先进制造业领导力战略”、德国“国家工业战略 2030”、日本“社会 5.0”和欧盟“工业 5.0”等以重振制造业为核心的发展战略，均以智能制造为主要抓手，力图抢占全球制造业新一轮竞争制高点。

当前，我国已转向高质量发展阶段，正处于转变发展方式、优化经济结构、转换增长动力的攻关期，但制造业供给与市场需求适配性不高、产业链供应链稳定面临挑战、资源环境要素约束趋紧等问题凸显。站在新一轮科技革命和产业变革与我国加快转变经济发展方式的历史性交汇点，要坚定不移地以智能制造为主攻方向，推动产业技术变革和优化升级，推动制造业产业模式和企业形态的根本性转变，以“鼎新”带动“革故”，提高质量、效率效益，减少资源能源消耗，畅通产业链供应链，助力碳达峰、碳中和，促进我国制造业迈向全球价值链中高端。

《规划》确定了“十四五”及未来相当长一段时期的发展路径和目标：推进智能制

造，要立足制造本质，紧扣智能特征，以工艺、装备为核心，以数据为基础，依托制造单元、车间、工厂、供应链等载体，构建虚实融合、知识驱动、动态优化、安全高效、绿色低碳的智能制造系统，推动制造业实现数字化转型、网络化协同、智能化变革；到 2025 年，规模以上制造业企业大部分实现数字化网络化，重点行业骨干企业初步应用智能化；到 2035 年，规模以上制造业企业全面普及数字化网络化，重点行业骨干企业基本实现智能化。

1.1.2　智能制造工程的核心概念视图

智能制造工程是人工智能技术与制造技术等多学科交叉融合的新型专业，它以制造、控制、管理、信息及人工智能应用等技术为基础，以系统集成为核心，以工程应用为目标，研究智能产品设计制造、智能装备故障诊断、维护维修，智能工厂系统运行、管理及系统集成等，培养能够胜任智能制造系统分析、设计、集成、运营的学科知识交叉融合型工程技术人才及复合型、应用型工程技术人才。智能制造工程的专业知识与概念体系仍然处于不断发展当中。现阶段，可以从三个维度概括智能制造工程的知识范畴，这三个维度分别是产品生命周期管理维度、制造系统演化维度和典型应用场景维度，进而形成智能制造工程的核心概念视图，如图 1-3 所示。

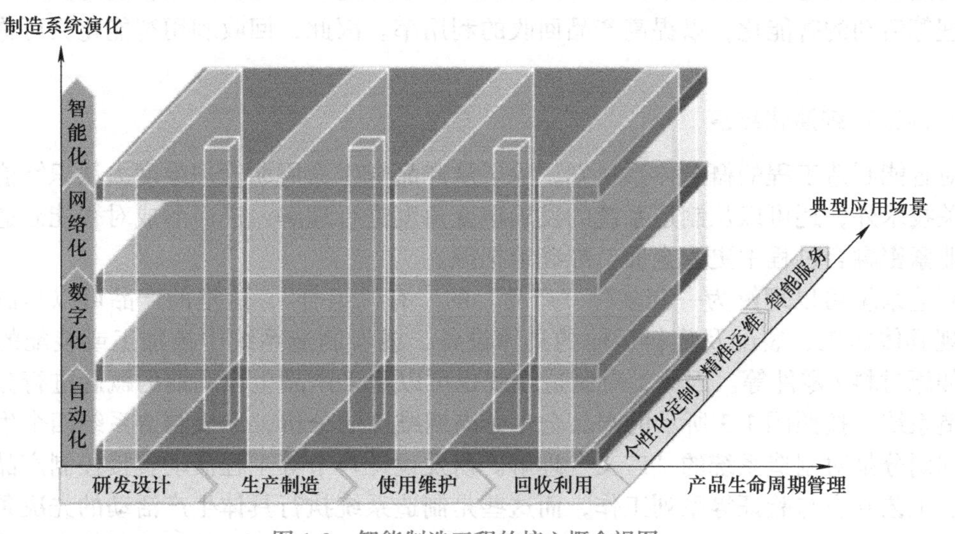

图 1-3　智能制造工程的核心概念视图

1. 产品生命周期管理维度

产品生命周期（Product Life Cycle，PLC），从字面意思看是指一个产品从“诞生”到“消亡”的整个周期。“诞生”意味着产品经过设计、分析、仿真、试制再到批量生产正式上市的过程。而“消亡”则是指产品淘汰后经过回收、拆解至报废的过程。产品生命周期管理（Product Lifecycle Management，PLM）是对 PLC 概念的延展，是市场化视角定义的产品生命周期阶段在工程领域的拓展与延伸。智能制造技术与产品生命周期阶段的主要活动相结合，形成了四种典型的智能制造业务模式，即研发设计智能化、制造过程智能化、运维服务智能化和回收利用智能化。

1）研发设计智能化，是针对产品开发过程的智能化，一般经历产品数字化设计再到智能化设计的过程。从基础的数字化设计、数字化建模、数字化分析与仿真，以及数字化验证，再到基于智能算法开展的产品设计迭代优化，运用科学计算与工程建模、计算机辅助设计 / 工艺 / 制造等实现产品数字化研发的过程。因此，研发设计智能化又可称为智能设计。

2）制造过程智能化，是针对产品生产制造过程的智能化，一般经历产品数字化制造再到智能化制造的过程。数字化制造起源于计算机集成制造，一般可以认为在数字化设计的基础上，通过计算机辅助工艺规划，并基于数控系统的可编程控制器进行加工代码自动生成，再借助于数控机床 / 加工中心实现产品制造的过程。进入智能化阶段，包含了制造过程的动态感知、实时分析、智能决策和精准执行，是智能制造技术在制造系统的全面应用。因此，从狭义制造的角度看，制造过程智能化又可称为狭义的智能制造。

3）运维服务智能化，是针对产品运行 / 维修 / 维护等使用及售后服务等过程的智能化，一般理解为通过智能制造相关技术手段，对产品进行运行状态监测、故障预警、故障诊断甚至是远程维修维护等设备健康管理活动的智能化，以保障产品安全稳定运行。因此，运维服务智能化又可称为智能服务。

4）回收利用智能化，是针对产品在报废阶段进入回收再利用过程的智能化，一般理解为通过智能制造相关技术手段，对产品进入回收渠道后，进行产品智能化拆解，再到报废处理等活动的智能化，以提高产品回收的利用率。因此，回收利用智能化又可称为智能回收。

2. 制造系统演化维度

对智能制造工程的概念体系认知，除了从产品全生命周期管理维度去认识智能制造及其相关技术外，还可以从制造系统的发展演变角度进行理解，进而形成对智能制造工程与制造业紧密融合过程中更为全面、准确地把握。

制造系统可以理解为一套多种“产品”的“有机组合”，这里的产品可以是制造系统中实现具体加工、装配及物料运输的具体设备，或者制造系统中被加工或装配的具体对象，如原材料 / 零件等。因此，对制造系统也可以基于产品生命周期的概念进行分析。针对制造系统，按照图 1-3 所示的产品全生命周期维度的分析，形成制造系统四个生命周期阶段的划分是对制造系统的“广义”理解。研发设计环节等工程活动直接控制产品的设计研发、工艺开发与验证等系列工作，而这些是制造系统执行具体生产活动的先决条件。生产制造环节，是制造系统创造产品的直接活动。运维服务环节，是制造系统在正确的条件下生产交付具体产品，并通过提供服务，保障在产品使用阶段出现问题时能够得到及时处理。回收利用环节则是制造系统通过对回收产品的拆解再利用，以实现节约资源的目的。

3. 典型应用场景维度

应用场景维度是指从工程应用及具体案例角度对智能制造及其相关技术进行描述，建立起对智能制造工程在解决制造业实际问题或发展新型制造模式的具体认知。智能制造应用场景是指面向制造全过程的单个或多个环节，通过新一代信息技术、先进制造技术的深度融合，实现具备协同和自治特征、具有特定功能和实际价值的应用。

根据“十三五”以来智能制造发展情况和企业实践，结合技术创新和融合应用发展趋势，工业和信息化部结合技术创新和融合应用发展趋势，围绕产品全生命周期、生产全过程、供应链全环节等方面凝练总结了不同的智能制造典型场景。例如，在产品全生命周期方面涉及产品设计、工艺设计、质量管控、营销管理、售后服务五个环节。其中，产品设计主要是指通过设计建模、仿真优化和虚拟验证，实现数据和模型驱动的产品设计，缩短产品研制周期，提高新产品产值贡献率，具体包括产品数字化研发与设计、虚拟试验与调试、数据驱动产品设计优化等典型场景。

1.2　制造系统的智能化演进

1.2.1　制造系统的概念与构成

1. 制造系统的概念

无论是有形产品的产出还是无形产品的提供，都是一种“投入 – 转换 – 产出”的过程，这种“将生产要素转换为有形和无形的生产财富，由此而增加附加价值，并产生效用的功能”，称为“生产”。生产的主要特征表现如下：

1）能够满足人们某种需要，即有一定的使用价值。

2）需要投入一定的资源，经过一定的变换过程才能实现。

3）在变换过程中需投入一定的劳动，实现价值增值。

根据以上对生产定义及特征的描述，可以用图 1-4 概括描述其主要构成。

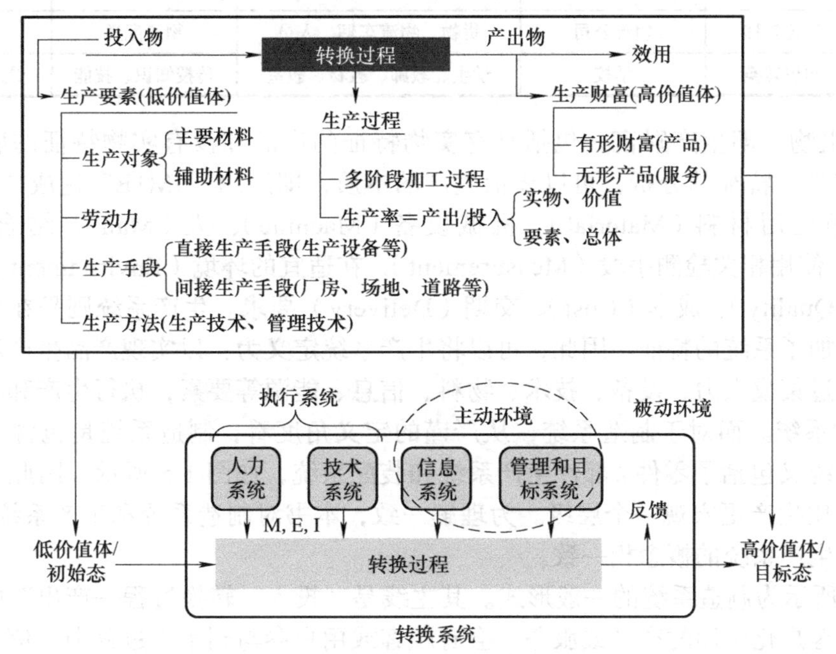

图 1-4　生产的概念构成

M—材料（Material）　E—能源（Energy）　I—信息（Information）

1）投入物，即生产要素，包括生产对象、劳动力、生产手段和生产方法，简称生产的四要素。其中的生产对象包括了生产过程中需要被加工、检测或装配的各种物料；劳动力主要指生产工人；生产手段包括了直接用于生产的各种设备、工具，也包括工厂厂房、测试场地、物流通道等间接生产手段；生产方法则泛指生产过程中用到的各种生产技术、管理技术等。伴随计算机、工业互联网、软件等技术的发展，在传统生产方法的基础上，融入了信息技术，形成信息技术支持下的生产活动。因此，生产方法会随着企业信息技术的深入应用而不断改进、提升，生产系统的数字化、智能化程度也将不断提高。

2）转换过程，即企业从事产品制造和完成有效服务的主体活动，不同行业对应的转换过程的内容、对象有所差异，见表 1-1。以制造业、运输业和教育业为例，其投入－转换－产出的内容，见表 1-2。

表 1-1　转换过程

项目	说明
分离	一种物质作为多种物质的来源，如炼油过程，原油生产出汽油和其他化工品
装配	几个零件 / 部件组装到一起形成一个产品，大多数的机械生产都属于这种过程
减材	通过去除材料改变物料形态，如车削、铣削等机械加工
成型	通过重新塑形来改变物品的形状，如把钢锭轧制成钢型材
质量处理	不改变形状情况下进行的质量控制，如表面处理

表 1-2　投入－转换－产出的典型行业 / 系统

行业类型	转换方式	系统	主要输入资源	转换	输出
制造业	实物形体转换	汽车制造公司	钢材、零部件、设备、工具	制造、装配汽车	汽车
运输业	位置转移	物流公司	货物、物流车辆、人员	物流配送	交付的货物
教育业	知识转换	学校	学生、教师、教材、教室	传授知识、技能	受过教育的人才

3）产出物，即生产财富，包括具有实物特征的产品和没有实物特征的服务。综合对生产的定义及特征的分析，可以概括生产的本质，即运用“5M1E”达成“Q、C、D”的活动，即运用材料（Material）、机械设备（Machine）、人（Man），结合作业方法（Method），使用相关检测手段（Measurement），在适宜的环境（Environment）下达成产品的品质（Quality）、成本（Cost）、交期（Delivery）要求。生产系统则是在生产概念的基础上，增加了系统的特征。因此，可以将生产系统定义为：以实现产品生产和服务输出为目标，通过集成人力、设备、技术、物料、信息、能源等要素，执行生产和运作一系列活动的集成系统。而对于制造系统，从严谨的定义角度看，制造系统是包含了生产系统的，生产系统又包括了零件 / 部件生产系统和装配系统，如图 1-5 所示。因此，制造也可以被理解为比生产更宏观一个层级。为理解一致，本书对制造系统和生产系统不做区别，都统一为与生产系统的概念相一致。

图 1-6 所示为制造系统的一般形式。其主线是“投入—转换过程—产出”的生产制造过程，针对客户化定制的产品或服务，会有顾客或用户参与到生产过程中。信息的实时反馈是指产品生产过程中进行的生产过程工艺状态监测、零件或产品的质量检测，并将获得的生产过程信息实时反馈到生产过程的各个工艺阶段，以实现对产品的质量控制和生产过程的实时管控。

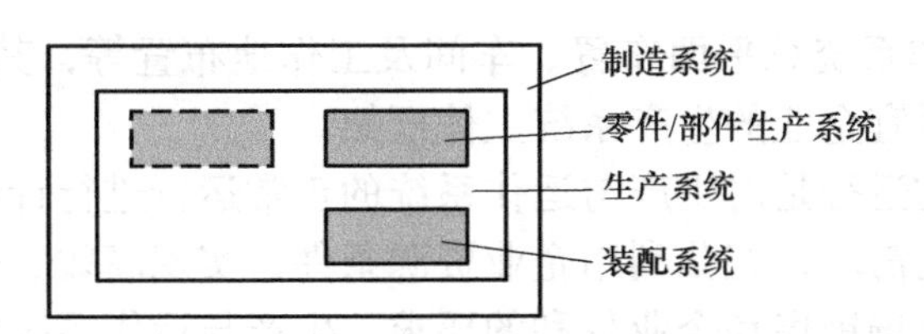

图 1-5　制造系统的概念范畴

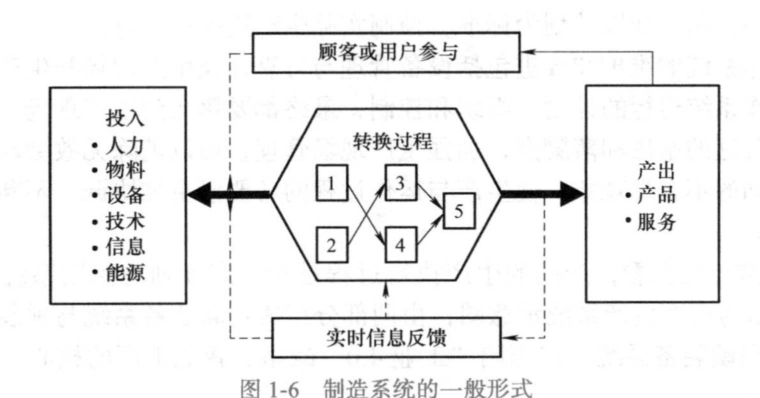

图 1-6　制造系统的一般形式

2. 生产运作

随着服务业的发展，传统生产活动所需要的专业化服务越来越受到企业和客户的重视，生产管理活动也逐步衍生出对服务的管理要求，由此产生了生产与运作管理。因此，生产与运作，是对制造产品或提供服务的人、设备、物料、能源和信息等资源进行管理的过程活动。该过程活动从广义上来看，包含了有形产品和无形服务两项产出，即广义的生产；而狭义的生产，则是指对有形产品的产出；运作则包含了支持产品生产的物流、服务等各项活动。

生产与运作的目标是：高效、低耗、灵活、准时地生产出合格产品或提供满意服务。高效是指从产品生产周期角度刻画生产与运作活动能够迅速满足用户需要，在当前激烈的市场竞争条件下，谁的交货周期短，谁就更可能争取更多用户。低耗是指生产同样数量和质量的产品或提供同样的服务，所耗费的人力、物力和财力最少，低耗才能保证低成本，才能以更低的价格争取用户。此外，低耗也同样意味着节能环保的要求。灵活是指能根据用户的个性化需求，快速生产 / 开发出满足用户需求的产品或服务，快速响应市场的变化。准时是在高效的基础上按照用户要求的时间、数量，提供所需的产品和服务。

从企业的三大职能——营销管理、生产与运作管理、财务管理来看，生产与运作管理所关注的核心对象是生产与运作系统。因此，生产与运作的内容就围绕着生产与运作系统的战略及策略制定、生产与运作系统的设计、运行及维护和改进四个方面展开。

生产与运作系统的战略及策略决定产出什么，如何组合各种不同的产出品种，为此需要投入什么，如何优化配置所需要投入的资源要素，如何设计生产组织方式，如何确立竞争优势等，其目的是为产品生产及时提供全套的、能取得令人满意的技术经济效果的技术文件，并尽量缩短开发周期，降低开发费用。

生产与运作系统的设计包括设施选择、生产规模与技术层次决策、设施选址、设备选择与购置、生产与运作系统总平面布置、车间及工作地布置等，其目的是以最快的速度、最少的投资建立起最适宜企业的生产系统主体框架。

生产与运作系统的运行是对生产与运作系统的正常运行进行计划、组织和控制。其目的是按技术文件和市场需求，充分利用企业资源条件，实现高效、优质、安全、低成本生产，最大限度地满足市场销售和企业盈利的要求。生产与运作系统的运行管理包括三方面内容：计划编制，如编制生产计划和生产作业计划；计划组织，如组织制造资源，保证计划的实施；计划控制，如以计划为标准，控制实际生产进度和库存。

生产与运作系统的维护和改进包括设备管理与可靠性及生产现场和生产组织方式的改进。生产与运作系统运行的计划、组织和控制，最终都要落实到生产现场。生产现场管理是生产与运作管理的基础和落脚点，加强生产现场管理，可以消除无效劳动和浪费，排除不适应生产活动的不合理现象，使生产与运作过程的各要素更加协调，不断提高劳动生产率和经济效益。

从生产运作的过程看，产品的生产执行过程是在生产计划与控制系统的作用下展开的。图 1-7 所示为典型生产系统示意图，由两部分组成：软装备系统与硬装备系统。这里的软装备系统和硬装备系统，与德国“工业 4.0”战略、智能工厂的核心“信息物理生产系统”是一致的。

硬装备系统是整个产品生产制造的基础系统，也就是将原材料转换为半成品、成品 / 目标产品的物理生产系统，由完成原材料 / 零部件加工、制造 / 装配的加工系统和生产物流系统所构成。图 1-7 中的基础流程，则是负责基于工作对象对构成基础系统的各个系统组件的运作执行，并可以进一步分解为加工系统、物流系统的子流程。这些流程即构成了产品加工的全部工艺流程。各个工艺流程包含着具体的工艺步骤，并与特定的加工设备构成加工单元。

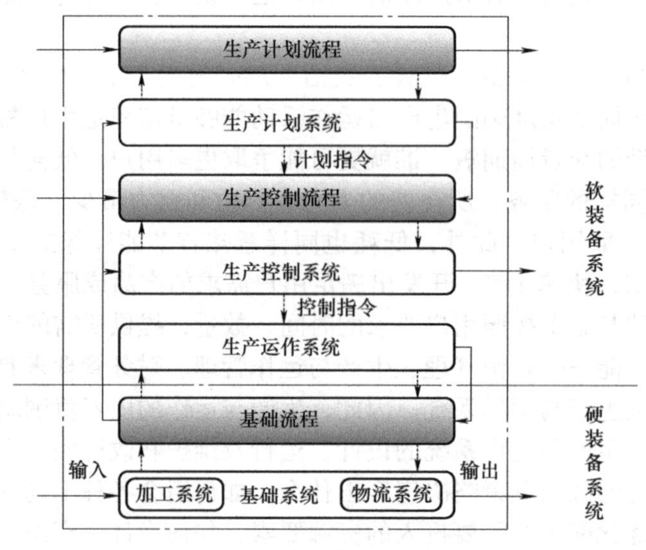

图 1-7　生产运作过程示意图

软装备系统，则负责对生产系统的实际控制，包含了生产计划系统、生产控制系统与生产运作系统。生产计划系统包含了一系列用于制定生产计划及计划指令的计算机及软件，通过计划系统确定生产系统要出产的具体产品及其出产的时间点，并输出计划指令用于指导基础系统的实际生产过程。生产计划流程决定了何时及在何种条件下执行生产计划的相关活动，如重计划、滚动计划或者重调度等。同理，生产控制系统是由一系列用于制定生产控制程序及控制指令的计算机和软件组成的，并影响着基础流程。而且，生产控制决策只对已经进入基础流程的对象产生影响。与此相对应的控制流程决定了何时及在何种条件下将特定的生产控制算法应用于具体的生产控制程序当中。

最后，生产运作系统负责对基础流程的即时控制，即控制指令通过运作系统作用于基础流程。生产运作系统通常包含了代表着构成基础系统的各种系统组件及基础流程的加工对象的具体状态，是基础系统与基础流程的映射。通常，生产运作系统执行的结果保存于数据库中，并通过基础流程反馈给生产计划系统和生产控制系统。生产计划系统、生产控制系统和生产运作系统，以及生产经营决策者构成了信息物理生产系统中的“信息系统”。

3. 制造系统的构成

制造系统一般由生产设施和生产支持系统两部分构成，如图 1-8 所示。

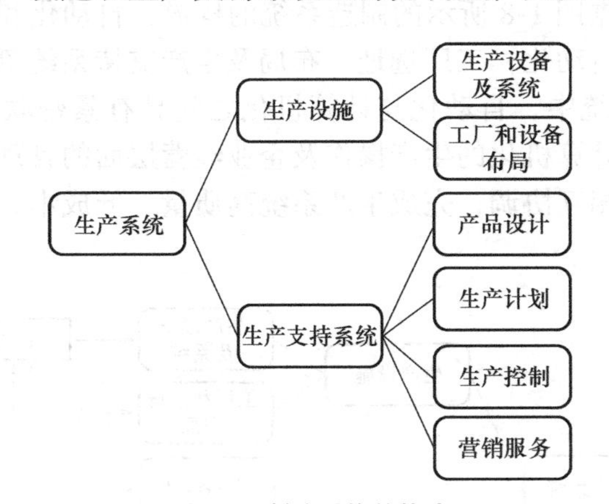

图 1-8　制造系统的构成

（1）生产设施　生产设施是指构成生产系统的物理设备，包括厂房和机床等加工设备、物料运输系统、检测设备、控制生产过程的计算机系统等硬件设备以及设备布局、工厂选址等。通过对比前述生产这一术语中描述的生产要素，可以将生产设施理解为生产手段。生产设施中的设备布局是指完成零部件及产品的加工、装配等活动的硬件设备、工人等要素进行成组化布置的过程。构成生产系统的硬件设备可以根据人参与的程度划分为手工生产系统、机械制造系统和自动化制造系统。

1）手工生产系统：在没有动力系统辅助的情况下，依靠工人完成生产的全过程。

2）机械制造系统：工人通过操作带有动力的设备，如机床或其他生产设备，实现产品的加工、装配的过程。这是当前最为常见的一种生产系统。

3）自动化制造系统：生产过程不需要工人直接参与的生产系统，一般通过控制系统执行事先编制好的程序完成加工、装配的全过程。由于很多机械系统也包含了一些自动化的设备，因此有时很难将自动化系统与机械系统明确区分开来。

（2）生产支持系统　为实现生产系统的高效运行，企业需要进行产品设计、工艺设计、计划控制，并确保产品质量。生产支持系统就是确保生产系统的物理设备能够在产品设计、工艺设计、计划控制等功能的支持下，实现对人、设备、物料等的合理安排，按照确定的标准工艺流程生产符合用户质量要求的产品。如图 1-9 所示，生产支持系统包含了营销服务、产品设计、生产计划、生产控制四项核心活动及其信息和数据的处理流程。

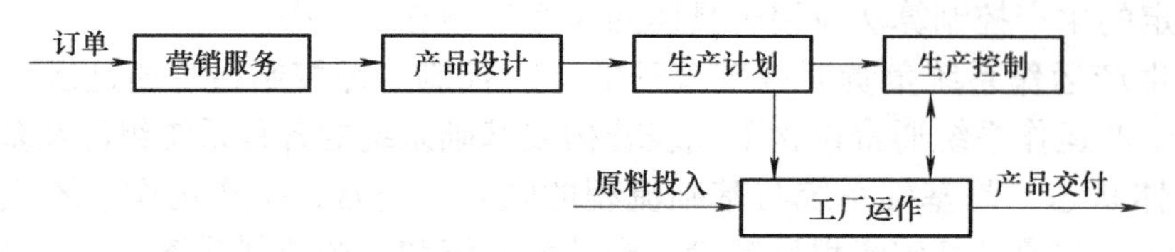

图 1-9　制造企业典型的信息处理活动序列

1.2.2　制造系统自动化

随着自动化技术和信息技术的发展，企业生产系统中越来越多地采用了自动化和计算机等先进技术手段。根据图 1-8 所示的制造系统的构成，自动化和计算机化分别体现在生产设备及系统等硬件的自动化，工厂选址、布局及生产支持系统等的计算机化，如图 1-10 所示。在现代的生产系统中，自动化与计算机化之间具有紧密联系，表现在自动化系统的执行离不开计算机，计算机化的生产操作及企业经营层面的管理也离不开自动化系统的支持，两者相互依存、相互协调，完成生产系统高质量、低成本、高效率生产产品的具体任务。

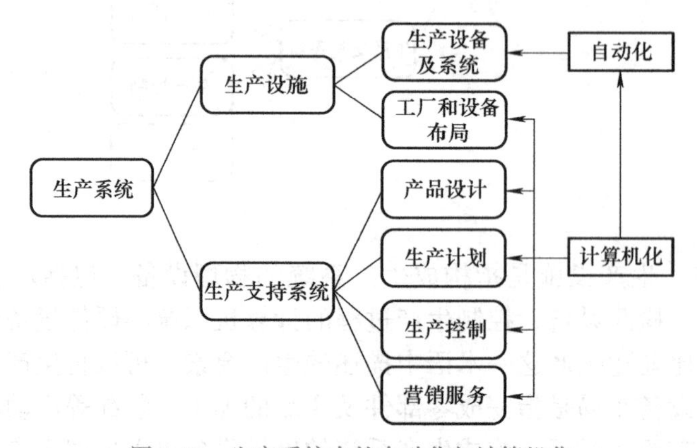

图 1-10　生产系统中的自动化与计算机化

1. 刚性自动化

“刚性”的含义是指生产系统只能生产某种或生产工艺相近的某类产品，表现为生产产品的单一性。刚性自动化系统包括组合机床、专用机床和刚性自动化生产线等。

组合机床是一种广泛应用于箱体类零件加工的机床，通常指以系列化、标准化的通用部件为基础，再配以少量专用部件而组成的专用机床。适于在大批、大量生产中对一种或几种类似零件的一道或几道工序进行加工，一般可以完成钻孔、扩孔、铰孔、镗孔、攻螺纹、车、铣、磨、滚压等工序。

专用机床是一种专门适用于某种特定零件或者特定工序加工的机床，而且往往是组成自动化生产线式生产制造系统中不可缺的机床品种。一般采用多轴、多刀、多工序、多面或多工位同时加工的方式，生产效率比通用机床高几倍至几十倍。因此专用机床兼有低成本和高效率的优点，在大批、大量生产中得到广泛应用，并可用以组成自动化生产线。专用机床一般用于加工箱体类或特殊形状的零件。

刚性自动化生产线是根据特定的生产任务需要将专用机床组合在一起，以取得最优生产效益的制造系统。通常，刚性自动化生产线采用工件输送系统将各种刚性自动化加工设备和辅助设备按一定的顺序链接起来，在控制系统的作用下完成单个零件加工。刚性自动化生产线主要适合于成熟期产品的大批量生产，生产成本相对较低。在刚性自动化生产线上，被加工零件以一定的生产节拍，顺序通过各个工作位置，自动完成零件预定的全部加工过程和部分检测过程。

2. 可编程自动化

“可编程”是指生产设备及系统能够根据不同的产品配置需求，通过程序设定加工的工艺过程，具备生产多种不同产品 / 零件的能力。比较常见的可编程自动化系统包括数控加工中心和工业机器人等。

3. 柔性自动化

“柔性”是指生产组织形式和生产产品及工艺的多样性和可变性，可具体表现为机床的柔性、产品的柔性、加工的柔性、批量的柔性等。柔性制造包括柔性制造单元、柔性制造系统、柔性生产线等。柔性制造系统是在中央计算机控制下，由一组或多组机床，包括数控机床、计算机数控机床与分布式数控机床和物料搬运设备组成，用于对具有灵活路线的托盘化零件进行自动加工。柔性自动生产线是把多台可以调整的机床连接起来，配以自动运送装置组成的生产线。该生产线可以加工批量较大的不同规格零件。柔性程度低的柔性自动生产线，在性能上接近大批量生产用的自动生产线；柔性程度高的柔性自动生产线，接近于小批量、多品种生产用的柔性制造系统。

1.2.3　制造系统数字化

制造系统数字化是对制造系统各个组成部分借助数字技术手段实现相互通信和实时数据交换，并通过数据分析，显著提高系统灵活性、效率和适应能力，以此从容不迫地应对制造系统无法提前预测的突发事件；同时凭借海量数据、高性能计算以及先进的智能算法、机器学习等技术，提高制造系统的效率，无须人为干预。

制造系统数字化的核心是实现数字化制造，其起源于计算机辅助制造技术，即以产品全生命周期的相关数据为基础，根据产品的 CAD 模型自动生成零件加工的数控代码，对加工过程进行动态模拟，同时完成加工时的干涉检查；在计算机虚拟环境中，对整个生产过程进行仿真、评估和优化，并进一步扩展到整个产品生命周期的新型生产组织方式。数字化制造是现代数字制造技术与计算机仿真技术相结合的产物，同时具有其鲜明的特征。如图 1-11 所示，制造系统数字化是以 MBD（基于模型的定义）产品设计为基础，在给定零件 MBD 设计模型后，通过 MBD 零件工艺设计，建立起结构化的零件工艺数据模型，结合同步建模工具（如 Siemens NX）WAVE 几何连接器功能组件完成数控加工编程 / 仿真、通过尺寸测量接口标准（Dimensional Measuring Interface Standard，DMIS）检测编程 / 仿真，将 NC（数控）代码导入 DNC（分布式数字控制）系统，进而在制造车间的数控加工中心或数控机床中完成生产制造。

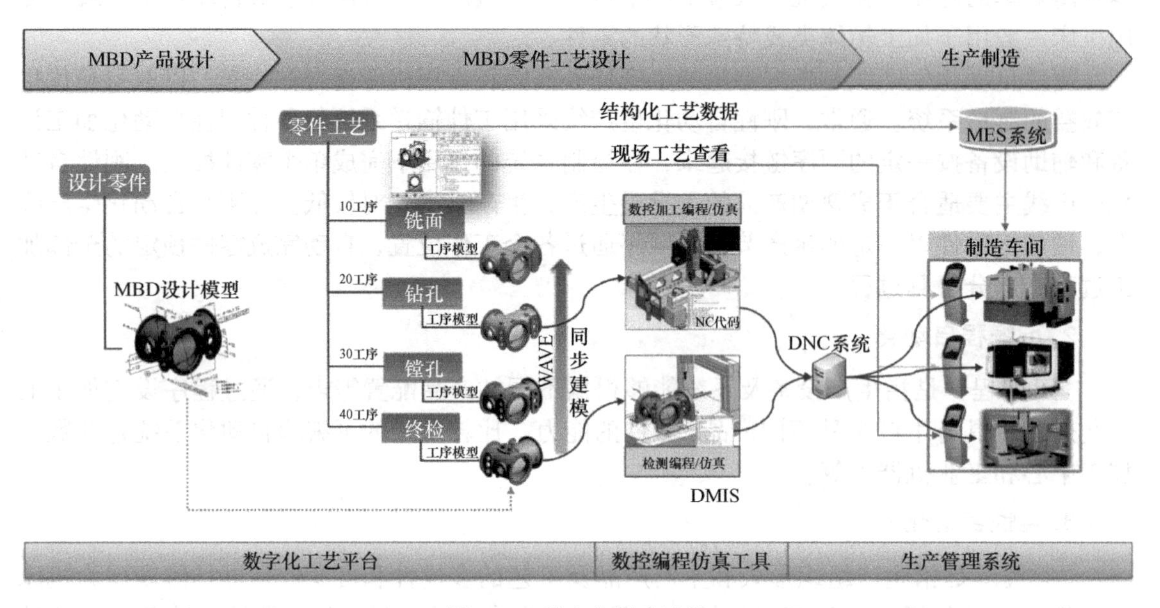

图 1-11　数字化制造过程

制造系统数字化的另一个重要表现就是企业构建起数字化车间。数字化车间是指以制造资源、生产运作和产品为核心，将数字化的产品设计数据，在现有实际制造系统的数字化现实环境中，对生产过程进行计算机仿真、优化控制的新型制造方式。相对于以人工、半自动化机械加工为主，以纸质为信息传递载体为主要特征的传统生产车间，数字化车间融合了先进的自动化技术、信息技术、先进加工技术及管理技术，是在高性能计算机、工业互联网的支持下，采用计算机仿真与数字化现实技术，实现从产品概念的形成、设计到制造全过程的三维可视及交互的环境，以群组协同工作的方式，在计算机上实现产品设计制造的本质过程，具体包括产品的设计、性能分析、工艺规划、加工制造、质量检验、生产过程管理与控制等，并通过计算机数字化模型来模拟和预测产品功能、性能及可加工性等各方面可能存在的问题。

从数字化车间的构成来看，既包含构成生产单元 / 生产线的自动化、数字化、智能化加工单元及生产装备等，又包括辅助产品数字化设计、制造及车间运行管控的软件系统。数字化车间的系统构成如图 1-12 所示，主要包括运作管理层、生产控制层、网络通信层、系统控制层以及生产执行层。

1. 运作管理层

运作管理层的核心是依托 ERP（企业资源计划）实现对工厂 / 车间的运作管理，包括主生产计划的制定、BOM（物料清单）以及物料需求计划的分解、生产物料的库存管理等。

2. 生产控制层

生产控制层主要是借助以 MES（制造执行系统）为核心的制造系统软件实现对生产全过程的管理控制，包括生产任务的安排、工单的下发、现场作业监控、生产过程数据采集以及对数字化车间的系统仿真等。其中的数字化车间系统仿真包括以下四个方面：

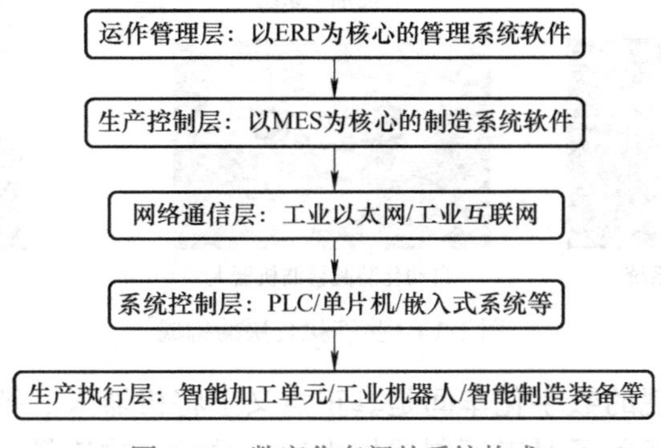

图 1-12　数字化车间的系统构成

1）数字化车间层仿真：对车间的设备布局和辅助设备及管网系统进行布局分析，对设备的占地面积和空间进行核准，为车间设计人员提供辅助的分析工具。

2）数字化生产线层仿真：主要关注所设计的生产线能否达到设计的物流节拍和生产率、制造的成本是否满足要求，帮助工业工程师分析生产线布局的合理性、物流瓶颈和设备的使用效率等问题，同时也可对制造的成本进行分析。

3）数字化加工单元层仿真：主要是对设备之间和设备内部的运动干涉问题进行分析，并可协助设备工艺规划员生成设备加工指令，再现真实的制造过程。

4）数字化加工操作层仿真：在加工单元层仿真的基础上，对加工过程的干涉等进行分析，进一步对可操作人员人机工程方面进行分析。

通过这四层的仿真模拟，达到对数字化车间制造系统的设计优化、系统的性能分析和能力平衡以及工艺过程的优化和校验。

3. 网络通信层

网络通信层主要是为数字化车间的信息、数据以及知识传递提供可靠的网络通信环境，一般以工业以太网为基础实现底层之间的设备互联，以工业互联网实现运作管理层、生产控制层以及系统控制层、生产执行层之间的互联互通。

4. 系统控制层

系统控制层主要包括 PLC、单片机、嵌入式系统等，实现对生产执行层加工单元、机器人及自动化生产线的控制，是构成数字化车间自动化控制系统的重要组成部分。

5. 生产执行层

生产执行层是构成数字化车间制造系统的核心，主要包括各种驱动装置、传感器、智能加工单元等生产执行机构和监控系统，如智能机器人、智能加工系统、智能输送设备、自动导引车、自动化装配检测机器人、3D 可视化监控系统等，如图 1-13 所示。

智能机器人

智能加工系统

智能输送设备

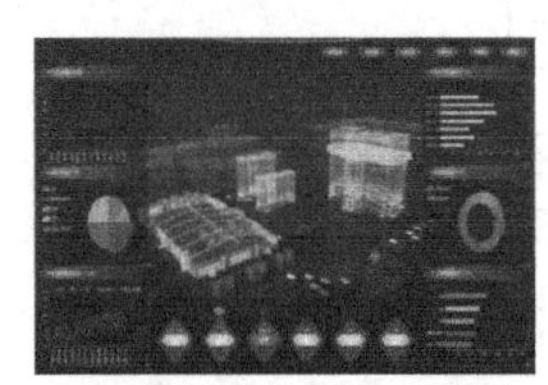

3D可视化监控系统

自动化装配检测机器人

自动导引车

图 1-13　生产执行层的构成

借助工业机器人实现的数字化车间是真正意义上将机器人、智能设备和信息技术三者在制造业的完美融合，涵盖了对工厂制造的生产、质量、物流等环节，是智能制造的典型代表，主要解决工厂、车间和生产线以及产品的设计到制造实现的转化问题。

数字化车间改变了传统规划设计理念，将设计规划从经验和手工方式，转化为计算机辅助数字仿真与优化的精确可靠的规划设计，在管理层通过 ERP 系统于企业层面针对生产计划、库存控制、质量管理、生产绩效等提供业务分析报告；在控制层通过 MES 实现对生产状态的实时掌控，快速处理制造过程中物料短缺、设备故障、人员缺勤等各种生产现场管控问题；在执行层由工业机器人、移动机器人和其他智能制造装备系统完成自动化生产流程。

1.2.4　制造系统网络化

网络化，是对互联网在广义制造领域应用的一种概括。制造系统网络化的本质是在数字化的基础上，借助互联网技术实现制造系统内的设备互联、资源共享，进而提高系统生产效率的一种新模式。

制造系统网络化是实施网络化制造模式的基础和重要支撑。网络化制造是将先进的网络技术与制造技术相结合，构建面向企业特定需求的基于网络的制造系统，以突破空间对企业生产经营范围和方式的约束，开展覆盖产品整个生命周期全部或部分环节的企业业务活动，实现企业间业务协同和各种社会资源的共享与集成，达到高效率、高质量、低成本地为市场提供所需的产品和服务的目标。在网络化制造发展的历程中，以互联网为代表的信息技术推动着网络化制造的不断变革，产生了一系列新的概念和思想，如基于互联网的制造、全球制造、电子化制造等。但至今对网络化制造概念尚无明确、统一的定义，可以从狭义和广义两个角度来进一步理解网络化制造的含义。

1）从狭义的角度看，网络化制造是指使用计算机网络技术实现制造资源集成，主要通过网络技术促进分布式资源的信息共享，从而使制造过程中设备之间的信息能够充分交互，进而使得各制造单元之间协同制造。

2）从广义的角度看，网络化制造是指基于信息技术和网络技术参与产品生命周期和制造活动各个方面制造技术和制造系统的总称，通过各制造活动之间的协同，以实现对市场需求的快速响应。

通过对制造系统网络化和网络化制造的概念理解，可以发现要实现制造系统网络化或网络化制造，高度依赖于网络技术以及在此基础上建立的网络化制造平台，具体涉及网络、数据库、软件体系结构、平台 / 系统基本功能等方面。网络化制造集成平台是一个基于网络等先进信息技术的企业间协同支撑环境，它为实现大范围异构分布环境下的企业间协同提供基础协议、公共服务、模型库管理、使能工具和系统管理等功能，并为企业间信息集成、过程集成和资源共享提供基于服务方式的透明、一致的信息访问与应用互操作手段，从而促进实现不同企业间人员、应用软件系统和制造资源的集成，形成具有特定功能的网络化制造系统。

1.2.5　制造系统智能化

制造系统智能化是在自动化、数字化的基础上，进一步结合人工智能、大数据等新一代信息技术实现智能制造的过程。智能制造可以视为是一种由智能机器和人类专家共同组成的人机一体化智能系统，它在制造过程中能进行智能活动，如分析、推理、判断、构思和决策等，通过人与智能机器的合作共事，去扩大、延伸和部分地取代人类专家在制造过程中的脑力劳动。它把制造自动化的概念更新，扩展到柔性化、智能化和高度集成化。

制造行业通过综合应用物联网技术、人工智能技术、信息技术、自动化技术、先进制造技术等，实现企业生产过程智能化、经营管理数字化，突出制造过程精益管控、实时可视、集成优化，进而提升企业快速响应市场需求、精确控制产品质量、实现产品全生命周期管理与追溯的先进制造系统。因此，区别于传统制造，智能制造系统具有以下智能化特征。

1. 自律能力

自律能力，即搜集与理解环境信息和自身的信息，并进行分析、判断和规划自身行为的能力。具有自律能力的设备称为“智能机器”，“智能机器”在一定程度上表现出独立性、自主性和个性，甚至相互间还能协调运作与竞争。强有力的知识库和基于知识的模型是自律能力的基础。

2. 人机一体化

基于人工智能的智能机器只能进行机械式的推理、预测、判断，它只能具有逻辑思维，最多做到形象思维，完全做不到灵感思维，只有人类专家才真正同时具备以上三种思维能力。因此，想以人工智能全面取代制造过程中人类专家的智能，独立承担起分析、判断、决策等任务是不现实的。人机一体化一方面突出人在制造系统中的核心地位，同时在智能机器的配合下，更好地发挥出人的潜能，使人机之间表现出一种平等共事、相互“理解”、相互协作的关系，使二者在不同的层次上各显其能、相辅相成。

3. VR/AR 技术

VR（虚拟现实）/AR（增强现实）技术是实现虚拟制造的支持技术，也是实现高水平人机一体化的关键技术之一。虚拟现实技术是以计算机为基础，融合信号处理、动画技术、智能推理、预测、仿真和多媒体技术为一体；借助各种音像和传感装置，虚拟展示现实生活中各种过程、物件等，因而也能拟实制造过程和未来的产品，从感官和视觉上使人获得完全一样的真实感受。但其特点是可以按照人们的意愿任意变化，这种人机结合的新一代智能界面，是智能制造的一个显著特征。

4. 自组织超柔性

智能制造系统中的各组成单元能够依据工作任务的需要，自行组成一种最佳结构，其柔性不仅突出在运行方式上，而且突出在结构形式上，所以称这种柔性为超柔性，如同一群人类专家组成的群体，具有生物特征。

5. 自学习与自维护

智能制造系统能够在实践中不断地充实知识库，具有自学习功能。同时，在运行过程中自行进行故障诊断，并具备对故障自行排除、自行维护的能力。这种特征使智能制造系统能够自我优化并适应各种复杂的环境。

制造系统的智能化具体可以通过智能工厂来呈现。智能工厂是现代工厂信息化发展的新阶段，是在利用现代新信息技术于自动化、网络化、数字化和信息化的基础上，融入人工智能和机器人技术，形成的人、机、物深度融合的新一代技术支撑下的新型工厂形态。智能工厂通过工况在线感知、智能决策与控制、装备自律执行，不断提升装备性能，增强自适应能力；以提升制造效率、减少人为干预、提高产品质量，并融合绿色智能的手段和智能系统等新兴技术于一体，构建一个高效节能、绿色环保、环境舒适的工厂，使得生产制造过程变得透明化、智能化，做到生产全过程可测度、可感知、可分析、可优化、可预防。

1.3 智能制造驱动产品生命周期管理变革

1.3.1 产品生命周期管理的演进

在 PLM 概念及相关理论方法发展过程中，自 20 世纪 80 年代起，计算机辅助设计 / 制造技术、产品数据管理、业务流程管理等概念及方法起到了助推作用。20 世纪 90 年代，随着并行工程、计算机集成制造系统等制造模式的发展，以及 20 世纪 90 年代后期在互联网技术迅猛发展的背景下客户关系管理系统、供应链管理系统的出现，PLM 的解决方案逐渐转向以产品为基础，利用互联网技术实现信息共享，同时支持产品生命周期不同阶段应用技术的集成与协同。到了 21 世纪，随着信息技术的飞速发展，通过 PLM 实现真正意义上的产品全生命周期管理逐步成为现实，并使企业能够有效集成和协同管理产品的需求分析、产品设计、产品开发、产品制造、产品销售、产品售后服务等多个阶段的信息、资源和业务过程。

尽管 PLM 发展至今已经受到了各行各业的广泛关注，并在各个领域得到大量应用，但对于 PLM 的定义尚未完全统一，各行各业往往根据自身特点和需求而对 PLM 有不同的定义和解释，其中比较有代表性的有以下几种：

1）美国国家标准与技术研究院将 PLM 定义为一个有效管理和使用企业智力资产的战略性商业方法。

2）国际知名的市场研究公司 AMR Research 认为 PLM 是一种辅助的技术策略，通过软件将跨越产品研发、物料采购、生产制造等多个业务流程和不同业务领域用户的多个单点应用集成起来。

3）国际知名 PLM 研究机构 CIMdata 认为 PLM 是一种企业信息化的商业战略，它实施一整套业务解决方法，把人、过程、商业系统和信息有效地集成在一起，作用于整个虚拟企业，遍历产品从概念到报废的全生命周期，支持与产品相关的协作研发、管理、分发和使用。

4）IBM 公司认为 PLM 是一种商业哲理，产品数据应可以被管理、销售、市场、维护、装配、购买等不同领域的人员共同使用，而 PLM 系统是工作流和相关支撑软件的集合，其允许对产品生命周期进行管理，包括协调产品的计划、制造和发布过程。

5）产品生命周期管理联盟认为 PLM 是一个概念，用来描述一个支持用户管理、跟踪和控制产品全生命周期中所有的产品相关数据的协同环境。

尽管这些对 PLM 的定义有不同侧重点，但可以从中抽取出一些被广泛认同的共性特征：

1）PLM 是一种现代商业战略或商业哲理，而不仅仅是一个软件系统，PLM 软件系统是实现 PLM 的工具和手段。

2）PLM 的应用范围涵盖产品需求分析、产品设计、产品开发、产品制造、产品销售、产品售后服务等产品生命周期的所有阶段。

3）PLM 的管理对象是与产品相关的数据、信息和知识，这包括产品生命周期各阶段内的产品定义、业务流程、与产品相关的设备，以及与人员和成本相关的资源等，这些数据、信息和知识共同描述了产品是如何被设计、制造、使用和服务的。

4）PLM 通过对产品生命周期各阶段内与产品相关的数据、信息与知识进行集成和协同管理，实现加快新产品开发、提升产品质量、减少中间过程浪费等目标，以提高企业在市场中的竞争力。

5）PLM 的实现需要考虑人、过程和技术三方面的因素。

1.3.2　智能制造重新定义产品边界——研发设计视角

智能制造在产品研发设计中的重要作用主要体现在两个方面：一是产品设计从经验到“数据 + 知识”的实践，客户与合作伙伴广泛参与众智创新设计，重新定义了产品模型和数据交换标准，使智能化产品设计在价值链上的不同部门、不同用户之间能够进行完整、精确、及时的数据交换，通过一致性的产品模型，数据集成和提取更加安全；二是智能制造重新定义产品边界，驱动产品智能化演变，按照“产品 – 智能产品 – 智能互联产品 – 智能产品系统 – 系统的系统”渐进路线，深刻改变企业间的竞争。

从产品模型及数据交换标准定义角度看，不同公司在产品设计阶段采用不同的设计软件，会带来产品模型集成的复杂度。如 A 工程师使用西门子的 NXPLM 软件、B 工程师使用达索的 Catia、C 工程师使用 Autodesk 的 Inventor，A、B、C 三位工程师所设计的产品模型相互间很难互换使用。但随着 ISO 10303 的诞生，使得 A、B、C 三个工程师之间都能看懂相互之间的设计。值得一提的是，ISO 10303—242 的基于模型的 3D 系统工程非常有价值，该标准广泛应用于航空航天、汽车等行业中的制造商和其供应商。该标准主要内容包括产品数据管理（PDM）、设计准则、关联定义、2D 制图、3D 产品和制造信息等。因此，在智能制造实施过程中，参考国际通用的产品设计标准，能提高智能化产品设计过程中数据交换和使用的效率，形成一致性的产品模型，保障信息与数据的安全性。

智能制造技术正在革新产品。其产品曾经仅仅由机械和电子部件组成，现在已经变成了以无数种方式结合硬件、传感器、数据存储、微处理器、软件和连接的复杂系统。智能互联产品要求企业构建并支持一种全新的技术基础设施，如图 1-14 所示。这个“技术堆栈”由多个层次组成，包括新产品的传感器，处理器、电子控制组件等硬件和嵌入式操作系统、接口、控制等软件，支持产品云端通信网络、协议等互联性，涵盖产品数据库、应用平台、规则 / 分析引擎、智能产品应用等在内的运行在远程服务器上的产品云，以及身份和安全、外部信息源的网关、与企业业务系统的集成。该技术不仅能够快速开发和运营产品应用程序，还可以收集、分析与共享产品内部和外部产生的潜在的大量纵向数据。

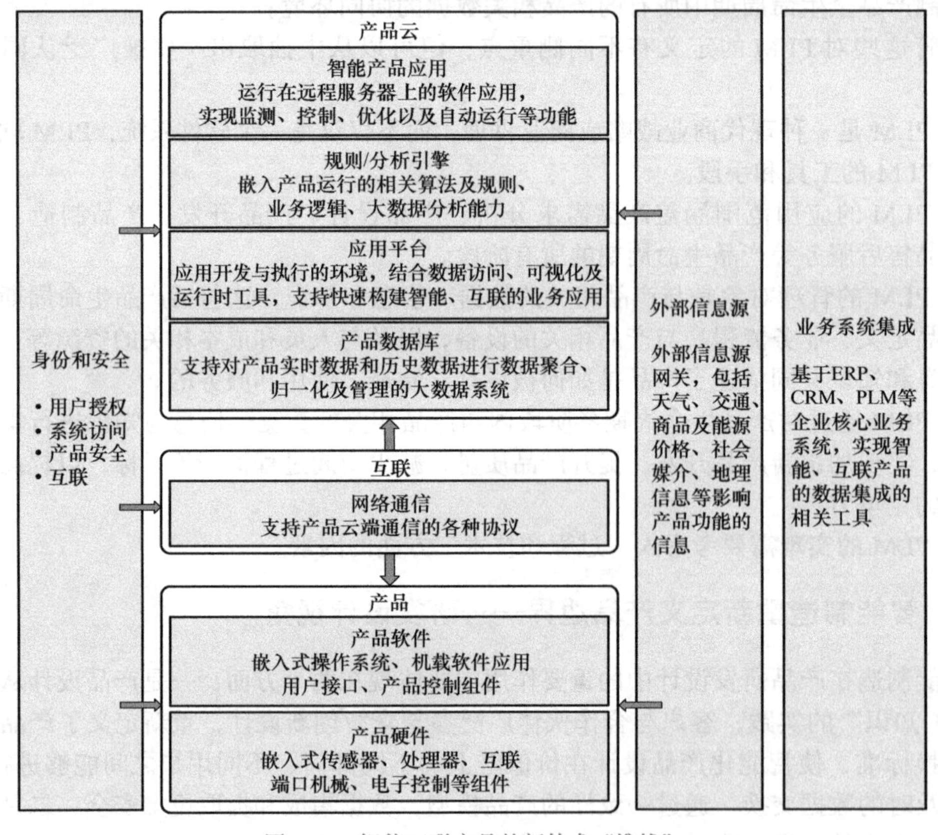

图 1-14　智能互联产品的新技术“堆栈”

智能制造驱动产品智能化，形成智能互联产品，其核心功能可以分为四个方面：监测、控制、优化和自治，且四项功能 / 能力之间具有很强的耦合性，后一项功能 / 能力都要以前序功能 / 能力为基础，如产品要具有控制能力，则必须具有监测能力。图 1-15 所示为智能互联产品的功能定义。

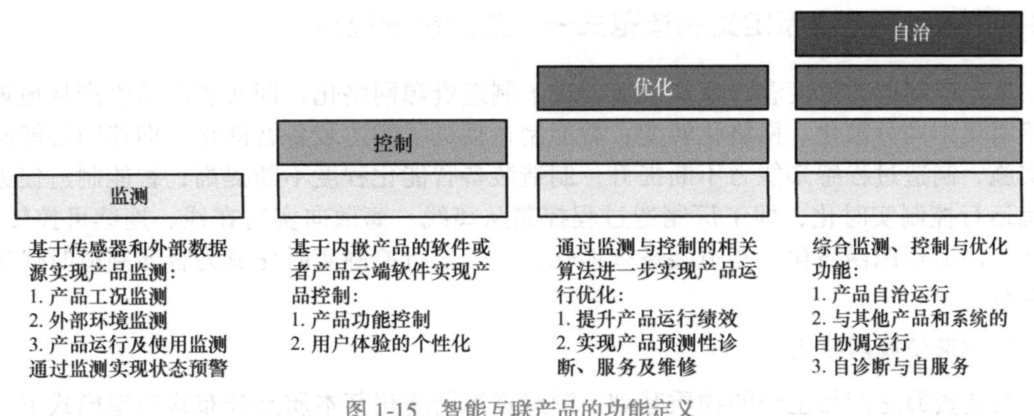

图 1-15　智能互联产品的功能定义

1. 监测

智能互联产品能够通过传感器和外部数据源全面监控产品的状态、运行和外部环境。使用数据，产品可以提醒用户或其他人环境或性能的变化。监测还允许公司与客户跟踪产品的运行特性和历史，并更好地了解产品的实际使用情况。这些监测数据对设计、市场细分和售后服务具有重要意义。

2. 控制

智能联网产品可以通过内置到设备或驻留在产品云中的远程命令或算法来控制。算法是指导产品对其条件或环境的特定变化做出反应的规则。通过嵌入在产品或云中的软件进行控制，可以在一定程度上定制产品的性能。同样的技术也使用户能够以许多新的方式控制与产品的个性化交互。例如，用户可以通过智能手机调整飞利浦照明灯泡的色调，并打开和关闭它们，如果检测到入侵者，灯泡会闪烁红色，或者在晚上可以逐步调暗灯光。

3. 优化

来自智能互联产品的丰富的监测数据流并结合控制产品运营的能力，使公司能够以多种方式优化产品性能。智能互联产品可以将算法和分析应用于正在使用的数据或历史数据，从而显著提高产出、利用率和效率。例如，在风力涡轮机中，一个本地的微控制器可以在每次旋转时调整每个叶片，以捕获最大的风能。而且每个涡轮都可以调整，不仅可以改善其性能，还可以将其对附近涡轮效率的影响降到最低。产品状况的实时监测数据和产品控制能力使公司能够在故障即将发生时进行预防性维护，并完成远程维修，从而优化服务，减少产品停机时间和派遣维修人员的需要。即使需要现场维修，也要提前了解哪些部件坏了，需要哪些部件，以及如何完成修复，从而降低服务成本，提高首次修复率。

4. 自治

监测、控制和优化功能相结合，使得智能互联产品能够实现以前无法达到的自治水平。具有自治能力的产品不仅可以减少作业人员的需求，还可以提高危险环境下的安全性。自治产品还可以与其他产品和系统协同工作。随着越来越多的产品相互连接，这些功能的价值可以呈指数级增长。

1.3.3 智能制造重新定义制造范式——生产制造视角

从生产制造的角度看，智能制造促进了制造资源网络化，即实现产品生产从地理位置相对集中向分散化、网络化转变；智能制造促进了制造装备智能化，即伴随智能制造的实施，制造过程感知能力不断提升，制造装备智能化程度不断提高；智能制造促进了工程运行控制实时化，即工厂制造过程控制从离线、离散向实时在线、连续可控转变。因此，制造资源网络化、制造装备智能化、工厂运行控制实时化成为智能制造时代制造的新范式。

1. 制造资源网络化

制造资源是产品生产的物质基础。制造资源网络化其本质是分布式制造模式下，制造资源的异地共享，是企业使用地理分散的制造设施网络进行的分散制造的一种形式。分布式制造的主要属性是能够通过制造在地理位置分散的位置创造价值的能力。例如，当产品在地理位置上接近其预期市场时，运输成本可以降至最低。此外，可以使用分布在广泛区域中的许多小型工厂生产的产品进行个性化定制，并根据个人或地区口味定制细节。在不同的物理位置制造组件，然后管理供应链，以将它们组合在一起，并进行产品的最终组装，也被认为是分布式制造的一种形式。数字网络与增材制造相结合，使公司可以进行分散和地理上独立的分布式生产。

制造资源网络是由小规模制造单元基于物理、数字、通信等新兴技术组成的生产系统，通过实现制造设施的本地化和供应链参与者的全面沟通，促进客户主导的按需生产，提高系统的灵活性、适应性、敏捷性和鲁棒性。

2. 制造装备智能化

制造装备是加工过程的基础。智能制造装备是指通过融入智能传感、人工智能等技术，使得装备能对本体和加工过程进行自感知，对装备及其加工状态、工件和环境有关的信息进行自分析，根据零件的设计要求与实时动态信息进行自决策，依据决策指令进行自执行，实现加工过程的“感知—分析—决策—执行”的大闭环，保证产品的高效、高品质及安全可靠加工，如图 1-16 所示。

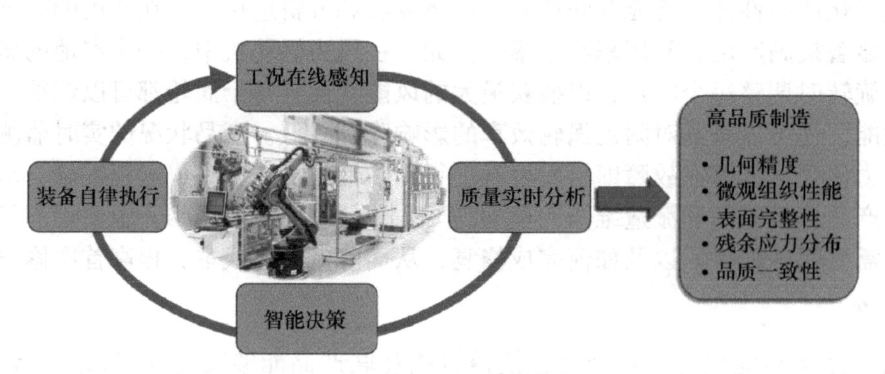

图 1-16 加工过程控制优化

通过制造装备的智能化，实现工况在线检测、工艺知识在线学习、制造过程自主决策与装备自律执行等关键功能。

（1）工况在线检测　在线检测零件加工过程中的切削力、夹持力，切削区的温度，刀具热变形、磨损，主轴振动等一系列物理量，以及刀具–工件–夹具之间热力行为产生的应力应变，为工艺知识在线学习与制造过程自主决策提供支撑。

（2）工艺知识在线学习　分析加工工况、界面耦合行为与加工质量/效率之间的映射关系，建立描述工况、耦合行为和加工质量/效率映射关系的知识模板，通过工艺知识的自主学习理论，实现基于模型的知识积累和工艺模型的自适应进化，为制造过程自主决策提供支撑。

（3）制造过程自主决策　将工艺知识融入装备控制系统决策单元，根据在线检测识别加工状态，由工艺知识对参数进行在线优化并驱动生成制造过程控制决策指令。

（4）装备自律执行　智能装备的控制系统能根据专家系统的决策指令对主轴转速及进给速度等工艺参数进行实时调控，使装备工作在最佳状态。

3. 工厂运行控制实时化

工厂运行控制实时化是指利用大数据、人工智能、边缘计算、5G 通信、数字孪生等技术，实现工厂运行过程的自动化和智能化，基本目标是实现生产资源的最优配置、生产任务的实时调度、生产过程的精细管理等，其主要功能架构包括智能设备层、智能传感层、智能执行层、智能决策层。

如图 1-17 所示，智能设备层主要包括各种类型的智能制造和辅助装备，如智能加工装备、智能机器人、自动引导车（AGV）/有轨制导车辆（RGV）、自动检测设备等；智能传感层主要实现工厂各种运行数据的采集和指令的下达，包括工厂内有线/无线网络、各种数据采集传感器及系统、智能产线分布式控制系统等；智能执行层主要包括三维虚拟车间建模与仿真、智能工艺规划、智能调度、制造执行系统等功能和模块；智能决策层主要包括大数据中心和决策分析平台。

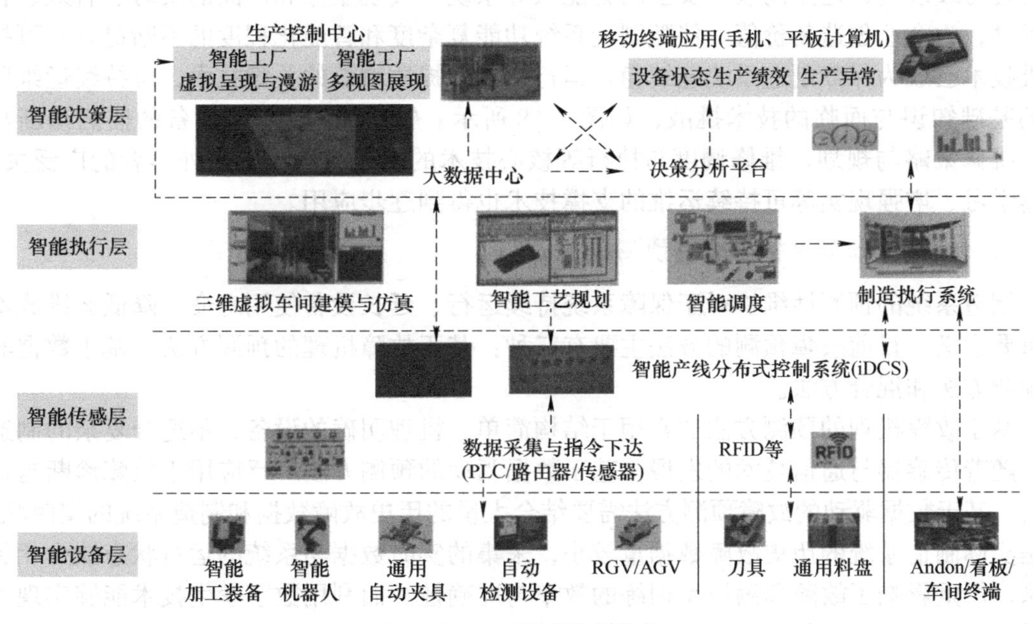

图 1-17　工厂运行控制优化

工厂运行控制实时化的关键技术包括制造系统的适应性技术、智能动态调度技术等。

（1）制造系统的适应性技术　制造企业面临的环境越来越复杂，如产品品种与批量的多样性、设计结果频繁变更、需求波动大、供应链合作伙伴经常变化等，这些因素会对制造成本和效率产生很不利的影响。智能工厂必须具备通过快速的结构调整和资源重组，以及柔性工艺、混流生产规划与控制、动态计划与调度等途径来主动适应这种变化的能力，因此，适应性是制造工厂智能特征的重要体现。

（2）智能动态调度技术　车间调度作为智能生产的核心之一，是对将要进入加工的零件在工艺、资源与环境约束下进行调度优化，是生产准备和具体实施的纽带。然而，实际车间生产过程是一个永恒的动态过程，不断会发生各类动态事件，如订单数量 / 优先级变化、工艺变化、资源变化等。动态事件的发生会导致生产过程不同程度的瘫痪，极大地影响生产效率。因此，如何对车间动态事件进行快速、准确处理，保证调度计划的平稳执行，是提升生产效率的关键。车间动态调度是指在动态事件发生时，充分考虑已有调度计划以及系统当前的资源环境状态，及时优化并给出合理的新调度计划，以保证生产的高效运行。动态调度在静态度已有特性的基础上增加了动态随机性、不确定性等，导致建模和优化更为困难，是典型的 NP–hard 问题。

1.3.4　智能制造重构产品运维模式——运维服务视角

从运维服务视角看，智能制造技术改变了传统的产品运营与产品维修维护方式。从产品运营方面看，实现了从离线监测向实时在线监测的转变，从产品拥有者管理向多元化管理的转变，从产品生命周期的开环管理向全生命周期闭环管理的转变。从产品维修模式方面看，实现了从定期维护向基于状态的预测性维修的转变，从被动维修向“状态监测 + 主动维修”的转变，从单纯售后服务向运营维修服务的转变。在智能制造的驱动下，制造企业通过持续改进，建立高效、安全的智能服务系统，实现服务和产品的实时、有效、智能化互动，为企业创造新价值。伴随制造系统功能复杂度和智能化程度的不断提升，可持续运维技术已成为保障制造系统连续稳定运行、实现提质增效的关键技术，可持续运维所需要的基础知识与面临的技术挑战，如图 1-18 所示。针对制造系统 / 设备的监测诊断与预测、维修策略与规划、维修调度与执行等核心技术的发展得到了国内外学者的广泛关注，机器学习、增强现实等可持续运维的支撑技术也得到逐步应用。

1. 制造系统预测维护与故障预测技术

制造系统的预测性维护对于保障系统持续运行、延长设备使用寿命、降低运维成本具有重要意义。目前故障预测的方法主要有三种：基于故障机理的预测方法、基于数据驱动的预测方法和混合方法。

基于故障机理的预测方法通常用于结构简单、机理明确的设备，不适合复杂的制造系统。随着传感器与通信技术的发展，基于数据驱动的预测方法广泛应用于故障诊断与预测分析。基于数据驱动的故障预测方法需要结合大量的历史故障数据和制造系统的实时状态。但是实际制造系统的历史故障数据量较小，采集的实时数据与系统的运行状态缺少相关的联系，严重影响了故障预测模型训练的效率与准确性。而利用数字孪生技术能够实现物理世界与虚拟世界的融合，可以有效解决以上两个问题，实现制造系统的故障分析与预测。

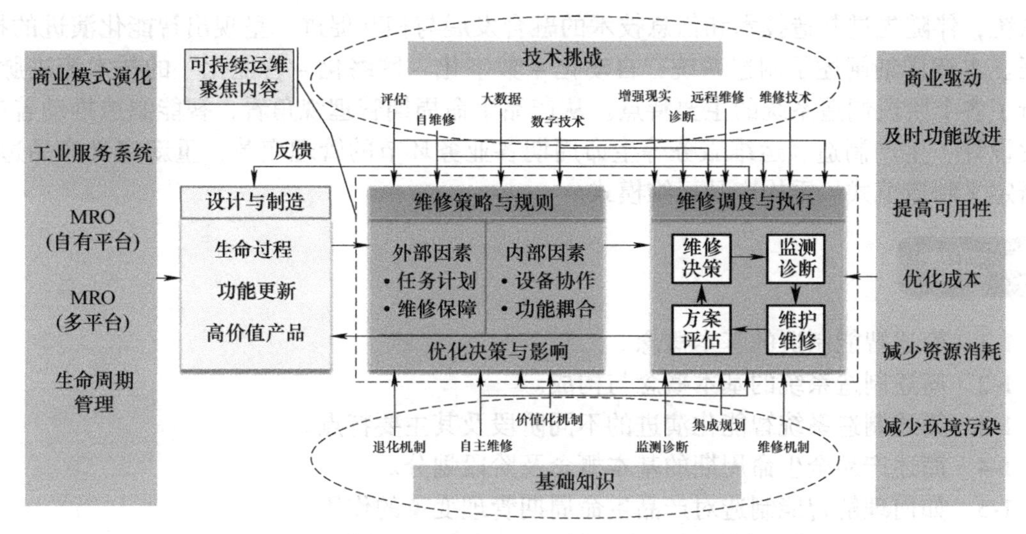

图 1-18　可持续运维所需要的基础知识与面临的技术挑战

数字孪生模型通常采用机理模型驱动的方法进行构建。机理模型主要包括 3D 几何结构模型、力学模型、多物理场模型等。模型驱动的数字孪生可解释性强、准确性高，但是随着制造系统和设备的复杂度增加，基于机理模型的构建方法难度增大，难以满足复杂制造系统的高保真映射。因此，近年来出现了模型与数据混合驱动的方法进行建模，结合数据驱动的方式对机理模型补充完善，利用强化学习修正了数字孪生模型的误差，提高了模型的自适应能力和性能。

2. 增强现实辅助维修技术

增强现实技术是一种借助现场识别并在该位置叠加增强信息的技术，其可以解决 2D 图纸可视化程度较差、查询和检修现场操作时缺少场景的信息反馈、操作者理解效率和工艺操作引导效率低等问题，为快速、精准维修提供了新思路。增强现实技术中的人机交互通过使用多种交互手段实现了人与增强现实设备之间的信息交换，而其中手势和运动控制等交互手段应用较为广泛。

基于增强现实的人机交互辅助维修技术已经成为维修领域中的研究热点。美国空军联合哥伦比亚大学 Henderson 等开发了一种实验性的增强现实应用原型系统，支持维修人员进行装甲车辆维护任务。可穿戴式辅助维修设备与增强现实技术形成的增强现实维修诱导原型系统相结合，在航空发动机外场维修中进行了应用。增强现实技术正在广泛应用到产品全生命周期的各环节，基于增强现实的设备维修维护已成为设备运维领域研究的热点方向之一，并在辅助维修维护方面取得了一定的成果。但目前，在多模态交互信息的意图识别与维修导引等方面与实际需求还有较大差距。

本章小结

本章以智能制造概念的提出和智能制造业的发展背景、需求及趋势为切入点，给出了智能制造工程的核心概念视图，从产品生命周期管理维度、制造系统演化维度和典型应用场景维度，阐述了智能制造工程的核心概念。智能制造工程研究的核心对象——制造系统，伴随先进制造技术和信息技术的融合发展与相互促进，呈现出智能化演进的技术特征。本章详细阐述了制造系统“自动化 - 数字化 - 网络化 - 智能化”的技术演进脉络，分析了各个阶段制造系统的主要特点。从产品生命周期管理视角看，智能制造推动着产品研发设计、生产制造、运维服务等生命周期各业务环节的管理变革，重新定义产品边界、重新定义制造范式、重构产品运维模式。

习题

1-1 简述智能制造的基本概念。

1-2 简述制造系统的基本概念与构成。

1-3 简述制造系统智能化演进的不同阶段及其主要特点。

1-4 简述产品全生命周期的基本概念及阶段划分。

1-5 如何理解智能制造对产品生命周期管理变革的作用。

第2章 智能制造工程的理论基础、技术体系与典型生产模式

学习目标

1. 能够基本掌握控制论、系统工程理论、信息物理系统为代表的智能制造工程理论基础。

2. 能够从智能制造系统架构、技术体系架构、标准体系建设框架三个方面准确阐述智能制造工程技术体系。

3. 能够准确辨析智能制造的典型生产模式及其特点。

知识点思维导图

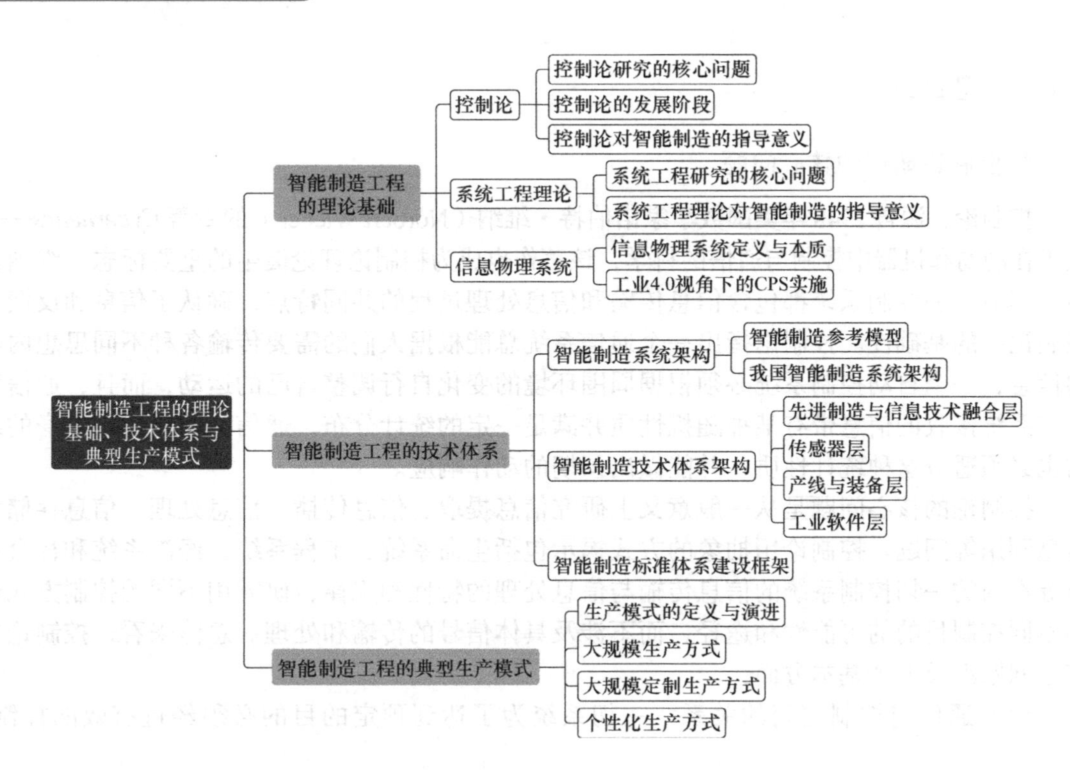

导读

智能制造是先进制造技术与新一代信息技术、人工智能技术深度融合所形成的新型生产方式。本章选取控制论、系统工程理论、信息物理系统三个代表性基础理论，从理论研究的核心问题、概念内涵、智能制造中的指导意义等方面，对智能制造工程的理论基础进行介绍；在其基础上，重点围绕智能制造系统的架构、技术体系架构以及标准体系建设框架三个方面，详细阐述智能制造工程的技术体系。最后，本章通过说明制造生产模式的基本概念和演进过程，介绍大规模生产、大规模定制生产、个性化生产三种典型的智能制造生产模式。

本章知识点

- 控制论研究的核心问题、发展阶段及其对智能制造的指导意义
- 系统工程论研究的核心问题及其对智能制造的指导意义
- 信息物理系统的定义、本质及其实施
- 智能制造参考模型和系统架构
- 智能制造技术体系架构
- 智能制造标准体系建设框架
- 生产模式的定义、演进及典型智能制造生产模式

2.1　智能制造工程的理论基础

2.1.1　控制论

1. 控制论研究的核心问题

控制论，源自1948年美国数学家诺伯特·维纳（Norbert Wiener）的专著*Cybernetics*——关于在动物和机器中控制与通信的科学，该著作也成为控制论理论诞生的重要标志。维纳认为一切通信和控制系统都包含信息传输和信息处理过程的共同特点，确认了信息和反馈在控制论中的基础性。控制论指出一个通信系统总能根据人们的需要传输各种不同思想内容的信息，一个自动控制系统必须根据周围环境的变化自行调整自己的运动，而且，通信和控制系统接收的信息带有某种随机性质并满足一定的统计分布，通信和控制系统本身的结构也必须适应这种统计性质，并能做出预期的动作响应。

控制论的核心问题是从一般意义上研究信息提取、信息传播、信息处理、信息存储和信息利用等问题。控制论用抽象的方式揭示包括生命系统、工程系统、经济系统和社会系统等在内的一切控制系统的信息传输与信息处理的特性和规律，研究用不同的控制方式达到不同控制目的的可能性和途径，而不涉及具体信号的传输和处理。总体来看，控制论的核心问题涉及五个基本方面：

（1）通信与控制之间的关系　一切系统为了达到预定的目的必须经过有效的控制。

有效的控制一定要有信息反馈，人控制机器或计算机控制机器都是一种双向信息流的过程，包括信息提取、信息传输和信息处理。

（2）适应性与信息和反馈的关系　适应性是系统得以在环境变化下能保持原有性能或功能的一个特性，人的适应性就是通过获取信息和利用信息，并对外界环境中的偶然性进行调节而有效生活的过程。

（3）学习与信息和反馈的关系　反馈具有用过去行为来调节未来行为的功能。反馈可以是简单反馈或复杂反馈。在复杂反馈中，过去的经验不仅用来调节特定的动作，而且用来对系统行为进行全盘策略使之具有学习功能。

（4）进化与信息和反馈的关系　生命体在进化过程中一方面表现有多向发展的自发趋势，另一方面又有保持祖先模式的趋势。这两种效应基于信息和反馈相结合，通过自然选择会淘汰掉那些不适应周围环境的有机体，留下能适应周围环境的生命形式的剩余模式。

（5）自组织与信息和反馈的关系　人根据神经细胞的新陈代谢现象和神经细胞之间形成突触的随机性质来认识信息与系统结构的关系。可以认为，记忆的生理条件乃至学习的生理条件就是组织性的某种连续，即通过控制可把来自外界的信息变成结构或机能方面比较经久的变化。

控制论通过信息和反馈建立了工程技术与生命科学和社会科学之间的联系。这种跨学科性质，不仅可使一个科学领域中已经发展得比较成熟的概念和方法直接用于另一个科学领域，避免不必要的重复研究，而且提供了采用类比的方法特别是功能类比的方法产生新设计思想和新控制方法的可能性。尤其值得指出的是，运用控制论方法研究工程系统的调节和控制问题方面，我国两弹一星功勋科学家钱学森先生创立了工程控制论，于 1954 年在美国出版了《工程控制论》专著，提出工程控制论的对象是控制论中能够直接应用于工程设计的部分，奠定了工程科技领域控制工程学科、系统工程学科发展的重要基础。

在维纳提出的控制论中，“控制”的定义是为了“改善”某个或某些受控对象的功能或发展，需要获得并使用信息，以这种信息为基础而选出并附加于该对象之上的具体作用。因此，控制的基础是信息，一切信息传递都是为了控制，而任何控制又都有赖于信息反馈来实现。信息反馈是控制论的一个极其重要的概念。通俗地说，信息反馈就是指由控制系统把信息输送出去，又把其作用结果返送回来，并对信息的再输出产生影响，起到控制的作用并达到预定目的。

2. 控制论的发展阶段

从控制论的发展历程看，主要经历了三个重要发展阶段：经典控制论、现代控制论和大系统理论。

（1）经典控制论　主要研究单输入和单输出的线性控制系统的一般规律，它建立了系统、信息、调节、控制、反馈、稳定性等控制论的基本概念和分析方法，研究的重点是反馈控制，核心装置是自动调节器，主要应用于单机自动化，为现代控制理论的发展奠定了基础。

（2）现代控制论　主要研究对象是多输入和多输出系统的非线性控制系统，其中重点研究的是最优控制、随机控制和自适应控制，主要应用于机组自动化和生物系统。

（3）大系统理论　主要研究对象是众多因素复杂的控制系统，如宏观经济系统、资源分配系统、生态和环境系统、能源系统等，研究的重点是大系统的多级递阶控制、分解－协调原理、分散最优控制和大系统模型降阶理论等。在智能制造工程技术领域，有很多问题需要运用控制论的相关理论与方法，例如，最优控制理论，自适应、自学习和自组织系统理论，以及模糊理论与大系统理论等。

1）最优控制理论。在现代社会发展、科学技术日益进步的情况下，各种控制系统的复杂化与大型化已越来越明显，不仅系统技术、工具和手段更加科学化、现代化，而且各类控制系统的应用技术要求也越来越高，这就促使控制论进入多输入和多输出系统控制的现代化阶段，由此而产生了最优控制理论。这一理论是通过数学方法，科学、有效地解决大系统的设计和控制问题，强调采用动态的控制方式和方法，以满足各种多输入和多输出系统的控制要求，实现系统最优化。最优控制理论主要在工程控制系统、社会控制系统等领域得到了广泛的应用和发展。

2）自适应、自学习和自组织系统理论。自适应控制系统是一种前馈控制的系统，所谓前馈控制，是指环境条件还没有影响到控制对象之前，就进行预测而去控制的一种方式。自适应控制系统能按照外界条件的变化，自动调整其自身的结构或行为参数，以保持系统原有的功能，如自寻最优点的极值控制系统、条件反馈性的简单波动自适应系统等。随着信息科学与技术的发展，自适应系统理论得到进一步完善和深化，并逐步形成一种专门的工程控制理论，自学习系统就是系统具有能够按照自己运行过程中的经验来改进控制算法的能力，它是自适应系统的一个延伸和发展。因此，自学习系统理论也被广泛应用于工程控制领域，它有“定式”和“非定式”两个方面，前者是根据已有的答案对机器工作状态做出判断，由此来改进对机器的控制，使之不断趋近于理想的算法；后者是通过各种试探、统计决策和模式识别等手段对机器进行控制，使之趋近于理想的算法。自组织系统就是能根据环境变化和运行经验来改变自身结构和行为参数的系统，自组织系统理论的主要目标是通过仿真、模拟人的神经网络或感觉器官的功能，来探索实现人工智能的途径。

3）模糊理论。模糊理论是在模糊数学的基础上形成的一种新型的数理理论，主要是用来解决一些不确定型的问题。模糊数学包括模糊代数、模糊群体、模糊拓扑等。在现实社会中，存在着大量不够明确的信息和含糊的概念，人们只能根据经验对事物进行估计、推理和判断。因此，在一个复杂系统中，往往就有一些不确定型的问题需要处理。对此，仅用一般的数学模型和计算机是难以完成的，这就必须根据模糊数学来求得解决问题的结论。

4）大系统理论。大系统理论是现代控制论最近发展的一个新的重要领域。它以规模庞大、结构复杂、目标多样、功能综合、因素繁多的各种工程或非工程的大系统自动化问题作为研究对象，其研究和应用涉及工程技术、社会经济、生物生态等许多领域，如城市交通系统、社会系统、生态环境保护系统、消费分配系统、大规模信息自动检索系统等。尤其是在生产管理系统方面，如在生产过程综合自动化管理控制系统、区域电网自动调节系统、综合自动化钢铁联合企业系统等方面应用性更强。大系统理论所要研究的问题，主要是大系统的最优化问题。

3. 控制论对智能制造的指导意义

智能制造领域的一些核心概念和关键技术都源于控制论。维纳的《控制论》原著使用的书名是 *Cybernetics*（Cybernetics 被翻译成中文时使用了“控制论”这个词）。尽管“控制论”这个译名并不能充分反映“cybernetics”一词的丰富内涵，但在中文的语境中，控制论也已被广泛接受并发展，也在各个领域体现了维纳运用“cybernetics”的本意：着眼于动物和机器中的通信与控制理论。

根据北京大学出版社 2020 年出版收录于科学元典丛书的《控制论》导读部分的内容，中国科学院数学与系统科学研究院胡作玄教授指出：由于汉语翻译的原因，我们常常把控制论与大约同时出现的一个技术科学领域——控制理论（Control Theory）混淆起来。控制理论来源于比较具体而实际的问题，从蒸汽机的自动调节、温度的自动控制到导弹的自动制导等，在这些问题的基础上建立起物理和数学模型，进一步发展成为现代控制理论。相对于控制理论，控制论更应该被视为跨学科的学科群。

如图 2-1 所示，以信息物理系统（Cyber–Physical System，CPS）为核心的智能制造系统，本质上是物理空间的制造系统，包含了制造过程的自动化系统、机床、工业机器人等制造设备，以及工厂设施、物流设施等，是基于计算、通信和控制技术在信息空间建立起的一个综合计算、网络和物理环境的多维复杂系统。

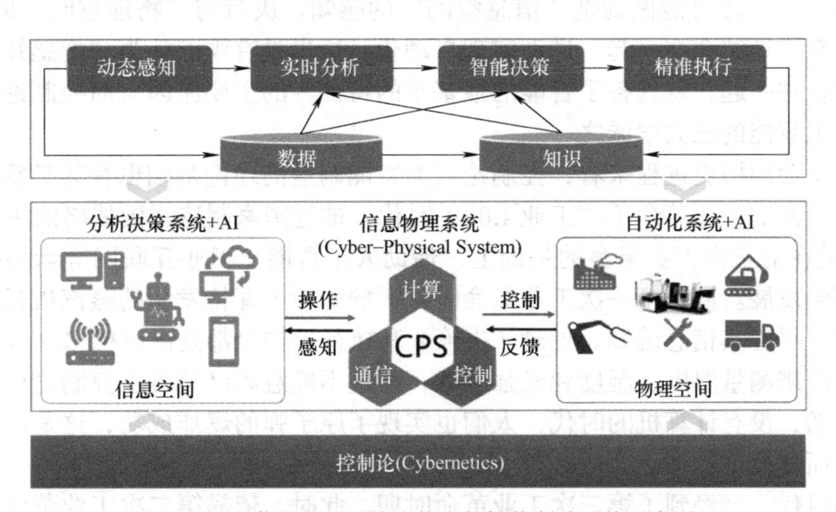

图 2-1　以信息物理系统为核心的智能制造系统示意图

信息物理系统中的 Cyber 就是取自控制论的 Cybernetics，强调了其通过人机交互接口实现与物理进程的交互，使用网络化空间以远程的、可靠的、实时的、安全的、协作的方式操控一个物理实体。对于工业生产而言，推动智能制造非常重要的一个目标是实现制造业的高质量发展。这里的高质量含义广泛，既包含生产系统的高效率、产品质量的高稳定性，更有对产品价值高端化、制造绿色环保化等要求。高效、高质对生产系统设备运行的稳定性提出了更高的要求，生产工艺参数要稳定、精准，设备与设备之间、人与设备之间的协作是可靠的、连续的，而这些要求都要依赖于信息、通信、反馈与控制。维纳控制论中的很多概念、理论具有超前预见性，提出的核心观点对现在智能制造的发展具有重要的指导意义，成为智能制造工程核心理论的基础。

智能制造发展的重要基础之一是“自动化”，该词就源于维纳的控制论。维纳在 70 多年前，首先提出“自动化”的概念。这一概念对于现代产业的迅猛发展至关重要。随着计算机、互联网等信息技术的普及，自动化水平得到了进一步的提升。在维纳刚刚提出控制论时，第一代计算机刚刚问世，其功能很原始，应用领域极为有限。70 多年前，世界上大多数国家，特别是发展中国家还远远没有解决工业化、机械化、电气化等问题，这时维纳已经清楚预见到建立在“信息”“通信”“控制”“反馈”等概念和技术上的“自动化”，这远远超出了当时人们的认识水平。随后 70 多年的工业发展历程则证实了维纳的先见之明。

智能制造发展的另一个重要标志是“智能”，在维纳的控制论中也有明确描述。维纳的最终目标是实现所谓“智能机”问题。尽管在人工智能研究异常活跃的今天，许多领域和技术均贴以“智能”的标签，但现有的机器同最简单的“智能机”仍有一道鸿沟。维纳指出，智能的首要问题是“学习”，而这是现在机器还无法办到的且没有能力实现“自主学习”。但维纳对此持乐观态度，他指出“真正惊人的、活跃的生命和学习现象仅在有机体达到一定复杂性的临界度时才开始实现，虽然这种复杂性也许可以由不太困难的纯粹机械手段来取得，但是复杂性使这些手段自身受到极大的限制”。因此，使得机器像人或动物一样聪明且具有“学习”能力，首先不可或缺的就是要具有信息感知、传送和处理的机制。在此基础上，才可能做到把“信息空间”的感知、决策与“物理空间”的设备运行、操作与控制有机地结合在一起，进而实现自动化。这也是有观点认为“把感知、决策和执行自动地结合在一起，就具备了智能的最基本的特征”的主要原因。而控制论很早之前就被列入了人工智能的三大学派之一。

从工业革命的历史进程来看，控制论成为智能制造的理论基础也有其必然性。智能制造是我国在第四次工业革命（“工业4.0”）时代，推进国家制造强国战略的主攻方向，“工业 4.0”则是在前三次工业革命的基础上，借助人工智能、工业互联网等新科技的强劲动力，得以蓬勃发展。回望第一次工业革命时代，詹姆斯·瓦特发明的蒸汽机标志着一个新时代的开端。尽管其信息感知、处理（决策）和执行机构全都是由机械来完成的，如尝试利用机械手段来测量温度、湿度和光强度等，但这不经意间已具备了控制论核心观点的全部要素。当然，没有计算机的时代，人们也实现了原子弹的爆炸成功，这是依靠了人民的集体智慧，而非简单机械。

在维纳时代，已经到了第三次工业革命时期。此时，依靠第二次工业革命的成果，电的使用已经相当广泛了，基于电信号的传感器信息可以直接进行运算，且经过处理后通过信号控制并驱动设备运行。也是在这样的背景下，维纳在控制论中指出“弱电的产生是新时代的标志”。但仅有信息传递与反馈是不够的，对于系统运行的控制，还要依赖于对控制对象的描述以及采用的控制策略。从控制论的发展过程看，通常采用线性常微分方程 / 方程组来描述对象或控制策略，即把控制策略的制定转化成一个数学问题，再通过数学方法进行求解。线性常微分方程 / 方程组的优势就是可以直接求解，然而，并非所有的实际问题构建的数学模型都能简化为这种形式求解，这促使了启发式算法的兴起与发展。而针对一般性的数学模型运用仿真的方法可能会得到更好的“解”，基于这些仿真结果，并结合实际情境的具体需求，来优化和调整控制策略，这一实践正是信息物理系统发展的重要驱动力之一。在信息物理系统的 Cyber 空间，制造企业可以运用网络上的各种资源进行仿真计算，实现跨越时空的资源共享与重用，从而提升快速响应能力，这也是智能制造发展的重要动力。

2.1.2　系统工程理论

1. 系统工程研究的核心问题

系统工程理论源于 1945 年美籍奥地利生物学家冯・贝塔朗菲所著《关于一般系统论》，该著作也成为系统论形成的标志。一般系统论研究的核心问题是关于“系统的模式、原则和规律，并对其功能进行数学描述”，其形成的有关系统的整体性、开放性、动态相关性、层次等级性和有序性，成为研究系统及其特性、推动系统工程理论研究的基本观点。

（1）系统的主要特性　系统整体性是系统最本质的属性。贝塔朗菲指出，“一般系统论是对整体和完整性的科学探索”。系统的整体性根源于系统的有机性和系统的组合效应。系统整体性原理的基本内容包括：要素和系统不可分割，即系统与要素、整体与部分的“合则两存”“分则两亡”的性质，体现了系统的有机性；系统整体的功能不等于各组成部分的功能之和。在系统论中 1 加 1 不等于 2，这是贝塔朗菲著名的“非加和定律”；系统整体具有不同于各组成部分的新功能，即从质的关系方面看，系统的整体效应表现为系统整体的性质或功能，具有构成该整体的各个部分自身所没有的新的性质或功能，也就是说，系统整体的质不同于部分的质。

1）系统的开放性表明生物系统本质上是开放系统，不同于封闭的物理系统。贝塔朗菲认为，一切有机体之所以有组织地处于活动状态并保持其活的生命运动，是由于系统与环境处于相互作用之中，系统与环境不断进行物质、能量和信息的交换，这就是所谓的开放系统。正是由于生命系统的开放性，才使这种系统能够在环境中保持自身的、有序的、有组织的稳定状态。在《关于一般系统论》中提出的等结果性原理，通过一组联立微分方程对开放系统进行数学描述，从数学上证明了开放系统的稳态并不以初始条件为转移，指出了开放系统可以显示出异同因果律。系统的目的性（有效性、适应性、寻的性）是存在的，不是完全由因果律决定的。开放系统可以保持自身的稳定结构和有序状态，或增加其既有秩序，这正是系统目的性的表现。把系统的开放性、有序性、结构稳定性和目的性联系起来，这正是贝塔朗菲一般系统论的核心和重要成果。

2）系统的动态相关性表明任何系统都处在不断发展变化之中，系统状态是时间的函数，这就是系统的动态性。系统的动态性取决于系统的相关性。系统的相关性是指系统的要素之间、要素与系统整体之间、系统与环境之间的有机关联性。它们之间相互制约、相互影响、相互作用，存在着不可分割的有机联系。系统论的相关性原则与唯物辩证法普遍联系的原则是一致的。动态相关性的实质是揭示要素、系统和环境三者之间的关系及其对系统状态的影响。

3）系统的层次等级性表明系统是有结构的，而结构是有层次、等级之分的。系统由子系统构成，低一级层次是高一级层次的基础，层次越高越复杂，组织越有序，并且系统本身也是另一系统的一个组成要素。系统中的不同层次及不同层次等级的系统之间相互制约、相互关联。自然系统、社会系统都有层次结构。等级层次结构存在于一切物质系统，因而人们对事物的认识也只是对其某一层面的认识。

4）系统的有序性可从两方面来理解。其一，是系统结构的有序性。若结构合理，则系统的有序程度高，有利于系统整体功效的发挥。其二，是系统发展的有序性。系统在变化发展中从低级结构向高级结构的转变，体现了系统发展的有序性，这是系统不断改造自身、适应环境的结果。系统结构的有序性体现的是系统的空间有序性，系统发展的有序性体现的是系统的时间有序性，两者共同决定了系统的时空有序性。

（2）系统工程的定义与研究对象　在一般系统论的基础上，系统工程经历 70 多年的发展，形成了从整体出发，合理开发、设计、实施和运用系统科学的工程技术体系。它根据总体协调的需要，综合应用自然科学和社会科学中有关的思想、理论和方法，将电子计算机作为工具，对系统的结构、要素、信息和反馈等进行分析，以达到最优规划、最优设计、最优管理和最优控制的目的。

1）系统工程的定义。对于系统工程的定义，在 20 世纪六七十年代国内外有关机构、学者就给予了极大的关注，提出了具有指引性的表述。例如，1969 年，美国质量管理学会系统工程委员会给出系统工程的定义：系统工程是应用科学知识设计和制造系统的一门特殊工程学。1975 年，美国科学技术辞典中对系统工程的定义：系统工程是研究由许多密切联系的要素组成的复杂系统的设计科学。1967 年，《日本工业标准 JIS》中定义：系统工程是为了更好地达到系统目标而对系统的构成要素、组织结构、信息流动和控制机理等进行分析与设计的技术。1974 年，《大英百科全书》中定义：系统工程是一门已有学科分支中的知识有效地组合起来用以解决综合性的工程问题的技术；1976 年，苏联的《苏联大百科全书》中定义：系统工程是一门研究复杂系统的设计、建立、试验和运行的科学技术。

2）系统工程的研究对象。我国的系统工程研究，在 20 世纪 90 年代已经达到世界领先水平，具有鲜明的中国特色。这首先归功于我国“两弹一星”元勋、著名科学家钱学森院士。1978 年 9 月 27 日，钱学森、许国志、王寿云联合署名在《文汇报》发表文章《组织管理的技术——系统工程》，在工业界和学术界引起巨大反响，极大地推动了系统工程在中国的迅猛发展。1978 年也被称为“中国系统工程元年”。在这篇文章中，就系统工程的定义与科学内涵进行了充分说明，也奠定了后来中国系统工程学会所倡导的“系统工程中国学派——钱学森学派”的发展。系统工程是组织管理的技术，也是组织管理系统的规划、研究、设计、制造、试验和使用的科学方法，是一种对所有系统都具有普遍意义的科学方法。

系统工程以复杂的大系统为研究对象。系统工程实践先于系统工程理论，先于系统工程学科。系统思想、系统工程实践在中国源远流长，以大禹治水、都江堰等杰出的大型水利工程为代表的系统工程实践表明，中国是“系统工程文明古国”。

美国贝尔电话公司在 20 世纪 40 年代提出和应用了系统工程方法开展项目研究与开发，随后美国的一些大型工程项目和军事装备系统的开发中，系统工程充分显示了它在解决复杂大型工程问题上的效用，并在美国的导弹研制、阿波罗登月计划中得到了迅速发展。20 世纪 60 年代，中国在航空航天领域推动系统工程，包括“两弹一星”的型号研制等大型工程任务。到了 20 世纪七八十年代，系统工程技术开始渗透到社会、经济、自然等各个领域，逐步分解为工程系统工程、企业系统工程、经济系统工程、区域规划系统工程、环境生态系统工程、能源系统工程、水资源系统工程、农业系统工程、人口系统工程等，成为研究复杂系统的一种行之有效的技术手段。

21 世纪以来，我国经济发展、科技发展进入了高速发展的“快车道”，无论是国防军事领域还是国民经济主战场，系统工程都发挥了重要作用，包括探月工程实施的“嫦娥”系列卫星的成功发射，实现了“绕”“落”“回”三步走战略的战略目标；“神舟”系列飞船成功发射，建立“天宫”空间站；成功实现“北斗”组网；以及“中国天眼”（FAST）、“和谐号”“复兴号”动车组与高铁项目、“港珠澳”跨海大桥等工程的成功实施，无不体现出中国系统工程领域工程实践与理论研究的优势。

系统工程所研究的复杂系统除了一般系统所具有的结构复杂、因素众多、系统行为有时滞现象，以及系统内部诸参数随时间而变化等特征外，系统工程学认为的复杂系统还有一些其他特征，例如，系统都是高阶数、多回路、非线性的信息反馈系统；系统的行为具有“反直观”性，即其行为方式往往与多数人们所预期的结果相反；系统内部诸反馈回路中存在一些主要回路；系统的非线性多次反馈以后，呈现出对外部扰动反映迟钝的倾向，对系统参数变化不敏感等。

从系统方法论来说，系统工程学是结构方法、功能方法和历史方法的统一。它有一套独特的解决复杂系统问题的工具和技巧，如双向因果环、反馈、流位和速率等概念。系统工程学模型中能容纳大量的变量，一般可达数千个以上；它是一种结构模型，通过它可以充分认识系统结构，并以此来把握系统的行为，而不只是依赖数据来研究系统的行为。因此，可以说系统工程是研究实际系统的“实验室”。

系统工程方法就是从系统的观点出发，在系统与要素、要素与要素、系统与外部环境的相互关系中揭示对象系统的系统特性和运动规律，从而最佳地处理问题。系统工程方法遵循了整体性、动态性和最优化原则。

整体性强调从整体出发、从系统目标出发进行研究，注意各要素间的相关关系。整体不等于各部分之和，如解决环保问题，就要将环境、能源、生产、经济统为一体，不能以孤立的观点来认识环境问题。动态性强调从时间轴上看其产生、发展过程及前景，如开发新产品时要注意开发时间与技术更新。

最优化强调整体最优，而不拘泥于局部最优。系统工程学通过人和计算机的配合，能充分发挥人的理解、分析、推理、评价、创造等能力的优势，又能利用计算机高速计算和跟踪能力，以此来实验和剖析系统，从而获得丰富的信息，为选择最优的或次优的系统方案提供有力工具。

2. 系统工程理论对智能制造的指导意义

（1）基于模型的系统工程是推动智能制造的有力手段　系统工程包括技术过程和管理过程两个层面，技术过程遵循分解 - 集成的系统论思路和渐进有序的开发步骤；管理过程包括技术管理过程和项目管理过程。工程系统的研制，实质是建立工程系统模型的过程，在技术过程层面主要是系统模型的构建、分析、优化、验证工作；在管理过程层面，包括对系统建模工作的计划、组织、领导、控制。因此，系统工程这种“组织管理的技术”，实质上应该包括系统建模技术和建模工作的组织管理技术两个层面，其中系统建模技术包括建模语言、建模思路和建模工具。

传统系统工程（Traditional Systems Engineering，TSE）自产生以来，系统建模技术中的建模语言变化较小。随着人们所研制的工程系统越来越复杂，传统系统工程中，系统工程活动的产出是一系列基于自然语言的文档，如用户的需求、设计方案。这个文档又是“文本格式的”，所以也可以说传统的系统工程是“基于文本的系统工程”（Text-Based Systems Engineering，TSE）。在这种模式下，要把散落在各个论证报告、设计报告、分析报告、试验报告中的工程系统的信息集成关联在一起，费时费力且容易出错。而以模型化为代表的信息技术快速发展，并在工程系统研制需求牵引和技术推动下，基于模型的系统工程（Model-Based Systems Engineering，MBSE）应运而生，相比于以文本管理为基础的传统系统工程，基于模型的系统工程在建模语言、建模思路、建模工具上有重大转变，相对传统系统工程有诸多不可替代的优势，是系统工程的颠覆性技术。国外把基于模型的系统工程视为系统工程的“革命”“系统工程的未来”“系统工程的转型”等。

2007年，国际系统工程学会（INCOSE）在《系统工程2020年愿景》中给出了“基于模型的系统工程”的定义：基于模型的系统工程是对系统工程活动中建模方法应用的正式认同，以使建模方法支持系统要求、设计、分析、验证和确认等活动，这些活动从产品概念设计开始，持续贯穿到产品设计开发及后续的所有生命周期阶段。MBSE的实质就是开发一个产品、平台时，把产品、平台研发中涉及的各个方面用“计算机数据模型”方式建立起来，形成一个统一的“系统模型”。从MBSE的定义可以看出，MBSE强调了建模方法的应用问题。众所周知，模型就是针对建模对象（研究对象）中建模者感兴趣的某些方面特征的近似表征，建模就是运用某种建模语言和建模工具来建立模型的过程，而仿真则是对模型的实施与执行。模型是人们思考问题的基本方法，是设计工作的思维基础。MBSE重点强调了以下两点：

1）建模方法的应用问题。MBSE和传统系统工程最大的区别就是采用建模的方法进行产品设计。建模是运用某种建模语言和建模工具，通过抽象，简化建立能近似刻画并“解决”实际问题的一种方法。系统工程从原来的“基于文档”转向为“基于模型”，并由此带来整个工作模式、设计流程的变革。

2）MBSE贯穿于整个产品研制的全生命周期。系统工程技术活动涵盖了系统定义、目标确定、需求分析、系统方案设计、产品制造、总装集成、测试验证、产品验收、评估交付、运行维护和系统处置，共11个过程，这也就决定了MBSE并不是局限于产品研制的某一个阶段，而是贯穿于整个产品研制的全生命周期中的各个阶段。因此，这里的“模型”并不是唯一的，在不同的设计阶段和领域，其“模型”具有不同的含义。例如，对于系统设计人员，MBSE指的是通过图形化的系统建模语言（如System Modeling Language，SysML）而建立的模型；对于产品结构设计人员，MBSE指的是通过CAD软件建立的三维模型；对于仿真控制设计人员，MBSE指的是通过MATLAB/Simulink等工具构建的模型。

2022年，国际系统工程学会发布了《系统工程2035年愿景》，描述了未来10年影响系统工程的几大趋势，包括可持续性、相互依存的世界、数字化转型、“工业4.0”/“社会5.0”、智能系统及复杂性增长等。对于智能制造而言，是我国推动“工业4.0”实现制造强国的主攻方向，在系统工程的未来发展中构想的基于模型及仿真是实现智能制造的重要手段。图 2-2 所示为《系统工程 2035 年愿景》所描述的基于模型的系统工程未来场景，即当前虽然越来越多的系统工程组织已经采用了基于模型的技术来获取系统工程工作产品，但MBSE在行业部门和组织内部的采用是不平衡的，每个项目都使用“定制”的“一次性模拟”，然而，模型的重用性有限，特别是在系统架构和设计验证的关键（早期）阶段，模型重复利用率尤为低下。

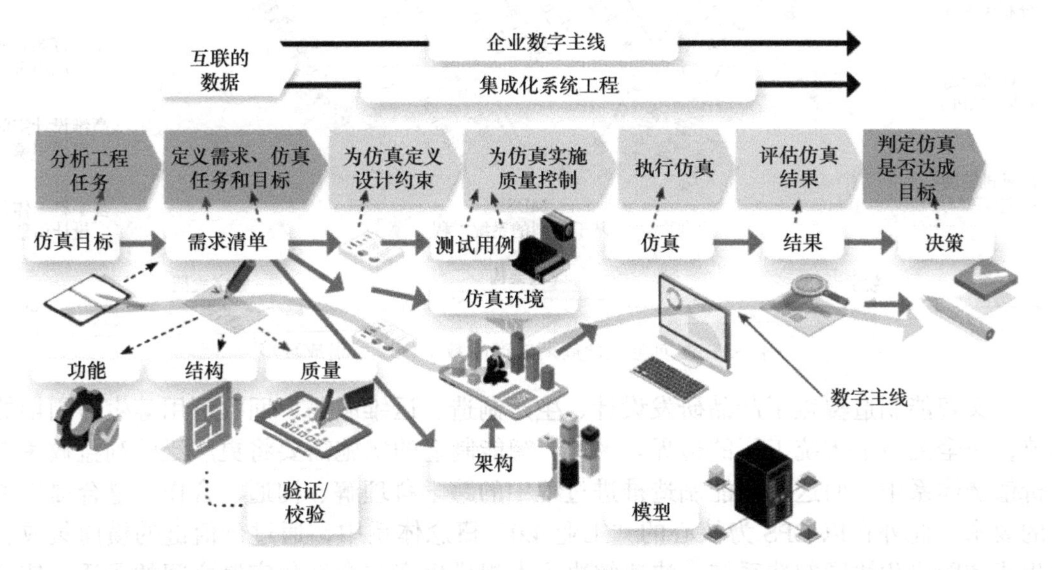

图 2-2　《系统工程 2035 年愿景》所描述的基于模型的系统工程未来场景

到 2035 年，随着 MBSE 的深入推进，将会实现基于本体互连的虚拟模型、基于数字孪生的模型资产进行模型实时更新，提供基于虚拟现实的沉浸式设计和探索空间，并支持利用基于云的高容量计算基础设施进行大规模仿真，建立起如图 2-3 所示的面向全生命周期的产品数字化模型集成环境。系统解决方案将日益被描述为信息物理系统和产品服务系统，并将作为更广泛的系统的一部分与其他系统进行常规连接。系统工程的相关性和影响将继续增长，超越大规模产品开发到工程和社会技术系统应用的广泛范围。此外，系统工程将成为数字化企业的必要前提和促成因素。系统工程将为这些对系统和产品创新、缺陷减少、企业敏捷性和增加用户信任至关重要的应用程序带来跨学科的视角。系统工程实践将以模型为中心，利用可重用元素的巨大资源库，同时提供基本的方法来管理系统生命周期中不断增加的复杂性和风险。

（2）系统工程方法是智能制造实施的有效支撑　智能制造实施过程中，基于模型的系统工程将系统模型发展成了各专业学科模型的“集线器”。各专业学科的模型已经被大量应用于工程设计的各个方面，但由于模型缺乏统一的编码，也无法共享，因此建模工作仍处于“烟囱式”的信息传递模式，形成了一个个的“模型孤岛”，没有与系统工程工作流良好结合。以智能制造背景下的产品协同设计为例，在 MBSE 下，系统模型成了各学科模型的“集线器”，各方人员围绕系统模型开展需求分析、系统设计、仿真等工作，便于工程团队的协同工作。这就使整个设计团队可以更好地利用各专业学科在模型、软件工具上的先进成果。

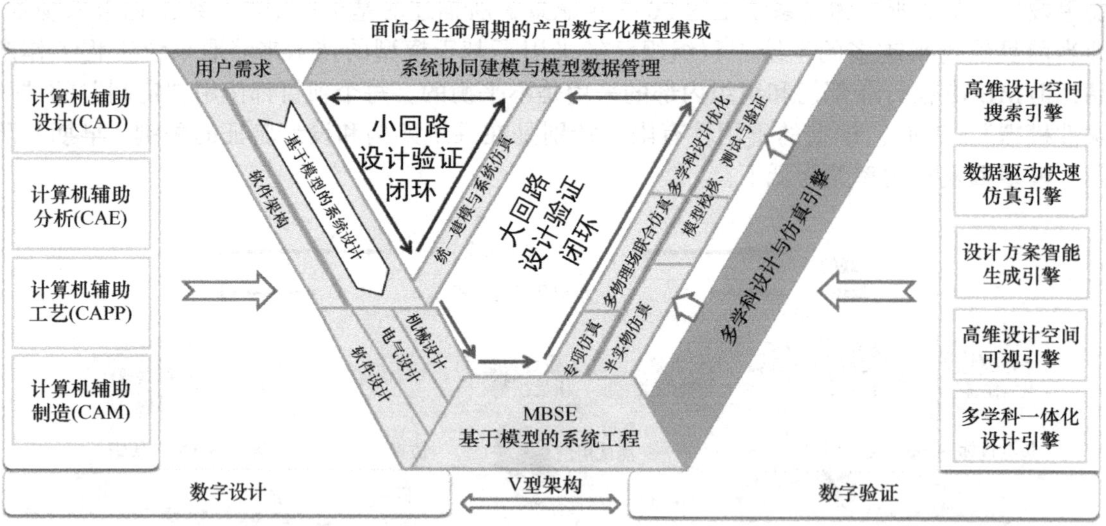

图 2-3　面向全生命周期的产品数字化模型集成环境

广义智能制造覆盖了产品研发设计、生产制造、运维服务、回收利用等生命周期的各环节，完全突破了传统工厂的边界。因此，智能制造的实施需要将更广泛的利益攸关者纳入价值链体系中，而这对智能制造推进过程中的跨学科理解、沟通、合作、整合提出了更高的要求。此外在以 CPS 为核心的“工业 4.0”概念体系中，通过价值链的横向集成、纵向集成和网络化协同制造系统，快速解决了大规模生产与个性化定制之间的矛盾，使得传统意义上对于顾客来说遥不可及的、模糊的“黑盒”工厂，变成触手可及的、透明的工厂。未来 5 ～ 10 年，顾客的个性化需求甚至会突破有限的产品定制化选择，而直接融入产品设计本身。在这种情况下，如何快速且有效地完成从顾客需要到产品实现的转换，将成为智能制造发展的关键。产品从概念、设计到研发、生产的过程，将由于智能制造系统打通价值链的上下游，使得整个过程前所未有地被提速了，在产品生命周期越来越短的竞争环境下，那些能够在早期更多地将生产和运行状态中的各种可能的收益和风险考虑完整的组织，将能够在保证效率的同时，维持更高的研发质量，避免反复迭代的浪费，从而具备领先行业的竞争力。因此，全面的系统工程方法的导入是智能制造能够达成的有效支撑。

从智能制造和系统工程两个方面的发展趋势来看，两者必将在融合中支持更加广泛的产品创新，同时在创新实践中更加深入地融合发展。清华大学工业工程系系统工程团队提出了如图 2-4 所示的智能制造与系统工程融合创新体系架构。该体系架构分为物理世界与数字世界。在物理世界中，围绕产品这个中心，以基于模型的“系统工程 V 模型”为内核，以设计、制造、运行为外围活动；在对应的数字世界中，形成产品全生命周期过程的数字孪生，从而支持外围的基于模型的设计、智能制造和智能运行。在物理世界与数字世界之间的数据采集和分析，一方面负责数字世界对物理世界的同步学习，另一方面通过仿真、优化等方法进行决策分析与推演。

智能制造和系统工程的融合发展，能够有效推动各个行业领域的高质量发展。以航天器的研发制造为例，基于数字孪生的航天器系统工程总体思想如图 2-5 所示。借助大数据、云计算、物联网、数字化表达、移动互联、人工智能等先进技术，从虚实空间、生命周期、产品结构、计划与控制、涉及学科、工程要素、地缘分布七个维度对航天器系统工程进行综合。在信息世界中构建物理世界（如航天器产品、物理验证载体、物理车间、试验 / 测试设备等）的超写实数字模型（如航天器产品镜像、物理验证载体镜像、数字车间、试验 / 测试设备镜像等），打破现实和虚拟之间的界限，实现信息世界与物理世界的双向且实时交互，将人、流程、数据和事物等连接起来。提供协同工作环境，形成全过程、异地、多产品、多学科、多要素、多源数据的统一管理和有效融合与利用，反复优化航天器产品设计和生产过程，完成状态检测、数据采集与传输、实时显示、动态分析、多维度设计、多视角仿真、关键参数优化、性能与行为预测、任务评估、控制决策、驱动输出等各种功能。覆盖航天器系统工程的生命周期、产品结构层级和地缘分布，聚合多学科、多要素异地数据，融入项目计划与控制，实现设计、工艺、制造 / 装配、试验 / 测试、在轨运行、管理等航天器全生命周期过程的高度模块化、可视化、模型化、数据化、互联化及智慧化，从而推进航天工业智能制造，促进整个航天器系统工程向数字化、网络化和智能化转型。

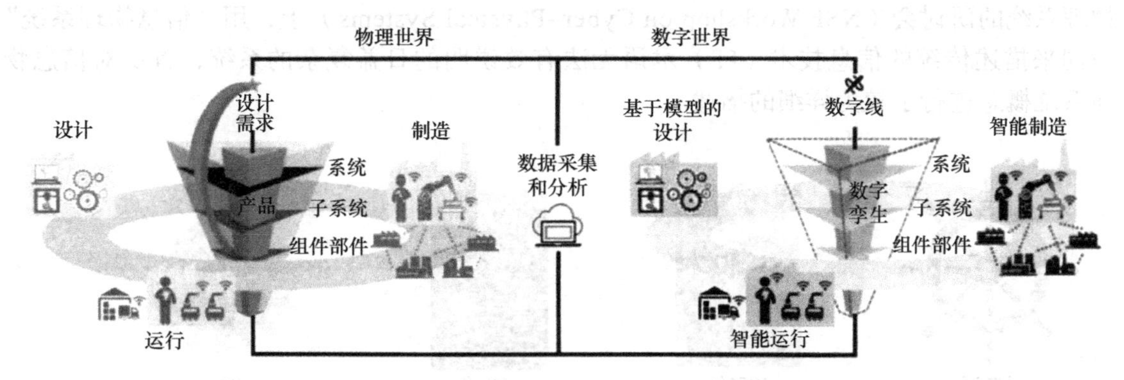

图 2-4　智能制造与系统工程融合创新体系架构

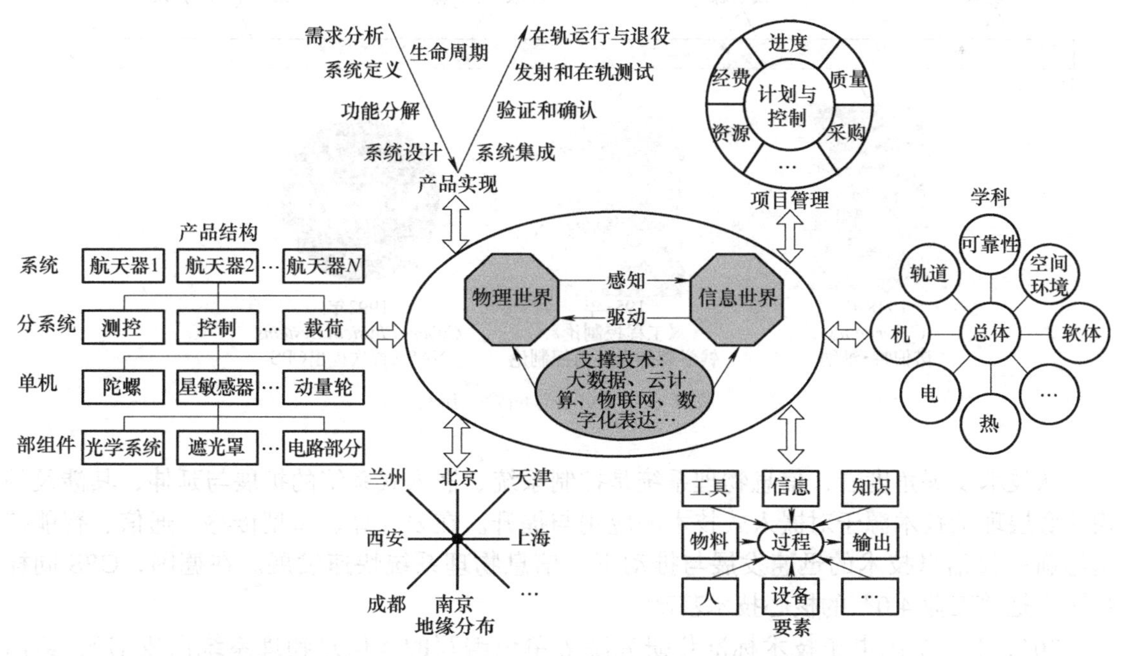

图 2-5　基于数字孪生的航天器系统工程总体思想

2.1.3 信息物理系统

1. 信息物理系统定义与本质

“Cyber”的发展历程如图 2-6 所示，“Cyber”一词最早可追溯至希腊语单词 Kubernetes，意思是掌舵人。1948 年，诺伯特·维纳（Norbert Wiener）在其著作 *Cybernetics* 中首次创造并使用了“Cybernetics”一词。1954 年，钱学森在《工程控制论》（*Engineering Cybernetics*）一书中使用了“Cybernetics”一词并于 1958 年在发布的该书中文版中将这个词翻译为“控制论”。1982 年，美国作家威廉·吉布森（William Gibson）创造了“cyberspace”一词，这个概念后来在科幻文学和文化中变得非常流行。信息物理系统（Cyber-Physical Systems，CPS）这一术语，由美国国家航空航天局（NASA）于 1992 年提出，随后引起学术界和产业界的高度关注，并伴随嵌入式系统的广泛应用得以迅速发展。2006 年美国国家科学基金会（NSF）科学家海伦·吉尔（Helen Gill）在关于信息物理系统的研讨会（NSF Workshop on Cyber-Physical Systems）上，用“信息物理系统”一词来描述传统的信息技术（IT）术语无法有效说明的日益复杂的系统，首次对信息物理系统概念进行了较为详细的描述。

图 2-6 “Cyber”的发展历程

从技术发展角度看，信息物理系统是控制系统、嵌入式系统的扩展与延伸，其涉及的相关底层理论技术源于对嵌入式技术的应用与提升。在云计算、新型传感、通信、智能控制等新一代信息技术的迅速发展与推动下，信息物理系统快速发展。在德国，CPS 同样被认为是“工业 4.0”的核心技术基础。

2017 年，中国电子技术标准化研究院等单位编写的《信息物理系统白皮书》，给出了我国对信息物理系统的定义和本质描述。该白皮书尝试给出对 CPS 的定义：CPS 通过集成先进的感知、计算、通信、控制等信息技术和自动控制技术，构建了物理空间与信息空间中人、机、物、环境、信息等要素相互映射、适时交互、高效协同的复杂系统，实现系统内资源配置和运行的按需响应、快速迭代、动态优化。在该白皮书中，把信息物理系统定位为支撑两化（信息化和工业化）深度融合的一套综合技术体系，这套综合技术体系包含硬件、软件、网络、工业云等一系列信息通信和自动控制技术，这些技术的有机组合与应用，构建起一个能够将物理实体和环境精准映射到信息空间并进行实时反馈的智能系统，作用于生产制造全过程、全产业链、产品全生命周期，重构制造业范式。从 CPS 的本质看，该白皮书认为：基于硬件、软件、网络、工业云等一系列工业和信息技术构建起的智能系统，其最终目的是实现资源优化配置。实现这一目标的关键要靠数据的自动流动，在流动过程中数据经过不同的环节，在不同的环节以不同的形态（隐性数据、显性数据、信息、知识）展示出来，在形态不断变化的过程中逐渐向外部环境释放蕴藏在其背后的价值，为物理空间实体“赋予”实现一定范围内资源优化的“能力”。

因此，信息物理系统的本质就是构建一套信息空间与物理空间之间基于数据自动流动的状态感知、实时分析、科学决策、精准执行的闭环赋能体系，解决生产制造、应用服务过程中的复杂性和不确定性问题，提高资源配置效率，实现资源优化。

2. 工业 4.0 视角下的 CPS 实施

信息物理系统是“工业 4.0”的核心技术。CPS 以工业大数据、云计算以及信息通信技术为基础，通过智能感知、分析、预测、优化、协同等技术手段，将获取的信息与对象的物理性能表征相结合，使信息空间与实体空间深度融合、实时交互、相互耦合，在信息空间中构建实体的“虚拟镜像”，它以数字化的形式将实物生产系统的实时状况在信息空间中进行分析处理，并将处理结果及时更新至人 - 机交互界面，实现了生产过程的可视化。这种新生产模式，将导致新的商业模式、管理模式、企业组织模式以及人才需求的巨大变化。

CPS 通过信息空间中信息的传输、交换、计算和控制来实现对物理空间的多维度、多尺度、多层次的全面感知、高效组织、有机调控与协同进化，以达到信息空间与物理空间无缝融合的目的。这种交融模式具有重大科学意义和应用前景。一方面，它为人类社会认知和改造自然提供了全新的方式和手段；另一方面，其所孕育的许多新的技术、新的应用模式，将从根本上改变人类社会的生产和生活方式。

CPS 的特点可以概括为：深度嵌入、泛在互联、智能感知和交互协同。根据功能及所涉技术领域区别，可将 CPS 一体化模型划分为三大实体，即物理实体、计算实体和交互实体。三大实体同核心 3C（通信、计算和控制）技术紧密相连。图 2-7 所示为信息物理系统的结构示意图，其具体特点包括：

1）CPS 能够使信息与物理世界交互协同、深度集成，同时其系统结构具有开放、动态和异构的特点，时间和空间的约束同时存在，复杂性高。

2）信息与物理世界间通过反馈闭环控制密切交互，具备自适应、重配置等智能性，从而自主、自治对物理环境的动态变化做出响应，提高服务的质量。

3）系统的设计和运行必须满足实时性、可靠性和安全性等方面的要求。

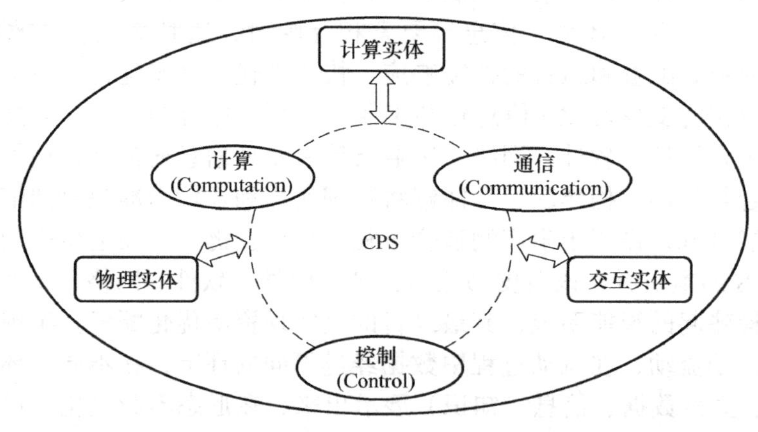

图 2-7　CPS 的结构示意图

信息物理生产系统（Cyber–Physical Production Systems，CPPS）是信息物理系统与生产制造相融合，通过计算机科学、通信技术和自动化技术有机结合，将企业规划层、工厂管理层、过程控制层和部分设备控制层的金字塔式层级结构离散化，从而实现制造系统的自主分布式控制，提供了复杂生产环境和需求多变情况下工业生产系统的灵活性和自适应性，进而实现现代工业生产的个性化、高效化的智能生产系统。

“工业 4.0”正是通过将 CPS 同制造业相结合，利用 CPS 的信息物理融合特性在生产系统的信息层和物理层之间创建基于数据自动流动的状态感知、实时分析、科学决策与精准执行，形成闭环的生产过程。因此，信息物理生产系统也是“工业 4.0”在制造业领域应用的具体形式，即以 CPPS 为基础构建智能工厂，进而实现智能制造的目标。

CPPS 由具有自治能力、协作能力的元素或子系统组成，这些元素在生产系统的各个层级内根据生产任务动态地建立连接关系，通过元素间的协商和协作完成生产任务；CPPS 能够对生产系统中的实时数据进行响应和决策，自动应对生产系统中的各种不可预见事件，并且能够在运行过程中实现学习和自我进化。

CPPS 将信息物理融合技术应用于生产系统，利用 CPS 的信息物理融合特性，大量采集系统内的实时生产数据，对生产流程进行实时管控，并通过具有分布式智能的 CPS 节点在生产订单执行的各个流程进行协商协作，实现生产任务的分配和执行。CPPS 部分打破了传统制造系统的分层控制架构，将生产系统分为物理层和信息层两个部分：物理层主要实现异构生产元素的集成，实现数据的采集和指令的执行；信息层通过对实时数据进行计算和仿真，实现生产元素管理、生产计划制订、生产过程管理并对系统内外部环境变化及时做出响应，物理层和信息层之间可以进行点对点的互操作，实现生产系统内部的信息物理深度融合。对于 CPPS 的具体实施，可以参照 5C 模型，通过逐步实施智能连接层（Connection）、数据 – 信息转化层（Conversion）、信息层（Cyber）、认知层（Cognition）、组态层（Configuration）五个层级步骤，实现 CPPS 中从原始数据采集、数据分析到使用数据创造价值的整个流程，如图 2-8 所示。

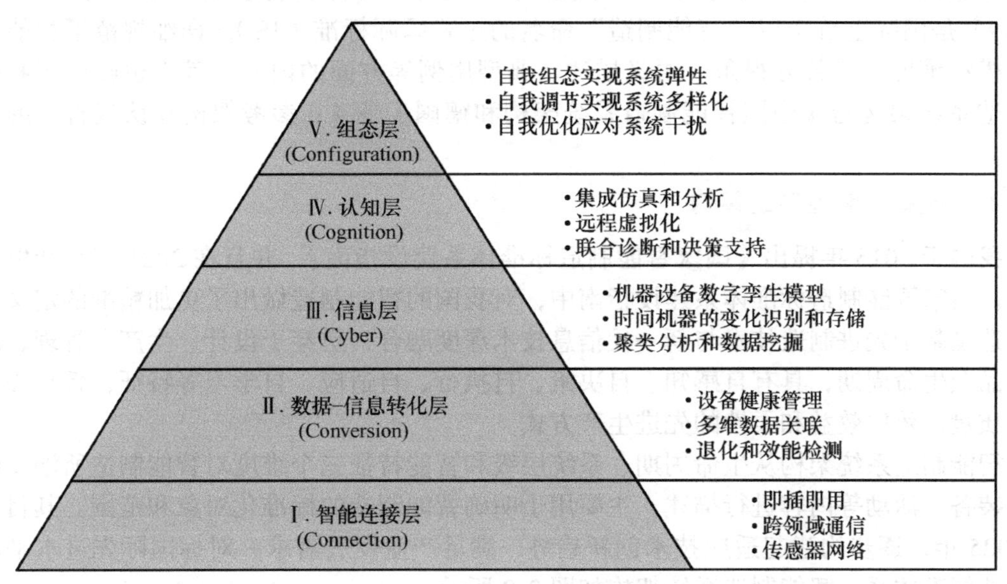

图 2-8　实施 CPPS 的 5C 模型框架

2.2　智能制造工程的技术体系

2.2.1　智能制造系统架构

1. 智能制造参考模型

参考模型是智能制造的“准星”，提供基于共识的智能制造总体架构、核心概念、基本原理、功能性能特征等，并勾勒智能制造的技术体系和标准体系。作为一个通用模型，智能制造参考模型适用于智能制造全价值链的所有合作伙伴公司的产品和服务，它将提供智能制造相关技术系统的构建、开发、集成和运行的一个框架，通过建立智能制造参考模型可以将现有标准（如工业通信、工程、建模、功能安全、信息安全、可靠性、设备集成、数字工厂等），拟制定的新标准（如语义化描述和数据字典、互联互通、系统能效、大数据、工业互联网等）一起纳入一个新的全球制造参考体系。例如，2015 年 3 月德国发布了对应的智能制造参考模型 RAMI4.0（Reference Architecture Model Industrial 4.0），即工业 4.0 参考架构模型。2017 年 1 月，美国工业互联网联盟（Industrial Internet Consortium，IIC）基于 ISO/IEC/IEEE 42010：2011 标准发布了工业互联网参考架构（Industrial Internet Reference Architecture，IIRA）。

为响应 ISO（国际标准化组织）/TMB（技术管理局）和 IEC（国际电工委员会）/SMB（标准管理局）关于解决智能制造模型需求的联合声明，形成参考模型的统一认识，IEC/TC65（工业测量控制和自动化技术委员会）与 ISO/TC184（自动化系统与集成技术委员会）联合成立 JWG21“智能制造参考模型工作组”，召集来自 15 个国家的 100

余名专家共同研制智能制造统一参考模型国际标准。《智能制造统一参考模型》（IEC 63339）是国际上首次以“智能制造”命名的正式国际标准（IS），详细规范了智能制造参考模型维度、相关方视角、语义描述、典型用例等方面的内容，其中也吸纳了我国智能制造系统架构与《中国智能制造系统架构和德国工业 4.0 参考架构互认报告》的研究成果。

2. 我国智能制造系统架构

我国于 2015 年提出《国家智能制造标准体系建设指南》，并且在 2021 年重新发布和更新。国家智能制造标准体系建设指南中，对我国的智能制造做出了更加精准的定义：智能制造是基于先进制造技术与新一代信息技术深度融合，贯穿于设计、生产、管理、服务等产品全生命周期，具有自感知、自决策、自执行、自适应、自学习等特征，旨在提高制造业质量、效率效益和柔性的先进生产方式。

智能制造系统架构从生命周期、系统层级和智能特征三个维度对智能制造所涉及的要素、装备、活动等内容进行描述，主要用于明确智能制造的标准化对象和范围。其目标是到 2025 年，逐步构建起适应技术创新趋势、满足产业发展需求、对标国际先进水平的智能制造标准体系。智能制造系统架构如图 2-9 所示。

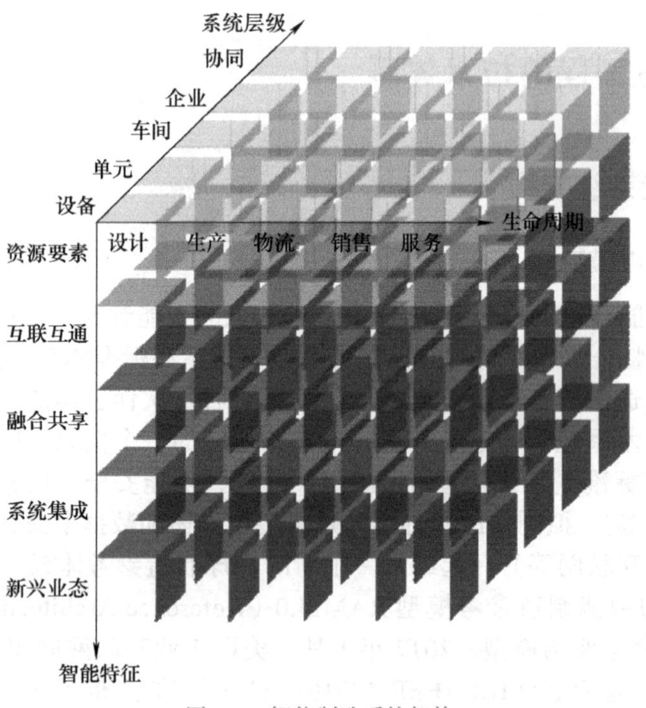

图 2-9 智能制造系统架构

（1）生命周期 生命周期涵盖从产品原型研发到产品回收再制造的各个阶段，包括设计、生产、物流、销售、服务等一系列相互联系的价值创造活动。生命周期的各项活动可进行迭代优化，具有可持续性发展等特点，不同行业的生命周期构成和时间顺序不尽相同。

（2）系统层级　企业生产活动相关的组织结构的层级划分，包括设备层、单元层、车间层、企业层和协同层。①设备层是指企业利用传感器、仪器仪表、机器、装置等，实现实际物理流程并感知和操控物理流程的层级；②单元层是指用于企业内处理信息、实现监测和控制物理流程的层级；③车间层是实现面向工厂或车间的生产管理的层级；④企业层是实现面向企业经营管理的层级；⑤协同层是企业实现其内部和外部信息互联和共享，实现跨企业间业务协同的层级。

（3）智能特征　制造活动具有的自感知、自决策、自执行、自学习、自适应之类功能的表征，包括资源要素、互联互通、融合共享、系统集成和新兴业态等智能化要求。①资源要素是指企业从事生产时所需要使用的资源或工具及其数字化模型所在的层级；②互联互通是指通过有线或无线网络、通信协议与接口，实现资源要素之间的数据传递与参数语义交换的层级；③融合共享是指在互联互通的基础上，利用云计算、大数据等新一代信息通信技术，实现信息协同共享的层级；④系统集成是指企业实现智能制造过程中的装备、生产单元、生产线、数字化车间、智能工厂之间，以及智能制造系统之间的数据交换和功能互连的层级；⑤新兴业态是指基于物理空间不同层级资源要素和数字空间集成与融合的数据、模型及系统，建立的涵盖了认知、诊断、预测及决策等功能，且支持虚实迭代优化的层级。

2.2.2　智能制造技术体系架构

从智能制造工程整体技术体系看，智能制造工程以制造技术为基础，在传统制造业的产品研发设计、生产制造、运行维护、回收利用等生命周期的各个环节融合人工智能、大数据、云计算、物联网 / 工业互联网等智能技术，实现产品创新研发、智能生产、精准运维与绿色循环，推动制造业创新变革、转型升级，进而实现制造业高质量发展。“制造为基、智能为魂”强调的是智能制造工程的发展内涵，核心在于借助智能技术与传统制造技术的融合发展，促进制造业由大变强。

智能制造作为制造强国战略的主攻方向，在推进制造业高质量发展过程中发挥了不可替代的作用。智能制造工程所涉及的关键技术具体包含哪些，尚未形成统一共识。美国波士顿咨询公司 2021 年发布报告，介绍了“工业 4.0”时代的九大技术趋势，包括了大数据与分析、自主式机器人、仿真模拟、垂直和水平系统集成、工业互联网、工业网络安全、云计算、增材制造和增强现实技术，这些新技术将改变企业生产方式，独立和优化的单元将完全整合为自动化的生产流程，改变供应商、生产商和客户之间的传统关系，也改变了人和机器之间的关系。综上，从学术界和产业界对智能制造工程概念理解与应用实践的角度看，可以将智能制造工程的技术体系划分为四个层级，如图 2-10 所示，包括先进制造与信息技术融合层、传感器层、产线与装备层和工业软件层。

1. 先进制造与信息技术融合层

先进制造与信息技术融合层，包含了精密加工、微细加工、增材制造、激光制造、生物制造、绿色制造等先进制造技术，以及人工智能、大数据、云计算、物联网、工业互联网、混合现实（MR）/ 增强现实（AR）/ 虚拟现实（VR）、数字孪生等信息技术。在大数据及分析方面，随着制造系统的智能化演进，工业领域产生、传输、处理及分析利用的数据呈现出大数据的基本特征，包括海量的数据规模、快速的数据流转和动态的数据体系、多样的数据类型和巨大的数据价值，进而形成了“工业大数据”，即工业领域的大数据基础。因此，基于大数据的分析模式在“工业大数据”的基础上，在制造领域将发挥重要作用，其核心优势在于能够优化产品质量、节约能源、提高设备服务水平。在“工业 4.0”背景下，将对来自开发系统、生产系统、企业与客户管理系统等不同来源的数据进行全面的整合评估，使其成为支持实时决策的标准。

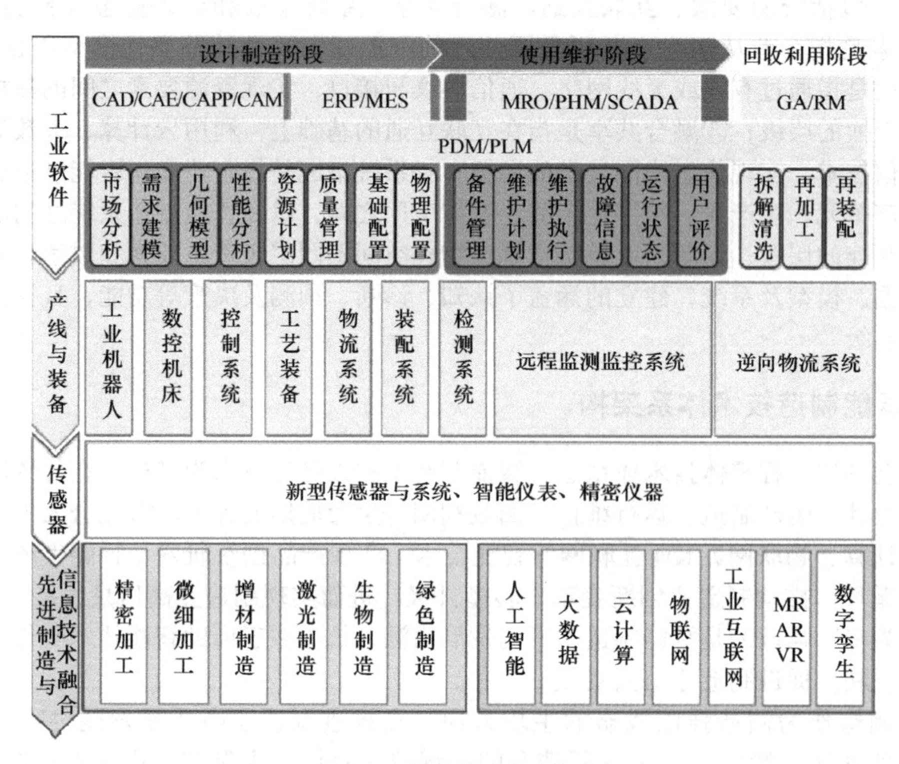

图 2-10　智能制造技术体系

工业机器人作为先进制造方式的代表，已经在汽车、航空、航天等众多制造领域广泛应用，通过工业机器人来处理复杂的作业。随着智能技术的发展，机器人也在不断进化，甚至可以在更复杂、更多变的实用程序中使用，将逐步发展成为“自主式机器人”，机器人将更加自主、灵活。在未来的制造场景中，机器人与人类并肩合作完成复杂作业将更加普遍，并且相比于制造业之前使用的工业机器人，它们的适用范围更广泛。同时，这些机器人也能够相互连接，以便机器人之间也可以协同工作，并自动调整行动，以配合下一个未完成的产品线。自主式机器人中的高端传感器和控制单元可保证与人类密切合作，计算机视觉技术的应用保证了安全互动和零件识别的实现。

目前，在产品研发的工程设计阶段，充分运用了三维仿真材料和产品，但在未来，模拟将更广泛地应用于装置运转中，形成“硬件在环”的仿真。硬件在环仿真，是一个与快速控制原型反过来的过程。通俗来讲，硬件在环仿真 = 真的控制器 + 假的被控对象，也就是将真的控制器连接假的被控对象，以一种高效、低成本的方式对控制器进行全面测试。智能制造时代的仿真模拟将利用实时数据，在虚拟模型中反映真实世界，包括机器、产品、人等，这使得运营商可以在虚拟建模中进行测试和优化。

2. 传感器层

传感器层包括支撑智能制造工程的新型传感器与系统、智能仪表、精密仪器感知技术。传感器将工业场景的核心数据进行采集，为智能制造的实现奠定基础。人类正在进入“人 – 机 – 物”三元融合、万物互联的时代，而当前在物联网技术的应用上，制造企业只有部分传感器与设备进行了联网和嵌入式计算，它们通常处于一个垂直化的金字塔中，距离进入总体控制系统的智能化和自动化水平仍有一定距离。随着物联网产业的发展，更多的设备甚至更多的未成品将使用标准技术连接，可以进行现场通信，提供实时响应。驱动和控制系统供应商博世力士乐生产了一种半自动的阀门生产设施，可以分散地分析生产过程。产品通过无线电频率识别码进行识别，并且工作站能够“获知”每个产品必须执行的生产步骤，从而适时地进行特定的操作。

3. 产线与装备层

产线与装备层主要是以实现智能制造的具体设备、生产单元、产线的设计开发为目标，如工业机器人、数控机床、控制系统、工艺装备、物流系统、装配系统、检测系统等，以及对装备运行的状态监测与运行维护的远程监测监控系统，支持产品回收利用的逆向物流系统等。智能制造的推进实施，高度依赖于数据采集与监控、分布式控制系统、过程控制系统、可编程逻辑控制器等工业控制系统，广泛运用于工业、能源、交通、水利以及市政等领域，用于控制生产设备的运行。“工业 4.0”时代，工业设备连接性增强，网络安全威胁也急剧增加，一旦工业控制系统信息安全出现漏洞，将对工业生产运行和国家经济安全造成重大隐患。随着计算机和网络技术的发展，特别是信息化与工业化的深度融合以及物联网的快速发展，工业控制系统产品越来越多地采用通用协议、通用硬件和通用软件，以各种方式与互联网等公共网络连接，高度信息化的同时也减弱了控制系统及 SCADA（数据采集与监控）系统等与外界的隔离，病毒、木马等威胁正在向工业控制系统扩散，工业控制系统信息安全问题日益突出。因此，工业网络安全技术是构成智能制造工程技术体系的重要组成部分。

4. 工业软件层

工业软件是推进智能制造的关键要素，是利用工业技术软件化实现工业化与信息化深度融合的核心，是智能制造工程技术体系的重要组成部分。按照产品生命周期管理阶段，工业软件层面包含了计算机辅助设计（CAD）/ 计算机辅助工程（CAE）/ 计算机辅助工艺规划（CAPP）/ 计算机辅助制造（CAM），企业资源计划（ERP）/ 制造执行系统（MES），运维服务（MRO）/ 故障预测与健康管理（PHM）/ 数据采集与监控（SCADA），以及绿色制造（GM）/ 再制造（RM），产品数据管理（PDM）/ 产品生命周期管理（PLM）等。以制造企业为例，实施智能制造涉及的各类工业软件及其关系如图 2-11 所示。

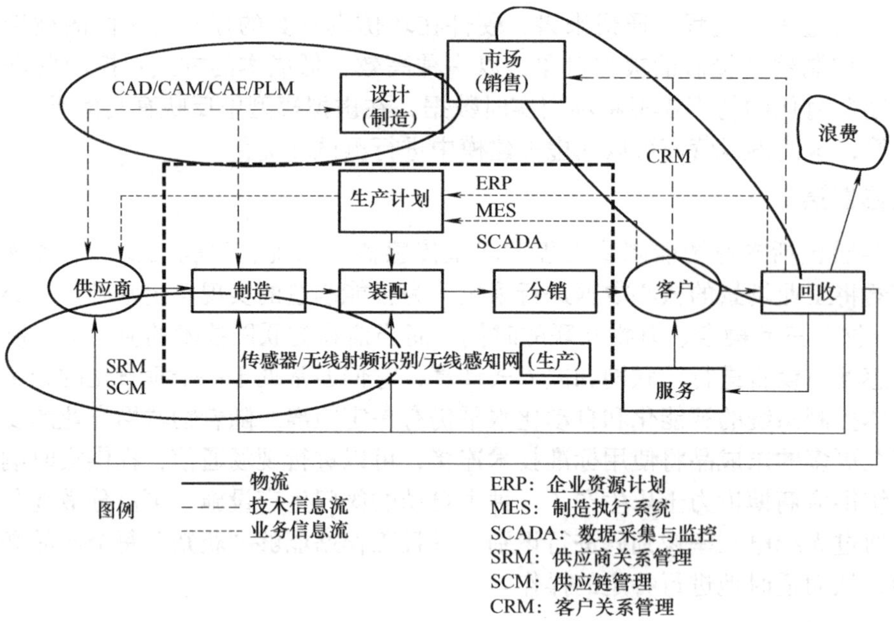

图 2-11 制造企业中各类工业软件及其关系

2.2.3 智能制造标准体系建设框架

在构建智能制造标准体系过程中，应对标国际先进水平的智能制造标准体系、实施制造强国网络强国战略，加强标准工作顶层设计，增加标准有效供给，强化标准应用实施，统筹推进国内国际标准化工作，持续完善国家智能制造标准体系，指导建设各细分行业智能制造标准体系，切实发挥好标准对于智能制造的支撑和引领作用。

智能制造标准体系结构包括“A 基础共性”“B 关键技术”“C 行业应用”三个部分，主要反映标准体系各部分的组成关系。智能制造标准体系结构如图 2-12 所示。

1）A 基础共性标准包括通用、安全、可靠性、检测、评价、人员能力六大类，位于智能制造标准体系结构图的最底层，是 B 关键技术标准和 C 行业应用标准的支撑。

2）B 关键技术标准包括智能装备、智能工厂、智慧供应链、智能服务、智能赋能技术和工业网络六个部分，是智能制造系统架构智能特征维度在生命周期维度和系统层级维度所组成的制造平面的投影，其中 BA 智能装备标准主要聚焦于智能特征维度的资源要素，BB 智能工厂标准主要聚焦于智能特征维度的资源要素和系统集成，BC 智慧供应链对应智能特征维度互联互通、融合共享和系统集成，BD 智能服务对应智能特征维度的新兴业态，BE 智能赋能技术对应智能特征维度的资源要素、互联互通、融合共享、系统集成和新兴业态，BF 工业网络对应智能特征维度的互联互通和系统集成。

3）C 行业应用标准包括船舶与海洋工程装备、建材、石化、纺织、钢铁、轨道交通、航空航天、汽车、有色金属、电子信息、电力装备及其他 12 个部分，位于智能制造标准体系结构图的最顶层，面向行业具体需求，对 A 基础共性标准和 B 关键技术标准进行细化和落地，指导各行业推进智能制造。

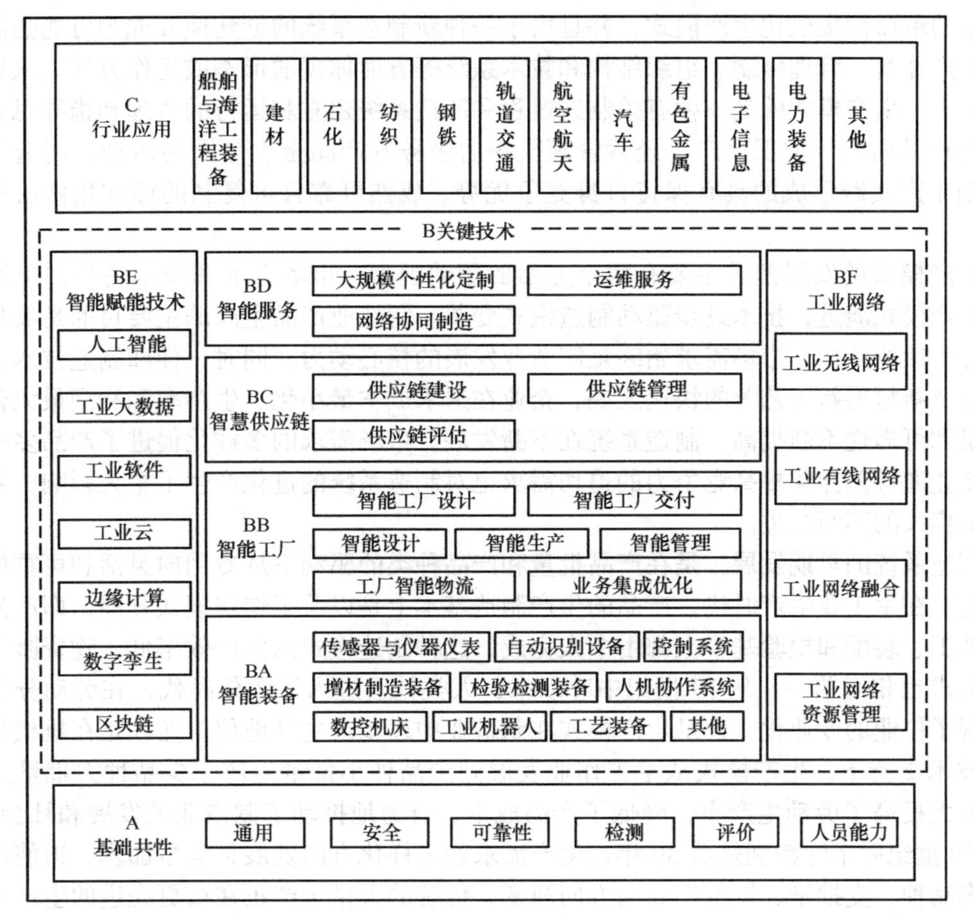

图 2-12　智能制造标准体系结构

2.3　智能制造工程的典型生产模式

2.3.1　生产模式的定义与演进

模式，在汉语词典中被定义为：某种事物的标准形式或使人可以照着做的标准样式。如果把模式一词拆解为“模”和“式”，则可以理解模式的内涵，即用“模”给出标准 / 要求，用“式”达成目标 / 目的。其中：

1）模（Mode）：表示事物的已知特征信息，即“模”是对事物不变性、确定性的表征，如物理结构、内容构成等的概念化，相当于给出可以用于参照的“模型（Model）”。

2）式（Style）：表示一个可以变化的特性或者会引起变化的能力。“式”是对事物变化性、未知性的概念化，相当于给出要解决的具体问题或形成的具体功能等。

在制造业领域，模式可以理解为是将生产中的具体经验经过抽象、提炼后形成的一套知识体系，用于解决问题的一套方法。因此，生产模式是一种为响应社会和市场需求变化而产生的革命性集成化生产模式，并且由于一种新制造系统的创建使其成为可能是制造企业在生产经营、管理体制、组织结构和技术系统等方面体现的形态或运作方式。从更广义的角度看，生产模式就是一种有关制造过程和制造系统建立和运行的哲理和指导思想，特指围绕产品研发、加工生产、经营管理及售后服务等产品全生命周期活动，制造领域经过长期生产实践形成的具有保持自身竞争优势、成熟可靠且可复制的标准化做法和运作方式。

生产模式的发展演进主要有两个方面的驱动因素：市场需求和技术进步，市场需求拉动生产模式演进，技术进步驱动制造模式变革。制造业产品生产的主要目的是满足人们对美好生活的向往，市场需求始终是制造业发展的核心动力。同时，伴随制造技术、信息技术以及新材料新工艺等的快速发展，企业在追求成本最小化、生产率和利润最大化，确保质量和可靠性不断提高，制造系统在不断发展。市场需求的多样化促进了产品多样性扩散，企业通过差异化提高竞争力的迫切需求也对制造系统的进化产生了重大影响，并推动了制造模式的不断演进。

制造系统的早期发展，是在产品批量和产品种类的驱动下从专用向灵活和可重构的方向演进。在手工业生产时代，产品的生产制造基本上是以手工作坊模式开展，即产品的设计、加工、装配和检验基本上都由个人完成，这种制造模式的生产效率低，物资匮乏，人们的需求也相对单一。从 19 世纪中叶以来，人类社会进入工业化时代，在劳动分工基础上实现了作业的专业化，大量生产模式在制造业中逐步占主导地位。尤其是在机械化和电气化技术支持下，生产模式从手工作业发展到少品种小批量生产、少品种大批量生产阶段，大大提高了劳动生产率，降低了产品成本，有力地推动了制造业的发展和社会进步。进入 20 世纪后半叶特别是后 30 年，生产需求朝多样化方向发展且竞争加剧，迫使产品生产朝多品种、变批量、短生产周期方向演变，传统的大量生产正在被更先进的生产模式所代替，生产模式类型如图 2-13 所示。

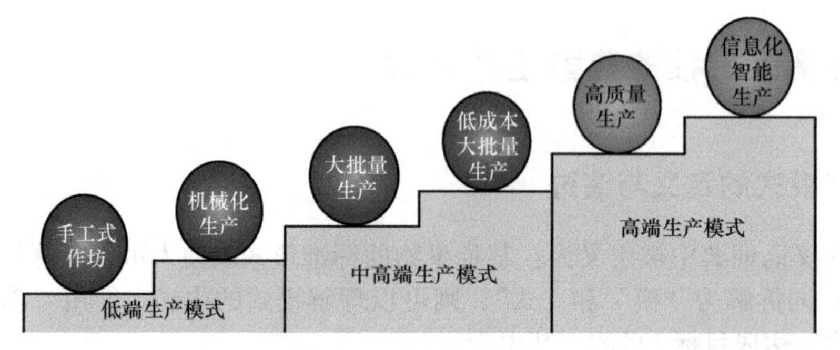

图 2-13　生产模式类型

如图 2-14 所示，其体现出不同生产模式下的产品品种 - 批量关系。在大规模生产的早期，即手工业时代，由于技术、使用的材料和制造工艺的限制，产品的形状和特征都很简单，一个产品是为一个客户设计和制造的，遵循客户需求拉动，即拉式模型（Pull Model）。而后，具有复杂形状、复杂特征、复合材料和智能功能的产品不断涌现，也催生了相关的设计、建模、加工、制造及服务创新和技术的进步，产品与技术之间融合促进推动着制造模式变革，以迎接新的挑战。在批量化生产中，产品是预先为客户设计和制造的，并按照推式模型（Push Model）为客户提供大量的产品。伴随客户个性化需求的增加，为了满足客户更多需求，同时保持制造成本的可控，制造企业逐步发展了柔性制造系统、可重构制造系统、可变制造系统和大规模定制的制造模式。上述模式下，客户根据制造商提供的预先设计和分组特性配置他们所需的产品，制造商则通过对多个客户的需求进行订单分组，并在柔性可重构制造系统的支持下提高效率、降低成本。大规模定制模式遵循了一种混合的推拉式（Push–Pull Model）业务模式，即产品系列平台是大规模生产（推式，Push Mode），然后根据客户配置进行定制（拉式，Pull Mode）。个性化定制模式使客户更加深度参与产品的功能设计，并推动了制造系统的设计、配置和控制，以及利用制造过程和技术来实现预期的产品个性化定制目标。

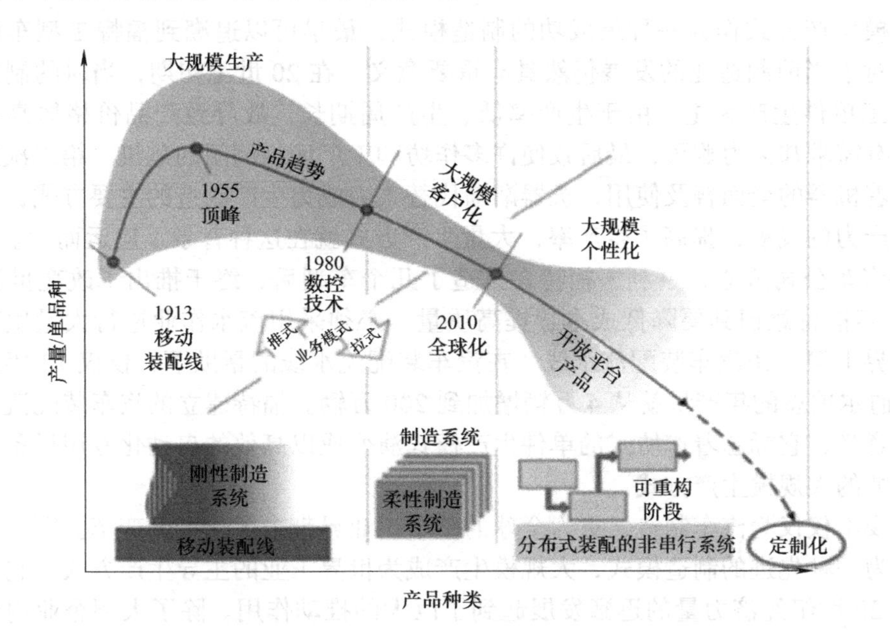

图 2-14　产品品种 – 批量驱动的生产模式演变

从图 2-14 中可以看出，随着产品品种 – 批量的变化，从"工业 2.0"时代（1910 年代）出现流水线，制造系统开始适应大规模生产的需要，并逐步向精益、敏捷化方向发展；进入"工业 3.0"时代（1980 年代）制造系统在适应大规模生产的基础上，进一步向满足客户化需求方向发展，随着产品品种和生产规模的协调平衡，大量客户化生产模式逐步形成，这一阶段比较有代表性的制造系统包括计算机集成制造系统、数字化制造系统等；进入"工业 4.0"时代（2010 年代），智能制造、云制造、信息物理制造、循环经济制造等新模式开始出现，制造系统对多品种、小批量的适应能力进一步增强，制造系统的效率和能力更是得到极大提升，远非最早期手工业生产所能比拟的。

伴随人工智能技术的发展，人工智能与制造技术的深度融合会进一步推动制造走向个性化定制时代，2025 年之后，以自适应感知制造、仿生制造等为代表的先进制造模式将进一步普及，助推个性化定制制造模式的发展。伴随制造系统从专用制造系统（Dedicated Manufacturing System，DMS）、柔性制造系统（Flexible Manufacturing System，FMS）和可重构制造系统（Reconfigurable Manufacturing System，RMS）到信息物理制造系统（Cyber–Physical Manufacturing System，CPMS）/ 信息物理生产系统（Cyber-Physical Production System，CPPS），以及自适应感知制造系统（Adaptive Cognitive Manufacturing System，ACMS）的发展，制造模式不断演变，制造系统运行控制及其决策等的复杂性也越来越高。

2.3.2 大规模生产方式

大规模生产是以泰勒的科学管理方法为基础，以生产过程的分解、流水线组装、标准化零部件和机械式重复劳动等为主要特征，实现产品的低成本、大批量生产。简而言之，大规模生产是指大规模地生产单一品种的生产方式，是通过“规模”换取“效益”的最佳体现。

大规模生产方式作为一种最成功的制造模式，最早可以追溯到福特T型车的大批量生产，其对于当前制造业的发展仍然具有重要意义。在20世纪初期，当时的制造业生产方式以手工单件生产为主。由于生产率低、生产周期长，故导致产品价格居高不下，人们对产品有需求却无力购买，最后致使许多作坊和工厂面临倒闭的危机。第二次工业革命以后，随着机器的全面普及使用，机器渐渐代替人力成为生产制造的主要方式，从而大大促进了生产力的发展，提高了生产率，大量生产方式就在这种背景下应运而生。1903年，美国福特汽车公司成立，亨利·福特在试造了几个车型后，终于推出了改变世界的T型车。1913年福特意识到要降低成本、提高质量，必须采用流水作业进行大量生产，为此建立了世界上第一条汽车装配流水线。在汽车装配流水线的帮助下，仅仅13年间，福特T型车在迪尔伯恩的年产量就从4万辆增加到200万辆。福特建立的汽车装配流水线具有划时代的意义，它标志着作坊式的单件生产模式演变成以高效的自动化专用设备和流水线生产为特征的大规模生产方式。

流水线不仅仅为汽车制造，更为全球的整个工业界带来了伟大的变革。第二次世界大战后，作为一种先进的制造模式，大规模生产成为世界工业的主导生产方式，它对美国乃至全世界20世纪经济力量的迅猛发展起到了巨大的推动作用。除了大型企业内部的原型样机制造车间还保留了手工生产方式外，大规模生产实际上已成为美国大型制造商采用的唯一生产模式。大规模生产方式的基本特征见表2-1。

表2-1 大规模生产方式的基本特征

描述角度	主要特点
市场需求	需求稳定、巨大且较为单一的市场
产品角度	有限的产品种类，产品开发周期长，功能及服务标准化
生产角度	专业化设备，低成本，一致的质量，工艺标准化，生产自动化
业务模式	推式生产，设计－制造－销售

大规模批量化生产的业务模式是“推式”的，围绕产品对象的业务顺序是“设计－制造－销售”。首先，制造商设计出可以运用其大规模生产系统能够制造的产品，并且假定其产品总会有客户购买。在这种情况下，制造商要建立起庞大的销售队伍去“推销”其产品，最终将产品销售出去。

大规模生产方式最重要的特点是以单一品种的大规模生产来降低产品成本，产品种类少，单品生产量大，这与手工生产方式完全不同。大规模生产方式用机器代替了人类的大部分技能，围绕功能专业化和劳动的详细分工而设计的庞大生产组织，把固定费用分散到工厂、设备以及生产线组成上，产品的巨大产量形成了规模经济，这种高效能降低了单件产品的生产成本。

以发展的眼光看，大规模生产方式在 20 世纪 80 年代前对推动产业进步发挥了巨大作用，但其最大缺陷在于产品单一，定制化程度低，忽视了顾客的差异化需求。作为一种传统的生产方式，大规模生产方式的主要弊端如图 2-15 所示。

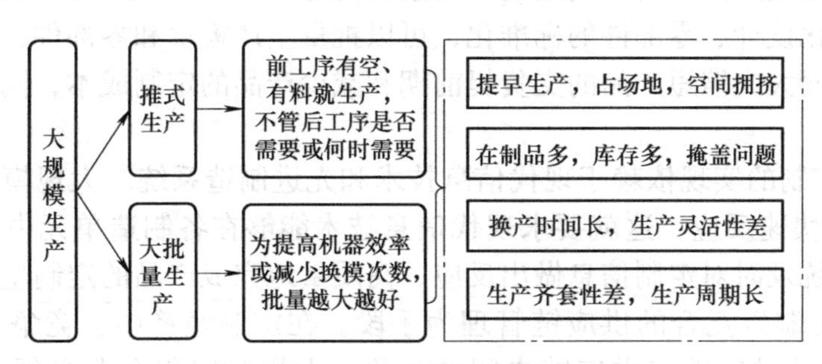

图 2-15　大规模生产方式的主要弊端

为了克服大规模生产的缺陷，制造业开始追求多品种的生产方式。由于新产品不断涌现以及产品的复杂程度不断提高，大规模制造系统面临了严峻的挑战，尤其是在大规模制造系统中，柔性和生产率是一对相对矛盾的因素。因此，大规模生产方式在面对不断增加的客户化需求时，越来越不能适应实际生产需要，大规模定制生产方式便顺势而生。

2.3.3　大规模定制生产方式

随着现代信息技术和数控技术的迅速发展及其在制造领域的广泛应用，一种以大幅度提高劳动生产率为前提，最大限度地满足顾客需求为目标的全新生产模式——大规模定制，正在迅速发展。这种生产模式充分体现了定制生产和大规模生产的优势，以顾客能够接受的成本，为每一位顾客提供符合其要求的定制化产品。

大规模定制模式以其独特的竞争优势，在 20 世纪 80 年代后逐步成为全球制造业的主流生产模式。1970 年美国未来学家阿尔文 · 托夫勒（Alvin Toffler）在 *Future Shock* 一书中提出了一种全新的生产方式的设想：以类似于标准化与大规模生产的成本和时间，提供给客户特定需求的产品和服务。1987 年，斯坦 · 戴维斯（Start Davis）在 *Future Perfect* 一书中首次将这种生产方式称为“Mass Customization”，即大规模定制。1993 年 B. 约瑟夫 · 派恩二世（B. Joseph Pine Ⅱ）在《大规模定制：企业竞争的新前沿》一书中写道：“大规模定制的核心是产品品种的多样化和定制化急剧增加，而不相应增加成本”。

在大规模定制模式中，制造商决定他们实际上可以提供的基本产品选择，顾客选择他们喜欢的包装再购买，然后产品才能“定制”完成。这使得制造商可以利用其大规模生产资源的优势，以最低成本生产主要部件，同时将定制过程推迟到使用所选配件的最终组装。大规模定制是在高效率的大规模生产的基础上，通过产品结构和制造过程的重组，运用现代信息技术、新材料技术、柔性技术等一系列高新技术，以大规模生产的成本和速度，为单个顾客或小批量、多品种市场定制任意数量的产品的一种生产模式。

1. 大规模定制生产模式的主要特点

1）大规模定制是以顾客需求为导向，是一种需求拉动型的生产模式。在传统的大规模生产方式中，先生产，后销售，因而大规模生产是一种生产推动型的生产模式；而在大规模定制中，企业以客户提出的个性化需求为生产的起点，因而大规模定制是一种需求拉动型的生产模式。

2）大规模定制的基础是产品的模块化设计、零部件的标准化和通用化。大规模定制的基本思想在于通过产品结构和制造过程的重组将定制产品的生产转化为批量生产。通过产品结构的模块化设计、零部件的标准化，可以批量生产模块和零部件，减少定制产品中的定制部分，从而大大缩短产品的交货提前期和减少产品的定制成本，同时拥有定制和大规模生产的优势。

3）大规模定制的实现依赖于现代信息技术和先进制造系统。大规模定制经济必须对客户的需求做出快速反应，这就要求现代信息技术能够在各制造单元中快速传递需求信息，柔性制造系统及时对定制信息做出反应，高质量地完成产品的定制生产。

4）大规模定制以竞合的供应链管理为手段。在定制经济中，竞争不是企业与企业之间的竞争，而是供应链与供应链之间的竞争。大规模定制企业必须与供应商建立起既竞争又合作的关系，才能整合企业内外部资源，通过优势互补，更好地满足顾客的需求。

2. 大规模定制的类型

企业的生产过程一般可分为设计、制造、装配和销售，根据定制活动在这个过程中开始的阶段，可以把大规模定制划分为以下四种类型：

1）设计定制化。设计定制化是指根据客户的具体要求，设计能够满足客户特殊要求的产品。在这种定制方式中，开发设计及其下游的活动完全是由客户订单所驱动的。这种定制方式适用于大型机电设备和船舶等产品的制造。

2）制造定制化。制造定制化是指接到客户订单后，在已有的零部件、模块的基础上进行变形设计、制造和装配，最终向客户提供定制产品的生产方式。在这种定制生产中，产品的结构设计是固定的，变形设计及其下游的活动由客户订单所驱动。大部分机械产品的生产属于此类定制方式。

3）装配定制化。装配定制化是指接到客户订单后，通过对现有的标准化的零部件和模块进行组合装配，向客户提供定制产品的生产方式。在这种定制方式中，产品的设计和制造都是固定的，装配活动及其下游的活动是由客户订单驱动的。各种台式计算机、笔记本计算机等个人计算机的生产都可以归类为装配定制化。

4）销售定制化。销售定制化是指产品完全是标准化的产品，但产品可根据客户要求进行组合选配，实现客户化。客户可从产品所提供的众多选项中，选择当前最符合其需要的一个选项。因此，在客户化定制方式中，产品的设计、制造和装配都是固定的，不受客户订单的影响。常见的客户化定制产品是计算机应用程序，客户可通过工具条、优选菜单、功能模块对软件进行自定制。目前，一些汽车企业推出面向客户需求的组合选配，包括汽车内饰、外观颜色、驱动方式、动力配置等，形成以客户化定制为基础的汽车制造新模式。

3. 大规模定制生产方式的基本策略

策略 1：基于现货品种的定制产品。这是从大规模生产到完全大规模定制的过渡阶段。在商场里出售的各种尺码的服装（如牛仔裤、衬衫等）就是一个很好的例子。然而，这在很大程度上仍然是一种推式的商业模式，就像大规模生产一样。这里的主要经济决策是制造商应该提供多少品种（多少尺寸规格）以实现利润最大化。

策略 2：基于标准选项的定制产品。这是真正的大规模定制方法。目前在汽车、计算机等行业已经实现在给定的选配范围内的定制化生产。这种情况下，制造系统必须具有相对较高的复杂性和灵活性，以便以合理的成本和正确的选择有效地组装产品。

基于策略 2 进行大规模定制时，制造商一般遵循以下流程：

1）设计一个可以通过多种选择（具有模块化配置项）来增强的产品。

2）向特定的客户销售特定的选项，即向客户提供预先配置的产品组合。

3）用客户选择的配置选项生产（组装）产品，并按期交付给客户。

从生产制造和市场销售的角度来讲，大规模定制的两种业务模型之间存在明显的区别。对于第一种策略型“推动式模型”，产品按照所有可选项的不同配置进行制造，然后发送到商场或代理商处销售。当然，未售出的产品将导致一定的损失。对于更为高级的第二种策略，所有的可选配置均要进行设计，但只有客户订单中要求的产品可选配置才需进行制造。从产品设计层面上讲，它仍是一个推动式商业模型，但从生产制造的层面上讲，它是一个拉动式商业模型，即按订单进行制造。因此，从设计与制造的双重意义上来看，第二种模型属于“推拉式模型”。

在汽车行业，随着时间的推移，来自市场的竞争压力要求制造商能够提供更小、专用性更强的可选配置包。目前，客户完全可以获得某些单一特性，如恒温控制系统、有色车窗、车窗除雾器、皮革内饰等，而无须定制“豪华版”的整套可选配置包并为此支付额外的费用。由于产品设计与制造系统的进步，可供客户选择的上述单一配置项越来越多，且其安装方法变得更为简单，现已成为“分销商选配”。分销商选配是指可以在最终装配的完成阶段采用的配置项，汽车分销商在销售地点为单个客户完成的简单定制活动。

2.3.4　个性化生产方式

产品市场的多样性日益成为工业化智能生产和获取利润的强大动力，制造个性化的中心思想便是以此为前提而形成的。当今，随着市场个性化的不断发展，客户确信自己能够买到自己心仪的产品。为了保持市场竞争力，制造商必须实施低成本的产品定制生产策略。其中常用的策略就是模块化制造技术。它利用预先制造的不同组件，可以智能、快速地装配出个性化的定制产品。此外，客户对产品也提出了可重构的要求，客户希望通过简单的变形或接口等方法继续使用原有的产品而不是直接废弃。因此，客户对产品的需求是产品应在满足个性化需求的同时，还能够根据客户需求变化实现重新配置。随着大规模定制的不断演化，最终可出现多个不同层次的个性化生产。

与大规模定制类似，个性化生产也可以像生产牛仔裤那样简单，只是个性化生产需要准确地按照具体客户的尺寸要求进行。个性化产品生产包括四个过程：产品结构与模块的设计 – 销售 – 客户参与个性化设计 – 制造个性化产品，这是一种典型的拉动式生产模式。

在个性化生产模式下，产品按照客户的个性化需求进行生产或装配。一个典型的例子是厨房设计，它需要考虑可用空间的形状、窗户的位置和尺寸、照明等，每一个厨房在设计开始时就呈现出不同的特点，再加上不同的需求和偏好，使厨房设计之间的差异性更大。但是，厨房的制作成本必须控制在客户能够接受的限度内。为实现低成本的个性化生产，需要将产品的设计过程细分为两个阶段：

第一段包括产品的标准模块设计和总体结构设计。其中，标准模块设计主要确定量、形状、颜色和材料等。产品设计的第一阶段由制造商负责完成。总体结构设计主要确定模块之间的连接与界面，并需考虑以下三个方面的问题，包括机械部分（如支架、螺钉和沟槽等）、动力部分（如电气、液压和供水等）、信息部分（如传感器信号和控制等）。

第二阶段为货币交易，即将产品销售给客户。此时，客户开始参与个性化设计过程，在可用“模块库”的基础上，最终确定出产品的物理约束和客户偏好，从而完成个性化设计过程。此后，方可进行产品的制造生产。

客户化定制与个性化生产这两个术语容易引起混淆。实际上，大规模定制与个性化生产都是为了向客户提供能够满足其需求与偏好的产品。二者的主要区别为，在大规模定制模式下，市场上存在许多类似产品；在个性化生产模式下，由于客户实际参与了其产品的设计过程，因此，几乎所有的产品都是唯一的。模块式产品设计方法降低了个性化产品的成本。仍以厨房的内部设计为例，即使厨房最主要的组件（厨房模块式橱柜）均由同一制造商提供，但由此构成的每一个厨房看上去仍各不相同。在实施上述简单层次的客户化定制或个性化生产过程中，为降低成本，制造商必须提供一套全新的产品设计与制造运营体系，制造系统必须具有足够的可重构性和柔性，以便针对用户需求做出令人满意的响应。

随着大数据、互联网平台等技术的发展，企业更容易与用户深度交互、广泛征集需求。在生产端，柔性自动化、智能调度排产、传感互联、大数据等技术的成熟应用，使企业在保持规模生产的同时针对客户个性化需求而进行敏捷柔性的生产。未来随着互联网技术和制造技术的发展成熟，柔性大规模个性化生产线将逐步普及，按需生产、大规模个性化定制将成为常态。要实施定制生产，需要整个企业大系统的协同，没有数字化、网络化技术的支撑也不可能做到。

红领（现酷特）集团建立的个性化西服数据系统能满足超过百种设计组合，如图 2-16 所示，其个性化设计需求覆盖率达到了 99.9%，客户自主决定工艺、服务方式；用工业化的流程生产个性化产品，7 天便可交货；成本只比批量制造高 10%，但回报至少是 2 倍以上。目前，其平均每分钟定制服装几十单，仅纽约市场每天定制产品已达 400 多套件。酷特的定制化制造系统主要由 ERP（企业资源计划）、SCM（供应链管理）、APS（先进计划排程系统）、MES（制造执行系统）等系统及智能设备系统组成，每位员工都是从互联网云端获取数据，按客户要求操作，确保来自全球订单的数据零时差、零失误率准确传递，通过数据和互联网技术实现客户个性化需求与规模化生产制造的无缝对接。

我国著名家电制造企业海尔集团打造了基于工业互联网的智能制造平台——COSMO 平台，建立了支撑其实现大规模定制与个性化生产的核心能力。海尔 COSMO 平台的目标为打造开放的工业级平台操作系统，并在此基础上聚合各类资源，为工业企业提供丰富的智能制造应用服务。目前，COSMO 平台的业务架构主要为四层，自上往下依次为业务模式层、应用层、平台层和资源层，如图 2-17 所示。

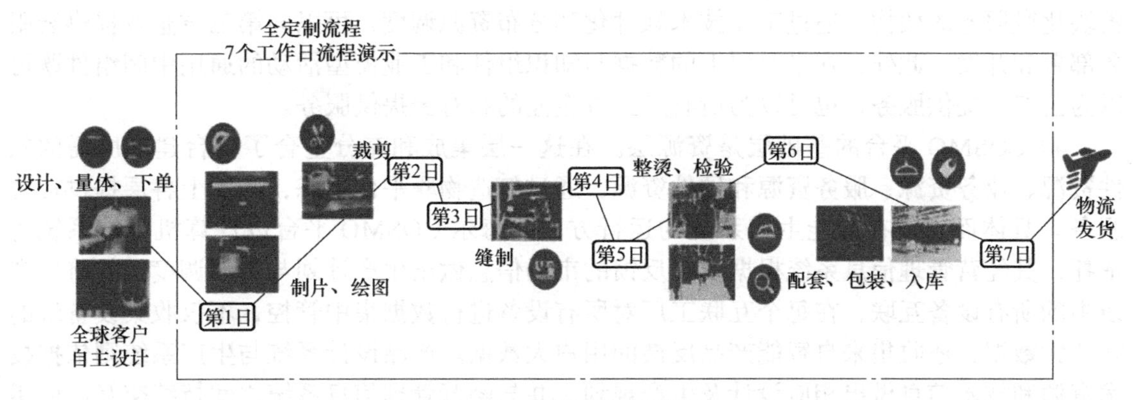

图 2-16　红领西服定制流程

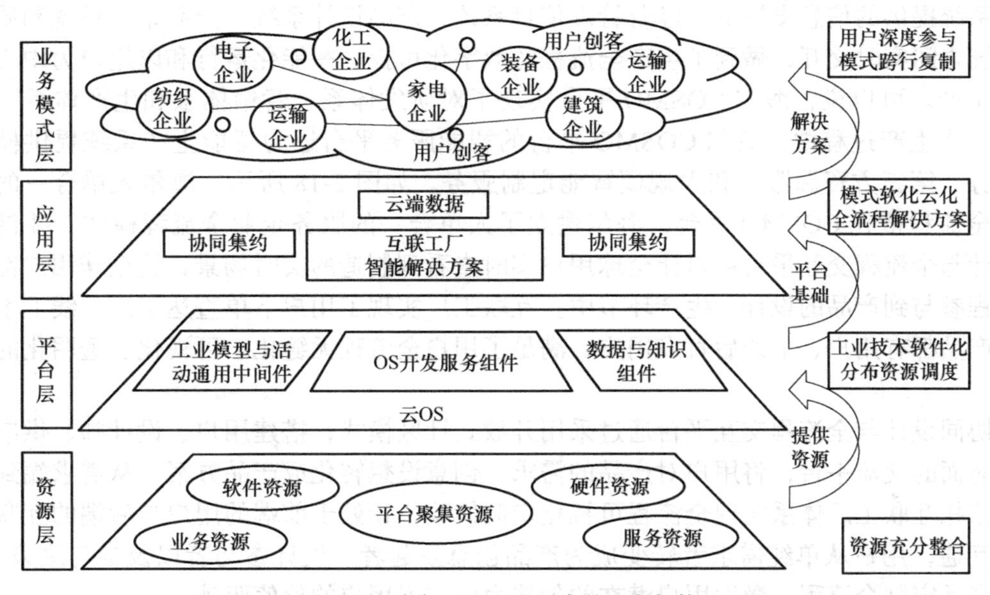

图 2-17　海尔 COSMO 平台的业务架构

1）最顶层的业务模式层的核心是互联工厂模式。在此基础上，海尔借助自身在家电行业积累几十年的制造模式和以用户为中心、用户深度参与的定制模式，以及在工业互联网运行的经验模式，引领并带动利益相关者及与自身相关的其他行业发展。例如，依托海尔自身的家电制造模式，在制造电子行业、装备行业进行跨行复制。在业务模式层上，海尔对传统制造的组织流程和管理模式都进行了颠覆，是 COSMO 平台最核心的颠覆。

2）在应用层上，海尔在互联工厂提供的智能制造方案基础上，将制造模式上传到云端，并在应用层平台上开发互联工厂的小型 SaaS（软件即服务）应用，从而利用云端数据和智能制造方案为不同的企业提供具体的、基于互联工厂的全流程解决方案。应用层目前已有基于 IM（即时消息）、WMS（仓库管理系统）等四大类 200 多项服务应用进驻。

3）平台层是 COSMO 平台的技术核心。在平台层上，海尔集成了物联网、互联网、大数据等技术，通过云 OS（操作系统）的开发建成了一个开放的云平台，并采用分布式模块化微服务的架构，通过工业技术软件化和分布资源调度，可以向第三方企业提供云服务部署和开发。此外，在平台层上的数据与知识组件和工业模型活动的通用中间组件既可以为公有云提供服务，也可以为所有第三方企业的私有云提供服务。

4）COSMO 平台的基础层是资源层。在这一层集成和充分整合了平台建设所需的软件资源、业务资源、服务资源和硬件资源，通过打造物联平台生态，为以上各层提供资源服务。具体而言，在智能生产系统的运行方面，海尔 COSMO 平台以计算机支持系统为依托，其经营管理信息系统根据实时反馈的市场信息做出生产计划与资源调度，并将生产线中的所有设备互联，在每个互联工厂对所有设备进行数据集中管控，不仅收集设备端的智造大数据，还收集来自智能产品反馈的用户大数据。产品设计系统与生产系统则依据技术资源和技术信息做出相应设计及生产规划，并与经营管理信息系统之间持续交互，由用户对技术方案和规划的反馈不断做出调整，在质量保证系统的监控下完成生产。在计算机支持系统提供的信息支撑下，经营管理信息系统、产品设计系统、产品生产系统和质量保证系统之间实时交互，做到了生产全流程的数字化可控、智能化运行和以用户为中心的柔性化生产。可以说，海尔 COSMO 平台实现了对研发体系、营销体系和生产体系三者的颠覆。在生产过程中，海尔 COSMO 平台的智能服务平台还为智能生产系统提供模块采购服务、第三方资源服务和大规模智能定制服务。如图 2-18 所示，海尔人单合一的服务企业全流程依托 COSMO 平台，海尔建立了人单合一的服务企业全流程模式，并借助协同设计与全流程交互平台可以让全球用户实时查看到制造的实时场景，让全球用户都能够全流程参与到产品的设计、生产环节中。互联工厂实现了用户下单直达工厂、线上生产的每个产品都有用户、下线后直发用户，满足了用户全流程无缝化、可视化、透明化的最佳体验。

协同设计与全流程交互平台通过采用开放式社区模式，搭建用户、设计师、供应商直接面对面的交流平台，将用户对产品的需求、创意设想转化成产品方案，从需求端到制造端，依托互联工厂体系实现全流程可视化定制体验，让处于前端的用户与后端的互联工厂互联互通，用户从单纯需求者转变成为产品创意发起者、设计参与者以及参与决策者等，参与产品定制全流程，激发用户潜在的创造力，实现用户的价值驱动。

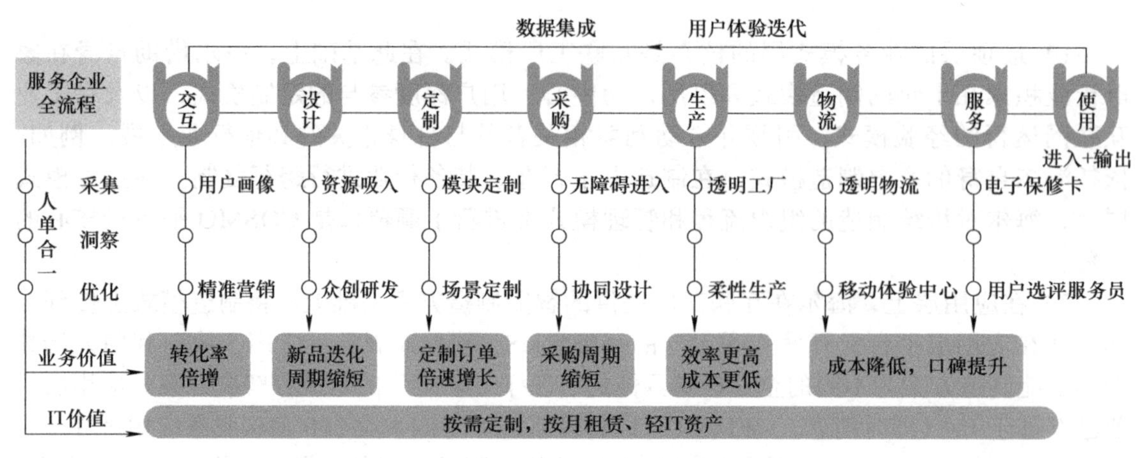

图 2-18　海尔人单合一的服务企业全流程

本章小结

本章围绕智能制造的基础理论、技术体系以及典型生产模式等内容展开。首先，简述了控制论、系统工程理论以及信息物理系统三个主要的智能制造的基本理论；其次，围绕智能制造系统架构和参考模型、技术体系以及标准体系建设框架三个方面，给出了智能制造工程的技术体系；最后，通过分析制造生产模式的发展演进驱动因素，详细介绍了大规模生产、大规模定制生产以及个性化生产三种典型制造模式。

习题

2-1　简述控制论研究的核心问题及其对智能制造的指导意义。

2-2　简述系统工程研究的核心问题及其对智能制造的指导意义。

2-3　简述信息物理系统在智能制造中的价值和意义。

2-4　请概述智能制造参考模型，并说明我国智能制造系统架构的组成和特征。

2-5　请分析比较大规模生产方式、大规模定制生产方式与个性化生产方式的各自特点。

第3章 “数据与知识驱动”的产品研发智能增强

学习目标

1. 能够准确掌握产品及产品开发中的基本概念。
2. 能够准确说明复杂系统设计与开发的基本过程。
3. 能够概括现代典型设计方法的基本思路。
4. 能够简述智能设计方法中数据与知识融合的关键技术和发展趋势。

知识点思维导图

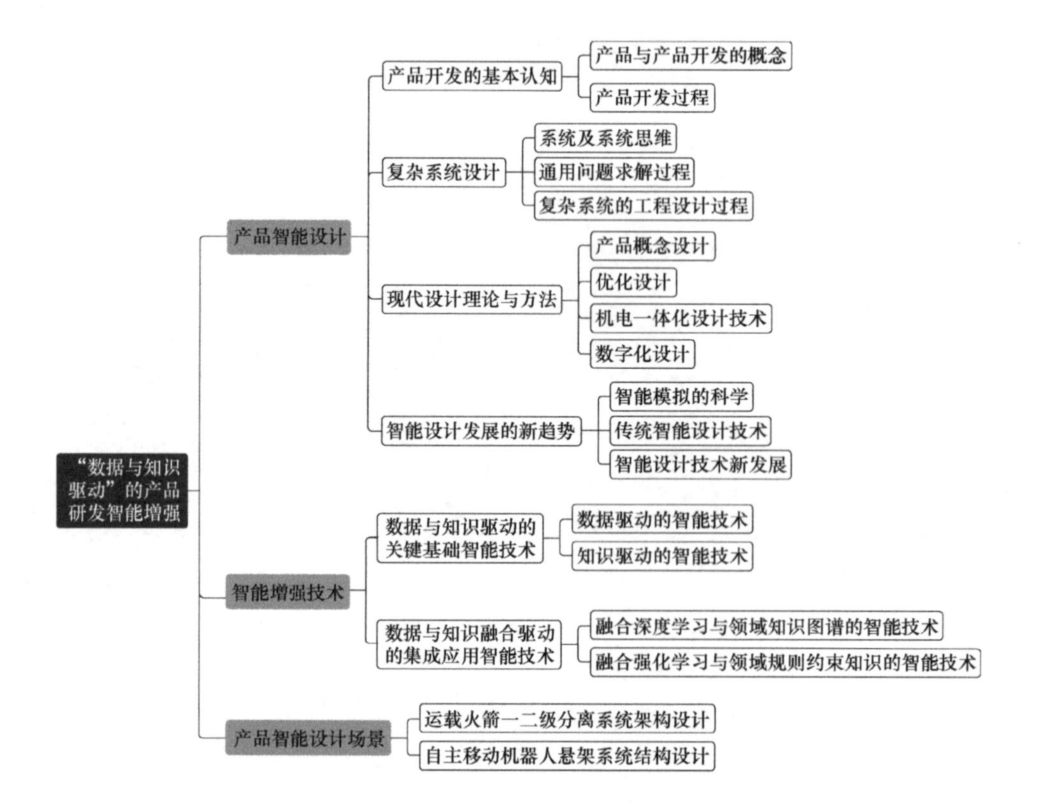

导读

本章重点围绕产品设计主题，从产品智能设计研发模式的演进、数据与知识驱动的智能增强技术以及典型智能设计场景这三个维度，介绍当前产品智能设计研发的主要理论方法和技术应用。在产品智能设计研发模式演进中，以产品与产品开发的基本概念认知出发，说明产品开发在企业中的重要性、一般模型和开发过程；并重点针对复杂系统设计，引入了系统及系统思维，简述了系统设计中的通用问题求解过程，详细介绍了复杂系统的工程设计过程。同时，对典型的现代设计理论与方法进行一一说明；并通过对比传统智能设计技术，指出了当前智能设计技术的新发展趋势。在数据与知识驱动的智能增强技术中，分别从关键基础和集成应用两个方面，介绍了当前主要的智能技术方法。在此基础上，针对产品架构设计和结构优化设计问题，详细阐述说明数据与知识驱动的智能设计场景应用。

本章知识点

- 产品开发过程
- 复杂系统设计
- 产品概念设计
- 优化设计
- 机电一体化设计
- 数字化设计
- 数据与知识驱动的智能增强技术

3.1 产品智能设计研发模式的演进

3.1.1 产品开发的基本认知

1. 产品与产品开发的概念

产品是人类社会所衍生出的独特产物，是为了满足社会环境下广泛需求而诞生的。如图 3-1 所示，新石器时代，陶器制作由简单的手工捏塑、模制、泥片贴塑，再到泥条盘筑、慢轮修整，最终产生了快轮制陶技术。我国作为世界上最早发明陶器的地区之一，各地区的陶器在器形、质地、纹饰及器类组合等方面体现出丰富的文化内涵，具有鲜明的地域和时代特征。公元 180 年到公元 280 年之间，出现的一种灌溉工具——水车，充分利用水力发展出来的一种运转机械，体现了中华民族的创造力。公元 231 年到公元 234 年，诸葛亮在北伐时发明了闻名于世的木牛流马，其载重量为“一岁粮”，大约四百斤以上；[晋] 陈寿《三国志 · 蜀书 · 诸葛亮传》有记载“亮性长于巧思，损益连弩，木牛流马，皆出其意。”可见，产品凝聚了材料、技术、生产、管理、需求、消费、审美及社会经济文化等各方面的因素，是特定时代、特定地域的科学技术水平、生活方式、审美情趣等信息的重要载体。同时，产品通常还具备市场属性，即除了功能，产品的价值传递、可流通性、可循环性等属性都是由产品开发活动来实现的。在现代汉语词典中将产品定义为“被生产出的物品”，有硬件和软件产品；有简单产品，也有复杂产品及其系统工程，如飞机、汽车、机器人生产线等。对产品的正确理解，有助于准确把握产品设计开发的实质。通常，产品的基本类型大致可以分为具有全新功能的产品、具有全新形态的产品、在现有功能基础上改进的产品、具有附属功能的产品、多种功能一体化产品等。

新石器时代(公元前16世纪的商代中期)制陶转盘

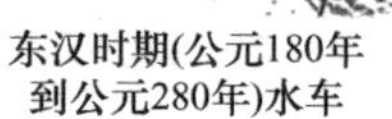

东汉时期(公元180年到公元280年)水车

三国时期(公元231年到公元234年)木牛流马

图 3-1　人类社会特殊产物——产品

产品开发（Product Development）是产品“从无到有”，实现不同类型功能或形式的具体过程，即从最原始的需求到最终实现；涉及企业用于想象、设计和商业化一种产品的步骤或活动的序列，其决定产品的特征、功能和用途等。产品开发是典型的人类智力和体力综合的活动产出，根据产品的类型和复杂程度对人类活动的要求有所不同。因此，从现代管理学角度，产品开发是一个多元化且具有共同目标的跨职能开发团队组织，通过依赖集体的智慧完成共同目标，即客户需求。如图 3-2 所示，通常产品开发涉及业务团队、工程开发团队、生产制造团队、质量管理团队、财务管理团队、采购团队等，对应各职能，见表 3-1。因此，产品开发团队组织主要具备两大特征：不同职能 / 角色的专业人员，以及共同的产品开发目标。同时，企业提供并营造产品开发所需的企业环境，如清晰的市场定位、足够的资源支持、成熟的技术储备、完整的产品开发评价标准、优秀的产品开发团队、严格的项目管理等。

表 3-1　产品开发团队组成及职能

组成	职能
业务团队	市场规划、项目管理、产品生命周期管理、业务发展、应用工程、销售管理、售后服务
工程开发团队	机械工程、软件工程、硬件工程、系统工程、包装工程、CAD
生产制造团队	生产运营、工业工程、质量工程、工艺工程、制造工程、物料工程、仓储工程
质量管理团队	可靠性规划、体系审核、质量检验、测量系统分析、质量保证、质保体系、持续改革
财务管理团队	财务审核、产品核价、财务分析、财务审计、项目成本、财务控制
采购团队	供应商寻源、供应链控制、供应商管理、供应链规划、采购工程、成本工程

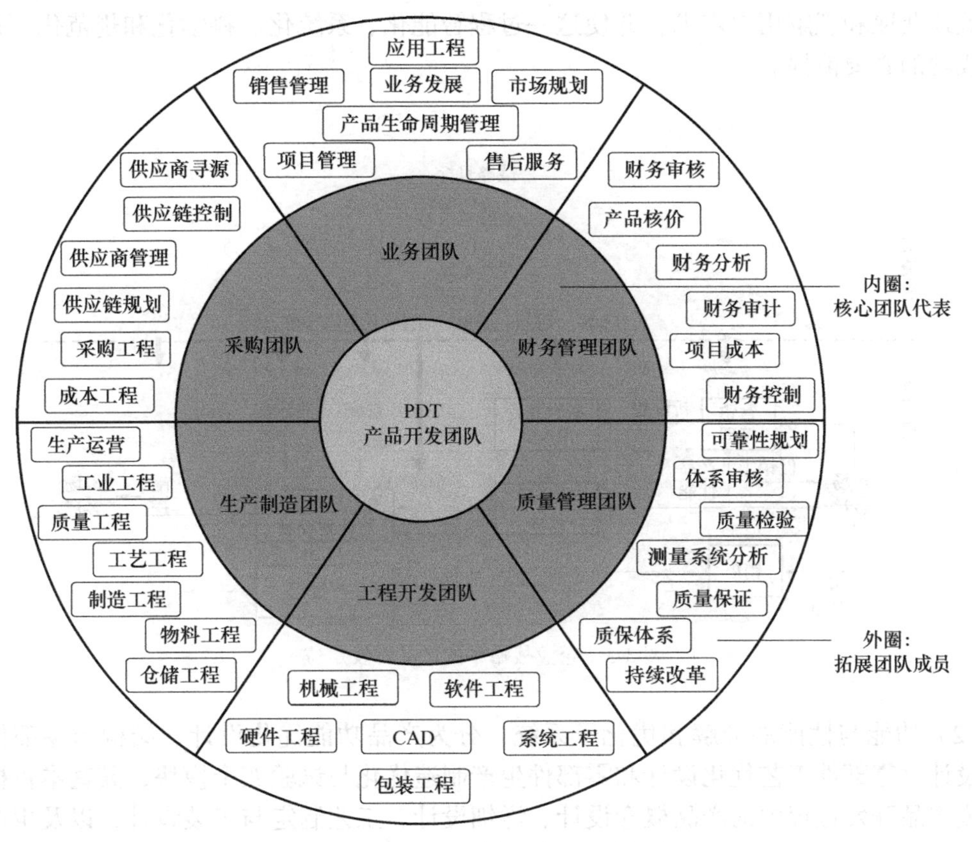

图 3-2 产品开发团队组织角色配置

2. 产品开发过程

产品开发过程（Product Development Process）是指产品从开始到形成的过程，一般包含四个阶段，分别为概念开发和产品规划阶段、详细设计阶段、小规模生产阶段、增量生产阶段。对于企业而言，特别是制造企业，产品研究与开发是企业发展战略的重点，如图 3-3 所示。产品研究与开发的全过程以用户需求为驱动，以产品实际功能和性能的优化（Function and Characteristics Optimum，FCO）为基本内容，将产品开发过程划分为产品实际功能优化、实际性能优化、工艺优化、生产制造与试验、市场反馈与产品修改五个阶段，分别与产品开发的概念设计、详细设计、工艺制定和生产制造、产品修改和升级五个主要阶段相对应。通过基于实际功能与性能智能优化为基本内容的产品开发过程，在提高产品质量、降低产品研究与开发成本、缩短产品开发周期的同时，增加用户满意度，保证产品开发的质量战略、成本战略和时间战略得以同时实现，使企业在市场竞争中始终立于不败之地。

产品开发过程的一般模型如图 3-4 所示。产品开发可分为用户需求智能获取与合成子系统、功能与性能的分解和优化子系统，以及市场反馈及产品修改子系统。

（1）用户需求智能获取与合成子系统 分为用户需求获取和用户需求合成两个模块，其基本目标是完成产品开发过程中的用户需求获取与分析。用户需求是产品开发最基本的输入信息，是企业进行产品开发的依据和源头，也是企业正确制定产品开发战略的基础，能有效地获取和理解用户需求，并使这一过程智能化、系统化、科学化和规范化，是产品开发成功的必要前提。

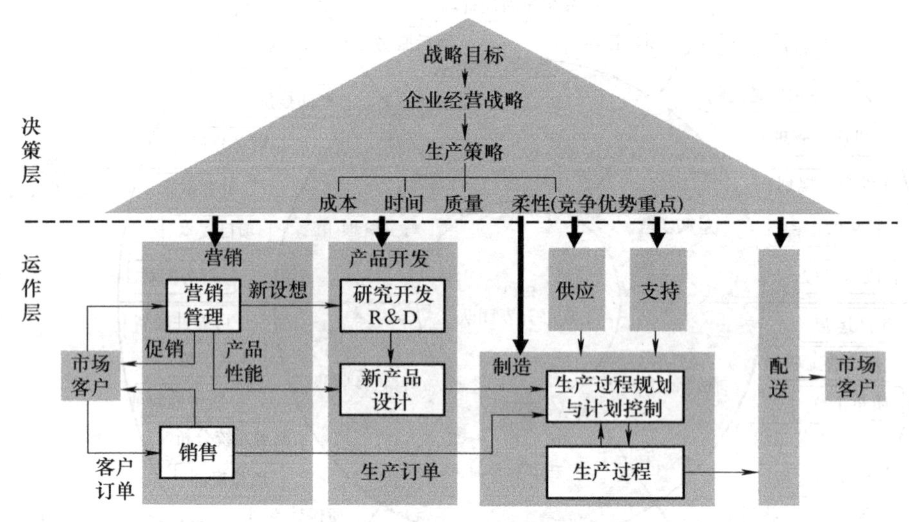

图 3-3　企业战略中的产品开发定位

（2）功能与性能的分解和优化子系统　分为产品功能优化设计、结构与零部件性能优化设计、零部件工艺优化设计和零部件生产制造优化与试验四个模块，其基本目标分别为完成产品开发过程中的产品概念设计、详细设计、工艺制定与工装设计，以及生产制造规划与产品调试。

1）产品概念设计。产品概念是指产品的总体系统特征、功能、性能、结构、尺寸形状的描述和实现，产品概念设计过程是从分析用户需求到形成产品概念的一系列有序的、可组织的、有目标的设计活动，其通过产品功能优化设计模块来实现。产品功能优化设计模块的基本功能是将用户需求智能获取与合成子系统形成的用户需求转化成产品的工程特性，系统考虑企业竞争能力、技术可行性和企业资源等情况，利用优化技术确定工程特性的目标值，进而完成产品概念设计。

2）产品详细设计或功能优化设计。针对概念设计的输出结果，详细设计阶段主要完成两个任务：一是以产品功能为目标，以功能优化和性能优化为内容和手段，确定产品的具体的设计方案（包括机构、系统和结构的优选和确认等）；二是运用先进的设计方法对选定的设计方案进行结构细节设计，即以产品的功能和性能为目标，通过各种优化手段，确定各零部件的尺寸、公差、材质、技术要求，明确零部件之的装配关系，完成全部的生产图样和技术文件等各项工作，其通过结构与零部件性能优化设计模块来实现。结构与零部件性能优化设计模块的基本目标根据产品功能优化设计模块的输出结果，将工程特性转化为相应的零部件特性，系统考虑企业竞争及产品开发后续阶段各种因素对设计方案的影响，在企业资源约束下，分别利用优化技术对各零部件的设计方案和形状、尺寸进行选择和计算，并针对所选定的一组设计方案确定各零部件特性的目标值，最后确定下一阶段的零部件特性。

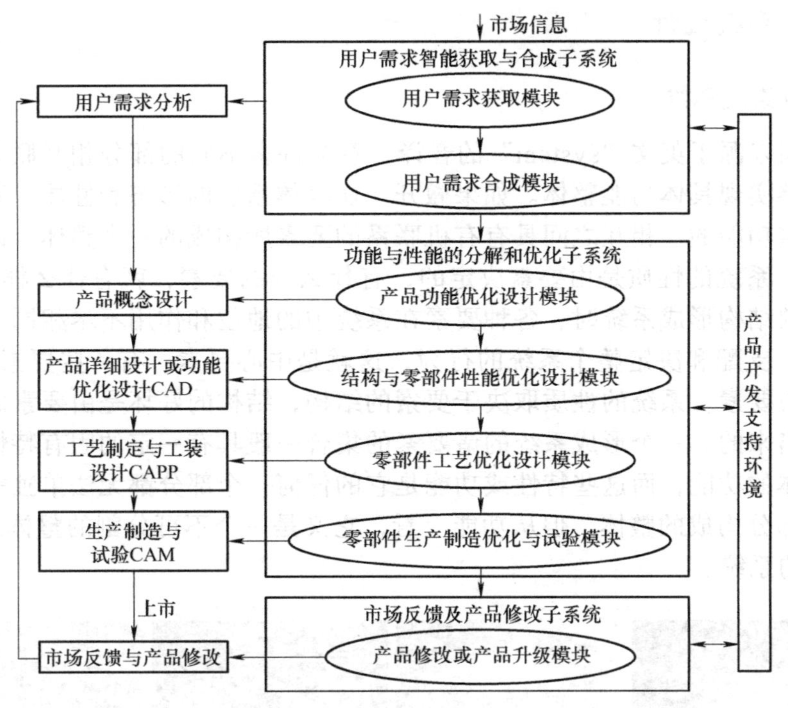

图 3-4　产品开发过程的一般模型

3）工艺制定与工装设计。零部件的工艺制定是指根据详细设计所完成的生产图样和技术文件，运用 CAPP 技术确定制造各零部件和装配该产品所需的工艺流程，其主要内容包括产品结构性工艺审查、工艺方案设计与评价、工艺路线设计与评价、工装设计、材料与工时定额等。工艺水平的高低直接决定着机械产品的制造质量、制造成本和交货期。工艺制定是通过零部件工艺优化设计模块来实现的。这一模块的基本目标是根据零部件工艺过程优化设计的输出结果，将零部件特性转化为相应的工艺特性，综合考虑企业竞争及产品开发后续阶段各种因素对工艺方案的影响，在生产设备、生产能力和生产成本等约束下，利用优化技术对各种工艺方案进行选择，确定工艺路线，并针对所选定的一组工艺方案确定各工艺特性的目标值，最后确定下一阶段的工艺特性。

4）生产制造规划与产品调试。生产制造通常采用 CAM 技术，按照工艺要求，加工出合格的零件。加工过程是一个非常复杂的过程，需要控制大量的加工参数（如刀具的破损状况、振动、限位、刀具温度、润滑油温度、切屑、夹具力、电流、转矩、位置、转速等）来完成技术要求，加工出合格的零件。生产制造是通过零部件生产制造优化与试验模块来实现的。这一模块的基本功能是根据零部件工艺优化设计的输出结果，将工艺特性转化为相应的生产特性，在制造成本等资源约束下，利用优化技术确定产品特性的目标值，即制造或操作参数，并形成质量控制表，指导零部件的生产制造及产品装配。产品出厂前通常还要对其进行出厂前的试验，如在试验时发现问题，应及时地进行处理，直至达到产品的合格标准。

（3）市场反馈及产品修改子系统　开发出的新产品上市后，企业要及时收集用户反馈信息，对出现的问题应及时地进行售后服务，并根据使用中出现的问题不断地对产品进行改进，使其更加完善。

3.1.2 复杂系统设计

1. 系统及系统思维

系统一词来源于英文“system”的音译，意为许多不同的部分相互联系和作用，组合而成的能够实现具体功能整体。如果撇开一切具体系统的形态和性质，系统可以定义为：具有特定功能的、相互之间具有有机联系的要素所构成的一个整体。因此系统是由要素组成的。系统的性质是由要素决定的，有什么样的要素，就有什么样的系统。“要素”以一定的结构形成系统时，各种要素在系统中的地位和作用不尽相同。有些要素处于中心地位，支配和决定整个系统的行为，这就是中心要素；有一些要素处于非中心，称之为非中心要素。系统的性质取决于要素的结构，结构的好坏是由要素之间的协调作用直接体现出来的。一个形成系统的诸要素的集合一般具有一定的固有特性，或者能够实现一个具体的功能，而这些特性或功能是它的任何一个部分都无法单独完成的。一个系统是许多部分构成的整体，但从功能上看，它又是一个不可分割的整体。图 3-5 所示为各种不同的系统。

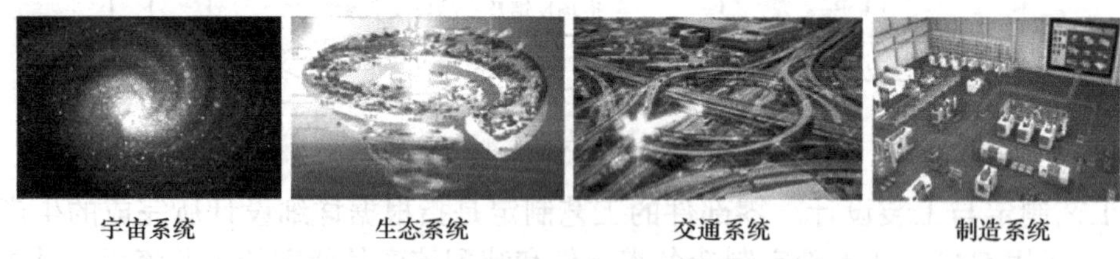

图 3-5　各种不同的系统

如图 3-6 所示，对于机械系统而言，其一般由许多机器、装置、监控仪器等组成，基本涉及动力系统、传动系统、执行系统、操作系统和控制系统；关键部分是机械运动的装置，即用来完成一定的工作过程。从完成单一运动的要求考虑，机构就是机械系统，它的组成要素是构件；从完成某一工作过程考虑，机器也是机械系统，它的组成要素是机构；从完成某一复杂的工艺动作和工作过程考虑，生产线也是机械系统，它的组成要素是机器。

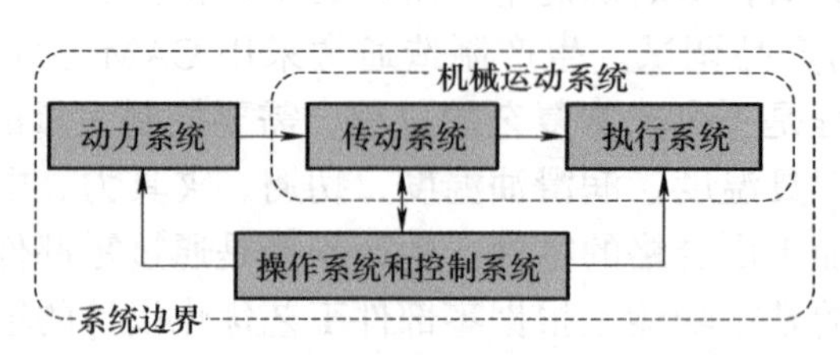

图 3-6　机械系统组成

特别地，传动系统是指在一般的机械产品中把动力机的动力和运动传递给执行系统的中间机械装置，主要功能包括：减速或增速、变速、改变运动规律或运动形式、传递动力等，图 3-7 所示为典型的传动系统和执行机构。机械产品的传动系统按传动比或输出速度是否变化，可分为固定传动比系统和可调传动比系统；按动力机驱动执行机构或执行构件的数目，可分为独立驱动系统、集中驱动系统和联合驱动系统。执行系统是指机械产品中用以直接完成预期工艺动作过程的子系统。它利用机械能改变工作对象的形态或搬移工作对象，基本上以一系列执行机构所组成，其中执行构件的动作是由执行机构来产生的。一系列执行构件所产生的工艺动作过程实现了机械产品的总功能。执行机构的功能是把传动系统传递过来的运动与动力进行必要的转换，以满足执行构件完成功能的需要。执行机构变换运动的类型主要是将转动变换为移动或摆动，或者相反，将移动或摆动变换为转动。执行系统的功能主要有夹持、搬运、输送、分度与转位、检测、施力等。

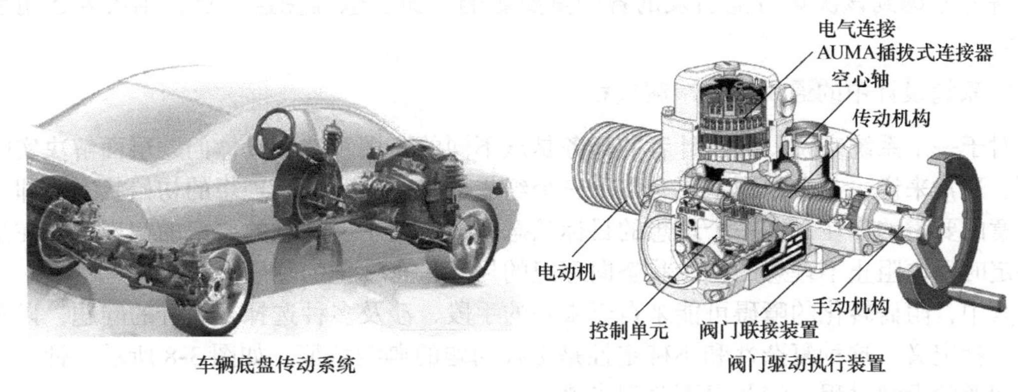

图 3-7 典型的传动系统和执行机构

一般来说，一个完整的机械系统具有以下基本特征：

（1）整体性 整体性是机械系统所具有的最重要和最基本的特征，虽然系统是由两个及两个以上要素所组成的统一体，且每个要素都具有各自不同的性能，但是它们结合后必须服从于整体功能的要求，相互之间必须协调与适应，各要素的随机组合不能称之为系统。

（2）相关性 相关性是组成系统的要素之间必须是相互联系且相互作用的，其中包括系统的输入与输出之间的关系，系统间各要素之间的关系等。系统的相关性是通过相互联系的方式来实现的，如时间和空间的联系，这种联系方式一般称之为系统的结构。

（3）层次性 系统作为一个统一整体，它的内部往往会具有一定的层次结构。例如，一个完整的系统可以分解为一系列的子系统，而子系统也可能存在一些组成要素。这种系统的不同层次反映了系统对应功能的实现方式。这种层次的划分，不同层次的具体特性的设计，应该结合机械系统所具体需要执行的任务来进行考虑。

（4）目的性 系统存在的目的是完成一个特定的功能。目的往往是区别一个系统和另一个系统的标志。一般来说，一个相对复杂的系统都不止一个目标，因此需要一个指标体系来描述系统的具体目标。在指标体系中，各个指标之间可能存在相互矛盾的情况，因此在矛盾的目标之间做好协调并寻求目标之间的平衡点是多目标系统应当具备的功能。

（5）环境适应性 任何一个系统尤其是机械系统都存在于物质世界环境之中，它必然与外界产生物质、能量以及信息的交换。因此，环境适应性是一个机械系统应当具备的能力，不能适应外界环境变化的系统是没有生命力的，能够经常与外界环境保持良好适应性的系统才是理想的系统。

系统思维（System Thinking）是理解和处理这些复杂系统的最佳方法。简单地说，系统思维就是把某个疑问、某种状况或某个难题明确地视为一个系统，也就是视为一组相互关联的实体。在宏观层面上，系统思维的目标是令人们能够对系统进行思考，使得人们能够将复杂的问题简化，进而做出更明智的决策。系统思维中的重要角色，是为决策者提供必要的知识，使其可以在做决策时进行判断与权衡。要做出决策，就需要对各种选项进行认定、分析及权衡。系统思考者可能会问：系统中表现出了哪些紧张的关系？有哪些替代办法或解决方案能够平衡系统中的各种因素，并解决这些紧张的关系？这些解决方案如何应对将来的变化？想做出明智的决策，其关键在于确保决策者能够了解并考虑到该决策可能引发的各种重要影响，而要想确保这一点，则需要运用系统思维。

2. 系统设计中的通用问题求解过程

对于一个系统来说，其设计者的任务是从不同的应用领域和具体问题层面解决实际的问题。通常来说，一个问题主要有以下三个组成部分：①一个不理想的初始状态，即一个不满意的要素的存在；②一个理想的目标状态，即令使用者满意的要素的实现；③在某一个特定时间内阻止不理想的初始状态向理想的目标状态转化的障碍。

其中，阻碍转化的障碍可能来自于未知的手段、涉及多种选择或组合的问题，以及模糊的目标定义。这种复杂性和不确定性是工程问题的典型特征。如图 3-8 所示，针对这种通用问题的求解过程，涉及以下关键步骤：

1）任务识别：首先，需要面对任务的初始对峙，即已知和未知的要素。在这个阶段，了解任务本身、约束条件以及已知解决方案的信息是至关重要的。这些信息有助于阐明需求的性质，并为解决方案的确定提供基础。

2）定义阶段：在确定任务要素后，需要将任务的关键问题定义在更抽象的层面上，以设定目标和主要约束。这一阶段的目标是明确问题的范围和目标，确保设计的方向清晰。

3）创造阶段：一旦任务得到明确定义，就可以通过多种手段开发解决方案。在这个阶段，工程设计者可以采用创新的方法和技术，探索各种可能的解决方案，并将它们组合成有条不紊的指导方针。此外，如果问题存在多种变体，还需要进行评估，以选择最佳方案。

4）评估和决策：设计过程中的每个步骤都需要进行评估，以确保符合总体目标。评估的结果将帮助设计者了解解决方案的优缺点，并为最终决策提供支持。通过决策选择最佳方案，同时需要考虑资源限制、约束条件以及未来可能的影响。

这些步骤共同构成了工程设计过程的基本范式。在这个过程中，工程设计者需要灵活运用各种工具和方法，不断优化解决方案，以实现最终的设计目标。特别地，对于一般问题的决策过程，则涉及以下几方面的考虑。

1）如果上一步的结果符合目标，则可以开始下一步。

2）如果结果与目标不相容，则下一步不应进行。

3）如果资源允许，可以重复上一步，尤其是当可预期的结果良好时。这意味着人们应该充分利用已有的资源和信息，不断优化和改进方案，以获得更好的结果。

4）如果前一个问题的答案是否定的，则必须停止开发。

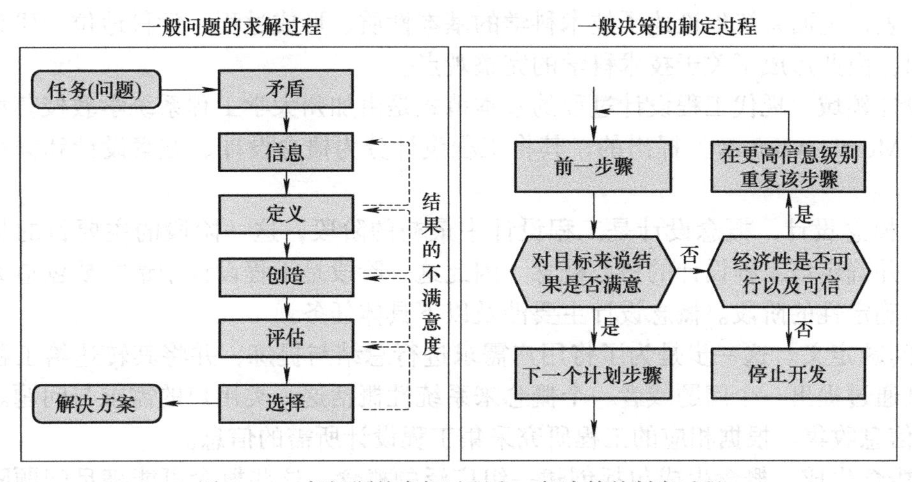

图 3-8 一般问题的求解过程和一般决策的制定过程

在问题求解过程中，技术系统各要素之间的相互关系包含了人为因素的影响。技术元件和系统并不是孤立运行的，一般来说，它们是更大系统的一部分。人类通过输入效应（如操作、控制等）对技术系统产生影响，而系统则通过反馈效果或信号导致进一步的动作。因此，人类对技术系统的作用是至关重要的，他们支持或启用了技术系统的预期效果。根据图 3-9 所示，可以将技术系统的影响分为以下几个方面。

1）预期效应：系统运行意义上的功能性预期效应。

2）输入效应：由于人对技术系统的作用而产生的功能关系。

3）反馈作用：由于一种技术系统作用于人或另一种技术系统而产生的功能关系。

4）干扰效应：外界对技术系统或人产生功能上不希望的影响，使系统难以实现其功能。

5）副作用：技术系统对人或环境产生的功能上不希望的、非预期的影响。

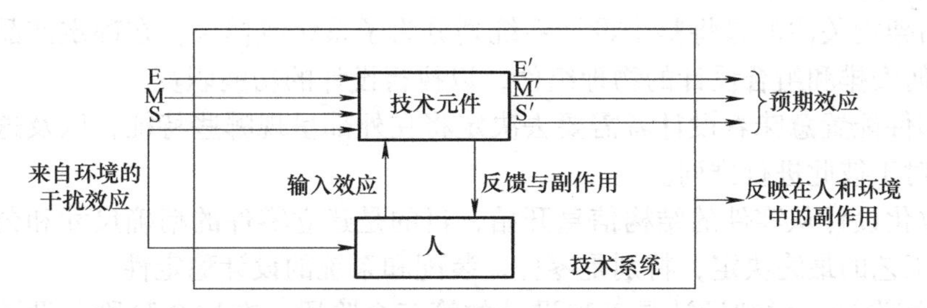

图 3-9 包含人为因素的技术系统各要素之间的相互关系

3. 复杂系统的工程设计过程

工程科学（Engineering Science），又称技术科学，是将数学、物理学、化学等基础科学的原理通过各式各样的途径（各种结构、设备、信息及物质）应用于工程问题求解中。1947 年，钱学森回到祖国探亲，先后在浙大、交大和清华做了题为 *Engineering and Engineering Sciences* 的学术报告，首次提出了存在“基础科学 – 技术科学 – 工程技术”三个层次结构的观点，引申出整个自然科学的知识体系。10 年之后，回国刚一年多的钱学森在全国首届力学学术会议上做了主题报告《论技术科学》，并于当年在《科学通报》

期刊上发表，全面系统地论述了技术科学的基本性质、形成过程、学科地位、研究方法和发展方向，由此形成了关于技术科学的完整观点。

在设计领域，现代工程设计过程的基本范式是由加州大学工程系统学教授莫里斯·阿西莫夫（Morris Asimow）提出的，其将工程设计分为概念设计、方案设计和详细设计三个阶段。

（1）概念设计　概念设计是工程设计中最初的阶段，这一阶段的主要目的是生成解决方案，并确定该工程设计的核心概念。因此这一阶段是工程设计中最需要创造力，也是最具有不确定性的阶段。概念设计主要涉及以下具体任务。

1）问题定义。这一步是为了将用户需求进行总结与提炼，并将其转达给工程设计团队，并且通过提出一个问题或者一个概念来系统性概括这一类用户的需求与问题。

2）信息收集。根据相应的工程研究采集工程设计所需的信息。

3）概念生成。概念生成包括创建一组广泛的概念，这些概念可能满足问题陈述。这种概念可以通过团队创造的方法，再结合已收集的信息进行综合讨论，产品设计规范在概念被选择后被重新审视。设计团队必须致力于实现某些关键目标的制定。最后设计工程所需的参数，通常包含成本参数和性能参数。

4）概念评估。评估设计概念，修改并演变出单个的首选概念，是这一步的主要任务。这个过程通常需要进行多次迭代。在资金投入并进入下一设计阶段之前，组织工程设计人员进行设计评审。一是确保设计在物理上是可实现的；二是该项目从经济性上是值得投入的；三是制定完整的产品开发时间表；四是确定产品开发所需要的最低人力、设备和资金资源。

（2）方案设计　方案设计是工程设计的第二个阶段，这一阶段的主要任务是对第一阶段产生的概念进行结构化开发。在这一阶段中需要明确设计中的一些关键性的参数，如尺寸、形状、材料强度等。这一阶段的具体任务主要有三个，即确定产品架构、零部件配置和参数化设计。

1）产品架构关注的是将整个设计系统划分为子系统或模块，在确定产品架构过程中人们决定如何安排和组合设计的物理组件，以执行设计的功能职责。

2）零部件配置意味着设计者需要去决定将在外部呈现哪些特征，以及这些特征如何在空间中相对于彼此进行排列。

3）参数化设计从零件的结构信息开始，目的是建立零件的精确尺寸和公差，包括对材料和制造工艺的最终决定，特别是零件、装配和系统的设计稳定性。

（3）详细设计　详细设计是工程设计的第三个阶段，在这个阶段，设计被带入一个完整的工程描述测试和可生产产品的阶段。每个零件的排列、形状、尺寸、公差、表面特性、材料和制造工艺都应该得到完善，从而确定设计结束后进入制造过程时从供应商处购买的每个特殊用途的零件和每个标准件的规格。

3.1.3　现代设计理论与方法

1. 产品概念设计

概念设计是指在产品设计前期，通过分析用户需求，阐明设计功能和大致样式从而确定产品的设计概念。概念设计需要对产品的功能、技术可行性、造型、层级、规格等属性进行前期规划。概念设计一般按照识别用户需求→建立目标规格→生成产品概念→选择产品概念→测试产品概念→设置最终规格→规划后续开发的顺序执行，概念设计的产出一般为产品的逻辑概念模型和后续开发计划。图 3-10 展示了产品概念设计的一般流程。

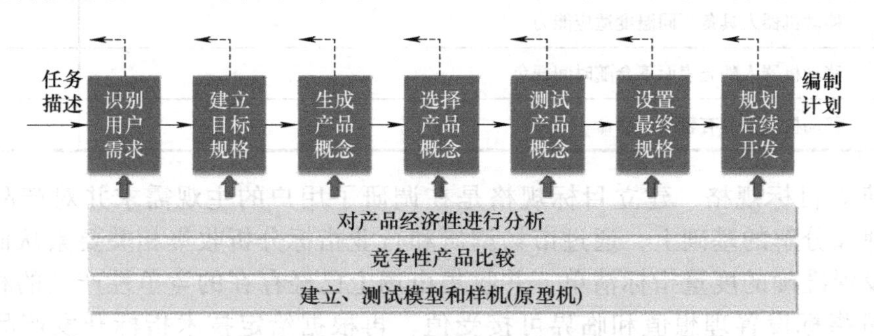

图 3-10 产品概念设计的一般流程

在概念设计过程中，主要难点是识别用户需求并生成产品概念这个过程。下面将通过机器人设计案例简要介绍产品概念的生成过程。

（1）识别用户需求　识别用户需求是产品概念设计的最初阶段，这一阶段需要设计师与用户充分沟通，收集和理解用户的原始需求，组织需求的层级（一般包括三级，随产品复杂度进一步确定），识别不同需求的重要程度，并对分析结果进行反思，这一阶段的产出至少包括用户需求调查表和标注了优先度信息的产品需求层级，见表 3-2 和表 3-3。

表 3-2 某用户需求调查表

用户：××；日期：××年××月××日；目前使用产品：××型移动机器人		
问题 / 提示	用户陈述（原始数据）	产品需求
典型用途	我想在矿山、草地、沙漠等不同生产环境中使用该机器人	新产品穿越复杂地形，具有多种环境适应性
当前优点	我喜欢当前的手动遥控模式	当前的遥控模式应在新产品中保留
当前劣势	我太懒了以至于我不想弄清楚怎么操作	新产品应具有操作简单、易于学习的特点，几乎不需要说明书
改进建议	我想用语音控制机器人执行任务	新产品可以引入语音识别算法和更高级的人工智能算法，提升机器人的自主导航和决策能力

表 3-3 移动机器人需求分解表

序号	需求条目	重要度
1	移动机器人易于使用	4
1.1	移动机器人易于手动控制	4
1.2	移动机器人的用户交互易于理解	2
1.3	移动机器人可以根据任务设置自行规划执行过程	1
2	移动机器人很耐用	5

（续）

序号	需求条目	重要度
2.1	移动机器人具有自主避障能力	3
2.2	移动机器人具备不同温度适应能力	2
2.3	移动机器人外壳表面不会随时间褪色	潜在
2.4	移动机器人具有较高的寿命	5

（2）建立目标规格　建立目标规格是在调研了用户的主观需求并对产品的所有需求进行整理和分解的基础上，通过市场调研和行业指标分析收集相关要素从而给主观的用户需求设置准确的度量指标清单，并收集市场上已经存在的竞争性产品的相关数据来为每个度量指标设置理想值和临界可接受值，再根据给定技术指标开发产品的技术模型（一种针对特殊设计决策的工具，用来预测决策中度量指标的值）和产品的成本模型（产品可能用到的各种零部件或子系统的材料成本清单），通过对技术模型和成本模型的权衡分析来修正产品的度量指标，初步确定产品的规格模型。移动机器人悬架度量指标范例见表 3-4。

以移动机器人悬架系统为例，在开发产品技术模型的过程中，通常采用多个解析模型或近似的物理模型来对应不同的度量指标子集，如图 3-11 所示。在大多数情况下，可以采用 MATLAB、Simulink、Modelica、Scada（航空航天领域）等软件结合动态系统的工程知识开发部分度量指标的解析模型。例如，在悬架疲劳特性分析实际工程中，由于物理模型的开发成本大，开发团队通常建立近似的物理模型，利用仿真、实验设计（Design-of-Experiment，DOE）、人工智能等技术相结合的手段，对该模型进行测试，减小需要开发的模型数量和成本。

表 3-4　移动机器人悬架度量指标范例

度量指标编号	需求编号	度量指标	重要度	单位	临界值	理想值
1	1	总承载能力	4	千克（kg）	<1.4	<1.1
2	2.1	最大行程（车轮直径 10mm）	3	毫米（mm）	33 ～ 50	45
3	2.2	温度耐受性	4	摄氏度（℃）	−20 ～ 50	−30 ～ 70
4	2.4	工作寿命	3	年	12	10
5	2.4	平均故障时间（MTBF）	3	小时（h）	>3000	>10000
6	2.4	悬架响应时间	3	秒（s）	<0.1	0.05

（3）生成产品概念　产品概念是对产品的技术、工作机理和形式的大致描述，能简要地说明该产品如何满足用户需求，通常采用草图、三维模型表示并附带简要的文字描述。产品概念的质量在很大程度上决定了该产品是否满足用户需求，并实现商业化的程度。好的产品概念在后续环节中可能没有被很好地执行，但差的产品概念无论在后续环节中如何努力都是难以获得商业成功的。与其他研发环节相比，概念生成环节耗资少、耗时少，一般花费不到 5% 的研发投入和不到 15% 的研发时间。

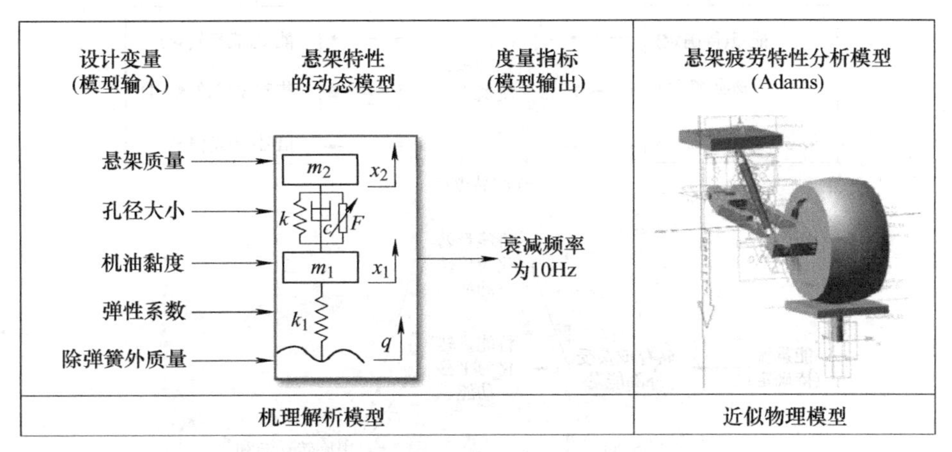

图 3-11 悬架疲劳特性分析的近似模型

概念生成的过程实际上就是在厘清用户需求、建立目标规格的基础上把复杂的设计问题分解成若干个比较简单的子问题，再通过外部搜索、集思广益、案例推理等方法寻找能够解决这些子问题的方案。进一步，采用概念分类树和概念组合表来对解决方案进行系统搜索，从而将原本的黑盒模型拆解成显式的解决方案组件，最终组合成针对用户需求的整体解决方案。通常，有效的开发团队会生成数以百计的产品概念，其中有 5 ～ 20 个概念需要在概念选择环节中进行仔细斟酌。在产品概念生成阶段，可以采用多种类型的概念生成方法：类比法、仿生法、头脑风暴法、TRIZ 理论，以及基于知识工程和大语言模型的智能推理等方法。

以自动拧螺钉机器人系统部分概念生成为例，如图 3-12a 所示，首先需要将整个机器人系统看成一个操作物质流（材料在系统中的运动，粗实线表示）、信号流（控制信息和反馈信息的通路，虚线表示）、能量流（能量在系统中的转化和传递，细实线表示）的黑箱。其次，将这个黑箱分解成若干子功能，详细描述产品中的元素对实现整体功能起了什么作用，子功能可以多次分解，直到团队可以轻松实现最终的子功能。经验表明，一般设计任务要层层分解为 3 ～ 10 个子功能才可以最终实现。图 3-12b 表示一个简单的分解结果，包括能量流、物质流和信号流的子功能图。

针对关键子功能生成合适的解决方案，再将方案组合在一起以对整体解决方案进行系统探索。例如，图 3-13 表示了通过外部搜索和内部搜索团队收集到的概念所组成的概念分类树和概念组合表。概念分类树用于整理针对单个子问题的所有可能概念，团队需要结合实际对其进行分析。概念分类树包括：①能删除不可行的分支，选择合适的开发方案；②能确定解决问题的独立方法，从而明确划分设计任务，减少设计复杂度；③能暴露一些不恰当的关注重点，提高对各个解决方案的理解；④根据实际情况细化某一分支，使得子功能的实现更具有操作性。

针对各个子问题完成概念分类树后，还需要建立概念组合表来系统性地考虑解决方案的组合，概念组合表中纵栏对应图 3-13a 中的各个子问题，纵栏中的每个条目对应通过内、外部搜索找出子问题的解决方法。

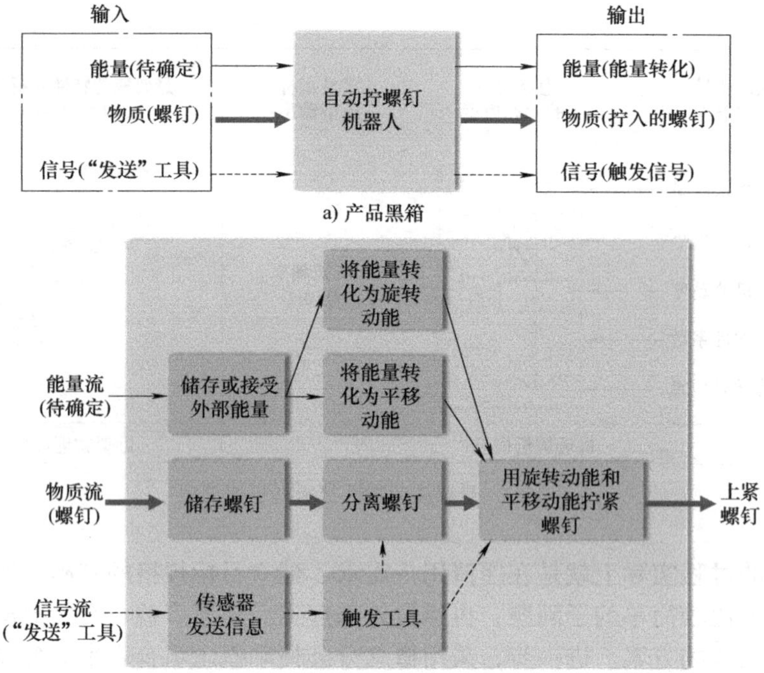

输入

能量(待确定)

物质(螺钉)

信号(“发送”工具)

自动拧螺钉机器人

输出

能量(能量转化)

物质(拧入的螺钉)

信号(触发信号)

a) 产品黑箱

能量流(待确定)

储存或接受外部能量

将能量转化为旋转动能

将能量转化为平移动能

物质流(螺钉)

储存螺钉

分离螺钉

用旋转动能和平移动能拧紧螺钉

上紧螺钉

信号流(“发送”工具)

传感器发送信息

触发工具

b) 提取显示子功能

图 3-12　自动拧螺钉机器人设计问题分解

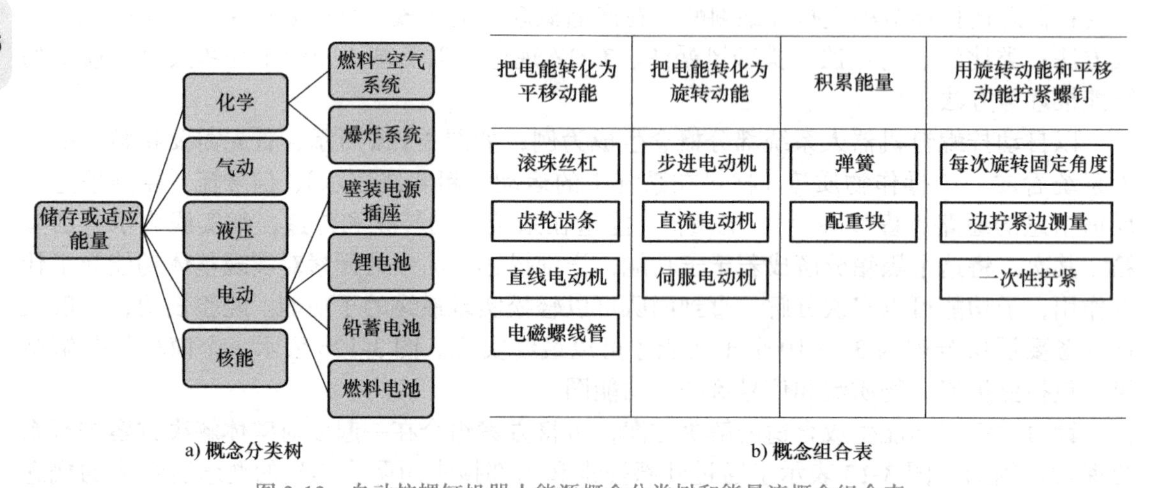

图 3-13　自动拧螺钉机器人能源概念分类树和能量流概念组合表

（4）选择和测试产品概念　在产品开发的早期阶段，开发团队需要识别用户需求，并使用大量的方法来产生实现特定需求的概念。概念选择（Concept Selection），即是通过比较各概念间的相对优劣，来选择一个或几个概念进行接下来的调查、测试以及研究，从而使概念更好地满足用户需求和其他指标的过程。尽管开发过程的许多阶段都需要依靠开发人员的创造力和思维的多样性，但概念选择只需要对可供选择的概念进行筛选。概念选择是一个收敛的过程，但并不一定能够很快就选择出一个最优概念，因此必须反复进行。在进行概念选择时创建概念决策矩阵，结合一组选择标准对每种方案进行评价。决策矩阵是一种常用的工具，它通过量化和比较不同概念的多个标准来帮助决策者做出选择。以移动机器人悬架概念选择为例，表 3-5 描述了移动机器人悬架概念决策矩阵。

表 3-5 移动机器人悬架概念决策矩阵

零部件编号	零部件描述	成本	耐久性	维护难度	载重能力	适应性	操控性	重量	总权重	加权得分	排序	是否继续开发
基准	标准弹簧悬架	低	中	低	高	中	高	重	40	32	3	否
X2	油气悬架系统	中	高	中	中	中	低	中	40	34	2	否
X3	独立悬架系统	高	高	高	中	高	高	轻	40	36	1	开发
X4	刚性悬架系统	低	低	低	低	低	低	重	40	20	4	否

通过该矩阵可以清晰地看到不同概念之间的具体情况对比，根据团队意见确定评价标准和权重，权重反映了每个标准对于最终决策的重要性，针对该矩阵的概念选择过程则可简单按照以下步骤进行：①对每个悬架零部件在每个评价标准上进行评分；②将每个评分乘以相应的权重，得到加权得分；③将所有加权得分相加，得到每个悬架零部件的总分；④比较各个悬架零部件的总分，选择得分最高的概念作为最佳选择。

需要注意的是，最终的概念选择并不单纯选择初始决策矩阵中的最高得分概念，而应该通过灵敏性分析考察初始的评价结果，通过更新维护决策矩阵来按照变动的需求和重要度评级灵活改变权重和得分。基于决策矩阵，团队往往能得到多个达到最高级别的概念，这些概念通过进一步扩展，制成原型系统，并经过仿真、试验、用户试用等手段进行测试，从而得到用户的反馈，最终定型，才能得到最佳的概念选择结果。概念选择结束后，设计团队通过分析产品的组成、生产方式制定后续开发和采购计划，完成概念设计阶段。

2. 优化设计

优化设计是指以线性与非线性规划理论为基础，使某项设计在规定的各种限制条件下，利用计算机优选设计参数，使某项或几项设计指标获得最优体，即获得最优的设计方案。优化设计具有仿真驱动、数学模型、算法应用、迭代、多目标约束等特点。在其基础上，发展出结构优化设计理论方法——结构优化设计（Optimum Structural Design），即在给定约束条件下，按某种目标（如重量最小、成本最低、刚度最大等）求出最好的设计方案，曾称为结构最佳设计或结构最优设计，相对于“结构分析”而言，又称“结构综合”；若以结构的重量最小为目标，则称为最小重量设计。

优化数学模型基本包含设计变量、目标函数、约束条件这三要素，其标准形式为

$$\begin{cases} \text{求}\boldsymbol{x}=[x_1,x_2,\cdots,x_n]^{\mathrm{T}} \\ \min f(\boldsymbol{x}),\boldsymbol{x}\in\mathbf{R}^n \\ \text{s.t.}h_v(\boldsymbol{x})=0,v=1,2,\cdots,p\ (p<n) \\ g_u(\boldsymbol{x})\leqslant 0,u=1,2,\cdots,m \end{cases}$$

式中，$\boldsymbol{x}$ 是设计变量；$f(\boldsymbol{x})$ 是目标函数；$g_u(\boldsymbol{x})$ 是不等式约束函数；$h_v(\boldsymbol{x})$ 是等式约束函数。

图 3-14 所示为机床主轴的变形简图。以机床主轴结构优化设计为例，在设计机床主轴时，有两个因素需要考虑，一是主轴的自重；二是主轴伸出端 C 点的挠度。当主轴的材料选定时，其设计方案由四个设计变量决定，即孔径 d、外径 D、跨距 l 及伸出端长度 a。由于机床主轴内孔常用于通过待加工的棒料，其大小由机床型号决定，不能作为设计变量，故设计变量取为

$$\boldsymbol{x}=[x_1,x_2,x_3]^{\mathrm{T}}=[l,D,a]^{\mathrm{T}}$$

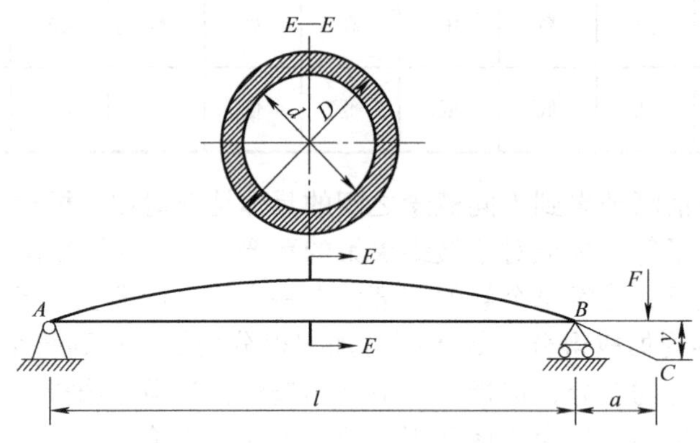

图 3-14　机床主轴优化设计问题描述

机床主轴优化设计的目标函数则为

$$f(\boldsymbol{x})=\frac{1}{4}\pi\rho(x_1+x_3)(x_2^2-d^2)$$

式中，ρ 为材料的密度。

考虑伸出端挠度、主轴内最大应力以及设计变量取值范围等约束条件，并将所有约束函数规范化，主轴优化设计的数学模型可表示为

$$\begin{aligned}
&\min f(\boldsymbol{x})=\frac{1}{4}\pi\rho(x_1+x_3)(x_2^2-d^2)\\
&\text{s.t.}\,g_1(\boldsymbol{x})=\frac{64Fx_3^2(x_1+x_3)}{3E\pi(x_2^4-d^2)}/y_0-1\leqslant 0\\
&\qquad g_2(\boldsymbol{x})=1-x_1/l_{\min}\leqslant 0\\
&\qquad g_3(\boldsymbol{x})=1-x_2/D_{\min}\leqslant 0\\
&\qquad g_4(\boldsymbol{x})=x_2/D_{\max}-1\leqslant 0\\
&\qquad g_5(\boldsymbol{x})=1-x_3/a_{\min}\leqslant 0
\end{aligned}$$

优化设计问题的求解算法种类繁多，主要可以分为基于数学规划的优化算法、启发式优化算法、AI（人工智能）驱动的优化算法。

数学规划的优化算法在理论上能够找到全局最优解或证明无解，特别是对于凸优化问题，算法的每一步都是确定、可预测的，能够很好地处理各种类型的约束条件，对于结构

化问题，如线性规划、二次规划等，有成熟的理论和算法，但是对于大规模问题或非线性问题，计算成本往往难以接受。

启发式优化算法通常能够在较大的搜索空间中找到近似全局最优解，对于复杂或大规模问题，启发式优化算法通常比基于数学规划的优化算法更快，但是算法每一步都具有一定的随机性，会导致结果的不确定性，因此通常需要通过试验来调整算法参数以达到最佳的性能。

AI 驱动的优化算法能够从数据中学习并改进其性能，能够适应问题的变化，自动调整搜索策略，特别适合处理具有复杂非线性关系、高纬度和大规模的优化问题，但是需要大量的数据来训练模型，数据的质量和规模将对性能产生显著影响，同时 AI 驱动的优化算法通常被视为“黑箱”，其决策过程往往难以解释。表 3-6 列出了常见的基于数学规划的优化算法、启发式优化算法和 AI 驱动的优化算法。

表 3-6 常见的优化算法

算法名称		算法特点
基于数学规划的优化算法	线性规划（LP）	适用于目标函数和约束条件都是线性的情况
	非线性规划（NLP）	当目标函数或约束条件至少有一个是非线性时使用
	整数规划（IP）	目标是找到整数解，可以是线性或非线性的变体
	混合整数线性规划（MILP）	结合了线性规划和整数规划的特点
	动态规划（DP）	适用于多阶段决策过程，通过分解问题来简化计算
	随机规划	在不确定性下进行优化，考虑了随机变量
启发式优化算法	遗传算法（GA）	模仿自然进化中的选择、交叉和变异来迭代地改进解决方案
	粒子群优化（PSO）	模拟鸟群或鱼群的社会行为来搜索最优解
	模拟退火（SA）	基于物理退火的随机搜索概率逐渐降低来逼近全局最优解
	蚁群算法（ACO）	模仿蚂蚁寻找食物的路径选择行为，用于解决路径优化问题
	禁忌搜索（TS）	通过保持禁忌表来避免循环，逐步改进当前解
AI 驱动的优化算法	深度神经网络（DNN）	通过训练大量参数学习复杂的非线性关系
	强化学习（RL）	通过与环境的交互来学习最优策略
	生成对抗网络（GAN）	通过生成器和鉴别器的对抗过程来生成新的数据样本
	迁移学习（TL）	将从一个任务学到的知识应用到另一个不同但相关的任务上
	元学习（ML）	学习如何学习，即通过训练模型来优化学习过程本身

优化设计问题可以按照设计对象分为拓扑优化设计、多学科优化设计和可靠性优化设计等，见表 3-7。

表 3-7 优化设计问题常用方法

问题名称	方法名称	方法特点
拓扑优化设计	水平集方法	通过水平集方程来描述结构界面的演化，它能够处理复杂几何形状的变化
	参数化水平集方法	通过引入参数化技术来改进水平集方法，使其能够自动开孔，并且减少了对初始设计的依赖性

（续）

问题名称	方法名称		方法特点
多学科优化设计	近似模型		通过近似原始模型的响应来加速优化过程
	求解策略	单级	将多学科问题整合为一个统一的优化问题，有效地处理不同学科之间的耦合
		多级	将优化问题分解为多个子问题，每个子问题针对不同的学科进行优化
		多目标	考虑多个设计目标，通过权衡这些目标来找到最优解
可靠性优化设计	可靠性分析	近似解析	使用数学方法来近似描述系统的不确定性和可靠性
		仿真模拟	通过数值仿真来评估系统的可靠性
		代理模型	是一种替代原始模型的简化模型，用于在可靠性分析中减少计算量
	可靠性优化设计	基于概率解析	使用概率论来评估设计参数的不确定性对系统性能的影响
		基于近似模型	使用近似模型来预测系统性能，可以在保持合理精度的同时减少计算成本

拓扑优化设计通常以最小化重量、最大化刚度或自然频率为优化目标，能够在给定载荷和约束条件下，优化材料在设计空间内的分布，提供最大的设计自由度，同时还能够自动化地寻找最佳的材料分布，而不需要人为指定材料的位置，但拓扑优化在多物理场问题中的应用仍具有挑战性，需要为多物理场问题开发有限元模型，以及处理材料插值和设计变量的参数化等。

多学科优化设计通常涉及多个学科（如结构、流体、热力学等）的耦合问题，需要考虑不同学科之间的相互作用，在建模过程中可以使用协同优化方法来协调不同学科之间的设计变量和约束条件，在求解过程中可以通过并行处理各个学科的优化问题，同时使用近似模型来减少对高精度模型的依赖，提高计算效率。

可靠性优化设计要求在满足可靠性要求的前提下，优化设计参数，如最小化成本或重量，在优化过程中考虑到系统中存在的不确定性，如材料属性、载荷和制造误差等，可通过基于概率解析或基于近似模型的方法，提高优化过程的效率。

3. 机电一体化设计技术

机电一体化（Mechatronics）的概念，最早出现于20世纪70年代，其英文是将Mechanical与Electronics两个词掐头去尾组合而成的，体现了机械与电磁（气）技术不断融合的内涵演进和发展趋势。伴随着机电一体化技术的发展，相继出现了诸如“机－电－液”一体化、“流－固－气”一体化、“生物－电磁”一体化等概念。机电一体化的目的是研究不同物理系统或物理场之间的相互关系，通常通过多领域耦合仿真和试验来设计机电一体化系统，提高系统或设备的整体性能。

现代机电一体化系统通常是指充分运用电子计算机的信息处理和控制功能及可控驱动元件特性的现代化机械系统，它实现了机械系统的自动化和智能化。数控机床、智能机器人、相控阵雷达等现代化设备几乎都是机电一体化系统。图3-15所示为相控阵天线机电一体化设计案例。机电一体化产品根据结构和电子技术与计算机技术在系统中的应用可以分为三类。

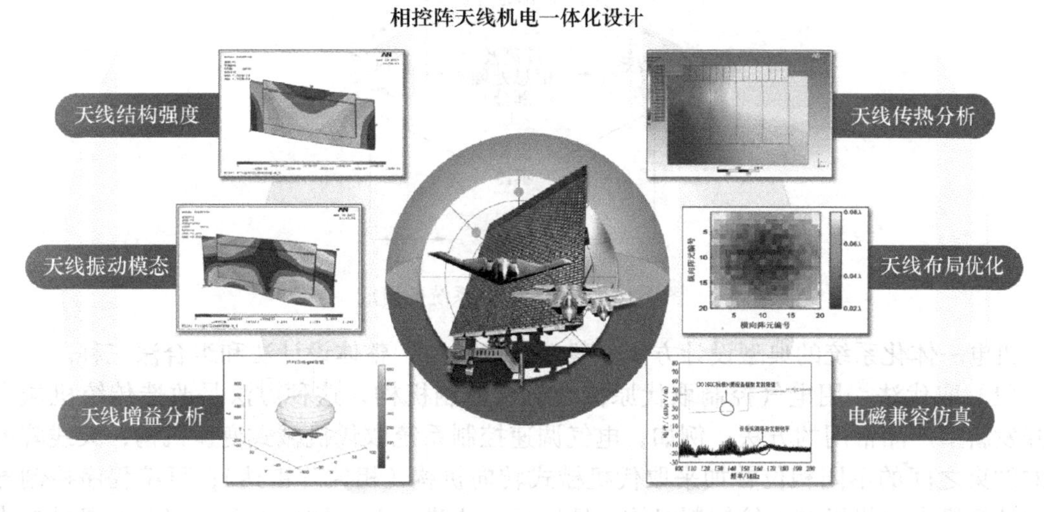

图 3-15 相控阵天线机电一体化设计案例

1）原机械产品采用电子技术和计算机控制技术从而产生性能好、功能强的机电一体化的新一代产品，如智能洗衣机、机器人等。

2）用集成电路或计算机及其软件代替原机械部分结构，从而形成机电一体化产品，如电子缝纫机、电子照相机、用交流或直流调速电动机代替变速器等。

3）利用机电一体化原理设计全新的机电一体化产品，如传真机、复印机、录像机、MEMES（微机电系统）传感器等。机电一体化技术可以用来设计新型的机电一体化产品，改造旧的机电产品，使机电产品的面貌大大改观，从而达到功能增强、体积减小、重量减轻、可靠性提高、性能价格比大大改善的目的。

实施机电一体化通常可以获得功能增强、精度提升、结构简化、可行性提高、操作改善、柔性提高等效果。如图 3-16 所示，机电一体化系统一般由结构组成要素、动力组成要素、感知组成要素、职能组成要素、运动组成要素这五个要素有机结合而成。

（1）机械本体（结构组成要素） 机械本体是系统的所有功能要素的机械支持结构，一般包括机身、框架、支承件、连接件等。

（2）动力驱动部分（动力组成要素） 动力驱动部分依据系统控制要求，为系统提供能量和动力以使系统正常运行。

（3）测试传感部分（感知组成要素） 测试传感部分对系统运行所需要的本身和外部环境的各种参数和状态进行检测，并变成可识别的信号，传输给信息处理单元，经过分析、处理后产生相应的控制信息。

（4）控制及信息处理部分（职能组成要素） 由来自测试传感部分的信息及外部直接输入的指令进行集中、存储、分析、加工处理后，按照信息处理结果和规定的程序与节奏发出相应的指令，控制整个系统有目的地运行。

(5) 执行机构（运动组成要素） 执行机构根据控制及信息处理部分发出的指令，完成规定的动作和功能。

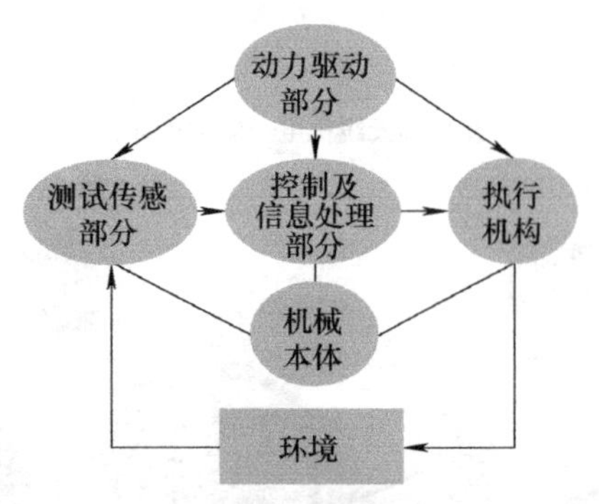

图 3-16 机电一体化系统的组成

机电一体化系统的典型设计方法一般涉及取代法、整体设计法和组合法三种。

(1) 取代法 用电气控制取代原传统机械控制机构。这种方法是改造传统机械产品和开发新型产品常用的方法。例如，电气调速控制系统取代机械式变速机构；天线阵列发射的波束之间的不同相位叠加来取代机械式转向机构（相控阵雷达）；可编程序控制器或微型计算机来取代机械凸轮控制机构、插销板、步进开关、继电器等，以弥补机械技术的不足。这种方法不但能大大简化机械结构，而且还可以提高系统的性能和质量，但缺点是跳不出原系统的框架，不利于开拓思路，尤其在开发全新的产品时更具有局限性。

(2) 整体设计法 主要用于全新产品和系统的开发。在设计时完全从系统的整体目标考虑各子系统的设计，所以接口简单，甚至可能互融为一体。例如，某激光打印机的激光扫描镜，其转轴就是电动机的转子轴，这是执行元件与运动机构结合的一个例子。随着大规模集成电路、微机以及精密机械技术的不断发展，相信可以设计出将执行元件、运动机构、检测传感器、控制与机体等要素有机地融为一体的机电一体化新产品。

(3) 模块化设计方法（组合法） 该方法选用各种标准模块，像积木那样组合成各种机电一体化系统，然后进行接口设计，将各单元有机结合起来融为一体。在开发机电一体化系统时，利用此方法可以缩短设计与研制周期，节约工装设备费用，有利于生产管理、使用和维修。

4. 数字化设计

数字化设计是现代设计方法学与领域学科工程技术、计算机与信息技术等相关融合的总称。

如图 3-17 所示，产品数字化设计技术的体系结构由四层组成：第一层为现代信息技术和产品设计 / 工艺设计技术，是整个产品设计技术的基础；第二层为利用现代管理技术和信息技术融合形成的业务流程再造和产品数据管理技术，贯穿于整个产品设计全过程，是产品数字化设计的集成平台；第三层为贯穿于产品设计各阶段的具体数字化技术；第四层是为满足各制造企业的个性化需求而形成的产品数字化设计专用技术。产品数字化设计的四层体系结构形成了一个完整的应用工程技术体系，并在产品创新设计中发挥着越来越重要的作用。

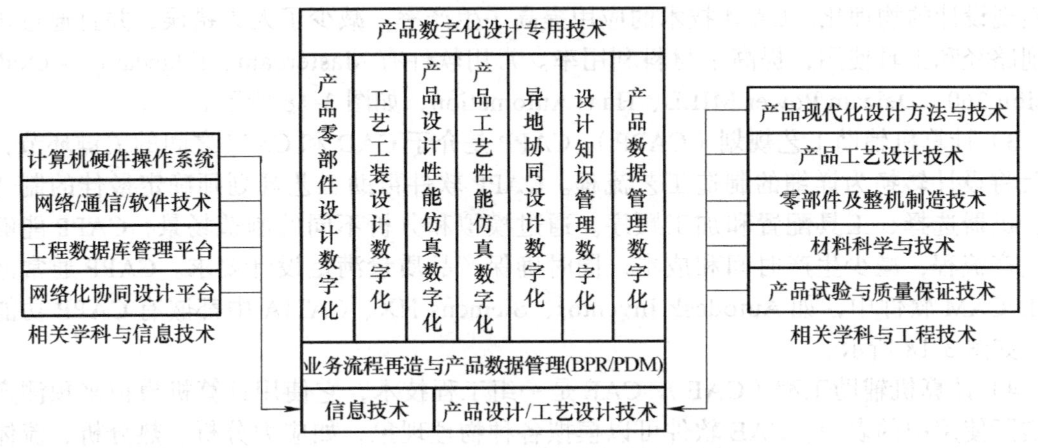

图 3-17　产品数字化设计技术的体系结构

1）计算机辅助设计（CAD）。CAD 是数字化设计流程中的第一步，它允许设计师使用专业的软件工具创建精确的数字模型和工程图。这些模型可以是二维的，如平面图和剖面图，也可以是三维的，以立体形式展示产品的几何形状和结构。CAD 软件提供了强大的设计表达能力，支持复杂数学运算和模拟，使得设计师能够快速迭代设计，进行详细分析，并优化产品性能。CAD 技术的应用不仅限于产品设计，还扩展到了建筑设计、城市规划和工业设计等多个领域。常用软件有 AutoCAD、SolidWorks、CATIA、PTC Creo（原 Pro/Engineer，Pro/E）、Siemens NX、MicroStation、Rhino，图 3-18 所示为部分常用软件。

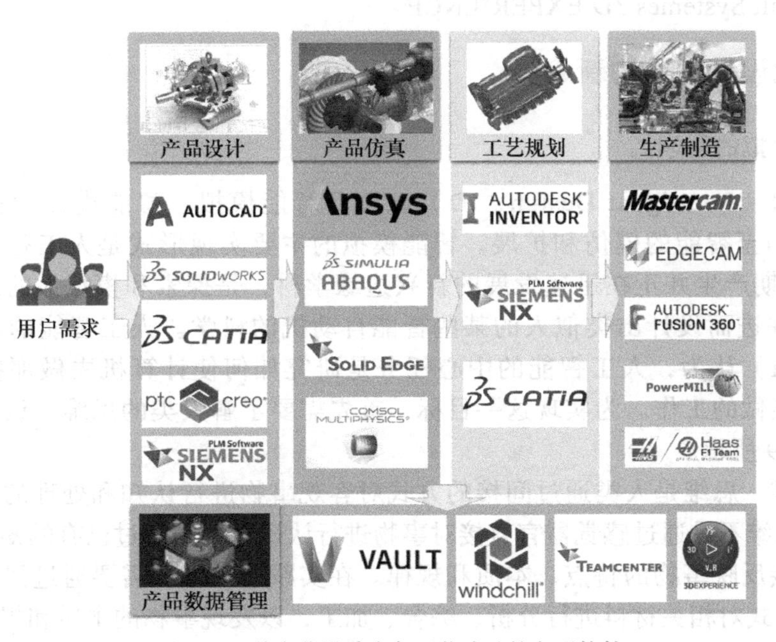

图 3-18　数字化设计中各环节涉及的主要软件

2）计算机辅助制造（CAM）。一旦设计完成，CAD 中的模型和工程图需要转换为可制造的产品。CAM 软件在此过程中发挥着关键作用，它将设计数据转换为用于控制机器的指令集，如数控编程。这些指令指导机床和其他制造设备进行精确的加工操作，从而实现设计的物理化。CAM 技术的应用提高了生产率，减少了人为错误，并且通过优化切削路径和工具使用，提高了材料利用率。常用软件有 Mastercam、Edgecam、Autodesk Fusion 360、Delcam Power MILL、Haas Automation，如图 3-18 所示。

3）计算机辅助工艺规划（CAPP）。CAPP 是介于 CAD 和 CAM 之间的关键环节，它涉及将设计转换为详细的制造工艺流程。CAPP 软件帮助工艺规划师确定最佳的制造方法、机器选择、工具配置和加工顺序。通过模拟和分析不同的制造场景，CAPP 能够优化生产流程，减少生产时间和成本，同时确保产品质量满足设计要求。CAPP 通常嵌入 CAD/CAM 软件中，如 Autodesk Inventor、Siemens NX、CATIA 中都嵌有 CAPP 功能模块，如图 3-18 所示。

4）计算机辅助工程（CAE）。CAE 是一组工程技术，它使用计算机模拟来预测产品在实际使用中的表现。CAE 软件可以模拟各种物理现象，如应力分析、热分析、流体动力学和电磁学等。工程师利用 CAE 工具在设计阶段对产品进行虚拟测试，评估其在不同工作条件下的性能，从而在产品实际制造之前发现并解决潜在的设计问题。常用软件有 ANSYS、Abaqus、Siemens SolidEdge、COMSOL Multiphysics，如图 3-18 所示。

5）产品数据管理（PDM）。PDM 是数字化设计流程的支柱，它提供了一个集中的平台来管理所有与产品相关的数据和信息。PDM 软件支持文档管理、版本控制、工作流程自动化和项目协作。通过 PDM，企业能够确保设计数据的一致性、可追溯性，并在整个组织中实现信息共享。PDM 的应用提高了设计团队的工作效率，加快了产品从概念到市场的转变速度。常用软件有 Autodesk Vault、PTC Windchill、Siemens Teamcenter、Infor PLM、Dassault Systèmes 3D EXPERIENCE。

3.1.4 智能设计发展的新趋势

1. 智能模拟的科学

智能设计（Intelligent Design，ID）离不开智能模拟，智能模拟的科学是对人类思维和认知乃至智能的模仿和扩展。智能模拟的主要实现形式是人工智能。人工智能是 20 世纪中期产生并正在迅速发展的新兴边缘学科，是探索和模拟人的思维和认知过程的规律，并进而设计出类似人的某些智能自动机的科学。人工智能的创始人温斯顿（P.H.Winston）认为，人工智能的中心任务是研究如何使计算机去做那些过去只有靠人的智力才能做的工作。为实现这一目标，首先需要了解人类的思维、认知和智能的内涵，如图 3-19 所示。

（1）思维　思维是人类通过间接的方式对客观事物进行认知和处理的过程。这种间接性表现在思维不是通过感觉器官直接对事物进行认识，而是通过已有的知识、经验和认知过程来间接反映事物的特点、本质和规律。在实践活动中，需要通过回忆、联想、推想、想象等方式对相关材料进行分析、综合、加工，以发现事物的本质和规律性联系，并且有效地应用这些发现来改造客观事物。思维是指个体通过对信息的处理、分析和整合来产生观点、想法和理解的过程。它包括对外部刺激的感知、记忆、推理、判断和解决问题等活动。思维可以是有意识的，也可以是无意识的，它是人类对世界的认识和理解的基础。

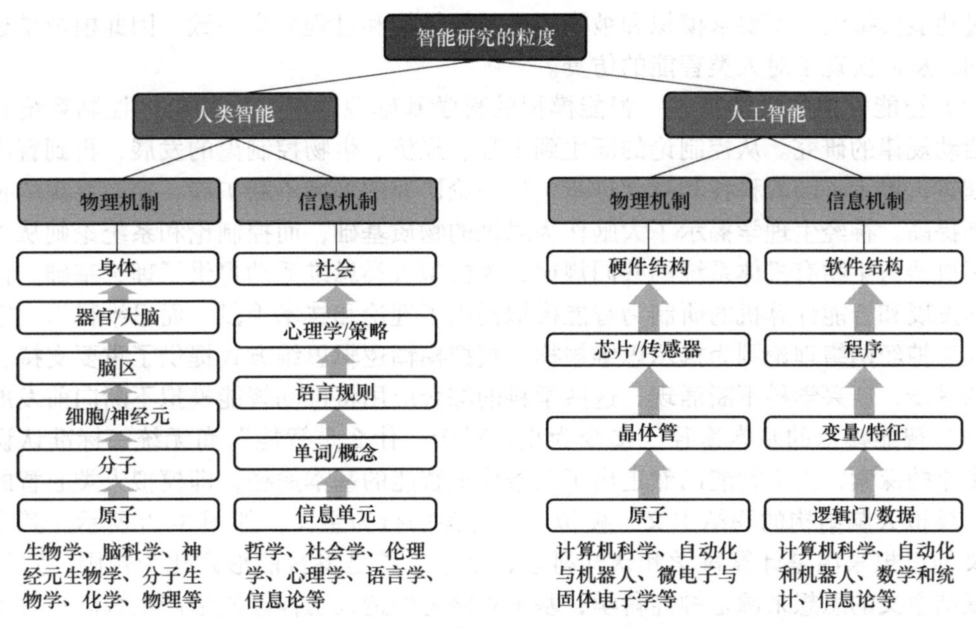

图 3-19 人类智能和人工智能研究的粒度

（2）认知 认知是指个体获取、处理和利用信息的能力，它涵盖了感知、注意、记忆、理解、学习、语言、推理和解决问题等方面，它使人类能够处理和理解来自外部世界的信息，并根据这些信息进行适当的行为和反应。认知发展的侧重点不仅在于对思维过程进行研究，而且在于对思维能力的发展进行研究。认知发展的内在机制：模式的同化、顺应、平衡过程为人类提出了一种思维的微观机制，可以看作是对思维的其中一个环节的展开和论述，通过这个过程的不断演化，使认知能力螺旋式增长。

（3）智能 智能是指人类所特有的智慧和才能的综合，人类的智能就是人类认识世界和改造世界的才智和本领，人类智能的特点主要是思想，而思想的核心又是思维。智能可以理解为人类或其他生物体对复杂环境的适应能力，包括学习、推理、解决问题、适应变化等方面的能力。人类的思维和认知是智能的基础，智能还包括对环境的感知和行为反馈。人类通过学习和经验积累不断提升自己的智能水平，这种智能的提升可以通过教育、训练、技能习得以及与他人的交流互动等方式来实现。而在计算机科学领域，人的思维和认知可以通过模拟和仿真来实现，从而使计算机系统具有一定程度的智能，如人工智能系统。这些系统通过算法、数据和模型来模拟人类的思维和认知过程，从而实现像人类一样的智能行为。

在上述人类的思维、认知和智能的基础上，智能模拟（即人工智能）的内涵也得到进一步发展。以下内容从智能控制的角度，简单总结智能模拟的哲学基础、科学基础和基本途径。

（1）智能模拟的哲学基础 智能模拟的哲学基础源自于物质的运动与思维的统一性。人类的思维活动是由社会实践逐渐形成的高级运动形式，其中包含多种低级运动形式。基于物质运动的一致性和包含关系，人们可以借助计算机及其各种运动形式来模拟思维活动。因为思维与物质在本质上一致，所以可以用其他形式的物质运动来模拟思维活动，构成了智能模拟的哲学基础。智能模拟的根本目的是延伸和扩展人脑和机体的功能，其方法是通过功能模拟法，不要求模拟和被模拟的系统结构和过程完全一致，因此模拟是近似而非等同，从而实现了对人类智能的仿真。

（2）智能模拟的科学基础　智能模拟的科学基础源自于对生物机体控制系统和人类思维活动规律的研究。从控制论的诞生到工程、经济、生物控制论的发展，再到智能控制论的演进，揭示了随着科技和社会进步，控制论研究的领域不断扩展，控制系统的智能水平不断提高。神经生理学揭示了大脑作为思维的物质基础，而控制论和系统论则从功能上揭示了机器与生物有机体系统的共同规律，为模拟人类思维活动提供了理论基础。计算机科学的发展和智能计算机的研制为智能模拟提供了理论和技术手段，而思维科学、模糊数学和人工神经网络理论则为揭示思维规律、模拟模糊逻辑思维方式提供了重要支持。随着科技的进步，新兴学科不断涌现，这些学科的综合应用将推动智能模拟不断向前发展。

（3）智能模拟的基本途径　迄今为止，对于“什么是智能”尚无统一标准认识，但经过多年的探索，人工智能已然走出了三条模拟智能的基本途径，即模拟人类心智的符号主义、模拟大脑结构的联结主义、模拟人类行为的行为主义，如图3-20所示。其中，符号主义的思想来源是计算科学和认知科学，基本思路是将智能形式化为规则、知识和算法；联结主义的思想来源是神经科学，基本思路是构造人工神经网络产生智能；行为主义的思想来源是进化论和控制论，基本思路是智能主体与环境的互动。

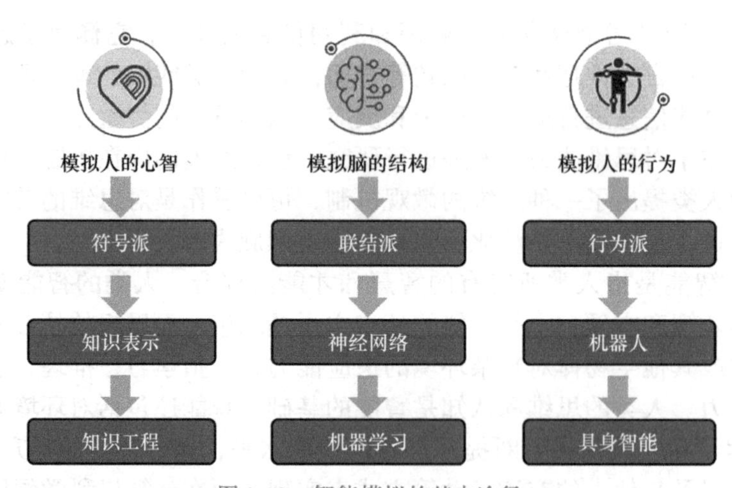

图3-20　智能模拟的基本途径

1）基于逻辑推理的智能模拟——符号主义（symblism）。符号主义起源于20世纪50年代中期，最早提出人工智能的研究者都是从分析人类的思维过程出发，通过表示概念的符号及各种逻辑运算符、函数、过程等处理关系，获得具化表达。因此，概念被看作是智能模拟的核心，而把代表概念的符号作为基本元素，符号之间须满足一定的逻辑运算关系。问题求解的过程，这种推理过程又可以通过某种形式化的语言加以描述。符号主义的基本出发点是把人类思维逻辑加以形式化，并用一阶谓词逻辑加以描述问题求解的思维过程。这种基于逻辑的智能模拟，实质上是模拟人的逻辑思维，或者说是实现模拟人的左脑抽象逻辑思维功能。传统的人工智能学者普遍认为，思维即应用有用信息的意识活动，是人类智能的体现，并试图以现代的计算机技术去模拟实现。然而，传统的二值逻辑推理难以实现人们在思维过程中的模糊概念形式化，而模糊逻辑推理理论和方法的加入，为此提供了新的有效途径。

2）基于神经网络的智能模拟——联结主义（connectionism）。联结主义的发展源自麦卡洛克和匹茨于 1943 年提出的神经元模型，认为简单神经元构成的网络，原则上可以进行复杂的计算活动，与符号主义在本质上无太大区别。20 世纪 60 年代后，人工神经网络技术取得重要突破，为联结主义智能模拟的实现创造了条件。联结主义将智能视为大脑高层神经网络活动的结果，强调智能活动是大量简单神经元构成的网络并行运行的结果。神经元被认为是行为反应的基本单元，而思维和认知功能是由大量神经元协同作用完成的。基于神经网络的智能模拟方法以模拟人脑神经网络的结构和功能为特征，利用非线性并行处理器模拟众多人的神经细胞，并通过处理器之间灵活的连接关系模拟神经细胞之间的突触行为，从而部分地实现了对人脑右半球形象思维功能的模拟。

3）基于“感知 – 行动”的智能模拟——行为主义（behaviourism）。模拟人的智能就是模拟人的思维形式。基于这样的观点实现智能模拟目前面临的主要困难表现在三个方面：第一，由于人脑的真实思维模型无法获得，因此在智能模拟系统中的抽象、表达、推理及学习等方法的正确性受到限制；第二，人脑的思维具有并行的特点，目前采用冯 • 诺伊曼式计算机无法实现模拟人脑并行思维的过程；第三，联结主义虽然具有并行性特点，但目前网络的优化拓扑结构及快速收敛性学习算法难以实现。实际上，人的正确思维活动离不开实践活动，从广义上讲，人与环境的交互作用体现了人的思维与感知 – 运动的行为之间的密切关系。根据存在决定意识及意识反作用（能动作用）的哲学观点，以及应用有用信息的意识活动，人工智能还应该研究思维与行为的交互关系。

2. 传统智能设计技术

随着信息技术的快速发展，设计正在向集成化、智能化、自动化方向发展。为适应这一发展需求，就必须加强设计专家与计算机这一人机结合的设计系统中机器的智能，使计算机能在更大范围内、更高水平上帮助或代替人类专家处理数据、信息与知识，进行各种设计决策，提高设计自动化的水平。如何提高人机系统中的计算机的智能水平，使计算机更好地承担设计中各种复杂任务，这就促进了现代智能设计方法的研究与发展。

智能设计是指应用现代信息技术，采用计算机模拟人类的思维活动，提高计算机的智能水平，从而使计算机能够更多、更好地承担设计过程中各种复杂任务，成为设计人员的重要辅助工具。智能设计的发展与 CAD 的发展紧密联系。CAD 发展的不同阶段，设计活动中智能部分的承担者是不同的。传统 CAD 系统只能处理计算型工作，智能活动是由人类专家完成的。在智能 CAD 阶段，智能活动由设计专家系统完成，但由于采用单一领域符号推理技术的专家系统求解问题能力的局限，设计对象（产品）的规模和复杂性受到限制，这样智能 CAD 系统完成的产品设计主要还是常规设计，但设计的效率大大提高。在集成化智能 CAD 阶段，由于集成化和开放性的要求，智能活动由人机共同承担，这就是人机智能化设计系统，它不仅可以胜任常规设计，而且还可支持创新设计。因此，人机智能化设计系统是针对大规模复杂产品设计的软件系统，它是面向集成的决策自动化，是高级的设计自动化。

（1）智能 CAD（ICAD）技术　以依据算法的结构性能分析和计算机辅助绘图为主

要特征的传统CAD技术在产品设计中的成功应用，引起设计领域内的一场深刻变革。包括设计活动在内的问题求解大致可分为两类工作：第一类是基于数学模型和数值处理的计算型工作；第二类是基于符号性知识模型和符号处理的推理型工作。传统CAD技术在数值计算和图形绘制上扩展了人的能力，可以比较圆满地完成第一类工作，但对第二类工作往往难以胜任。由于产品设计是人的创造力与环境条件交互作用的物化过程，是一种智能行为，通常需要设计人员分析推理、运筹决策和综合评价，才能取得合理的结果。为了对设计的全过程提供有效的计算机支持，传统CAD系统有必要扩展为智能CAD系统。通常主要提供了诸如推理、知识库管理查询机制等知识处理能力，如专家系统就是一种知识处理系统。具有传统计算能力的CAD系统经这种知识处理技术加强后称为智能CAD（ICAD）系统。ICAD系统把专家系统等人工智能技术与优化设计、有限元分析、计算机绘图等各种数值计算技术结合起来，取其所长，其目的是尽可能地使计算机参与方案决策、结构设计、性能分析和图形处理等设计全过程。因此，ICAD系统除了具有工程数据库、图形库等CAD功能模块外，还应具有知识库、推理机等智能模块。

（2）集成化智能CAD（I^2CAD）技术　虽然ICAD可以提供对整个设计过程的计算机支持，但完成第一类和第二类工作的功能模块是彼此分隔、松散耦合的，它们之间的连接仍然要由人类专家完成。近年来，随着高技术的发展和社会需求的多样化，小批量多品种生产方式的比重不断加大，计算机集成制造系统（Computer Integrated Manufacturing System，CIMS）应运而生并迅速发展。在CIMS这样的集成环境下，产品设计技术日趋复杂，已不可能也不允许将设计活动划分为计算型、推理型这样彼此分隔的独立结构。面向CIMS的设计活动，既包括计算型、推理型工作，也包括其他类型的工作，如利用样本性知识进行自学习。在CIMS技术的推动下，ICAD系统在原有基础上强化集成功能，由此被提升到一个新的阶段，即集成化智能CAD（I^2CAD）阶段。

3. 智能设计技术新发展

智能设计是智能技术与设计理论方法相结合的产物。智能设计的发展和实践，既证明和巩固了设计方法理论研究的成果，又不断提出新的问题，产生新的研究方向，反过来推动设计中智能技术应用研究的进一步发展。智能设计中“智能”与“设计”为相辅相成、相互促进的关系。一方面，在日趋强大的算力和算法支持下，智能技术为设计师提供了更加强大的工具和手段，使设计过程变得更加高效、精准，设计手段也更为灵活。无论是设计之初的调研阶段，还是在创意构思、方案评估及产品化阶段，智能技术都可以辅助设计师进行高效率和高质量的设计工作。另一方面，设计也为智能技术的快速推广提供了更多的应用场景和实现的可能性，也因在实际项目中的不断应用，使智能技术短期内不断进行升级和迭代。智能与设计的深度融合，可以创造出更加人性化的智能产品和服务，更好地满足目标用户和市场需求。随着信息技术和智能技术的发展应用，当前智能设计主要呈现以下发展趋势。

（1）数据与知识融合驱动的生成式智能设计　作为一种创新的设计实践，生成式智能设计正通过先进的技术手段，如领域知识图谱和大模型，革新传统的设计流程和模式。生成式智能设计通过整合广泛的行业数据和专业知识，并运用人工智能算法来模拟和优化人类的设计思维，自动生成并迭代多种设计方案，以迅速定位到满足特定需求的最优解。它特别适用于解决复杂系统和多变数环境下的设计挑战，极大地提升了设计工作的效率，并为产品设计和工艺规划等领域带来了突破性进展。进一步地，领域知识图谱与大模型的结合，构成了一种高效的技术应用模式。领域知识图谱以结构化形式捕捉和管理特定领域的知识，构建起一个互相连接的数据网络。与此同时，大模型运用机器学习和深度学习技术，对知识图谱中的信息进行深入处理和分析。这种技术融合赋予了系统更深层次的领域知识理解和推理能力，实现了自动化的知识发掘和智能决策支持。在设计领域，这意味着大模型能够对设计方案、材料特性、制造工艺等关键信息进行深度分析，从而引导生成式设计过程，产出既创新又实用的设计成果。这一融合不仅提升了设计的智能化水平，也为个性化定制和复杂产品设计提供了强有力的技术支持，有效推动了智能制造和个性化生产的持续进步。

（2）虚实融合驱动的智能设计　智能设计通过融合数字孪生技术和 AR/VR 交互技术，可以为产品设计领域带来革命性的进步，通过创建物理实体的数字孪生，即在虚拟空间中构建的精确数字化副本，以模拟产品的实际行为和性能。设计师可以利用 AR/VR 技术与这些数字化模型进行沉浸式交互，实现跨场景的协同设计，不仅极大提升了设计工作的效率和质量，还促进了跨地域和跨专业团队的实时合作，共同推动设计的创新与优化。此外，这种技术融合在产品制造前即可预测潜在问题，从而在减少物理原型的制造和测试成本的同时，缩短了复杂产品设计的周期。AR/VR 的多感官交互特性，进一步丰富了用户体验的反馈，使得产品设计更加人性化和市场响应更加敏捷。综合来看，数字孪生技术与 AR/VR 技术的结合，不仅提高了设计和测试的效率，降低了成本，而且为智能制造和产品设计的创新发展提供了强有力的技术支撑，为个性化定制和市场快速变化的适应提供了有效的解决方案。

3.2　数据与知识驱动的智能增强技术

智能制造的发展离不开数据与知识的共同驱动，“数据”与“知识”已成为工业人工智能的重要生产要素。在人工智能领域，数据被比作为驱动人工智能“引擎”运行的燃料，也就是说一个 AI 模型是空转不起来的，AI 模型的智能计算离不开数据。诺贝尔经济学奖获得者罗纳德·哈里·科斯（Ronald H. Coase）曾说过：“如果你拷问数据到一定程度，它会坦白一切。”这句话强调了数据对于揭示事物本质和发现规律的重要性。数据驱动是指使用数据作为决策的主要依据，通过大量的数据分析为开发决策提供依据。其方法的本质是在没有对应模式的情况下，通过数据进行映射学习，建立输入和输出之间的映射关系，现在的人工智能方法大多都是依靠数据驱动的。例如，以机器学习模型为代表的人工智能方法，包括人工神经网络（ANN）、支持向量机（SVM）、卷积神经网络（CNN）、循环神经网络（RNN）等，本质上都是通过利用大量历史数据，寻找并确认多元输入变量与目标变量之间复杂的映射关系，构造模型并基于该模型对未来的目标变量进行预测。

随着数据驱动科学应用的发展，除了将数据驱动应用于可以用数学公式表达的现象（如物理模型）外，还可以将人类积累的经验纳入数据驱动科学模型。例如，人工智能将塑性加工和流场热预测等科学领域的专业知识应用到这类数据驱动科学中，并具有学习人类已知更好方法的机制。人类在认识世界的过程中不断积累关于世界的知识，知识作为一种数据和信息高度凝练的体现或重要载体，包括一系列基于数学 / 物理模型的算法知识、规则经验知识以及面向特定应用的领域知识，通常知识可以通过自然语言来描述、记录和传承，可以说人类语言是知识的最直接载体。知识驱动的智能实现具有更好的可解释性，便于人在回路的特定应用领域问题求解，具有更为高效的算法执行效率，但也存在特定领域知识获取、表示、推理困难，且大规模复杂问题尚存知识机理不清晰、可计算性差等问题。知识工程（Knowledge Engineering）是以知识为处理对象，借用工程化的思想，利用人工智能的原理、方法和技术，设计、构造和维护知识型系统的一门学科。知识工程在企业中的实践与推广，将促进企业智力资源的价值提升。

总体上，数据驱动方法强调从大量实际数据中学习模式、规律和趋势，通过对数据的分析和学习，使系统能够自动识别并预测模式，做出更加智能的决策；知识驱动方法是利用领域专业知识、规则和先验信息来指导系统行为，通过将领域专业知识嵌入系统，使其能够做出更合理的决策。为了发挥各自的优势，当前数据与知识融合驱动的方法被逐步关注，例如，将领域知识嵌入数据驱动模型中，提高模型的可解释性；利用数据驱动模型的自学习能力来探索知识，并不断迭代领域知识，形成闭环。数据与知识双驱动的方法给认知智能带来了革命性的创新。本节将从数据与知识驱动的关键基础和集成应用两个方面分别介绍当前主要的智能技术。

3.2.1 数据与知识驱动的关键基础智能技术

1. 数据驱动的智能技术

机器学习——一种人工智能领域的技术，包括分类、回归、聚类、降维、生成模型等。广义的机器学习技术包含深度学习、强化学习、迁移学习等技术。此处的机器学习技术主要指经典的监督学习、无监督学习方法等，如线性回归、逻辑回归、决策树、支持向量机、神经网络、K 均值聚类、层次聚类、主成分分析等方法，如图 3-21 所示。机器学习在工程产品设计中扮演着至关重要的角色，它能够为产品带来更高的智能化和自动化水平。例如，在产品规划阶段，可使用线性回归、逻辑回归等方法分析历史市场数据，预测未来产品需求和趋势，为产品规划提供依据。在概念设计阶段，可使用主成分分析等方法对用户特征进行降维和提取，构建用户画像，为产品设计提供目标用户描述；也可利用决策树等方法对产品功能进行优先级排序，根据用户需求和市场反馈确定功能开发顺序。在产品功能开发阶段，可利用支持向量机、神经网络等方法开发智能功能，如自动分类、自动聚类、智能反馈等功能；也可使用决策树等方法对功能进行测试和验证，以评估产品可用性和发现潜在问题。

深度学习——一种基于人工神经网络的机器学习技术，其核心思想是通过多层次的非线性变换来学习数据的表示。典型的深度学习模型有深度全连接网络、卷积神经网络（Convolutional Neural Network，CNN）、循环神经网络（Recurrent Neural Network，RNN）、长短期记忆（Long Short-Term Memory，LSTM）网络、Transformer 模型、生成模型等，如图 3-22 所示。深度学习模型通常具有优秀的学习能力，能够完成识别、分类、生成、预测、决策等任务。根据这些能力，深度学习模型在产品智能设计与研发中具有广泛的应用。例如，在个性化产品设计方面，深度学习模型（如 RNN、LSTM 网络等模型）可以分析大量用户数据，包括用户行为、偏好、兴趣等，从而实现个性化产品体验。通过这些模型，产品可以根据用户的个性化需求和偏好提供定制化的服务、推荐和建议，从而提高用户满意度和忠诚度。在概念设计和详细设计阶段，生成模型可以实现产品概念图快速生成、图像风格转换、三维模型生成等任务，减轻产品开发工程师的建模工作量，如对抗生成网络（Generative Adversarial Network，GAN）模型、扩散模型（Diffusion Model）等。深度学习模型通过利用大数据和强大的计算能力，可以实现产品个性化、智能化、自动化和安全化等多个方面的功能和优势，从而驱动产品设计和发展。

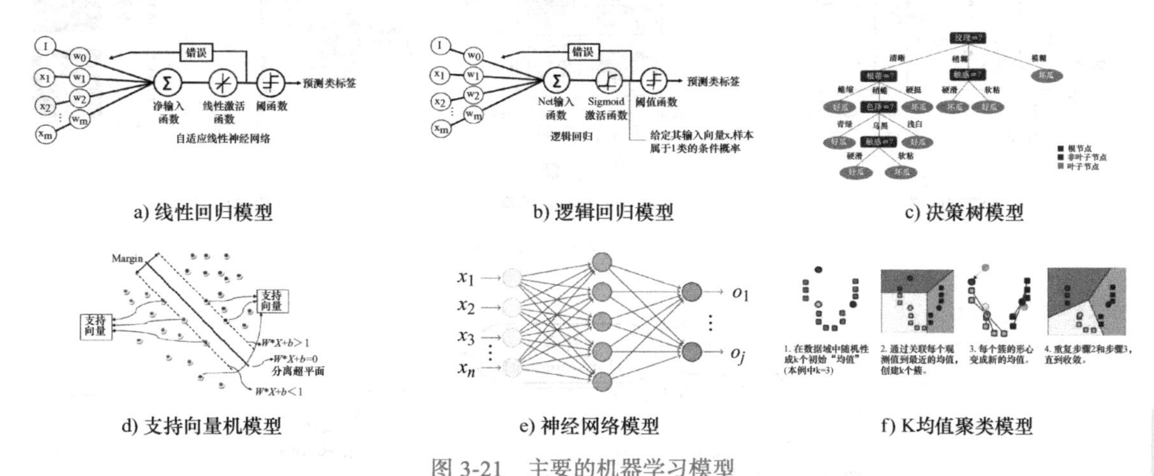

a) 线性回归模型　b) 逻辑回归模型　c) 决策树模型

d) 支持向量机模型　e) 神经网络模型　f) K均值聚类模型

图 3-21　主要的机器学习模型

强化学习——一种通过智能体（Agent）与环境（Environment）的交互来学习实现某种目标的特殊机器学习方法，如图 3-23 所示。其核心思想是基于反馈机制，通过奖励和惩罚引导智能体逐渐优化其行为策略，以最大化长期累积奖励。在强化学习中，智能体根据其行为所获得的反馈（奖励或惩罚）来调整其策略，以便在未来获得更大的长期回报。简而言之，强化学习是通过试错学习来最大化累积奖励的过程。强化学习可以根据不同的标准进行分类，包括学习方式、问题类型和算法类型等。根据学习方式，可以将其分为：①基于价值的强化学习，智能体根据状态价值来选择动作，如价值迭代算法和 Q 学习；②基于策略的强化学习，智能体直接学习一个策略，以选择最优动作，如策略梯度方法；③基于模型的强化学习，智能体试图学习环境的模型，并利用该模型来规划其行为。

2. 知识驱动的智能技术

知识驱动是一种以知识和信息为核心资源的决策和行动方式。在知识驱动的过程中，组织或个体利用积累的专业知识、经验、数据和分析工具来指导决策、优化流程、创新产品或服务。这种方法强调了知识在价值创造过程中的中心地位。当前，知识驱动方法主要通过知识管理（Knowledge Management）、知识工程（Knowledge Engineering）以及基于知识的工程（Knowledge-Based Engineering）等技术手段实现。下面从案例和规则这两个不同的知识类型视角，分别介绍知识驱动的智能技术。

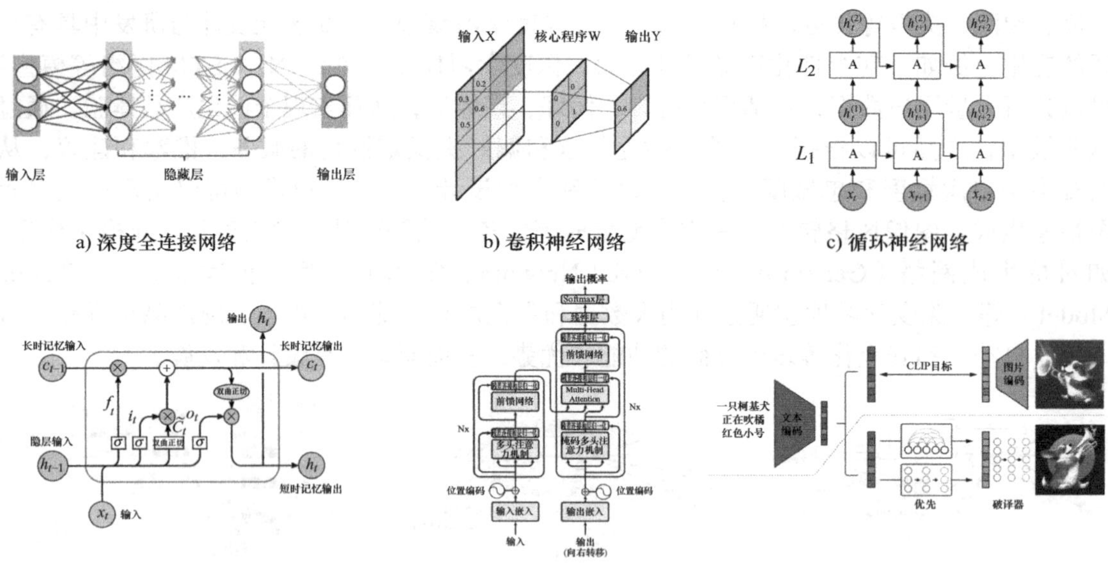

a) 深度全连接网络　　b) 卷积神经网络　　c) 循环神经网络

d) LSTM网络　　e) Transformer模型　　f) 生成模型

图 3-22　主要深度学习模型

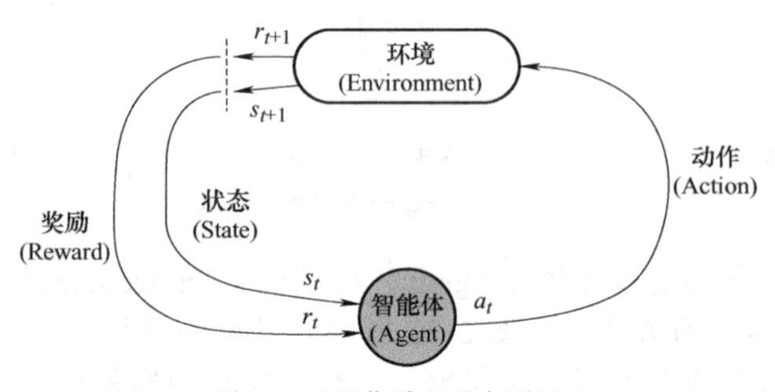

图 3-23　强化学习基本原理

（1）案例匹配技术　案例匹配技术主要通过相似度计算实现了历史案例与新情境之间的高效匹配，如图 3-24 所示。该技术采用先进的算法对案例特征进行量化分析，并通过余弦相似度、欧氏距离等相似性指标，快速识别与新查询最相关的案例。这种方法尤其适用于产品研发中需要借鉴以往经验进行决策的复杂场景，有效提升了决策的准确性和效率，为用户提供了基于实证的决策支持。在案例匹配中，相似度计算技术扮演着核心角色。它通过定量方法评估案例间的相似性，涉及提取案例特征向量，并使用多种距离度量或相似性指标来量化案例间的接近程度。例如，余弦相似度用于衡量向量的方向相似性，欧氏距离计算两点间的直线距离，而杰卡德相似系数则适用于集合数据的相似度评估。此外，根据数据特性和应用需求，还可以选择曼哈顿距离、切比雪夫距离等其他计算方法。这些技术的运用，确保了案例匹配系统能够精确地识别并推荐与新查询最相关的案例，从而显著提升了决策的质量和效率。

综上，案例匹配技术侧重于通过高效的信息检索和分析来辅助决策，特别适用于需要模式识别和历史案例参考的场景，强调对案例数据的深入分析和快速检索，为用户提供基于实证的决策支持。除相似度计算外，其还涉及特征提取、深度学习、知识库管理、自然语言处理、迁移学习和集成学习等方面的技术。

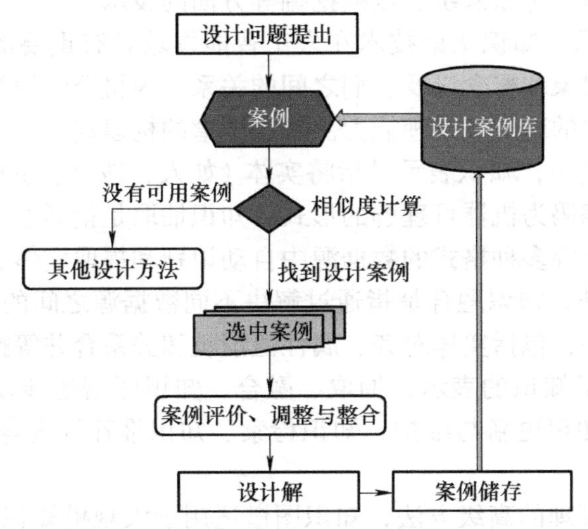

图 3-24 案例匹配基本架构

（2）规则推理技术 规则推理技术是一种模拟专家决策过程的人工智能方法。如图 3-25 所示，它将领域专家的知识和经验凝结为一系列明确的规则，并通过逻辑推理对输入数据进行分析，以生成结论或决策建议。这一方法不仅有效处理了决策问题的复杂性，而且在设计、制造、运维等各种制造领域场景都有应用，可以为非专家用户带来高效且准确的决策辅助。在规则推理框架中，规则通常以“如果－那么”（IF-THEN）的形式表述，确立了条件与动作之间的逻辑关系。系统通过评估输入数据与规则的匹配程度，激活并应用相关规则进行推导，得出结论。规则推理技术的衍生技术，如模糊逻辑和神经网络，进一步强化了系统的推理能力和适应性，尤其在处理不确定性和模糊性问题上显示出其独特的优势。模糊逻辑的引入，使得系统能够处理模糊概念和中间过渡状态，通过模糊集合和规则库来模拟人类的模糊认知。同时，神经网络技术的应用，模仿了人脑神经元的连接和计算方式，处理了数据间的复杂非线性关系，从而提升了系统对不确定性数据的推理精度。这些技术的融合，不仅增强了规则推理系统的综合性能，也确保了其在多样化的复杂场景中提供稳定可靠的决策支持。

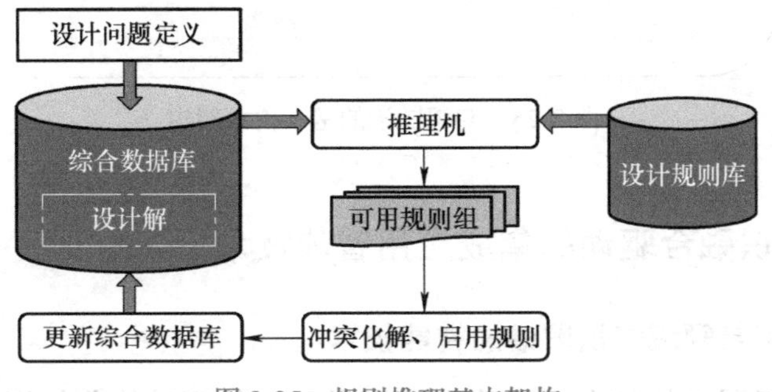

图 3-25 规则推理基本架构

综上，规则推理技术以明确的规则集为基础，模拟专家决策过程，适用于需要明确逻辑和规则指导的决策场景，强调规则的透明度和推理过程的可解释性，为非专家用户提供高效、准确的决策支持。除了前面介绍的规则定义和表示、模糊逻辑和神经网络外，还涉及知识编码、推理引擎、专家系统、数据挖掘等方面的技术。

（3）知识图谱技术　知识图谱技术在人工智能领域具有重要的意义，它通过图形的方式组织现实世界的对象和概念以及它们之间的关系，为机器学习提供丰富、结构化的背景知识，从而提升算法的理解和推理能力。知识图谱的构建离不开知识表示、抽取和融合等关键技术的支持。其中，知识表示是指将实体（如人、地点、事件）及其相互关系（如属于、位于、因果）编码为机器可理解的形式。知识抽取是指通过自然语言处理和信息检索手段，从文本和图片等多种格式的数据源中自动识别和提取实体、关系和属性，进而转换为结构化数据。此外，知识融合是指通过解决不同数据源之间的表示不一致性和冲突，实现知识的整合与统一，包括实体对齐、属性值消歧和关系合并等操作，确保知识图谱的准确性与一致性。除了知识的表示、抽取、融合，知识图谱还涉及本体建模、图谱存储与管理、知识推理、知识更新与维护、知识检索、知识推荐等内容。图 3-26 所示为知识图谱的基本技术架构。

作为信息组织和管理的高级方法，知识图谱适用于大规模知识库构建与应用的场景，强调知识的整体性和系统性，其不仅促进了制造领域知识的系统化组织，增强领域知识在智能制造等领域的应用价值和服务质量，推动了领域知识的共享、重用和创新；同时为智能制造系统提供了强大的高价值数据信息支持，为制造行业的智能化转型提供了知识基座支撑。

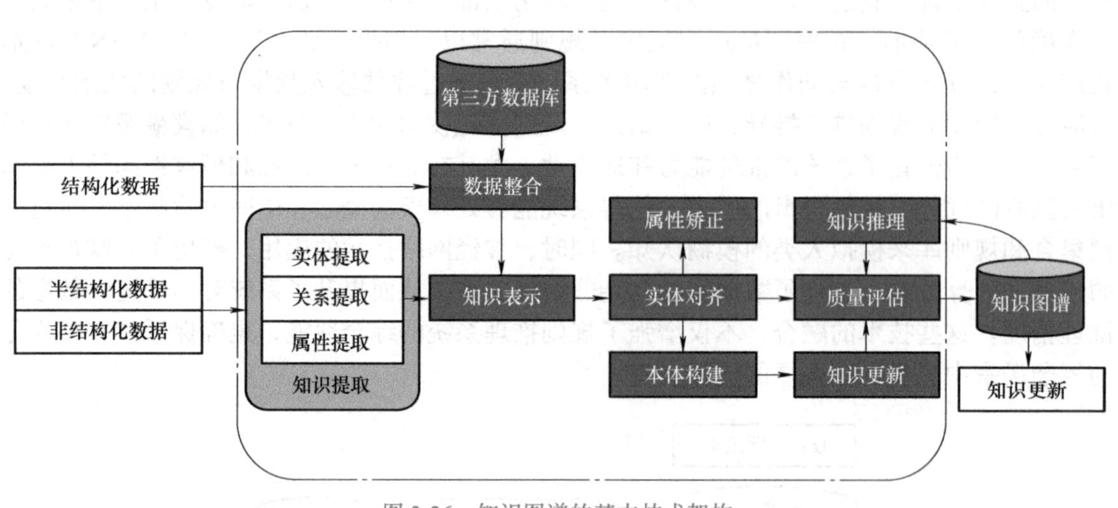

图 3-26　知识图谱的基本技术架构

3.2.2　数据与知识融合驱动的集成应用智能技术

1. 融合深度学习与领域知识图谱的智能技术

深度学习和知识图谱的结合可以弥补深度学习在处理结构化知识和推理方面的不足，同时充分利用知识图谱中的丰富语义信息。在某些场景下，深度学习和知识图谱能够相互补充，提高整体系统的性能和效果。具体优势如下：

1）知识图谱可以作为数据源，增强深度学习模型的学习、推理能力。例如，可以将知识图谱中的实体和关系嵌入深度学习模型中，使模型能够更好地理解语义关系和上下文信息，从而提高其性能和泛化能力。

2）知识图谱信息也可以作为监督信号，来指导深度学习模型的训练过程。例如，在知识图谱中已有的实体和关系可以作为监督信号，帮助模型更快地收敛和学习。

3）深度学习模型可以从非结构化数据中提取知识，并将其添加到知识图谱中，从而不断扩展和更新知识图谱。例如，可以利用深度学习模型从文本数据中提取实体和关系，然后将其加入知识图谱中，从而丰富知识图谱的内容。

二者进行联合学习，共同优化目标。例如，可以定义一个联合的损失函数，同时考虑深度学习模型和知识图谱的目标。一般来说，这个损失函数可以包括两部分：一部分是深度学习模型的损失函数，用于衡量模型对任务的预测性能；另一部分是知识图谱的损失函数，用于衡量模型对知识图谱的预测性能。

在产品智能设计研发场景中，深度学习与知识图谱相结合的应用场景包括但不限于：

1）产品需求分析。深度学习模型可以从历史数据中学习到产品需求的变化规律和趋势，而知识图谱可以提供产品属性、市场趋势和竞争情报等信息，两者相结合可以帮助企业做出更准确的需求预测和趋势分析。

2）产品用户画像构建。利用深度学习模型从用户行为数据中提取特征，同时结合知识图谱中的用户属性、兴趣等信息，可以构建更全面和准确的用户画像，为产品设计和定位提供参考。

3）产品参数配置设计。深度学习模型可以从大量的历史数据中学习到产品参数配置与用户需求之间的复杂关系，帮助企业设计出更符合用户需求的产品配置。结合知识图谱中的产品属性、用户偏好和市场趋势等信息，可以提供更全面和准确的产品参数配置建议。

4）产品模块化设计。深度学习模型可以从产品结构和组成中学习到模块之间的关系和依赖，帮助企业设计出更灵活和可扩展的产品模块化方案。结合知识图谱中的产品结构、零部件信息和工程规范，可以实现对产品模块的智能化设计和优化。

5）产品工艺设计。深度学习模型可以从生产过程中收集的大量数据中学习到工艺参数与产品质量之间的关系，帮助企业设计出更稳定和高效的生产工艺。结合知识图谱中的产品属性、工艺要求和质量标准，可以实现对产品工艺的智能化设计和优化。

6）智能推荐系统。将深度学习模型用于分析用户历史行为数据和用户特征，结合知识图谱中的产品信息、用户属性和关系，可以实现个性化的产品推荐。

2. 融合强化学习与领域规则约束知识的智能技术

近年来，强化学习作为一种高效的智能探索方法，已经被许多研究者广泛应用在工程设计中的众多领域，用来提高问题求解效率和探索潜在的改进方案。在工程设计中，规则和约束是不可或缺的元素。它们定义了设计的边界和要求，为设计过程提供了方向和限制。因此，强化学习结合规则和约束在工程设计中的应用是近年来备受研究者关注的重要领域。通过将设计目标、规则和约束等信息融入强化学习的环境和奖励机制中，可以帮助智能体更有效地探索潜在的解决方案，并提高问题求解的效率。如图 3-27 所示，这种结合包括两个方面。

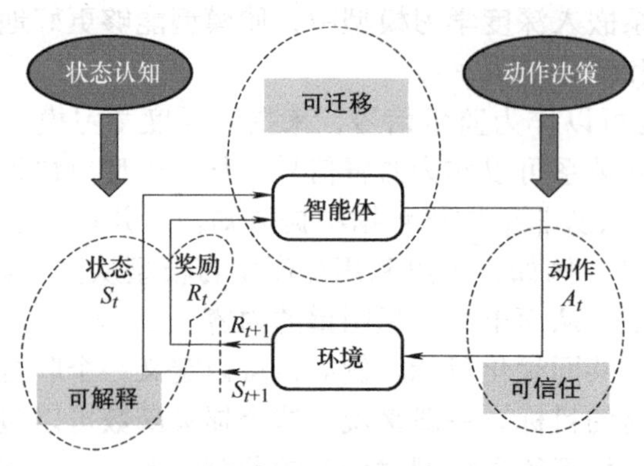

图 3-27 强化学习与规则约束结合

（1）状态认知 在强化学习的建模过程中，构建环境、定义状态和设计奖励机制是关键步骤，这些步骤往往需要结合人的认知。状态认知的过程不仅是对当前环境的描述，还要融入设计人员的选择、经验、偏好和领域知识等信息，以确保模型具备可解释性。具体包括：

1）构造状态空间。根据设计目标和约束，确定对系统性能和设计结果有影响的所有关键状态变量，并融入设计师的经验和偏好以构造状态空间。例如，在结构设计中，状态变量可能包括材料特性、几何参数、操作条件等，这些状态能够反映系统当前所处状态；在选择材料时，设计师可能更倾向于使用某种材料，这种偏好可以通过赋予相关变量更高的权重来反映。

2）定义奖励函数。奖励函数用于评估智能体在特定状态下采取特定动作的好坏程度，其设计应当反映出设计目标和约束条件。通过对设计结果的评估，给予正面或负面的奖励，指导智能体朝着符合约束和优化目标的方向进行探索。例如，在结构设计中，奖励函数可以根据设计的强度、重量、成本等多方面的表现进行评估。

（2）动作决策 智能体的构建，即动作的更新则需要结合计算机的寻优、探索、推理等功能，通过人机结合共同完成生成过程，确保智能体的每一步动作的可信任和有效性。具体包括：

1）定义动作空间。根据状态变量和设计约束，定义智能体可以采取的所有可能动作。动作空间需要充分考虑设计规则，如材料的使用限制、制造工艺的约束等。

2）优化与探索策略。智能体在动作空间中进行优化和探索，寻找最优设计方案。采用多种强化学习算法，如 Q–learning、深度 Q 网络（DQN）等，并且结合启发式算法搜索和领域知识，提升寻优效率。

3）规则嵌入与验证。在动作选择过程中，智能体需要实时检查所选择的动作是否符合设计规则和约束条件。在算法设置时，可以通过增加规则引擎或约束检查来实现这一功能，以确保每一步决策都在合法的设计空间内进行。

4）人机协同优化。在智能体进行探索和优化的同时，设计师可以进行交互，提供实时反馈和调整建议。通过人机协同的方式，不仅可以加速学习过程，还能确保设计结果更符合实际需求和工程习惯。

3.3 数据与知识驱动的产品智能设计场景

3.3.1 运载火箭一二级分离系统架构设计

1. 问题描述

在运载火箭的发射过程中，一二级分离系统扮演着至关重要的角色。该系统的设计需要考虑到多个因素，包括火箭结构、运行时的各个步骤以及安全性等方面。首先，来看一下运载火箭的结构示意图。运载火箭的多级结构如图 3-28 所示，从底部第一子级开始，逐级向上，依次是级间段、二子级、整流罩。在火箭发射过程中，各子级将依次点火加速，最终将航天器送至地球轨道。在这个过程中，一二级分离系统的作用非常重要。它主要负责在一定时间和距离范围内解除第一级和第二级之间的连接，将推进剂耗尽的第一子级抛弃，以确保火箭的运行稳定和安全。通过实现多级发射，能够改善火箭的质量特性、提高飞行速度和运载能力，同时保护火箭的稳定性和安全性。一二级分离系统在运行时主要包括以下执行步骤：接收分离信号→相互连接的火箭一子级和二子级解除连接关系→在分离动力作用下各子级相对运动→在规定的时间内，分离段的距离达到安全距离。

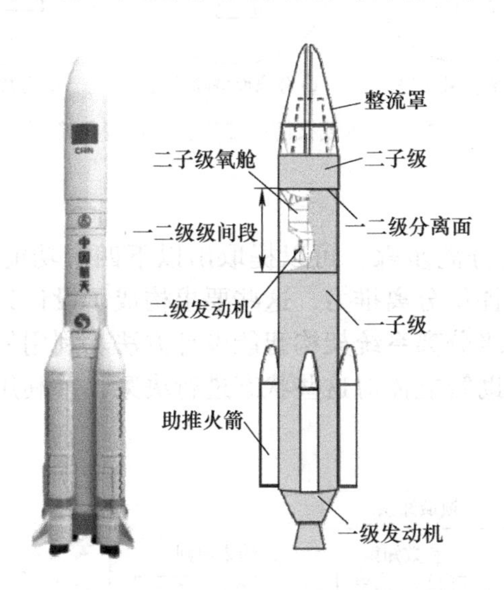

图 3-28 运载火箭多级结构示意图

图 3-29 所示，为运载火箭一二级分离过程示意图，可将分离过程分解为五个步骤：

（1）分离信号接收与转化 在分离前，一子级的发动机停机，控制系统发射分离指令。这个指令通过信号转化装置被接收并转化为燃气或爆炸波的形式输出。

（2）信号传递与终端火工装置 分离时，信号传递装置将爆炸波进一步传递至终端火工装置，从而使得接收装置完成预定的功能。这个过程确保了分离信号快速且准确地传达至最终执行部件。

（3）连接分离装置解锁 连接分离装置接收到分离信号后，通过爆炸或其他方式进行解锁，使得一二级的分离面解除约束。这个步骤至关重要，确保了分离过程的即时性和准确性。

（4）分离推力装置起动　一旦连接分离装置解锁，分离推力装置即起动。通过提供推力，它促使两级箭体相对反向运动，从而实现两级之间的有效分离。

（5）二子级发动机点火起动　当两级箭体拉开一定安全距离之后，二子级的发动机点火起动。这个步骤标志着二子级开始独立运行，完成火箭的进一步推进。

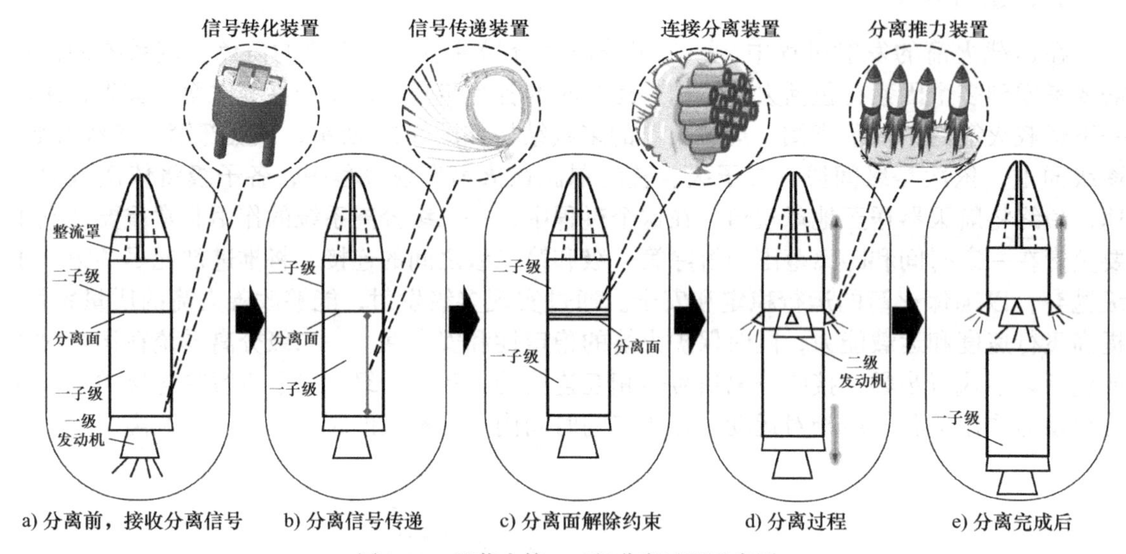

图 3-29　运载火箭一二级分离过程示意图

2. 系统架构智能设计

根据以上一二级级间分离步骤，可以提取出以下四个功能要求：信号转化、信号传递、一二级连接面解锁、提供分离推力，这些要求构成了设计架构的关键决策点。图3-30展示了一种运载火箭一二级分离系统架构智能设计方法。利用领域知识生成环境中的奖励值和状态，数据分析则辅助智能体对这些状态进行决策，并利用强化学习获得最佳的架构方案。

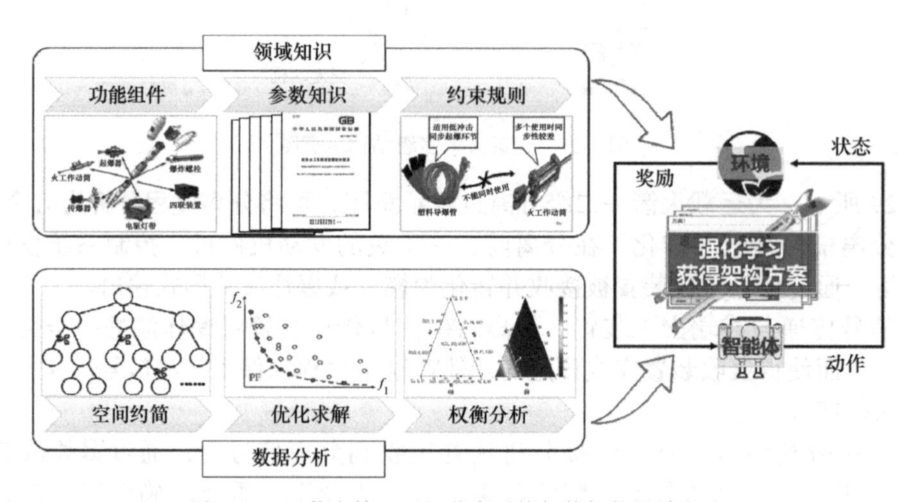

图 3-30　运载火箭一二级分离系统架构智能设计方法

（1）领域知识

1）功能组件。需要根据四个功能要求，分别设计或挑选满足能实现各个功能的装置。例如，信号转化功能为接收由控制系统发出的分离信号，将信号转化为特定的输出的装置。该功能的实现普遍采用较为成熟的电点火器、电起爆器、机械起爆器、延期点火器等装置。

2）参数知识。分离系统架构有四个决策项，需要针对各项构建决策指标。决策参数的数量和类型由领域设计人员确定，一般来源于通用规范、产品性能、使用需求等，具体数据可查询相关手册。例如，信号转化装置的选用需要考虑发火时间、装置重量、可靠性、输出功率、装置成本等因素。

3）约束规则。在分离系统架构设计中，各装置的选取均有相应的使用规范和注意事项，设计人员据此设置相应的约束规则。例如，隔板起爆器使用于起爆后产生较大的反压且要求不泄漏的装置，常与限制性导爆组件同时使用。

（2）数据分析

1）空间约简。架构设计的规模通常很大，特别是随着功能项的增加，设计空间规模将呈指数级增长。为了减少后续计算的工作量，需要对架构设计空间进行约简。这意味着通过分析架构的决策项的约束规则，确定并删除不满足约束的无用架构方案。

2）优化求解。通过优化建模，在约简的方案空间中，进行进一步优化求解。采用优化算法对得到的每个方案进行优化求解，以得到各个架构方案的最优解集。

3）权衡分析。架构优化能够得到所有架构的帕累托前沿数据，但不能帮助设计人员做出最终的方案决策。因此，需要在帕累托前沿中进行权衡分析。当前，常用的决策权衡方法有层次分析法、简单加权和法、理想点法等，这些方法可针对具有多个冲突目标的方案，做出整体性评价，从而对方案进行排序和优选，帮助设计人员进行最终方案的决策。

通过结合领域知识和数据分析，能够充分利用强化学习技术。在这个过程中，智能体通过与环境的交互，不断尝试不同的决策方案，并根据获得的奖励信号调整自己的策略，逐步学习到最优的架构方案。

（3）结果分析

本案例涉及质量 M、成本 C、可靠性 R 这三个目标，通过多目标优化方法计算帕累托前沿，其结果如图 3-31 所示，每一个点代表一种架构方案。黑色的点为基于规则约束的空间约简后的架构设计空间，共 1452 个。左下角标红即为帕累托前沿，一共 52 个。通过帕累托排序，备选架构方案空间的大小从 1452 个缩减到了 52 个。

将不同权重场景下得到的质量 M、成本 C、可靠性 R 的偏差值，用于构建三元图。如图 3-32 所示，三元图通过对解空间的可视化，可以有效辅助设计人员确定权重组合。其中，偏差值表示该结果与理想值的偏离程度，偏差值越小，越接近理想值。在三元图中，三条边分别表示三个目标的权重取值，图中的颜色表示每个目标的偏差值，其大小可从旁边的颜色条中读取。图 3-32a 是质量 M 的三元图，取偏差值低于 0.3 的为理想权重方案，即图中蓝色区域，在此区域中，质量的权重取值为 0.2 ～ 1，成本的权重取值为 0 ～ 0.58，可靠性的权重取值为 0 ～ 0.85。在此区域中，只保证了第一个目标最小化成本的期望解。同理，在图 3-32b、c 中相应区域也满足各自的偏差在 30% 以内。通过将三个图叠加以实现满足多个利益相关者对各自目标需求的满意解决方案，即图 3-32d 中的阴影区域表示所有三个目标都有取得了较好效果的最终解决方案集合。

图 3-31　运载火箭一二级分离系统架构方案空间

图 3-31 彩图

图 3-32 彩图

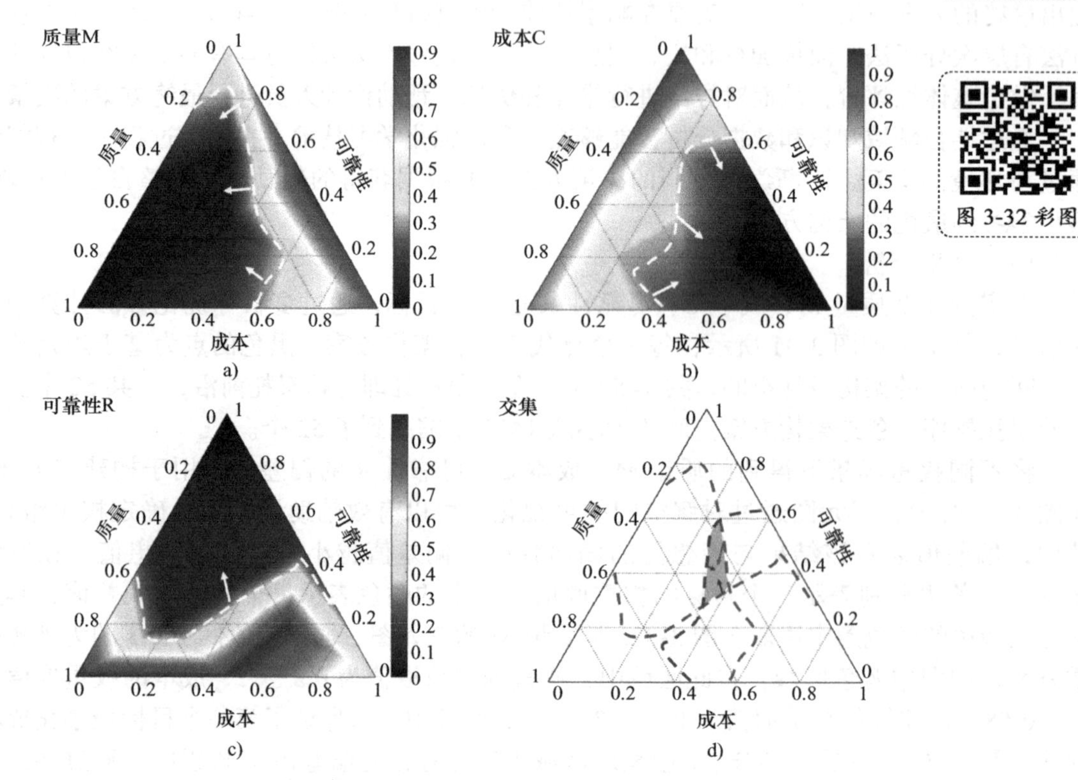

图 3-32　运载火箭一二级分离系统不同系统目标权衡三元图

3.3.2 自主移动机器人悬架系统结构设计

1. 问题描述

移动机器人的悬架系统是其移动机构的核心部分，负责支撑机器人本体，并提供必要的移动性和稳定性。一个典型的悬架系统由以下主要组件构成：①弹性元件，如螺旋弹簧或空气弹簧，用于支承机器人的重量，同时吸收路面不平造成的冲击；②减振器（阻尼器），用于控制弹性元件的振动，减少悬架系统的摆动，提高行驶的稳定性；③导向机构，用于确保车轮按照预定路径移动，提高操控性；④稳定杆，用于减少车身在转弯时的侧倾，提高行驶的稳定性；⑤轮毂和轮轴承，用于支承车轮并允许其自由旋转。

在自主移动机器人的设计领域，悬架系统的设计是一项极具挑战性的任务。悬架系统不仅承载着机器人的移动机构，还直接影响到机器人的稳定性、操控性以及搭载设备的性能。移动机器人常使用纵臂独立悬架，其组成结构如图 3-33 所示。在纵臂独立悬架系统中，悬架臂承担了导向机构和稳定杆的功能，每个车轮独立于其他车轮，通过自己的悬架臂与车身相连。这种设计方式具有以下优势：

1）提高操控性：独立悬架系统允许每个车轮单独响应路面状况，从而提供更好的操控性和行驶稳定性。

2）改善设备工作条件：由于车轮独立运动，可以更有效地吸收路面不平造成的冲击，减少对机器人搭载的设备工作条件的影响。

3）车轮与地面接触更好：独立悬架系统有助于保持车轮与地面的接触，提高牵引力和稳定性。

4）适应多变地形：独立悬架系统能够适应多变的户外地形，如沙地、泥泞、碎石路等，这对于移动机器人尤为重要。

5）减少轮胎磨损：独立悬架系统可减少车轮上下运动时的轮胎磨损，延长了轮胎的使用寿命。

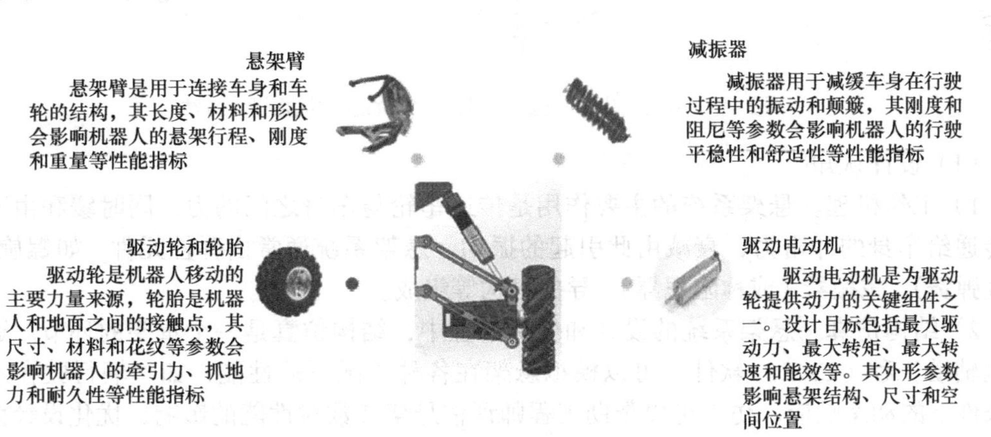

图 3-33 纵臂独立悬架组成结构

悬架臂设计目标：悬架系统的设计目标集中在最小化零件在正常工况下的等效应力和质量。悬架的质量直接影响车体的操控性，而悬架臂的强度保证了悬架的正常工作。因此，设计目标可以定义为：

1）最小化等效应力，在正常工况下减小悬架零件所受的等效应力，以提高其耐久性和可靠性。

2）最小化重量，减轻悬架系统重量以提升机器人的操控性和能效。

悬架臂设计约束有以下几方面：

1）结构强度：悬架臂须满足一定的强度要求，以承受运行过程中的各种载荷。

2）材料特性：材料选择应考虑强度、韧性、耐久性和成本等因素。

3）尺寸空间：悬架臂尺寸与侧倾稳定性和狭窄区域通过性密切相关，悬架臂应在满足与车体和车轮之间的连接和支承关系的同时尽量减小自身体积以增强灵活性。

2. 关键部件尺寸智能设计

悬架臂设计需要考虑其在悬架系统中的功能，确保车轮定位的精确性。设计过程中，采用有限元仿真软件是分析设计变量和设计目标之间关系的重要手段。通过仿真，设计师可以评估不同设计参数对悬架性能的影响，优化悬架臂的形状、尺寸和材料属性，以满足强度、耐久性和轻量化的设计要求，如图 3-34 所示。

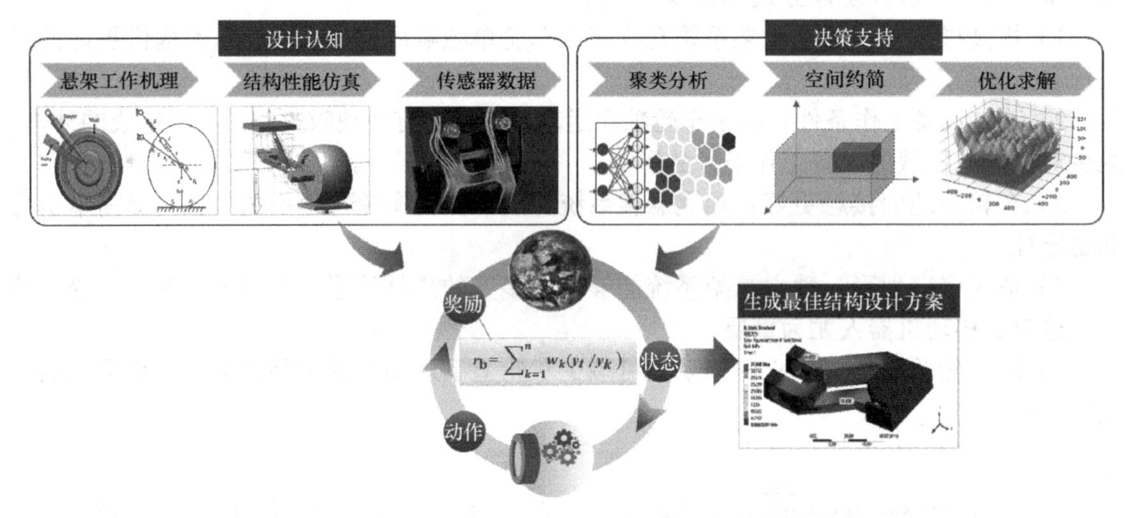

图 3-34　利用强化学习融合知识和数据的悬架优化设计方法

（1）设计认知

1）工作机理。悬架系统的主要作用是传递车轮与车身之间的力，同时缓和由不平路面传递给车身的冲击力，衰减由此引起的振动。悬架系统通常由弹性元件（如螺旋弹簧、空气弹簧）、减振器（或称阻尼器）、导向机构等组成。

2）结构仿真。悬架系统的设计和分析过程中，结构仿真是一个重要的环节。通过计算机辅助工程（CAE）软件，可以模拟悬架在各种工况下的性能，如车辆行驶在不同路面条件下的动态响应。仿真可以帮助工程师评估悬架参数对性能的影响，优化设计前预见潜在的问题。

3）传感器数据。机器人的悬架系统依赖多种类型的传感器来收集数据，以便进行实时控制和调节。常用的传感器包括车身高度传感器、车速传感器、加速度传感器等。这些传感器收集的数据对于悬架系统的动态控制至关重要。

（2）决策支持

1）自适应智能采样。悬架设计包含大量来源广泛的传感器、仿真等类型的数据，如何选择合适的数据来对悬架设计问题进行分析是相关问题的难点，可以采用自适应智能采样方法对得到的数据进行分析和处理，从而找到描述设计空间特点和边界的重要数据，采用这些数据构建的代理模型能够准确地反应设计变量与设计目标之间的关系，还能学习到相似设计问题的先验知识从而迁移到其他设计问题之中。

2）聚类分析。通过对传感器数据和仿真数据进行聚类分析，将不同的设计空间区域进行分类，找到悬架设计空间中可能存在的最优解区域，从而辅助悬架设计问题代理模型的构建，加速悬架的设计过程。

3）空间约简。悬架设计空间包含尺寸、材料、稳定性等诸多维度，空间呈现连续分布情况，可以在聚类分析的基础上对悬架设计空间进行空间约简，空间约简技术可以用来减少数据的空间复杂度，同时保留最重要的特征，这样可以提高悬架系统的设计效率。

4）代理模型。由于悬架设计空间复杂，通过仿真计算目标、约束与变量之间的关系十分困难，需要大量的时间成本。因此往往需要在空间约简和自适应采样的基础上使用挑选的数据和训练构建代理模型，从而得到一个准确的设计变量与设计目标之间的映射关系，从而提高优化求解的效率，经典的代理模型构建方法包括响应面法、克里金法、神经网络法等。

5）优化求解方法。用于悬架参数的优化，如遗传算法、粒子群优化、强化学习等，可以用于寻找悬架设计中的最优参数，以满足舒适性、操控性等多方面的要求，面对复杂设计问题时，一般通过训练代理模型来分析。

（3）结果展示　知识和数据融合驱动的产品设计方法在优化设计问题上能够显著提高优化速度和优化效果，同时也能够更快地锁定最优解存在的区域。以下展示该悬架优化设计案例的结果，将强化学习得到的采样点和初始采样点共同输入自组织映射网格模型（SOM，Self-Origanizing Maps）后，调整 SOM 的模型参数对数据集进行缩减，结合 SOM 的分析可以将设计空间体积缩小超过 90%，可以得知此方法在案例上起到了非常好的效果。缩小前后的设计空间如图 3-35 所示。

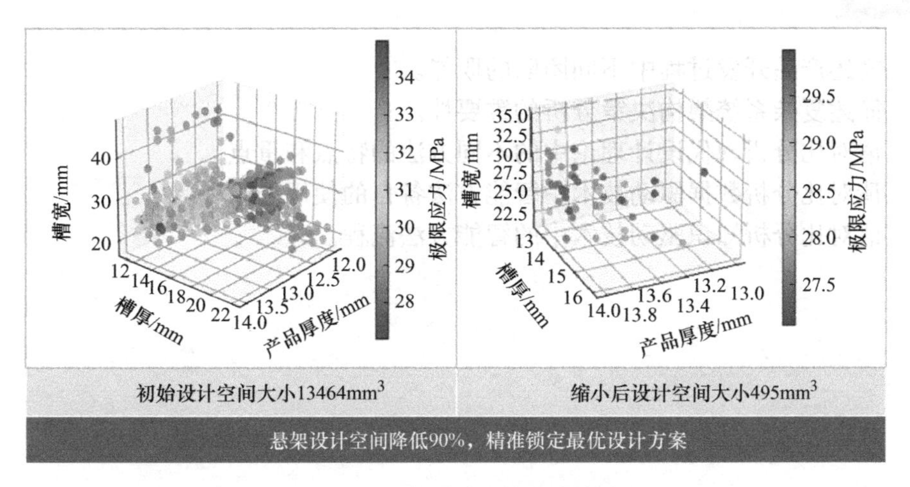

图 3-35　悬架设计空间缩减效果

本案例主要优化目标为悬架工作时所受的最大等效应力，最终优化结果如图 3-36 所示，优化前悬架臂应力集中点等效应力为 112.78MPa，悬架臂质量为 0.559kg，经过多轮优化后，悬架臂应力集中点应力为 37.95MPa，质量为 0.437kg，最终寻找到的最优解相比原始结果有了显著提升，等效应力降低超过 66%，质量减小约 20%。

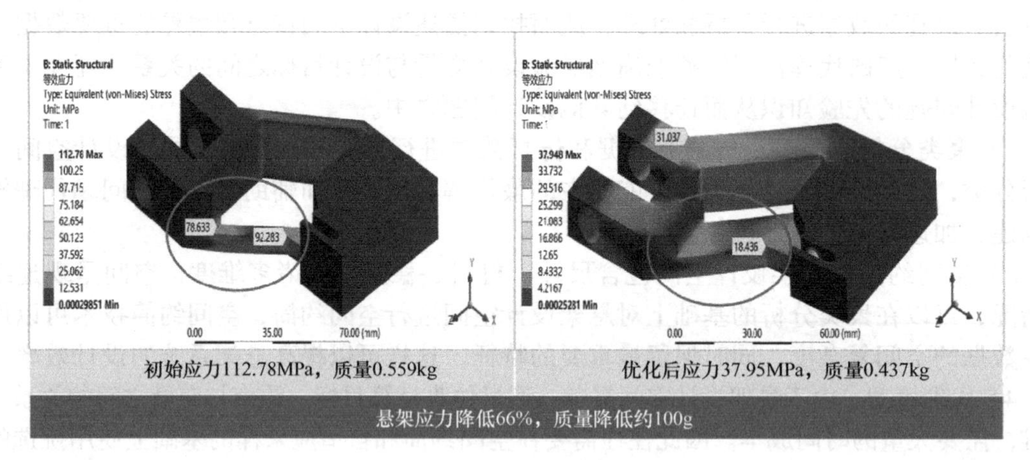

图 3-36　悬架优化设计结果

本章小结

本章围绕产品设计研发及其智能增强所涉及的相关方法、技术、应用等进行讲解，包括在产品智能设计研发模式的演进中，介绍了产品与产品开发的基本概念认知、复杂系统设计、现代设计理论与方法（重点讲解了概念设计、优化设计、机电一体化设计、数字化设计），并指出智能设计的新发展趋势；其次，分别从关键基础智能和集成应用智能两个方面，分别介绍了数据与知识驱动的智能增强技术；最后，结合案例详细讲解了架构设计和结构优化中的智能设计场景。

习题

3-1　简述产品开发过程中不同团队的职能。

3-2　简述复杂系统架构决策分析的重要性。

3-3　请对比分析现代设计理论中的不同方法的特点和重点。

3-4　请对比分析数据驱动技术中智能方法各自的使用场景。

3-5　请对比分析知识驱动技术中的智能方法流程。

第 4 章 “柔性敏捷主导”的生产制造智能场景

学习目标

1. 能够准确理解柔性敏捷制造系统的基本概念、组成、特点及其发展。
2. 能够准确掌握柔性敏捷主导的智能制造系统的实现方法。
3. 能够理解柔性工艺与装备技术。
4. 能够理解人机交互与协作的实现方式和应用。

知识点思维导图

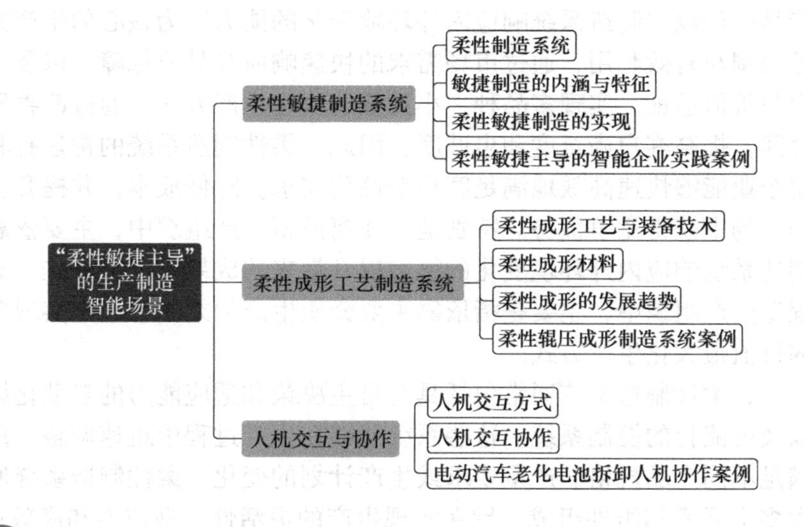

导读

生产制造的柔性化与敏捷化已经成为当今引导制造型企业转型升级的重要发展方向。本章以柔性敏捷制造为切入点，重点围绕柔性敏捷制造系统、柔性成形工艺制造系统、人机交互与协同作业三个方面展开介绍。首先，本章分别给出柔性制造系统的基本概念、特征及其关键技术，以及敏捷制造的内涵、特征及其企业实施；在此基础上，从企业实施视角给出了柔性敏捷制造的实施体系，并结合格力电器、三一重工、广汽埃安三个企业案例说明柔性生产线的具体建设实施。其次，在柔性成形工艺制造系统方面，本章围绕柔性成形工艺、装备和模具、控制系统，以及柔性成形材料，并结合柔性辊压成形制造系统案例，详细介绍了柔性成形工艺制造系统，并给出了柔性成形技术的发展趋势。最后，本章通过说明人机交互方式，详细介绍了包括人类意图识别、协作机器人智能控制在内的人机协作技术，并结合电动汽车老化电池的拆卸案例，说明人机协作在当前生产制造智能场景中的重要性。

本章知识点

- 柔性制造系统基本概念及关键技术
- 敏捷制造内涵与特征
- 柔性敏捷制造的实施体系
- 柔性成形工艺与装备技术
- 人机交互方式与人机协同作业

4.1 柔性敏捷制造系统

4.1.1 柔性制造系统

柔性制造是一种以“制造系统响应内外环境变化的能力”为核心的生产方式，它强调对资源的广泛协调与有效利用，通过市场需求的快速响应与品质保障，以及主体生产流程间的衔接效率与价值适配，实现多品种、小批量的快速生产方式。通过改善质量控制和加快产品上市时间，提高客户满意度和忠诚度。因此，柔性制造系统的构建有利于提高企业的灵活性，使企业能够快速高效地满足客户个性化需求，降低成本，并提升创新能力，从而在快节奏的市场中获得竞争优势。特别地，在离散型生产组织中，主要依靠有高度柔性的以计算机制造系统响应内外环境变化的能力提升带来的成果，创造最佳社会价值与经济效益；在流程型生产组织中，主要是指依靠主要介质生产的柔性中心来实现多品种、高效率、低库存的价值最大化生产方式。

在制造业中，柔性制造系统通常包括具有自主决策和适应能力的自动化设备、灵活的生产线配置以及智能化的控制系统。这些系统能够在生产过程中迅速调整、重新配置或重新编程，以满足不同产品规格、产量要求或生产计划的变化。柔性制造系统通常是一个复杂的系统，由多个元素和组件组成，旨在实现生产的灵活性、适应性和高效性。表 4-1 是柔性制造系统中的关键元素。

表 4-1 柔性制造系统中的关键元素

关键元素	敏捷制造企业
生产设备和机器人	柔性制造系统的核心组成部分，包括各种类型的生产设备和机器人，如数控机床、3D 打印机、机械臂等。这些设备具有灵活的操作能力，可以适应不同的生产需求

（续）

关键元素	敏捷制造企业
自动化系统	用于管理和控制生产过程，包括自动化控制系统、PLC（可编程逻辑控制器）、传感器和执行器等。这些系统可以实现生产流程的自动化和智能化
信息技术系统	包括生产管理系统（PMS）、制造执行系统（MES）、企业资源规划系统（ERP）等。这些系统用于跟踪生产数据、计划生产任务、优化资源利用等
数字化制造技术	包括 CAD/CAM 软件、虚拟仿真技术、数字孪生技术等。这些技术可以帮助设计产品、优化生产工艺，并在虚拟环境中模拟和优化生产过程
物流和供应链管理	用于管理物料流和信息流，包括供应链管理系统、仓储管理系统、运输管理系统等。这些系统可以确保物料及时到达生产线，并优化供应链效率
质量控制系统	包括质量检测设备、质量管理软件、自动化检测系统等。这些系统用于监控和控制产品质量，并实现实时反馈和调整
人机交互界面	用于操作和监控生产过程，包括人机界面、可视化监控系统、虚拟现实系统等。这些界面使操作员能够与系统进行交互，并实时了解生产状态

这些元素共同构成了柔性制造系统的核心。通过它们的协同作用，柔性制造系统可以快速、高效地适应不同的生产需求和变化，具有自主决策和自适应能力，能够根据实时数据和反馈信息调整生产过程，以优化效率和质量。此外，柔性制造系统能够支持定制化生产，可以灵活地生产小批量、个性化的产品，而无需昂贵的设备更换或调整。通过采用先进的控制技术和人工智能算法，实现生产过程的智能化监控、优化和管理，柔性制造系统能够迅速响应市场需求的变化，从而缩短产品上市时间，提高市场竞争力。

下面将对柔性制造的关键技术、柔性制造系统及其技术特征等进行介绍。

1. 柔性制造系统及其特征

柔性制造系统（Flexible Manufacturing System，FMS）一般是指由统一信息控制系统、物料储运系统和数台数控装备组成，能快速适应加工对象变换的一种柔性自动化系统的统称。按照规模和功能的不同，它包括柔性制造单元（FMC）、柔性制造线（FML）、柔性制造工厂（FMF）等形式。通常 FMS 是在计算机统一控制下，由物料运储系统将若干台数控加工设备连接起来，构成适合于小批量、多品种生产的一种先进制造系统，也是当前制造技术水平层次最高、应用较为广泛的机械制造装备。因此，柔性制造系统的基本组成包括：加工子系统、控制子系统、物料运储子系统（物料系统分工件运储及刀具运储子系统）三大部分，如图 4-1 所示。

1）加工子系统。该系统由两台以上的 CNC（数控）机床、加工中心或柔性制造单元以及其他如测量机、动平衡机和各种特种加工设备组成。

2）工件运储子系统。该系统负责对工件、原材料以及成品件的自动装卸、输运和存储等作业任务，由工件装卸站、自动化运输小车、工业机器人、托盘缓冲站、托盘交换装置、自动化仓库等组成。

3）刀具运储子系统。该系统包括中央刀库、机床刀库、刀具预调站、刀具装卸站、刀具运输小车、工业机器人、换刀机械手等。

4）控制子系统。该系统负责 FMS 的计划调度、运行控制、物流管理、系统监控和网络通信等任务。

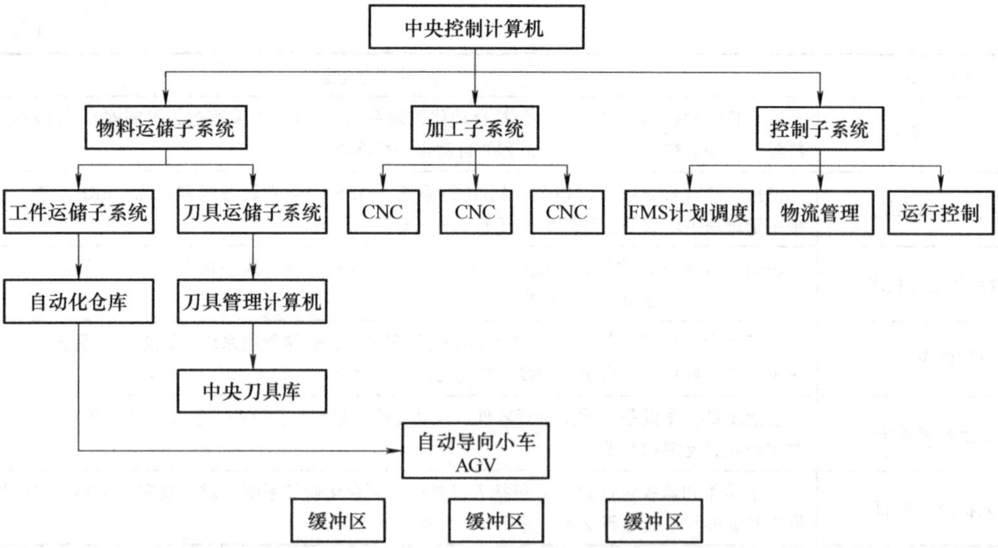

中央控制计算机
物料运储子系统
加工子系统
控制子系统
工件运储子系统
刀具运储子系统
CNC
CNC
CNC
FMS计划调度
物流管理
运行控制
自动化仓库
刀具管理计算机
中央刀具库
自动导向小车
AGV
缓冲区
缓冲区
缓冲区

图 4-1　柔性制造系统的基本组成

除上述基本组成部分之外，FMS 还包含冷却润滑系统、切屑输运系统、自动清洗装置、自动去毛刺设备等附属系统。图 4-2 所示为典型的 FMS 示意图。操作者在工件装卸站将工件毛坯安装在托盘夹具上，由自动运输小车将毛坯连同托盘夹具运输到自动化仓库或托盘缓冲站暂时存放，等待加工；一旦有空闲的机床加工单元，便由托盘交换装置自动将工件毛坯送至空闲的机床上进行加工；加工完毕后由托盘交换装置取出，等待自动运输小车将加工完成的工件送至另一台机床进行后一道工序的加工；如此持续，直至完成最后工序加工后送至自动化仓库存储。

自动化仓库
堆垛机
仓库进出站
加工中心
产品
自动导向小车
加工中心
托盘交换站

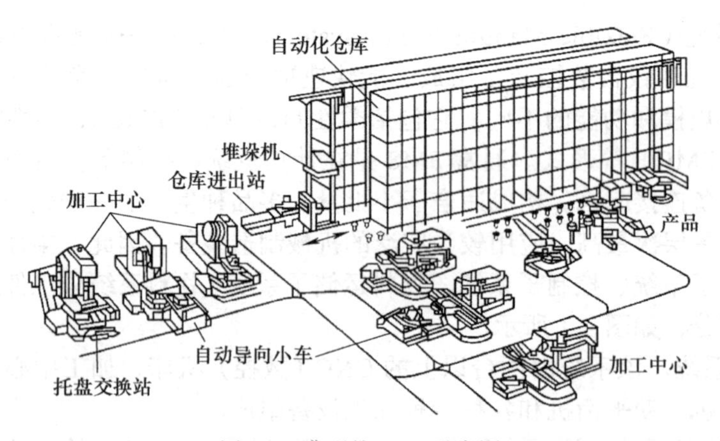

图 4-2　典型的 FMS 示意图

综合柔性制造系统的概念和典型构成可以看出，柔性制造系统主要具有以下特征：

1）可变性：能够适应市场需求和客户要求的变化，并及时调整生产计划和资源分配。

2）智能化：采用先进的信息和通信技术，实现自动化、智能化的生产过程监控和控制。递阶结构的计算机控制，便于扩展和维护，可与企业生产管理系统联网通信。

3）灵活性：能够灵活地配置和调整生产设备、工艺流程和生产线布局，以适应不同的产品需求，系统内的机床在工艺能力上可相互补充或相互替代，系统局部调整或维护可不中断整个系统的运行。

4）协作性：强调员工的多功能化和协同工作，促进资源的共享和协调。

5）柔性高：适合多品种、小批量生产，可混流加工不同的零件。

2. 柔性制造系统关键技术

柔性制造技术是在自动化技术、信息技术及制造技术的基础上，将以往企业中相互独立的工程设计、生产制造及经营管理等过程，在计算机及其软件的支撑下，构成一个覆盖整个企业的完整而有机的系统，实现全局动态最优化，总体高效益、高柔性，并赢得竞争全胜的智能制造技术。它具体包括以下关键技术：

1）先进机器人技术：包括协作机器人在内的先进机器人技术，使得机器人能够更安全、更灵活地与人类工作人员共同作业。这不仅提高了生产率，还允许快速调整生产线以适应不同产品的生产。

2）工业物联网：工业物联网使设备、机器和系统能够相互连接和通信，实时收集和交换生产数据。这种互联互通不仅提高了生产率，还使得生产过程能够根据实时数据进行自我调整，增加了制造过程的灵活性。

3）数字孪生技术：指创建一个物理实体的虚拟副本，使企业能够在不影响实际生产线的情况下模拟、分析和测试生产过程。这种技术大大提高了产品设计和生产流程的灵活性与效率。

4）云计算和大数据：云计算提供了强大的数据处理能力，使企业能够存储、分析海量数据，并根据这些数据做出快速决策。大数据分析有助于优化生产流程、预测设备维护需求和改善供应链管理。

5）人工智能与机器学习：通过人工智能和机器学习算法，制造系统能够预测市场变化、优化生产流程、提高质量控制，并实现智能决策支持。这些能力对于响应快速变化的市场需求和实现个性化定制生产至关重要。

6）3D 打印技术：3D 打印（也称为增材制造）技术使得从单件到小批量生产的定制化生产成为可能。这项技术支持复杂设计的快速原型制作和生产，极大提高了制造灵活性。

4.1.2 敏捷制造的内涵与特征

敏捷制造（Agile Manufacturing，AM）是通过动态企业联盟、扁平化的组织结构、先进的生产技术和高素质员工构建敏捷制造企业，对市场所出现的机遇敏捷响应的一种企业经营模式，具有极大的市场竞争力和生命力。

1. 敏捷制造的内涵

敏捷制造要求企业不仅能够快速响应市场的变化，而且要求通过技术创新，不断推出新产品去引导市场。通过强调“竞争 – 合作 – 协同”机制，实现对市场需求做出灵活快速的反应，提高企业的敏捷性，通过动态联盟、先进生产技术和高素质员工的全面集成，快速响应客户的需求，及时开发新产品投放市场，提高企业竞争能力，赢得竞争的优势。

2. 敏捷制造的特征

敏捷制造主要存在快速的响应速度、全生命周期让用户满意、灵活动态的组织结构、开放的基础结构和优势的制造资源等特征。敏捷制造企业与传统企业特征的比较见表 4-2。

1）快速的响应速度：包括对市场反应速度、新产品开发速度、生产制造速度、信息传播速度、组织结构调整速度等。据资料统计，若产品开发周期太长，使产品上市时间推迟 6 个月，将导致企业损失 30% 的利润。敏捷制造通过并行化、模块化的产品设计方法，高柔性、可重构的生产设备，动态联盟的组织结构，从多方面来提高企业对市场的响应速度。

2）全生命周期让用户满意：用户满意是敏捷制造企业的最直接目标，通过并行设计、质量功能配置、价值分析等技术，使企业产品功能结构可根据用户的具体需求进行改变，借助虚拟制造使能技术可让用户方便地参与设计，能够尽快生产出满足用户要求的产品，产品质量的跟踪将持续到产品报废，使产品整个生命周期内的各个环节让用户感到满意。

3）灵活动态的组织结构：在企业内部，敏捷制造以“项目团队”为核心的扁平化管理模式替代传统宝塔式多层次管理模式；在企业外部，以动态组织联盟形式将企业内部优势和企业外部不同公司的优势集成起来，将企业之间的竞争关系转变为联盟互赢的协作关系。

4）开放的基础结构和优势的制造资源：敏捷制造企业通过开放性的通信网络和信息交换基础结构，将分布在不同地点的优势企业资源集成起来，保证相互合作协同的企业生产系统正常稳定地运行。

表 4-2　敏捷制造企业与传统企业特征的比较

属性	敏捷制造企业	传统企业
侧重点	时间第一，成本第二	成本第一，时间第二
管理模式	扁平化企业管理模式	多层次企业管理模式
组织形式	动态联盟公司	固定的生产协作单位
合作关系	平等共赢，风险共担	以经济合同维持合作关系
网络要求	开放性企业网络	封闭式企业网络
生产方式	拉动式生产，根据需求快速响应	推动式生产，依赖订单和预测
适应性	对市场环境适应性强	对市场环境适应性差
覆盖范围	社会、全球	企业自身
企业员工	合作、自定位、创造性、综合能力	服从命令、守纪、缺乏合作

3. 敏捷制造的企业实施

敏捷制造企业的实施过程，具体实施步骤为：

1）敏捷制造企业总体规划：包括企业目标确定、战略计划的制订以及实施方案选择等。

2）企业敏捷化建设：主要有企业经营策略的转变以及相关技术准备等内容，包括企业员工敏捷化培训、经营过程分析与重组、组织结构及企业资源调整、企业制度以及文化建设、敏捷化信息系统建设以及产品设计与制造技术准备等。

3）敏捷化企业的构建：在上述步骤 1）和 2）的基础上，进行敏捷制造企业的构建和实施。

4）敏捷制造企业运行与管理：敏捷制造企业是以跨企业的动态联盟进行运营，以项目团队为核心的扁平化管理模式进行企业的管理，通过敏捷评价体系对企业运营结果进行评价，适时进行动态调整。

敏捷制造企业除了加强内部改革和重构之外，还需有一个良好的社会环境，包括政府的政策法律、市场环境和社会基础设施等。政策法律的制定要有助于提高企业的积极性，有助于企业直接、平等地参与国际竞争；市场环境要保证企业的物料流、能量流、信息流和人才流等畅通无阻；社会基础设施包括通信、交通、环保等应有利于敏捷化企业的发展。

4.1.3 柔性敏捷制造的实现

随着智能制造的发展，订单碎片化越来越严重，小批量、多品种成了市场需求主流，使得生产切换几乎不可避免，导致企业需要尽力追求柔性，以适应实现制造系统的快速重构，资源的优化配置，达到多变用户需求的快速响应，从而实现敏捷交付的目标，柔性制造实施体系如图 4-3 所示。具体实现方式包括：

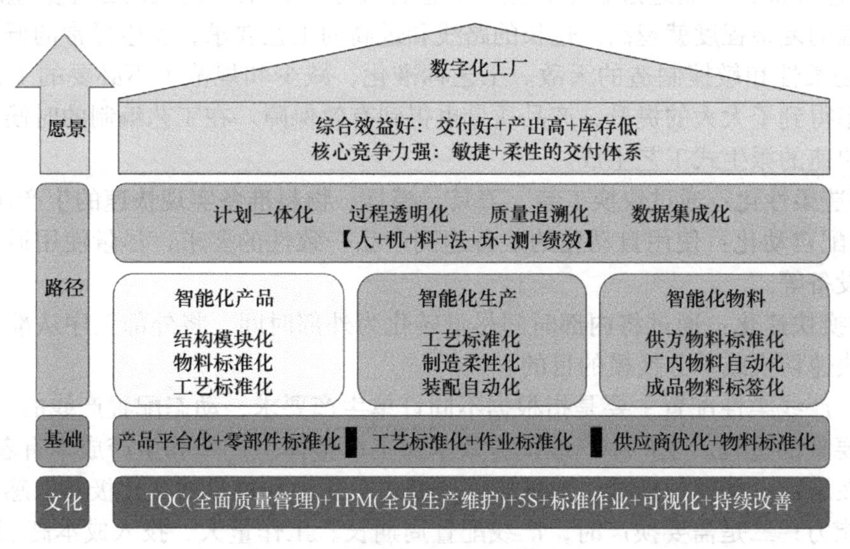

图 4-3 柔性制造实施体系

（1）模块化产品的快速开发　借助先进的数字化建模工具和数据管理平台，企业可以高效选用、配置、组合各种产品模块。这一过程不仅依赖于丰富的产品模块库、设计知识库和配置规则库，而且能够通过参数化设计快速迭代模块，从而实现针对特定需求的定制化产品设计和工艺方案。例如，结构模块化，从产品的结构设计入手，尽量实现模块化、实现面向制造的设计，保证产品的制造过程高效、快捷。产品设计模块化，有利于提高制造效率，产品制造过程由毛坯、零件、部件、整机等的制造过程构成，如果整机由几个不同的布局组合而成（即相对模块化），则制造过程可以做到相对标准化，制造过程也能简单化，员工培训、生产物料组织和生产率都将获得极大的简化和提升。

（2）资源柔性配置与动态调度　通过在网络连接各类生产资源，实现对生产要素状态的实时感知，针对小批量定制需求，精准制订生产计划、物料需求和车间作业排程。此外，根据订单变化和生产异常实时调整计划和资源，实现资源配置和调度的极高柔性化。

（3）自适应加工能力的增强　依托于可重构的生产线、灵活的工装夹具和高效的线上物流系统，企业能够对单个或小批量产品实现精确识别、资源匹配及整个生产过程的精确控制。这不仅提高了生产率，也使得企业能够灵活应对多品种、小批量的定制化生产需求。

（4）建立柔性供应链体系　通过打通产业链与供应链，建立面向研发、生产、运营等环节的供应链协同机制，企业能够基于跨企业的数据共享和实时反馈，增强供应链的资源配置柔性、业务协同动态性和对变化的快速适应性，从而针对定制需求实现敏捷响应和快速交付。

1）物料标准化：小到螺钉，大到关键零部件，物料品种多，难区分，易出错。减少物料编号和种类，降低物料编码数量，是实现标准化的必经之路。物料标准化应从设计源头开始做起，设定设计标准及控制数量，超出标准范围的物料必须经过公司标准管理部门严格审批才能选用，物料标准化的实现，大大减少了物料的品种及型号规格，避免了领备料、生产制造等环节易混、用错等问题。

2）工艺标准化：制造过程中，生产工艺种类越多，工艺路线的工序数量就越多，生产制造过程的复杂程度就越高。过长的路线和过高的工艺要求，发生异常的概率会大大增加，这也是柔性和敏捷制造的天敌。工艺标准化，减少和规范了不必要的工艺流程和路线，使效率得到了大大的提升，产品质量也得到有效保障。在工艺编制的时候，根据零件特征实现快速的派生式工艺生成。

3）制造柔性化：通过快换工装，刀具、模具、物料准备实现快速的生产切换。

4）装配自动化：使用自动化的装备达到产品一致性的要求，尽量使用通用设备，而不是专用设备等。

5）切换快速化：通过将内部时间尽量转化为外部时间，将外部工序从准备工作中分离，实现快速切换或单分换模的目的。

其中，产线柔性配置主要是指根据不同订单生产要求，动态配置产线的人、机、料、法等生产要素的过程。生产中产线配置效率对工厂整体生产率和生产成本有着较大影响。主要原因在于：一是较为标准、固化的生产模式对品种和批量的变化极其敏感，缺乏资源动态配置能力；二是需要换产时，产线配置周期长、工作量大、投入成本高，同时也不具备对各类生产扰动的动态响应能力，生产韧性较差。

产线柔性配置显著缩短了订单切换时产线配置准备时间，消除了大量等待造成的时间浪费，提升了生产率，同时柔性资源配置使得工厂能够快速响应紧急插单、订单取消、物料延迟等扰动事件，保障生产的连续性与平稳性。

产线柔性配置目前在家具、家电、汽车、消费电子等行业的机械加工、焊接装配、表面涂装、整机装调等生产过程中得到了应用。当前制造业中产线柔性配置主要包括以下三类典型应用模式。

1）快速重构设备布局实现工序柔性：基于5G网络开展设备工控无线组网，需要时能够快速添加、剔除或者移动各工序的加工设备，进而重构工序组合来适应不同制程的生产要求，如电路板柔性 SMT（表面组装技术）产线、LED 液晶面板柔性生产线等。

2）自适应切换加工程序和工装实现作业柔性：采用数控机床、机器人等通用加工装备，自主识别工件类型，切换相匹配的加工程序、刀具或者装夹设备等，进而适应作业内容的变化，如航空航天精密零件柔性加工生产线、乘用车白车身柔性涂装生产线等。

3）动态调整产线物流路径实现过程柔性：工件在线上流转过程中，自主识别工件类型，依托柔性物流，自动调整和改变产线物流路径，精准控制工件流向相应的加工设备，进而适应加工流程的变化，如复杂电装备柔性脉动式装配线、羊绒纱线柔性生产线等。

4.1.4 柔性敏捷主导的智能企业实践案例

案例一：格力电器柔性生产实践

珠海格力电器股份有限公司（简称格力电器）成立于 1991 年，是一家集研发、生产、销售、服务于一体的国际化家电企业。格力电器高栏产业园是格力向智能制造转型升级的重要一步。产业园采用行业先进的自动化生产设备，建立了出口柔性化生产模式；在物流配送方面，采用高端智能物流系统，集成各生产单体的智能立体仓库，结合空中循环式输送物流，以“物流不落地”为原则规划从生产物资入厂到成品出厂的生产全流程，如图 4-4 所示。

图 4-4 格力电器柔性自动化生产线

在柔性生产线的打造上，格力 G-FMS 石墨加工自动化柔性生产线的推出成为格力柔性制造生产线中的典范代表。在该条柔性生产线中，具有可视功能的工业机器人与物流车 AGV 自动导向机构，构成了联合作业单元，将物料加工、出库、装卸、搬运与入库等环节，按信息系统提供的指令进行协同操作。两台加工中心 GA-LM540 双管齐下，作为加工主体单位，按信息操作指令加工石墨材料，线体信息平台系统上会清晰地展示出运行的实时数据。立式加工中心 GA-LM540 是这条线的核心，具有高速度、高精度、高稳定性的特点，由它们联合完成石墨模具和石墨电极的加工。柔性线中具有可视功能的工业机器人能够同时服务多台加工中心，可按照 AGV 设定的路线自由行进，不受地轨的空间限制。同时，整条线体运行状态的各项数据，都可以清晰地体现在线体的数字化信息平台上，实现网络化、信息化、柔性化、敏捷化、智能化、数字化的控制管理，从而达到柔性制造的目标，如图 4-5 所示。

图 4-5　格力柔性制造生产线

此外，格力电器推行标准化建设，为企业实现柔性敏捷制造提供了有效的基础和支撑。在推行标准化之前，各产品规格、型号种类繁多，如标准紧固件、电阻电容的种类多，物件虽小，却常常被忽略，经常出现物料错领、错用等问题。为从源头解决该问题，从设计部门分离出一个独立的标准管理部，从设计源头开始，所有设计使用的螺钉、电阻电容型号规格进行统一清理，选择和保留常规、常用规格，在标准管理部备案，设计人员在选用对应物料时，必须在已有的规格中选用，特殊情况无法适用需新增时，必须说明明确的新增理由，并经过严格的审批流程同意后方可采用新增。以上措施大大减少了产品物料规格，减少了现场领错料、使用环节的混料错用情况，提高了物料组织和生产率。

案例二：三一重工的柔性生产实践

作为国家首批智能制造试点示范企业之一，三一重工位于长沙的“18 号工厂”，其智能化制造车间实现了生产中人、设备、物料、工艺等各要素的柔性融合。两条总装配线，可以实现 69 种产品的混装柔性生产。按照传统生产模式，一条生产线只能生产一个或几个规格的产品，而在智能生产线上，可根据订单要求的不同，同时上线生产不同的产品。一条生产线生产不同的车型要切换不同的资源，需要收集生产计划数据以及车型、工装、夹具等大量的数据。这些传统生产模式难以做到的事，智能柔性的生产线可轻易实现。

三一重工的“18 号工厂”的整个柔性制造生产系统包含了大量数据信息，包括用户需求、产品信息、设备信息及生产计划，依托工业互联网络将这些大数据联结起来并通过三一重工的 MOM（制造运营管理）系统处理，制定最合适的生产方案，最优地分配各种制造资源，如图 4-6 所示。以前一条生产线所能生产的车型是有限的，有可能每个生产线的生产量都不饱和。现在生产线对生产的车型没有限制，极大降低了运营成本。

图 4-6　三一重工柔性制造线

依托数字化技术，流水线上的每辆汽车也实现了全流程可监控，每辆汽车都有一个专属二维码；在生产过程中，每一环的信息都会录入二维码中，并上传到智能平台系统里，工作人员能清楚地知道每辆汽车的位置、库存、质量信息等，例如，轮胎上螺栓拧紧的力矩值，线与线之间的连接情况。信息数据的采集和监控有效地掌控了现场的状况和提高了运营效率，降低了成本，为柔性敏捷制造提供了有力的支撑。

案例三：广汽埃安柔性智能工厂建设

广汽埃安智能工厂以打造智能、开放、创新、绿色的生态工厂为总体目标，建设智能工厂六大核心能力，即感知能力、预测能力、分析优化能力、协同能力、数字化支持能力、先进装备建设能力。工厂以智能化应用为主线，通过六大核心能力的建设，实现智能化制造、智能化服务、智能化决策、智能化办公、智能化厂区等五个核心的柔性敏捷智能化场景应用，如图 4-7 所示。

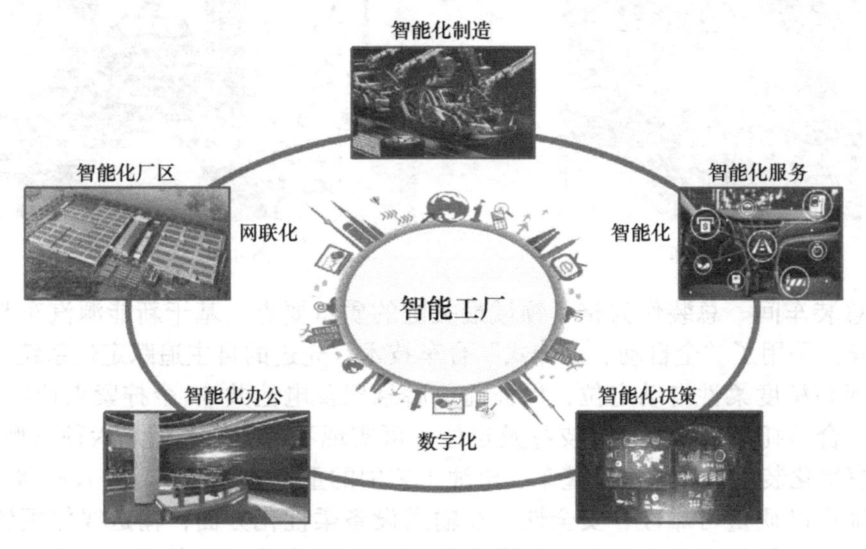

图 4-7　柔性敏捷智能化场景应用

广汽埃安工厂在规划阶段，对标国际先进企业，广泛应用先进的智能化设备，打造高质量、高可靠性、高耐久的产线，以节约人力成本，提升产品质量。

（1）冲压车间　联合厂家全新开发机器人连续高速冲压生产线，应用国产化钢铝共线拆垛装备，集成气刀、预分张、搓板等功能，降低后期运营成本。整线配套关键装备应用行业领先技术，如数控液压垫、直线七轴机器人、视觉对中、在线清洗机等。智能化提升方面先期规划实现关键数据的自动化采集，逐步推进分析、决策端升级。采用机器人连续生产线，不仅能够适应小批量多批次的切换需求，同时还能适应复杂零件模具生产供件；整线匹配高速自动换模技术，实现 180s 内换模完成，极大降低了切换时间损失。

（2）焊装车间　运用了全数字化模拟仿真技术，实现虚拟现实的应用，构建了车间的数字孪生，全工序生产线搭建 3D 数字化模型，对焊枪可达性、线体节拍进行可行性验证，进行机器人离线编程及电气程序虚拟调试；应用了钢铝柔性总拼技术，采用下铝上钢的车身结构，在保证车身品质的同时减重，达到与全铝车身相同的减重效果；应用了 3D 视觉引导技术、激光在线测量技术、钢铝混合柔性总拼技术、铝点焊压力自适应技术、自冲铆接技术、热熔自攻螺纹螺接技术等。如图 4-8 所示，车间通过白车身柔性定位系统、模块化定位系统、车型派生识别与防错装置等先进的自动化生产技术，结合库外工装自动切换系统的研究与应用，解决了新增车型的线体通过性、车型派生识别及库外工装夹具切换问题，实现六种车型钢 / 铝车身生产工艺的 1min 快速切换。

（3）涂装车间　涂胶自动化方面，采用视觉识别系统与定量控制技术，实现精准定位与精准定量。喷涂自动化方面，内外板采用七轴壁挂式机器人实现无人化喷涂，保障员工职业健康，提高涂装效率，如图 4-9 所示。

图 4-8　焊装车间生产线

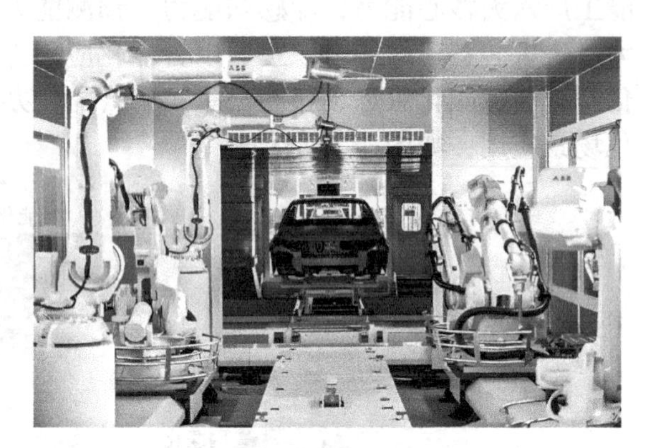

图 4-9　涂装车间生产线

（4）总装车间　总装作为整车领域最关键的质量要点，基于新能源汽车与传统能源汽车的差异，采用了“全自动、一体式”合车技术，先进的自主追踪定位系统，误差自我补偿，实现高精度柔性自动定位，保证前、后悬架及电池共 54 个拧紧点位的精准对位。除此之外，合装托盘采用切换式支撑及定位，可实现不增加托盘满足六种车型共线生产。采用智能模块化装配设计，涉及整车、电池工艺中的重点关键工序，导入机器人进行精准装配，保证产品质量可靠性、安全性。在输送设备柔性化方面，输送线体配置射频识别（RFID）芯片，智能识别车辆定制生产参数，自主联络关联设备配合生产，按定制工艺自我调整升降条件适应装配，降低员工作业负荷。

4.2　柔性成形工艺制造系统

4.2.1　柔性成形工艺与装备技术

当前，柔性成形技术作为智能制造主导发展方向之一，取得了显著进步。传统基于模具的成形工艺（如冲压和折弯）具有一定的灵活性，但在满足产品的个性化需求和小批量试制方面仍存在一定的挑战。通过改革传统基于模具的成形工艺，定制加工能够更好地满足部分需求。柔性成形技术不仅能实现高质量、高精度、具有复杂结构和多种材料系统部件的成形，还可以应用于某些特定场景的现场制造，如战场、星表等极端环境，满足快速灵活反应的要求。根据元件的具体类型，柔性成形技术对新结构、新材料的适应性和速度在工艺优化、设备自动化、智能化方面不断加强，正在持续扩大该技术的应用领域和范围。常见的柔性成形技术包括渐进式钣金成形（ISF）、柔性 3D 型材辊压成形（3DRF）和管材 3D 自由弯曲成形（3DFB），如图 4-10 所示。本小节将介绍柔性成形技术的发展现状及未来趋势，从材料类型选择、成形刀具轨迹优化等方面探讨成形设备的开发。

1. 柔性成形工艺

在传统塑性成形中，材料通常在受到较大约束的模具或工具的作用下进行整体性的变形。然而，在柔性成形中，塑性变形主要发生在局部区域，并沿着特定方向流动。因此，最终构件的形状和尺寸不仅取决于成形工具的固有轮廓，更取决于成形工具的运动轨迹以及在特定方向上局部塑性变形的累积。

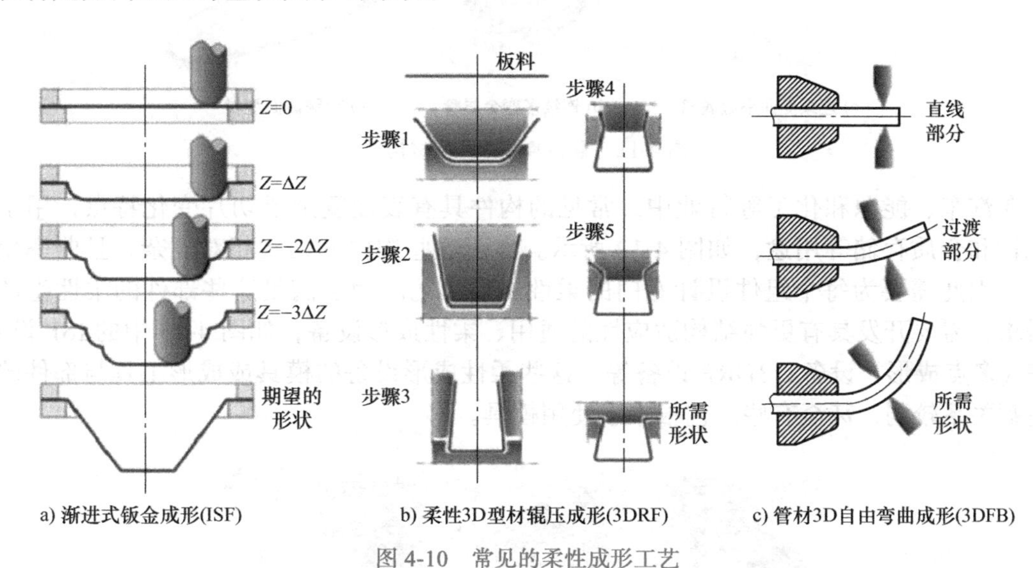

图 4-10　常见的柔性成形工艺

柔性成形工艺可以从促进材料塑性流动的外力角度划分为接触式和非接触式两种类型。在接触式柔性成形工艺中，如渐进式钣金成形、柔性纺丝成形技术、多点成形技术、三维轮廓辊成形技术和管轧弯等，成形工具直接接触材料变形区域。通过成形工具和材料之间的相对运动或挤压，机械力被转化为成形力，从而导致指定区域的材料在特定方向上发生塑性流动变形。相反，在非接触式柔性成形工艺中，如型材 3D 淬火成形技术、3D 自由弯曲成形、柔性管无模成形等，成形工具通过弯矩或力矩将机械力间接传递到材料的塑性变形区域。通过控制弯矩或力矩的大小和方向，可以实现具有不同结构形式的构件的整体形成。无论是接触式还是非接触式柔性成形过程，成形工具可以通过改变其空间位置和姿态来调整对材料的作用方式，从而实现对金属材料的塑性变形和形状的控制。

在柔性成形过程中，需要根据所需构件的空间结构、形状和尺寸，选择适当的成形方法。同时，结合成形工具的作用形式以及其轨迹与构件的尺寸和形状之间的关系，确定成形工具的轨迹规划。基于柔性成形设备和控制系统，成形工具的轨迹可以转换为数控运动控制程序，使得检测反馈系统能够进行迭代优化，以实现对金属材料的精确成形。

2. 柔性成形装备和模具

在航空航天、运输、能源和化工工业中，空心薄壁管和具有定截面轮廓的构件常被用于结构支撑和介质传输。如图 4-11 所示，尽管这些构件的横截面形状和尺寸通常保持不变，但其轴向形状却经常具有复杂的结构特征，如连续多弯曲和连续可变曲率。因此，为满足这些构件的快速、灵活制造需求，需要开发专门的柔性成形设备。

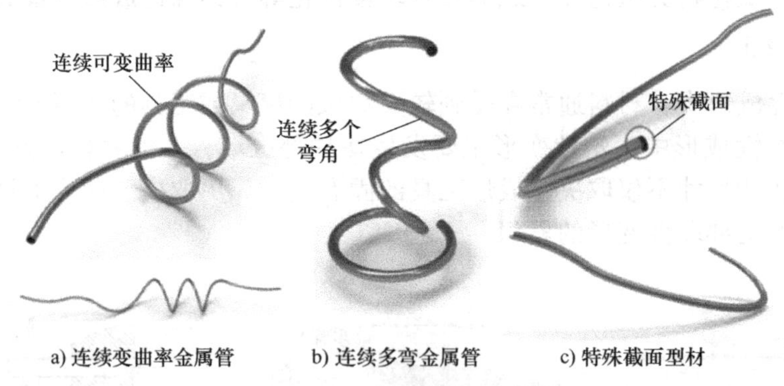

a) 连续变曲率金属管　b) 连续多弯金属管　c) 特殊截面型材

图 4-11　空心薄壁管及型材构件

在汽车、能源和化工等行业中，常见的构件具有表面复杂或切片变化特点，用于结构保护和介质存储等用途，如图 4-12 所示。由于这些构件的结构相对复杂，且曲率变化较大，因此需要为每个组件设计专门的柔性成形工艺。为了满足这些部件的柔性生产制造需求，需要开发具有更强结构适应性的通用、柔性成形设备，如图 4-13 中的 ISF 设备、MPF（多点成形）设备、3DRF 设备等。这些柔性成形设备的模具或成形工具与部件的结构轮廓关系较弱，甚至有些工艺根本不使用模具。

a) 复杂曲面

b) 可变截面

c) 可变截面空间曲面

图 4-12　典型曲面构件

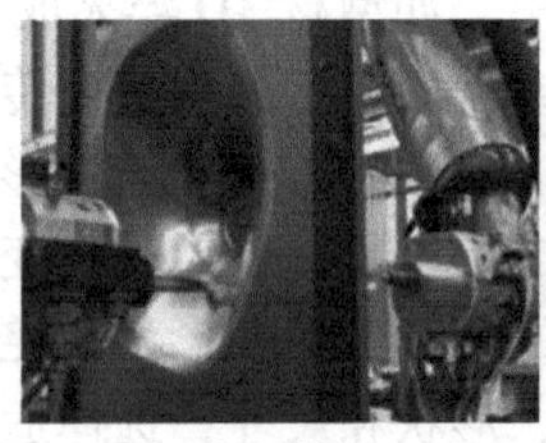
a) ISF设备

b) MPF设备

c) 3DRF设备

图 4-13　典型的柔性成形设备

在实际生产中，存在一些复杂度适中、形状规则但生产批次较大的部件，如轴对称壳、简单平面 / 空间可变截面或具有一定规律的特殊形状部件。这些部件不能通过专用的柔性成形设备加工，因为通用柔性成形设备的生产率过低，无法满足大批量柔性制造的需求。为解决这一问题，针对这些部件的特殊要求，开发了一些特殊、通用的柔性成形设备。这些设备通过增加运动轴系统、扩展成形机构的运动自由度、引入数字化控制系统，并结合工艺优化，形成了一种基于传统成形设备的柔性成形设备。例如，一些非旋转体或非轴对称部件的加工就是通过增加成形辊的运动轴并配合特殊的加工技术来实现的。这种柔性成形设备能够灵活地适应不同形状的部件加工需求，提高生产率并保持成形质量，从而满足复杂构件的大规模柔性制造需求。

3. 柔性成形控制系统

柔性成形技术的控制主要包括柔性成形工具的运动控制系统和构件成形质量和形状的实时监测和动态反馈控制系统。在柔性成形过程中，成形工具的轨迹和空间姿态直接决定了构件与成形工具之间的接触形式和构件的局部塑性变形行为，进而影响了最终构件的几何形状和尺寸。因此，合理设计成形工具的运动路径和姿态是柔性成形的关键控制技术之一。

目前，常用的方法包括经验方法和几何方法来规划成形工具的运动轨迹。经验方法主要基于已有的实验总结和经验知识，考虑材料在外力或能量场作用下的宏观变形规律，从而规划柔性成形过程中成形工具的运动轨迹。然而，由于经验方法的局限性，仅能应用于特定的柔性成形技术，如钣金激光、火焰、电磁感应加热成形等。另一种方法是几何方法，它从构件的实际形状中提取轮廓中包含的标准几何特征，并根据构件的几何特性确定合适的成形工具。成形工具的轨迹和姿态变形可以根据成形工具所要成形的具体形状进行设计和规划，如对壳体构件进行轮廓分割和轨迹规划（见图 4-14a），或者根据管的几何特性进行管道的自由弯曲成形技术的轨迹和姿态设计（见图 4-14b）。与经验方法相比，几何方法能够快速分析构件的形状，并直接生成运动控制参数，应用于各种柔性成形技术，从而提高了柔性成形过程的效率和精度。

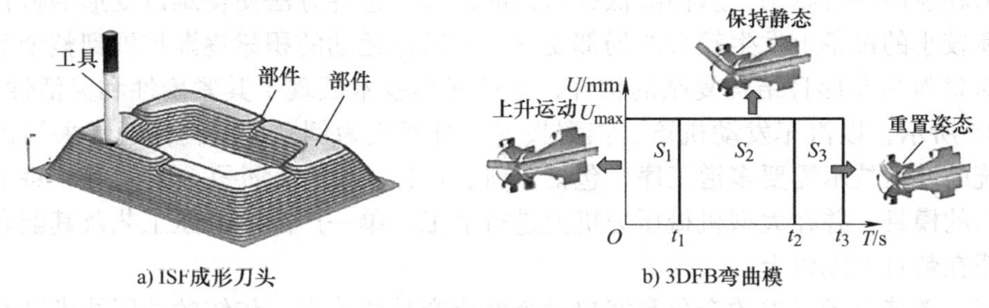

a) ISF成形刀头　　b) 3DFB弯曲模

图 4-14　柔性成形过程中成形工具轨迹生成

基于智能机器人结构，利用人工神经网络等技术对材料变形机理、缺陷形成机理以及不同因素对柔性成形质量的影响进行综合处理分析，形成多维关系数据库。这些数据库可以为柔性成形控制提供设计参考，帮助优化成形参数，提高成形精度和质量。通过智能学习技术的应用，柔性成形过程中的各种变量和影响因素可以被更准确地理解和控制，从而提高了成形构件的成形精度和质量。这为柔性成形技术的进一步发展提供了重要的方向和支持。

在连续柔性成形的工具轨迹生成研究中，提出了利用图像处理技术获取构件变形过程中的实时点云，并通过三角形网络重构提取构件形状的控制点，建立水平或垂直控制模型。此外，将材料数据库、成形工艺知识库与智能计算机技术相结合，逐渐成为解决柔性成形质量控制问题的有效途径。这种综合方法可以通过实时监测和调整成形参数来确保构件的形状和尺寸精度，并有效应对成形过程中的各种挑战和变化。

4.2.2 柔性成形材料

柔性成形技术广泛适用于多种材料，包括高强度钛合金、轻型铝镁合金、镍基高温合金以及超高强度钢等难变形材料。同时，在民用领域，各种铝合金、不锈钢和碳钢也可以通过适当的柔性成形技术得到成形。除此之外，柔性成形技术还覆盖了用于航空航天、核能、汽车、轨道交通、武器等领域的多种材料结构，包括片材、型材、管材以及某些复合材料。这些材料结构在不同领域中发挥着重要作用，柔性成形技术为它们提供了高效、精准的加工方法，以满足各种工程需求和性能要求。

1. 成形材料种类

在柔性成形中，涉及的金属材料可分为两大类：难变形材料和易变形材料。难变形材料在室温下形成时，具有较高的抗变形能力、较低的伸长率和严重的硬化性。在高温条件下，由于难变形材料的加工温度窗较窄，对其进行高精度塑性成形具有挑战性。而在易变形材料的成形过程中，由于材料流动复杂，容易产生起皱、折叠、开裂等缺陷。此外，传统的成形工艺复杂，模具成本高，对于小批量特殊部件的制造需求难以满足未来快速、绿色制造要求。因此，柔性成形技术的发展成为解决这些挑战的关键。通过柔性成形技术，可以更灵活地应对不同材料的特性和成形需求，降低成本、提高生产率，并实现更加可持续的制造过程。

在采用柔性成形技术成形难以变形的材料时，原始变形区域被分解为多个较小的区域。通过对温度场、电场、磁场等辅助能量场的集中应用和合理控制，可以显著改善材料流动行为和表面接触状态，从而降低成形力的需求。这种方法使得难以变形的材料可以在成形载荷较小的设备上发生较大的局部变形，并通过运动的积累逐渐扩展到整个部件。

针对材料易变形且结构复杂的构件，柔性成形技术展现了其紧凑性和灵活性的优势。如图 4-15 所示，以汽车发动机罩、挡泥板等车身面板为例，这些构件通常采用铝合金制造。传统的冲压技术需要多道工序，包括下料、拉伸、修整、冲孔、翻边等，每个工序都需要特殊的模具，并在大型机械压力机上进行加工。单一产品的冲压工艺及其配套模具的成本一般在数百万元以上。

然而，随着市场需求的变化和客户对个性化产品的追求，传统的冲压技术已经无法满足未来的需求。柔性成形技术的出现为解决这一难题提供了新的解决方案。柔性成形设备的紧凑性和灵活性使其能够适应不同构件的形状和尺寸，而无需大规模的定制模具。这种技术的采用可以降低生产成本、缩短交付周期，并且能够灵活应对客户的个性化需求，从而为未来制造业的发展提供更加灵活和高效的生产方式。

2. 成形材料结构

柔性成形技术的应用范围涵盖了多种金属材料，包括板材、定截面和变截面轮廓以及复杂形状的管材等。典型的柔性成形技术分类见表 4-3。根据构件的特点，可以选择相应的柔性成形工艺进行加工。此外，柔性成形技术还可应用于生产火箭整流罩、油箱等轴对称旋转中空部件，以及汽车轮毂、滑轮、离合器等非轴对称旋转中空部件。通过控制旋转轮的空间运动轨迹和每道工序的进给量，可以调整旋转空心部件的直径、形状和厚度。这些柔性成形技术的应用，为满足不同领域的设计要求提供了灵活、高效的解决方案。

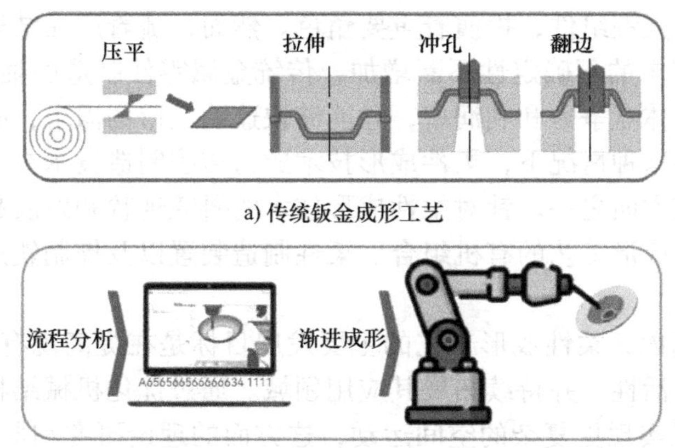

a) 传统钣金成形工艺

b) 柔性板材成形工艺

图 4-15 传统钣金成形工艺与柔性板材成形工艺的比较

表 4-3 典型的柔性成形技术分类

柔性成形技术	适用范围	技术优势	应用
柔性增量金属板成形技术	具有复杂薄壁特征的各种弯曲构件	它可实现复杂曲面的无模成形，易于实现 CAD/CAE/CAM 的集成，并具有较高的自动化水平	制造不规则和特殊形状的表面结构，如车身面板、定制模型和艺术造型
柔性纺丝金属板成形技术	旋转体或简单轴对称结构金属板或管	材料利用率高，适用于薄壁管件的加工，可提高纺纱件的材料性能	一些精密塑料成形领域的制造，如航空航天、武器制备和民用工业
柔性多点钣金成形技术	尺寸大，不易变形，三维复杂的弯曲金属板	可实现大尺寸、复杂弯板的连续成形和整体制造	快速制造用于航空航天、运输、建筑装饰等领域的大型覆盖件、保护墙板和建筑外板
柔性三维型材辊压成形技术	具有封闭或半封闭的特殊形状横截面的超长型材或板	横截面特征可以根据预设的形状进行变形	大型建筑顶棚、航空航天等领域所用的桁架梁及保护结构的加工与制造
外形三维淬火成形技术	具有高性能、封闭横截面和复杂轴特性的管道或型材	在实现高精度快速成形的同时，实现了材料加固，简化了工艺流程	高强度和轻质制造的汽车车身框架，如前支柱、中心支柱和保险杠
管三维自由弯曲技术	复杂的轴线和特殊形状的横截面管或型材，弯曲半径跨度相对较大	实现金属管精密无模成形，降低模具设计和生产成本，实现节能、轻量化的设备制造	复杂管道系统的加工和制造，如航空航天、能源工程和运输
柔性管轧制弯曲	特殊形状截面和相对弯曲半径大的管道	可用于难变形材料的加工，设备通用性强，生产率高，使用和维护方便	汽车框架、防撞梁、大型体育场或桁架结构的加工和制造
柔性管无模具成形	具有沟槽形状或沿轴线横截面连续变化的管件	截面适应性好，成形精度高，降低了模具的设计和加工成本	航空航天、石化、火电、汽车工程和医疗设备等领域的柔性密封件、机械联轴器和耐压密封件

4.2.3 柔性成形的发展趋势

在当前新一轮工业革命和制造业大规模升级的背景下，金属管和型材作为航空航天、运输和能源工程中的关键组件，扮演着重要角色。然而，随着产品结构设计复杂性、产品批次多样性和客户需求的不确定性不断增加，传统金属零件制造面临着日益增长的挑战。为了提高制造业的整体竞争力和利润率，并能够快速响应市场需求，必须不断提升现有制造技术的灵活性。在这种情况下，柔性成形技术成为传统制造技术在数字化、网络化和智能化方面的主要发展方向之一。针对柔性成形技术的研究现状和发展趋势，需要从构型设计、物理参数变化、成形工艺的有机组合、柔性制造装置以及控制轨迹优化等方面进行突破和创新。

在未来一段时间内，柔性成形工艺的主要发展目标是在提高现有成形能力的基础上，进一步提升其应用灵活性，并持续拓展其应用领域。通过优化机械结构，可以增强成形装备的运动自由度，以实现更复杂的空间运动，这方面的理论研究和器件开发已相对成熟。未来，柔性成形工艺将从单一成形方式发展为多种成形工艺的有机结合，充分发挥传统成形工艺如“铸造”“锻造”“焊接”等的独特优势，以覆盖产品形成的完整生产周期。此外，新的柔性成形技术的发展不再局限于新工艺或新装置的开发，新兴的灵活成形工艺将通过数字化和网络化与传统设备高度集成。借助现代信息技术和人工智能，可以打造智能柔性成形工厂，这是柔性成形技术发展的必然趋势。

4.2.4 柔性辊压成形制造系统案例

近年来，柔性辊压成形作为一种新的辊压成形工艺，已被开发用于生产变截面型材，其生产的产品如图 4-16 所示。在传统的辊压成形装备中，各个道次的轧辊和机架在成形过程的相对位置是不变的，因此只能沿成形方向生产单一横截面的型材，在柔性辊压成形装备中，每个道次的轧辊和机架都是独立的单元，具备多自由度的运动，并且可以在成形过程中沿着既定轨迹进行运动。轧辊的过渡运动和旋转运动由计算机数控系统控制。通过改变轧辊的位置，可以成形型材的横截面。轧辊的位置总是与发生变形的法兰相切，因此，可以避免不希望的塑性变形。图 4-17a 详细显示了成形过程中成形机架与轧辊位置的变化，图 4-17b 是柔性辊压成形生产的示例零件。实现柔性辊压成形的关键技术可分为柔性辊压成形装备和轧辊运动数控系统。

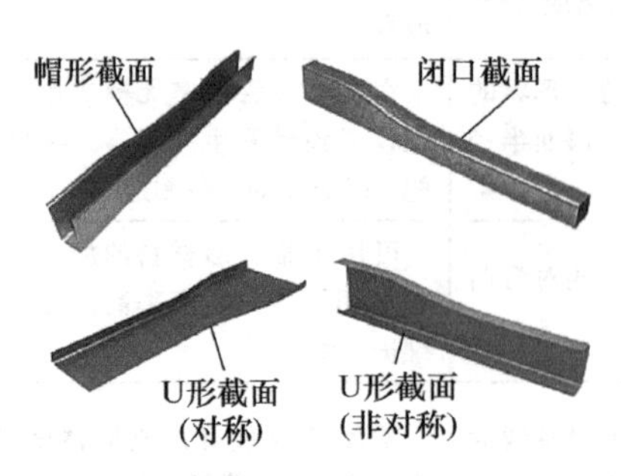

图 4-16 由柔性辊压成形生产的产品

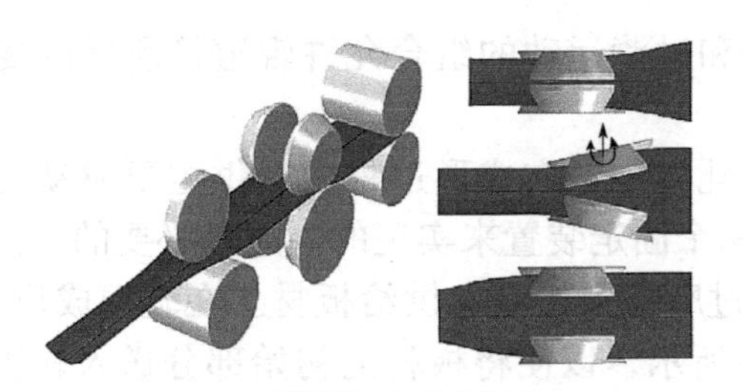

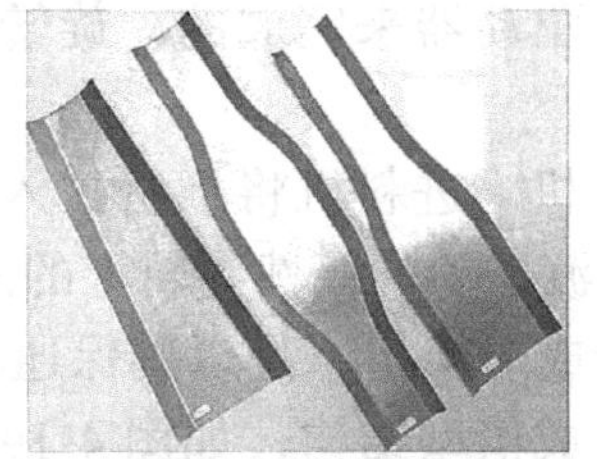

a) 柔性辊压成形示意图　　b) 柔性辊压成形生产的示例零件

图 4-17 柔性辊压成形的原理及其应用

1. 柔性辊压成形装备

如图 4-18 所示，柔性辊压成形装备的典型单元包括轴承、轧辊、伺服电动机、机架、基座移动装置等部件。与传统辊压成形装备的结构相比，柔性辊压成形装备包括一组柔性机械单元，带有数控系统的模具、柔性可调支架等。伺服电动机通常被应用于一个柔性辊压成形系统，以制造变横截面型材，由于其卓越的性能可以更好地实现轧辊位置调整。

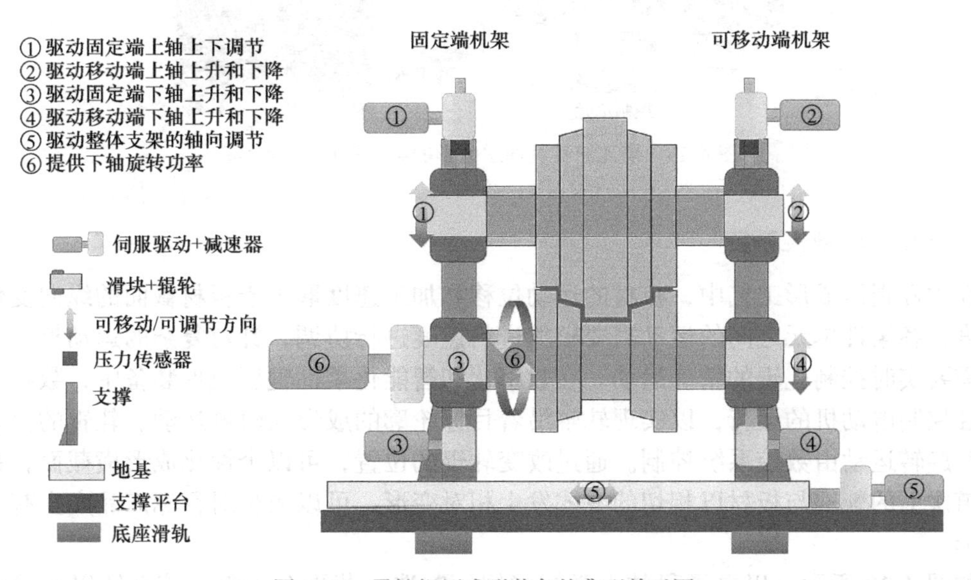

图 4-18 柔性辊压成形装备的典型单元图

塔比亚特莫德尔大学设计并制造了一种用于生产变截面型材的柔性辊压成形设备。设备可分为三个部分，如图 4-19 所示。

（1）成形机架　成形机架由两对辊组成，这些辊集成在一个平行的运动系统中，允许跟踪不同的型材轮廓，并沿两个不同的轴各自分配施加的载荷。由于该设备是为了产生对称的轮廓，在成形台的一侧应用伺服电动机，通过沿轴将右侧螺纹球螺杆连接到左侧螺纹球螺杆，使运动对称地转移到另一边。外壳安装在托架上，托架安装在沿成形支架两侧放置的线性导轨上。滑架包含一个特殊安排的轴承，允许外壳的旋转运动。旋转运动是通过允许驱动器在相反的方向上工作来实现的。外壳的过渡运动是通过在同一方向上操作两个驱动器来完成的。旋转和过渡运动的组合允许辊遵循所需的变横截面型材的成形轮廓。

（2）进料机　进料机将板材拉入轧辊中，在成形过程中提供主要驱动力。这是通过安装在具有过渡运动的线性导轨上的两个固定装置来实现的。这是必要的，因为如果驱动旋转辊，一个成形架将不足以确保通过摩擦力精确地供给板材。在轧辊成形过程开始时，两对轧辊定位成槽型结构，如图 4-19 所示，以便将板材的初始部分送入轧辊。然后，壳体的过渡和旋转运动允许辊施加所需的轮廓几何形状。

（3）控制单元　控制单元建立在配有数据采集板和基于 Labview 软件的个人计算机上，允许用户输入轮廓的几何形状和速度，将这些输入转换为外壳和供给机构的相应运动。

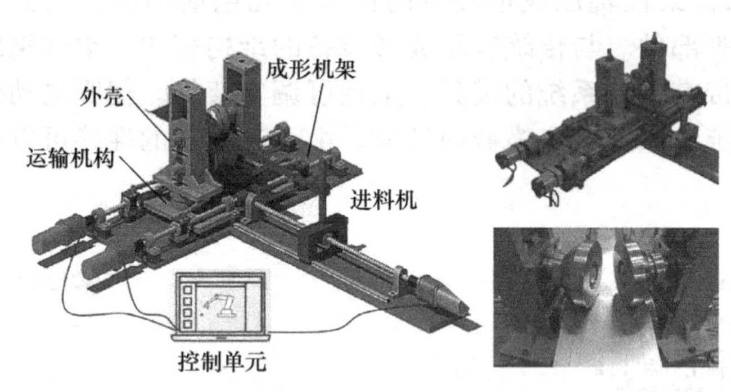

图 4-19　塔比亚特莫德尔大学的柔性辊压成形设备

2. 轧辊运动数控系统

在柔性辊压成形工艺中，板材的运动位移和加工速度取决于板材截面的纵向变化和进给速度，各柔性单元之间的运动需要根据进料速度进行协调，针对复杂的运动控制，数控系统需要实时控制轧辊的精确运动。在数字化和智能化柔性辊压成形装备中，数控系统可以单独控制电动机的运行，以实现轧辊沿着目标轮廓的成形线轨迹运动。轧辊的上下左右移动和旋转运动由数控系统控制。通过改变轧辊的位置，可以个性化成形横截面，并且在同一道次上的轧辊与板材以相切的方式发生相对变形，可以减少对目标产品产生有害的塑性变形。

如图 4-20 所示，以电子科技大学智能辊压制造示范平台为例，该系统以可编程逻辑控制器（Programmable Logic Controller，PLC）作为主要控制方式，通过上位机可以对 PLC 内存里面的数据进行读取，包括轧辊的位置、转动响应、间隙、轧辊速度、伺服电动机状态信息。通过对 PLC 内存寻址分析，确定关键单元位置、移动速度等数据在 PLC 内存中的地址，可以通过 Modbus TCP（传输控制协议）调用相关 API（应用程序编程接口）以二进制字符串格式传输到数据采集器。在进行数据采集后，需要与通信协议的报文格式进行比较，进而采集到报文中小端字节编码的端序值。PLC 数据通常以实数和浮点数的形式表示，为得到可以实际应用的数值，需要对数据进行转换。处理过程根据具体的数据格式和编码方式进行，以获取正确的实数和浮点数值。

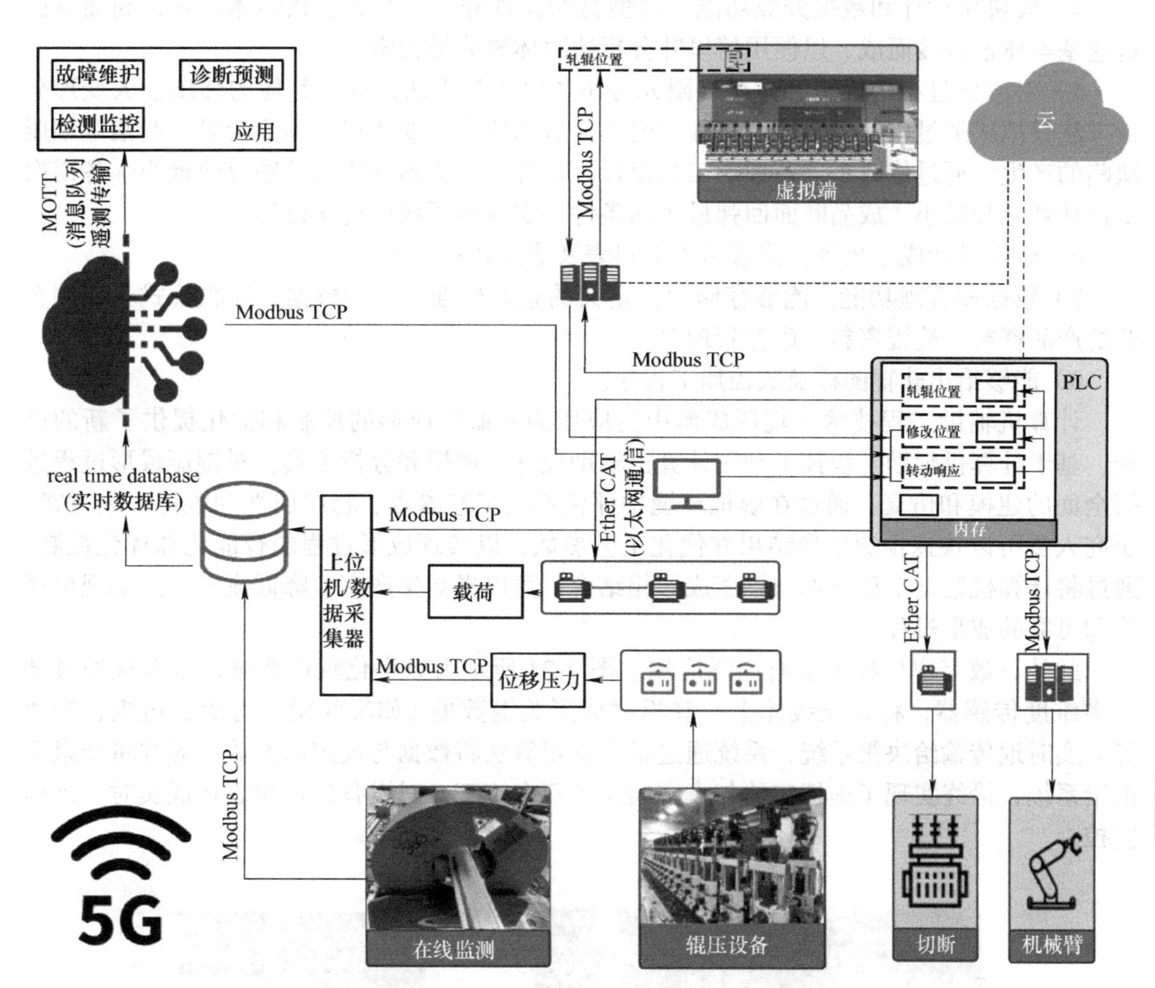

图 4-20　电子科技大学智能辊压制造示范平台通信架构

3. 柔性辊压数字化制造技术

基于计算机辅助工程（CAE）的辊压成形是将计算机辅助设计（CAD）、计算机辅助制造（CAM）和计算机辅助工程分析等技术应用于辊压成形过程的方法。对于柔性辊压成形来说，初级的 CAD 系统是以计算机辅助绘图为主，相较于手工设计，计算机作图极大地简化了变形辊花图的设计，并且通过所编制的程序，能够很快地根据辊花图画出轧辊图，大大提高了设计的效率。众所周知，柔性辊压成形的工件会产生各种缺陷，如纵向弯曲、翘曲及扭曲、边波等。随着人们对产品的精度要求越来越高，并且对表面质量的要求也越来越高，这就要求 CAD 系统除了具有画图这类的初级功能外，还要具有下列更高级的特殊功能。

1）完整系统的理论体系支持。

2）根据材料的属性，计算出回弹结果，并且根据结果修正轧辊的设计参数。

3）根据断面形状计算出截面面积、重量、扭转几何惯性矩、失稳参数等力学性能参数。

4）模块化设计和数据分类功能。将型材断面划分为基本的形状实体单元，断面就由这些基本体素拼接而成，以便用傅里叶分析法对体素分类检索。

5）对成形过程的模拟。采用有限元分析（FEA）方法，以及其他的弹塑性大变形分析方法模拟成形过程，确定成形过程中变形区域的应力应变状态，预测折皱、起浪等辊压缺陷的产生，通过修改工艺及成形工具设计，最终满足成形件边部长轴应变最小、各道次变形功耗之和最小、成品断面回弹最小的条件，实现辊压成形优化设计。

6）轧辊设计成本核算，能够给出下料表及成品轧辊重量。

7）数据库管理功能。能够存储用户定义的企业标准、实验数据、经验公式，存储企业的产品资料、轧辊资料、库存管理等。

8）能够给出轧辊图样及数控加工程序。

计算机辅助工程技术在辊压成形中的应用为变截面成形的控制和优化提供了新的途径。基于计算机辅助工程技术利用计算机辅助设计、模拟和分析工具，对辊压成形过程进行全面的建模和仿真。通过在虚拟环境中评估不同工艺参数、材料属性和辊压工艺方案，研究人员可以快速预测成形结果并优化工艺参数，以实现成形过程的智能化和优化控制。通过将计算机辅助工程技术与辊压成形相结合，可以提高生产率、降低成本，并实现更精确和可靠的成形过程。

此外，数字孪生技术也有广泛应用。图 4-21 所示为数字化辊压系统，该系统通过部署多维度传感器，将辊压线体上一些板材成形关键数据（如辊间距、力矩、扭矩、转速等）实时地传输给决策系统，系统通过机器学习算法将数据与设定的参数比对并将结果反馈给系统，最终实现了虚拟实体与真实实体的双向交互，对设备运行状态达成实时、远程监控。

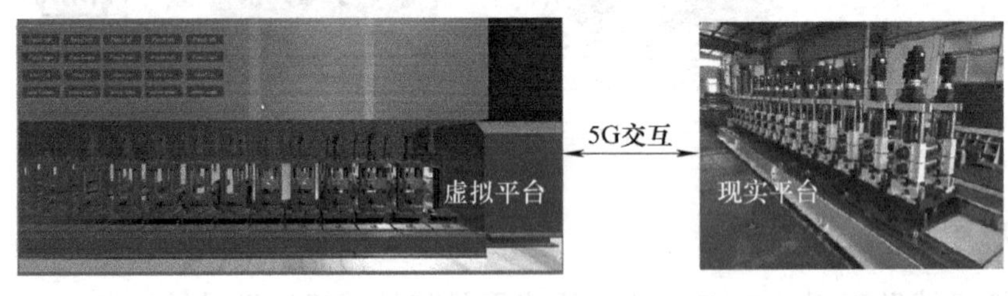

图 4-21　数字化辊压系统

在数字孪生系统中，实时数据采集辊压各道次信息，通过脚本部署将数据在仿真软件中建模仿真，分析加工零件受力情况与缺陷影响因子。利用历史数据训练模型，根据实时数据快速高效得出如回弹量等影响工件质量的关键数值，通过限制加工误差范围，系统自决策给出调整方案。基于机器高柔性特征，根据调整方案进行量化调整，并将结果反馈到数据库存储，不断优化计算与决策模型。在工件质量检测方面，匹配设置的视觉实时监测设备对型材的上下、左右方向产生的弯曲进行实时测量监控及时反馈至分析终端，由分析终端给出实施智能化调节指令，控制校直单元伺服电动机实现实时旋转、位移等维度调节。总之，数字孪生技术可以帮助制造企业提高产品质量、降低废品率、提高生产率，并实现更加智能化和自动化的生产过程。

4. 柔性辊压质量控制系统

在柔性辊压中通过调整轧辊的运动路径来优化轧辊运动轨迹，使得成形件的几何形状、表面质量和力学性能得到最佳改善。这需要考虑多个因素，如成形件的设计要求、材料的变形特性和辊压工艺参数等。轧辊运动轨迹优化可以通过优化算法和数值模拟来实现。此外，也可以使用数学建模和仿真方法来优化轧辊运动轨迹。其中关键点在于如何建立完善的柔性辊压成形模型，通过该数学模型，应该能够准确预测成形过程中的物理行为和响应。基于该模型，可以使用数值方法对不同轧辊运动轨迹进行仿真和评估，以找到最佳的轧辊运动轨迹。这种方法可以考虑多种约束和目标，以实现全面的轧辊运动轨迹优化。

在柔性辊压中，要想准确地加工出想要的变截面形状，对轧辊运动轨迹的精确而迅速的控制是不可避免的。轧辊运动轨迹的闭环控制是指在成形过程中实时监测和调整轧辊的运动轨迹，以保持成形的稳定性和准确性。闭环控制系统可以使用传感器来测量关键参数，如轧辊位置、速度和力，以提供实时反馈，保证在加工过程的每一个时刻，轧辊的位置以及状态都符合一个既定的目标，如此才能够保证加工过程的精确。

质量控制系统的基本原理是将实际测量值与预设的轧辊运动轨迹进行比较，并根据比较结果进行调整。例如，如果实际成形结果与预设轧辊运动轨迹存在偏差，质量控制系统可以通过调整轧辊的运动来纠正误差。这可以通过控制算法和执行机构实现，如 PID（比例积分微分）控制器和液压系统等。典型的控制方式有两种。一种是力控制，即通过测量辊压过程中施加在材料上的力来控制成形过程。传感器可以安装在辊压设备中，以监测和反馈材料的应力或载荷情况。通过调整轧辊的位置或速度，可以实现所需的力水平，从而控制成形过程。另一种是位置控制，即通过监测轧辊的位置来控制成形过程。位置传感器可以监测轧辊的具体位置，并将反馈信号发送给控制系统。质量控制系统可以根据所需的位置变化来调整轧辊的位置，以实现精确的成形。图 4-22 所示为一个典型的辊压系统质量控制流程。

动态质量控制系统可以实现高精度的成形控制。它可以处理不同形状的成形件和变化的工艺条件，以及适应不同的成形要求。通过实时监测和调整轧辊运动轨迹，质量控制系统可以提高成形的稳定性、重复性和精度。进行动态质量控制，关键在于搭建柔性执行单元。图 4-23 所示为一个多向调节轧辊支架单元，其主要由调节伺服电动机、轧辊支架、模块化承载平台组成。通过伺服电动机的调节，能够实现多个自由度的运动，该单元能够完成六个动作矢量。

要实现智能辊压成形质量控制，关键的一步是要建立应用于辊压工业的大数据分析架构和模型。图 4-24 所示为一个典型的智能辊压数据架构。该架构中主要包含了不同的端口，其中包括应用端、云端、边缘端、设备端。应用端主要包含智能预测、智能优化、智能装配、智能规划、智能决策、智能调度等应用。云端主要包含智能诊断与决策专家系统以及数据 – 知识驱动的云边协同智能辊压决策系统。边缘端主要包括工业互联网、多源异构数据标准化、数字孪生轻量化等技术。设备端主要包含辊压设备、轮廓检测仪、传感器、工业机器人等。通过各部分数据互通、协同调节，建立起数字孪生系统体系，最终能够实现高保真轻量化的数字化仿真与高精准的调控。

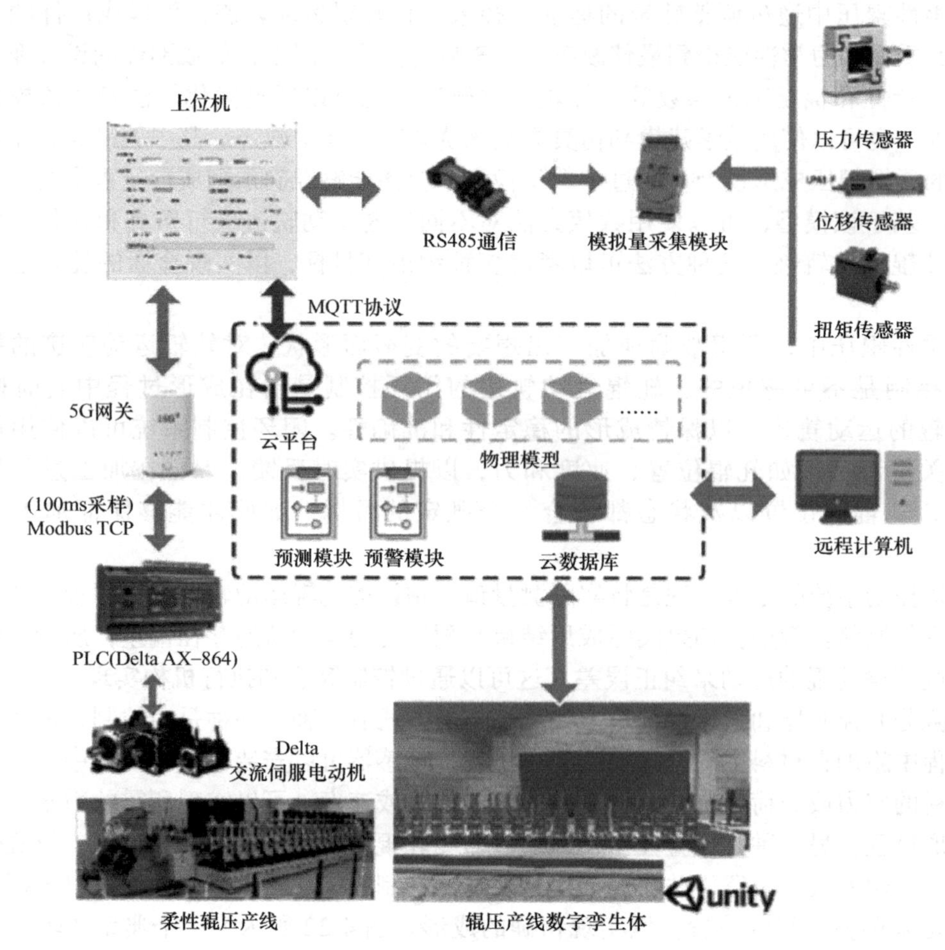

图 4-22　典型的辊压系统质量控制流程

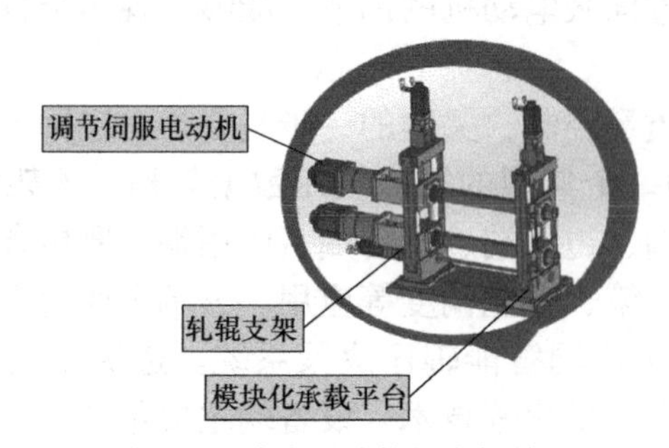

图 4-23　多向调节轧辊支架单元

图 4-24 典型的智能辊压数据架构

如图 4-25 所示，在数据处理模块中，主要的数据类型分为三种：第一种是通过部署在辊压装备中的位移、压力、扭矩等传感器，获取到的材料特性、加工负载、工作状态等信息，称为传感器数据；第二种是 PLC 数据，主要包含辊的位置、间隙、辊速、电动机状态和液压机运行状态等信息，该数据可以为后续的分析和优化提供依据；第三种是图像数据，即通过从图像中提取的点云数据，获得成形角度等重要信息。智能辊压通过这些多源异构数据的通信、处理和储存，并且通过应用端、云端与边缘端、设备端的协同，实现对设备运行状态的实时监控和数据可视化呈现。

图 4-25 质量数据采集系统框架

5. 柔性辊压成形制造系统

一些在辊压成形领域领先的公司，如 data M 正在研究和开发三维辊压成形，旨在通过小批量生产和快速成形，以低成本的方式开辟新的市场。经过多年的研发，data M 提出了一台生产原型组件和小系列的机器：三维辊压成形中心，如图 4-26 所示。它能够使在长度方向结合变宽度和变身的金属部件一次成形。与传统的辊压成形相比，该工艺能够成形具有更高复杂性的高强度 / 低延性材料的部件。与冲压等传统成形方法相比，同一套工具集可以形成许多零件族（见图 4-27），从而具有较高的工艺灵活性和潜在的成本节约优势。此外，与许多其他工艺相比，金属板在辊压成形过程中不会变薄。特别是，汽车行业的轻质结构需要具有薄壁厚度和不连续截面的部件——无论是深度和宽度。

图 4-26　三维辊压成形中心

a) 变宽度非对称零件

b) 变深度截面保险杠部件

c) 轻型商用车的长构件

图 4-27　三维辊压成形已生产的不同汽车零件

三维辊压成形中心主要应用于金属成形领域的研究机构以及供应商的开发部门。这款节省空间的机器可以展示其优势，特别是在创新部件的设计和生产方面，甚至可以生产小型系列产品。三维辊压成形中心用于研究、可行性研究、测试轧辊工具或新的成形概念，同样适用于组件的取样和批量小型系列产品的生产。三维辊压成形中心可以生产创新的原型部件，也可以生产沿纵轴的恒定截面的经典剖面。随着三维辊压成形中心的建立，多维辊压成形成为现实。

此外，日本学者也对柔性辊压成形进行了大量的研究，开发的串联柔性辊压成形试验机可以生产单侧纵向变截面型材。西班牙 J. Larranaga 等学者对柔性辊压成形技术的优化方法和可靠性进行了研究，提出了先进的高强度钢在柔性辊压成形技术优化过程中可能存在较大的形状误差的理论。由德国 Bemo 和瑞典 Ortic 公司联合开发的柔性辊压单元可以加工纵向有一定曲率的板，可用于建筑结构覆盖件的生产。来自我国台湾的学者设计了一台柔性辊压成形机，该成形机采用设计的成形架模块进行组装，每个支架都通过以太网控制系统进行控制，如图 4-28 所示。

图 4-28　柔性辊压成形机的三个成形架和三个进轨单元

综上所述，柔性辊压成形比传统的冲压成形和辊压成形的优势明显，这些优势见表 4-4。

表 4-4 柔性辊压成形的优势

主要特征	柔性辊压成形	传统的冲压成形和辊压成形
轮廓几何设计	更合理，可增加承载能力，减轻结构重量	受工艺技术限制
生产率和成本	采用共辊技术，减少道次数	在大批量生产中，冲压和弯折的成本较高
灵活性	能够生产更多的材料和复杂的几何轮廓	受工艺技术限制

4.3 人机交互与协作

4.3.1 人机交互方式

随着计算机技术的发展，“人”与“机”之间的交互经历了“以设备为主”到“以人为中心”的转变。近几年，在物联网技术的推动下，人机交互设备得到了广泛的应用和发展，特别是在计算机视觉和人工智能等技术的加持下，头戴式设备、显示屏、手势识别传感器等硬件发展明显加快。“人”与“机”之间的交互手段不再局限于单一感知通道（如视觉、触觉、听觉、嗅觉和味觉）的输入和输出模态，而逐渐转向多种异构感知通道融合的多模态方式（见图 4-29），使得人机交互认证和识别过程更加准确、安全。多模态人机交互研究最早出现在 20 世纪 90 年代，近些年融合了虚拟现实、混合现实的沉浸式交互技术开始成为研究重点。

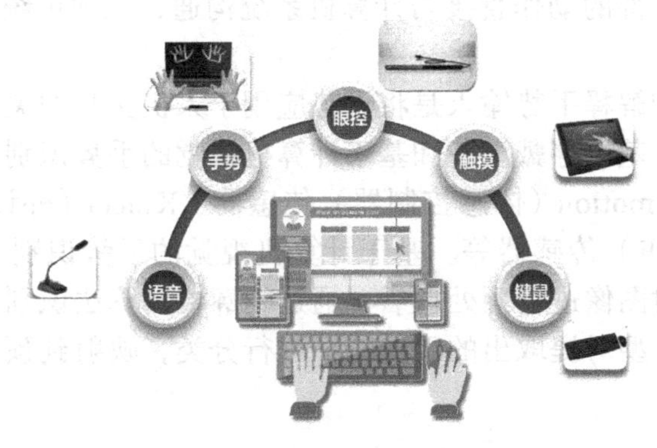

图 4-29 多模态交互方式

下面本节重点从视觉、语音、手势识别三个方面介绍常见的人机交互方式。

1. 视觉

视觉约占人类获取外界信息的 80%，是人类感知外部世界最重要的途径之一。通过视觉个体获得的表象的信息量是最多的，如感知外界物体的大小、明暗、颜色、动静，并且可以将各种感官获取的零碎信息进行整合、组织和消化。眼球运动能够充分反映人类的思想情绪和行为意图，对眼球运动进行跟踪测量可以推测其认知活动。眼动追踪主要通过对眼动数据进行测算，对眼球运动轨迹、注视时间、注视点数量及眼跳频率等指标进行分析，以识别用户行为意图，判断注意力分配、认知负荷等。例如，记录用户在数字界面中的注视点数量和注视时间，通过对比用户使用鼠标的点击位置及操作时间，分析用户的信息感知、获取及理解等一系列认知活动的效率。

当前，眼控交互技术研究仍存在用户疲劳、体验感差、准确性与稳定性有待提升等挑战；特别是存在米达斯接触问题（Midas Touch Problem），即眼控交互系统难以区分用户是想要选择一个项目还是仅仅在浏览，这是由于视线运动存在随意性，计算机难以准确识别用户意图和随意眼动活动，如当用户目光停留在某个选项上时，系统可能错误地将其解释为选择命令，导致意外操作。

2. 语音

听觉作为人类获取信息的第二大感官通道，在当前人工智能技术的迅猛发展推动下，语音识别技术经历了显著的进步与革新，该技术的主要目标是通过计算机识别和理解过程，实现语音信号高精度地转变为相应的可处理文本文件和命令。具体而言，要实现计算机对人类语言的理解，首要步骤是确保精准捕获并解析人类语言的音频信号，这一过程蕴含了对广泛知识领域与跨学科技术的深度融合与应用。

语音识别过程一般涉及语音特征提取、声学模型构建、语言模型建立等步骤。然而，全球语言的多样性，对语音识别研究形成了巨大挑战，主要原因在于不仅要具备高度的识别准确率，还需拥有强大的适应性和泛化能力，精准无误地解析说话者的意图与信息。

3. 手势识别

人类在数千年的发展中形成了大量、通用的手势，一个简单的手势可以蕴涵丰富的信息，将手势运用于计算机能够很好地改善人机交互的效率。手势交互是一种高级的交互方式，允许用户通过手部的动作直接与计算机系统沟通，无须传统输入设备（如鼠标和键盘等）。

利用计算机识别和解释手势输入是将手势应用于人机交互的关键前提，目前所采用的识别手势的方法包括：基于穿戴设备和基于计算机视觉的手势识别。基于穿戴的手势识别传感器主要包括 Leap motion（体感控制器）传感器、Kinect（外设）传感器和 Time-of-Flight（飞行时间，TOF）传感器等。基于计算机视觉的手势识别主要利用摄像头捕捉手部动作的图像序列，对图像进行预处理后，通过轮廓检测算法识别并追踪手部关键点的位置，并利用机器学习模型对提取出的手势特征进行分类，映射到预定义的命令和动作上。

4.3.2 人机协作

人机协作（Human-Robot Collaboration，HRC）是一种新兴的工业自动化模式，它强调人类与机器人之间的协同工作，以实现更加高效和灵活的生产流程。在这种人机共融的工作环境中，机器人的精确性、力量和重复性与人类的创造力、灵活性和决策能力相结合，共同完成复杂的任务。人机协作的两大特点是互补性和共享工作空间，其中互补性要求人类和机器人各自承担其最擅长的任务，通过优势互补来提升整体工作效率，这种互补性体现在人类在创造性思维、决策制定和适应新环境方面的能力，以及机器人在执行重复性高、精度要求严格或危险任务方面的效率；共享工作空间允许人类和机器人在同一环境中互动，共享资源和信息，通过实时交互实现更高效的工作流程。

如图 4-30 所示，在人机协作过程中，通常会涉及三个对象：操作员、机器人和环境，从这三个对象出发将会衍生出人机协作过程中的一系列任务。其中针对操作员，为了使机器人能够理解操作员在完成任务过程中的意图，需要使用传感器采集与操作员有关的数据，进一步分析预测操作员的意图，此类任务通常称为人类意图识别；从机器人角度出发，在任务完成过程中需要在保证安全的前提下尽可能地提高效率，因此需要基于传感器和对于人类意图的识别给出一套安全高效的控制策略；同时考虑操作员和机器人，就可以让他们共同完成一些特定的任务，先从一些简单的任务出发，逐步实现复杂任务场景下的人机协作。

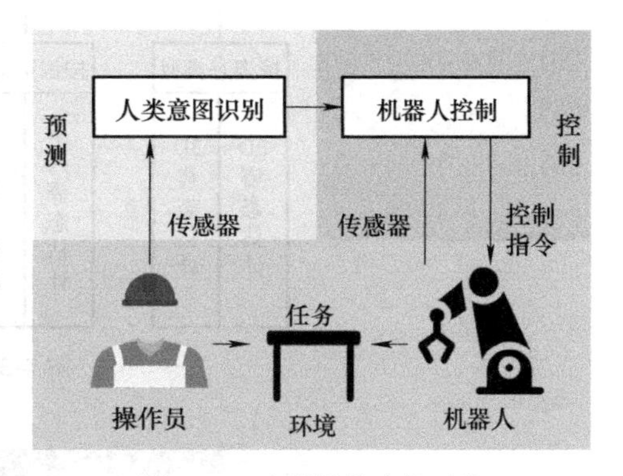

图 4-30 人机协作中的对象

1. 人类意图识别

在人与人之间的协作任务中，人通常会估计对方的运动意图并做出配合，以提高协作的流畅程度和效率。因此在人与机器人的协作任务中，如果机器人可以准确估计出人类的运动意图，就可以实现提前对人的运动做出响应，从而实现更高效的人机协作。

为了帮助机器人理解操作员意图，首先可以从操作员完成任务过程中最明显的特征出发，检测人体的姿态，从而推断出操作员正在或者将要进行什么动作。这就涉及人体姿态识别，这是一种计算机视觉技术，能够从图像或者视频中检测和估计人体及其各个部分（如头部、躯干、手臂和腿）的位置和方向，这项技术是理解人体动作和行为的重要组成部分，广泛应用于人机交互、健康监测、安全监控、娱乐和虚拟现实等领域。

如图 4-31 所示，人体姿态检测可以根据不同的标准和应用场景被分为多个类别，其中按照检测的姿态类型来分，可以分为 2D 姿态估计和 3D 姿态估计，2D 姿态估计在二维平面上检测人体的各个关键点，通常输出为二维坐标（x，y），3D 姿态估计除了二维坐标外，还估计每个关键点的深度信息（x，y，z），以获得三维空间中的姿态。按照识别对象来分，可以分为单人姿态估计和多人姿态估计，单人姿态估计图像中只包含一个人，目标是检测和估计这个人的姿态，多人姿态估计图像中包含多个人，目标是同时检测和估计每个人的独立姿态。按照所用方法来分，可以分为基于模型的方法和基于深度学习的方法，基于模型的方法使用传统的计算机视觉技术，如特征点检测、边缘检测、图形模型等，基于深度学习的方法使用卷积神经网络（CNN）、循环神经网络（RNN）、生成对抗网络（GAN）等深度学习架构。此外还有动作识别和步态识别，动作识别将姿态检测与时间序列分析相结合，识别和分类人体的动作或活动，而步态识别专注于分析人的行走模式，通常用于安全监控和个体识别。

除了可以识别人体姿态，操作员的意图也可以通过手势、语音或是面部表情等特征直接向机器人传达，由此引申出人类的手势识别、语音识别以及面部表情识别，如图 4-32 所示。通过从多个维度识别操作员在完成任务过程中的一些特征，可以帮助机器人更加准确地识别预测出操作员意图。

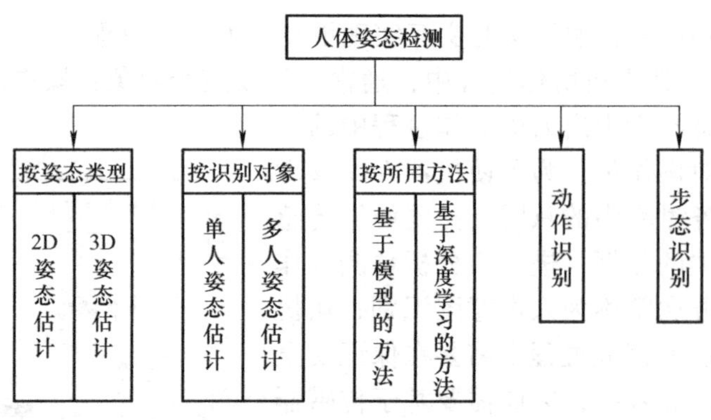

图 4-31 人体姿态检测分类

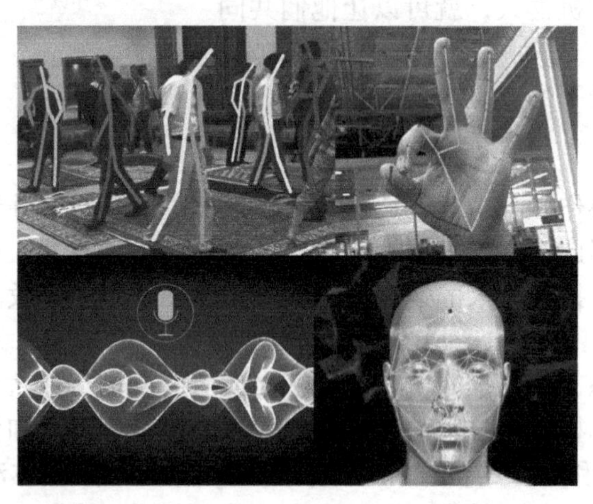

图 4-32 人体姿态识别、手势识别、语音识别和面部表情识别

2. 协作机器人智能控制

区别于体型庞大、运行调试复杂、生产缺乏柔性的工业机器人，协作机器人由于其轻质、与人交互安全和精度较高等特点，使其可以与人类在共享工作空间中协同工作，同时还具有高度的灵活性和可编程性，能够快速适应不同的任务和工作环境。基于协作机器人的上述特点，出现了各种各样的协作机器人智能控制方法，使得协作机器人能够通过先进的传感器、机器视觉和人工智能算法，实现更加智能和自主的操作，从而与操作员进行更加高效的协作。

协作机器人的智能控制整体上可以分为视觉伺服控制、多模态融合控制以及力 / 位混合控制。视觉伺服控制通过在协作机器人上安装摄像头，以实现机器人对目标的感知，进一步对目标特征信息进行处理，得到视觉反馈，并利用反馈信息对机器人进行实时控制，以实现精确的跟踪或定位，完成相应的工作。根据反馈信息的不同，机器人视觉伺服可分为基于位置的视觉伺服（3D 视觉伺服）、基于图像的视觉伺服（2D 视觉伺服）等。视觉伺服控制在机器人抓取任务中通常基于位置的视觉伺服利用摄像机参数建立图像信息，从而得到机器人当前位姿与目标位姿之间的映射关系，把计算出的映射关系指令反馈给机器人关节控制器，最后实现机器人运动，如图 4-33 所示。

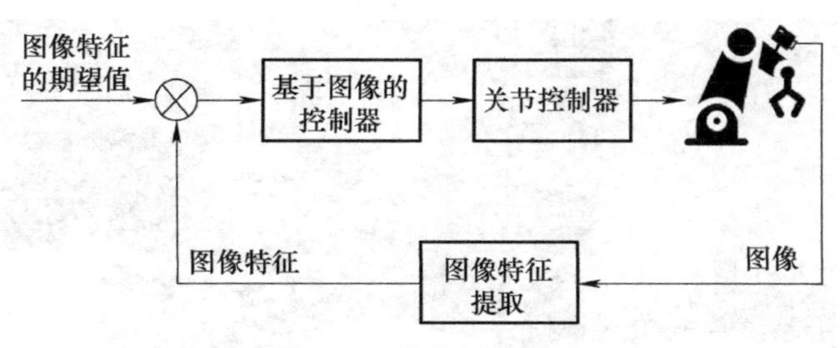

图 4-33 视觉伺服控制

协作机器人在执行协作任务时，通常需要多种传感器模态的信息输入，协作机器人进行感知模态信息融合，尤其是视觉和触觉，对提升协作机器人操作的柔顺性和安全性具有显著意义。例如，在机器人开关滑动门任务中，机器人通过视觉信息可以定位到门把手的位置，然而由于传感器数据产生的误差以及机器人运动过程可能会出现定位误差，导致机器人无法准确抓握门把手，通过将视觉控制与触觉反馈结合，可以进一步调节关节控制器修正视觉信息产生的误差，从而实现机械手准确移动到门把手的位置，如图 4-34 所示。

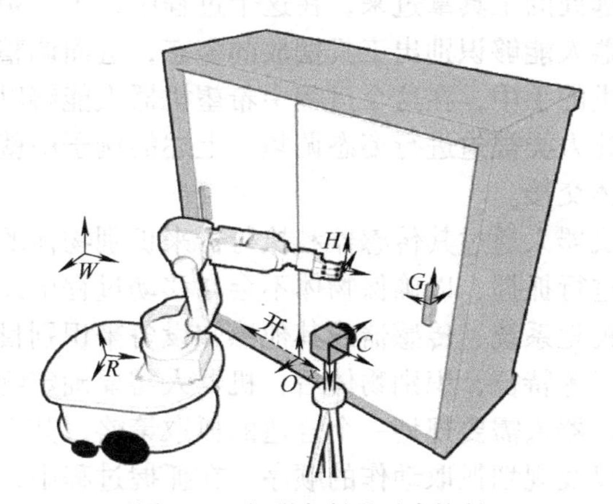

图 4-34 视觉与触觉融合控制

协作机器人在工作中需要与外界环境和人进行物理交互，这要求在人机协作过程中要尽量减少机器人与操作员的意外碰撞，同时如果碰撞不慎发生，而且能够尽量减少碰撞时的接触力，将极大地降低意外碰撞造成的伤害程度。因此需要机器人不仅能跟踪规划的运动轨迹，还要控制与外界交互的作用力，这也被称作力 / 位混合控制。

力 / 位混合控制（也称为力 / 位混合伺服控制）是一种先进的控制策略，如图 4-35 所示，它使得机器人能够在沿约束方向（即与任务直接相关的方向）进行精确的力控制，而在与这些约束方向垂直的方向上进行精确的位置控制。这种控制方法的关键在于能够同时处理位置和力的控制需求，以适应复杂的交互环境。其中力控制是指机器人末端执行器在与外界对象接触时，能够精确控制施加在其上的力的大小和方向。这对于需要精细操作的任务至关重要，例如，在装配过程中需要轻柔且准确地对接组件，或者在打磨过程中需要控制施加在工件上的压力以避免损坏。位置控制则关注于确保机器人末端执行器按照预定轨迹移动到指定位置。这对于保证任务的精确性和重复性非常重要，尤其是在需要重复执行同一动作的自动化生产线上。

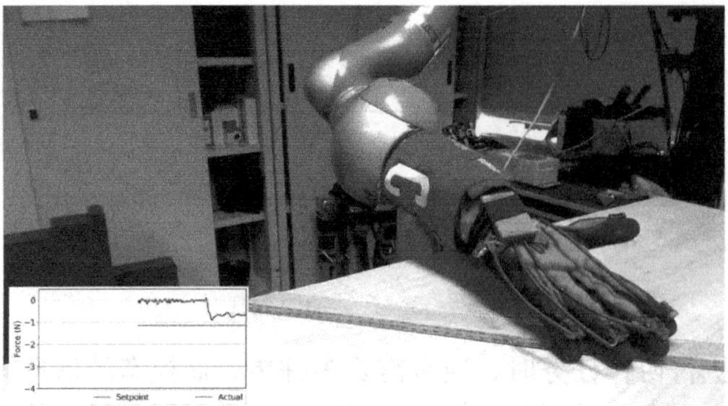

图 4-35　力 / 位混合控制

3. 特定任务场景下的人机协作

在一个协作机器人与人共同完成任务的场景下，机器人通常可以协助人类完成一些简单的任务，如帮人类将远处的工具拿过来，在这个过程中，工具箱中的工具可能以任意姿态摆放，这时就要求机器人能够识别出工具摆放的姿态，进而调整机械手进行抓握；抓取到工具后需要再放到人类的手中，在这个过程中希望机器人能够以合适的方式将工具交接到人类手中，而不至于让人类被迫进行姿态调整。上述的例子中就涉及两个基本的人机协作任务：物体抓握和物体交接。

物体抓握任务要求机器人通过其传感器和执行器来识别物体的形状、大小和重量，然后以适当的力量和方式进行抓握，以确保物体不会在移动过程中掉落或损坏。在抓握物体之前，机器人需要通过视觉系统、传感器或其他感知设备来识别目标物体。这包括物体的形状、大小、颜色和位置等特征，识别物体后，机器人需要确定物体的精确位置，然后根据物体的形状和特性，机器人需要规划一个合适的抓取策略，其中策略需要选择最合适的抓手类型、确定抓取点以及规划抓取动作的顺序。在抓握过程中，机械手基于传感器反馈控制调整其力量输出，同时机械臂需要协同运动确保动作的平稳和精确。例如，图 4-36 所示为 GenDexGrasp 物体抓握算法。

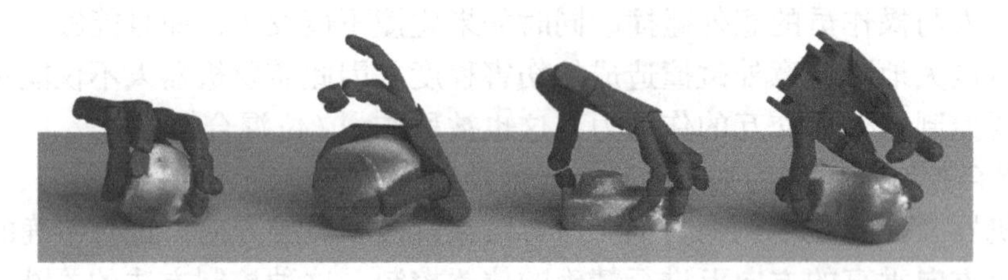

图 4-36　GenDexGrasp 物体抓握算法

物体交接任务是人机协作中的关键环节，它涉及机器人将物体安全地交给人类操作者或其他机器人的过程，在这个任务中，机器人需要执行精确的移动和定位，确保物体能够安全、准确地交到指定接收者手中。物体交接不仅仅是简单的物体转移，它要求给予者和接收者在空间和时间上协调动作，以实现环境的改变或任务的完成。当接收者的手首次接触到给予者持有的物体时，表示交接过程开始，在此阶段，给予者通过视觉和触觉反馈感知接收者对物体的抓握程度，并开始逐渐释放物体，当给予者完全放开物体，并且物体完全被接收者握住时，物理交接结束。在整个交接过程中，安全性是关键考虑因素，包括保护人类的安全、确保物体安全转移以及机器人本身的安全。同时在交接过程中可能会出现错误或干扰，如接收者意外接触物体或物体掉落的风险，这需要机器人能够识别和适应这些情况，以确保顺利交接。

基于上述两种基本人机协作任务，就可以进行其他更为复杂的人机协作，如人机协作装配。人机协作装配任务是指在装配生产线上，人类工人与机器人协同工作，共同完成复杂产品的组装工作。在人机协作装配任务中，首先需要合理规划任务，通常，重复性高、精度要求高或者危险、繁重的工作由机器人完成，而需要创造力、决策和灵活性的任务由人类工人完成。在装配任务中，机器人和人类工人需要交换工具、零件或半成品，这时就需要进行完成物体抓握以及物体交接任务。在任务进行过程中需要确保机器人的行为对人类工人是安全的，包括在发生意外接触时能够立即停止动作，以及在机器人的编程和操作中考虑到人类的安全。同时机器人还需要具备环境感知能力，能够识别零件的位置、状态和类型，以及能够适应装配过程中的变化，如零件的微小变动或装配顺序的调整。

当前人机协作领域面临的挑战主要集中在提升系统的适应性和智能化水平，确保人机之间的高效协作与沟通。技术层面上，需要开发出能够灵活应对不同工作环境和任务需求的系统，这涉及提高机器人的自主性、增强其上下文感知能力，以及提升实时决策和问题解决的能力。同时，建立人机之间的信任关系也是关键，这不仅需要机器人展现出高度的可靠性和一致性，也需要人类对机器人的行为有充分的理解和信心。此外，随着协作的深入，如何确保操作者的身体和心理健康，以及如何评估和提升人机协作系统的整体性能，都是亟待解决的问题。

进一步的挑战还包括如何实现人机协作系统中知识的传承与创新，以及如何设计符合人体工程学的工作站，以最大限度地提高操作效率并减少操作者的身体负担。在认知层面，需要深入研究人类意图的实时识别技术，以及如何使机器人更好地理解人类的情感和需求。另外，安全问题也是一个重要议题，尤其是在物理交互密切的人机协作环境中。随着技术的发展，制定相应的伦理准则和标准，确保技术进步不会损害人类的利益，也是必须面对的挑战。所有这些挑战都需要跨学科的协同研究和创新思维，以推动人机协作技术向前发展。

4.3.3 电动汽车老化电池拆卸人机协作案例

近年来，全球掀起了推动绿色制造和可持续发展的热潮。电动汽车作为清洁能源的代表，发展迅速，电气化率不断提高。然而，随着电动汽车的广泛采用和使用寿命的延长，处理老化电动汽车电池的问题日益突出。为了提高再制造周期中的拆装效率，推动退役产品智能化拆装作业的产业化，人机协作工作和协同机器人协作工作的制造模式受到了前所未有的重视和广泛应用。

人机协作工作场景旨在实现物理实体之间的信息和操作交互，目标是通过相互协作共同完成任务。如图 4-37 所示，老化电动汽车电池人机协作拆卸环境由四个部分组成：物理实体元素和交互控制元素组成了物理工作场景，计算元素和信息模型元素组成了数字工作场景；此外，交互控制元素作为物理工作场景和数字工作场景之间的中介，其数字化信息用于驱动物理模型，并作为信息元素的迭代基础。

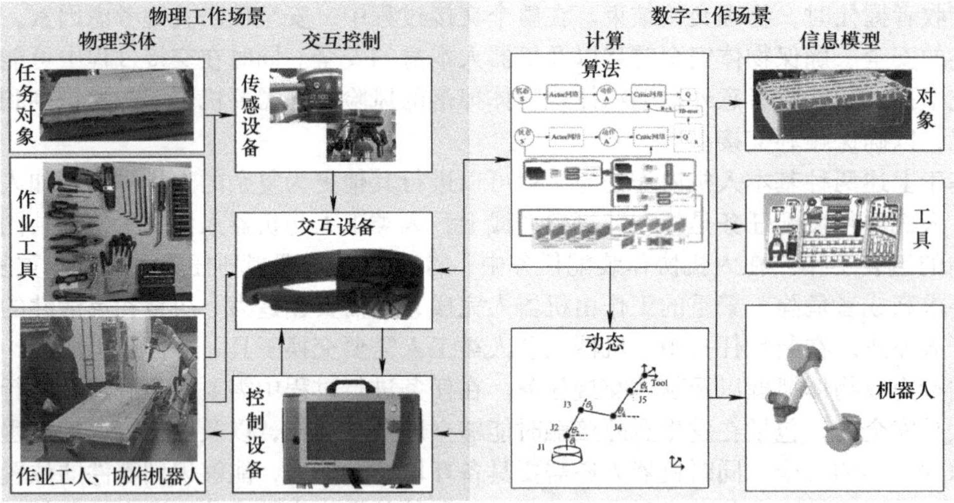

图 4-37　人机协作工作场景

人机协作工作场景的物理实体元素主要由操作者（作业工人、协作机器人）和作业对象（任务对象、作业工具）组成。

操作者模块中，作业工人具有很高的灵活性和很强的决策能力，使他们能够轻松地处理柔性对象的拆装操作。然而，人类容易疲劳，长时间的工作导致执行任务的意愿下降，任务执行的稳定性差，并有一定的概率犯错误。相较于人类，机器人则恰恰相反，它们可以确保高精度的重复动作，但对不同任务的适应性较低。因此，人与机器人优势互补形成的作业模块，能够高度适应各种拆装任务。

作业对象模块包括待操作的各种部件和任务执行中使用的各种操作工具。该产品的部件分为主要部件和紧固件，并放置在工作台上的固定区域。在实际操作过程中，通常作业工具遵循放置在固定位置便于取用、用后立即归还的原则，以提高工具检索效率。

在人机一体化操作场景中，操作者通常只需要获取信息，并根据获取的信息进一步了解当前的环境状况，以便采取适当的行动。人类通过直接观察或可视化的交互控制设备获取信息并与之交互，而机器人通常需要额外的辅助设备从外部环境获取信息。因此，定义集成场景的交互控制元素通常由传感设备、控制设备和交互设备组成。

作为智能制造过程的生命线，数据对于智能感知、交互和决策行为至关重要。集成系统中，决策与规划模块主要用于根据感知模块获得的信息，确定机器人下一步的动作策略。该模块通常包括路径规划、运动规划和行为决策的算法。在动力学模型中，计算模块通常基于各种目标状态执行运动学计算，以生成用于驱动模型的变量值的集合。

信息模型通常是指物理实体的孪生映射，它不仅是物理实体的可视化映射模型，还包括物理实体中无法直接观察到的各种属性信息，如三维尺寸、关节力矩、接触力、重量、密度、状态属性等。

本章小结

本章围绕生产制造中的柔性敏捷智能场景，重点从基本概念、内涵、特征等方面分别介绍了柔性制造和敏捷制造，并通过介绍柔性敏捷制造实施体系，给出其主导的智能企业实践案例；其次，从柔性成形工艺视角，详细介绍了柔性成形的工艺、装备和模具、材料等内容，并给出了柔性辊压成形制造系统案例；最后，介绍了人机交互方式，以及包含人类意图识别、协作机器人智能控制、特定任务场景下的人机协作，说明了人机协作在电动汽车老化电池拆卸场景的重要作用。

习题

4-1 简述柔性制造系统的定义和特征。

4-2 简述敏捷制造的内涵和特征。

4-3 结合案例场景分析柔性敏捷制造的具体实施。

4-4 简述柔性成形工艺与装备技术中的主要组成概念，说明其发展趋势。

4-5 结合案例场景分析人机协作技术中的人类意图识别和协作机器人智能控制。

第 5 章 “虚实互映融合”的数字化工厂建设

学习目标

1. 能够准确掌握数字化工厂的定义、内涵及其在智能制造中的地位。
2. 能够准确掌握数字化工厂的典型特征及其建设内容。
3. 能够准确理解数字化工厂的实施路径。
4. 能够通过分析典型案例，掌握数字化工厂建设的成功经验和关键要素。

知识点思维导图

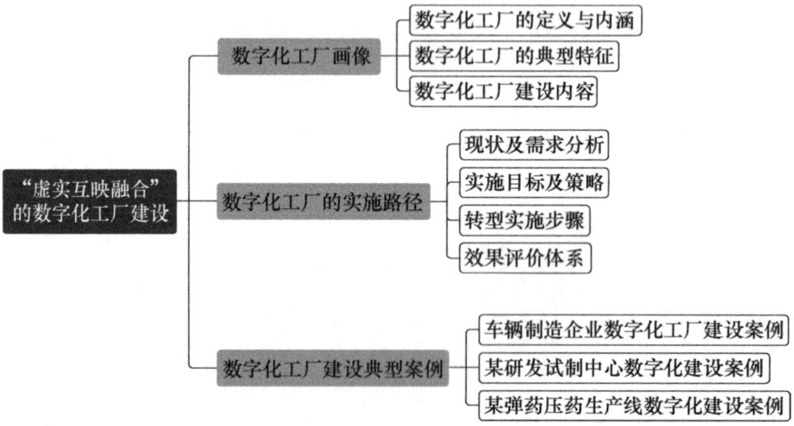

- “虚实互映融合”的数字化工厂建设
  - 数字化工厂画像
    - 数字化工厂的定义与内涵
    - 数字化工厂的典型特征
    - 数字化工厂建设内容
  - 数字化工厂的实施路径
    - 现状及需求分析
    - 实施目标及策略
    - 转型实施步骤
    - 效果评价体系
  - 数字化工厂建设典型案例
    - 车辆制造企业数字化工厂建设案例
    - 某研发试制中心数字化建设案例
    - 某弹药压药生产线数字化建设案例

导读

数字化工厂是新一代信息技术与制造技术全过程、全要素深度融合，实现生产过程数字化、智能化和网络化的重要载体。本章重点围绕数字化工厂这一智能制造的重要载体，从定义、内涵、特征以及建设内容这四个维度勾勒出数字化工厂画像；其中，在数字化工厂建设内容方面，从数字化工厂的顶层设计、全生命周期管理、系统集成与交付等维度，详细介绍了数字化工厂设计与交付建设；从协同研发、虚拟样机和交叉学科仿真、数字化工艺仿真、工厂布局规划仿真等维度，详细介绍了数字化设计与仿真建设；从智能设备与自动化生产线、控制系统、智能监控与维护系统、人机协作系统等维度，详细介绍了数字化生产制造；从制造运营管理、企业资源计划管理、大数据分析与决策支持系统等维度，详细介绍了数字化管理运营。其次，本章通过对当前制造企业现状与需求分析、数字化工厂实施目标及策略、企业转型实施步骤、效果评价体系四个方面，详细阐述了数字化工厂的实施路径。最后，本章结合车辆制造企业、某研发试制中心以及某弹药压药生产线数字化建设案例说明数字化工厂建设及成效。

本章知识点

- 数字化工厂的定义、内涵与典型特征
- 数字化工厂的建设内容
- 数字化工厂转型实施目标与策略
- 数字化工厂转型实施步骤

5.1 数字化工厂画像

数字化工厂代表了制造业向智能化、网络化和数字化转型的前沿，并不是一成不变的概念，随着人们对于工业自动化、智能化的认知不断深入，数字化工厂的定义也在不断完善。数字化工厂建设是一项长期且复杂的系统工程，涉及研发、生产、运营各个环节，人们往往对局部理解得很清楚、深刻，但是缺乏对全局的整体认识。为了提供一个具象和全面的认知框架，指导数字化工厂建设，本节从定义与内涵、典型特征和建设内容三方面对数字化工厂进行阐述。

5.1.1 数字化工厂的定义与内涵

随着信息技术的迅速发展和制造业的转型升级，传统制造模式正逐渐向数字化、智能化方向发展。数字化工厂作为制造业转型的重要路径之一，受到了广泛关注和重视。数字化工厂的核心在于利用先进的数字技术，如物联网、人工智能、大数据分析等，将生产过程全面数字化、网络化、智能化，以提高生产效率、降低成本、提升产品质量。

Skill Wars 一书最早提出数字化工厂一词。数字化工厂在 2008 年由德国工程师协会进行官方定义：数字化工厂是由数字化模型、方法和工具构成的综合网络，包含仿真和 3D/虚拟现实可视化，通过连续的没有中断的数据管理集成在一起。

需要注意的是，数字化工厂并不是一个一成不变的概念，随着人们对于工业自动化、智能化认知的不断深入，数字化工厂的定义也在不断完善。当前，数字化工厂的定义包括：

1）以制造产品和提供服务的企业为核心，由核心企业及一切相关成员构成的、使一切信息数字化的动态组织方式，是对产品全生命周期的各种技术方案和技术策略进行评估和优化的综合过程。

2）一种利用先进的自动化技术和信息化技术，对工厂内部生产组织进行动态优化的全新组织和运营模式。

本质上，数字化工厂是通过新一代信息技术与制造技术的全过程、全要素深度融合，推进制造技术突破和工艺创新，推行精益管理和业务流程再造，实现企业资源的高效集成和优化利用，促进企业提高生产效率、提升产品质量、降低生产成本、保证绿色和安全生产的先进制造模式。数字化工厂是一个“横看成岭侧成峰”的立体构型，如图 5-1 所示，从要素维度上看包括人、机、料、法、环、测、运、制等要素对象，从管理维度上看包括生产管理、质量管理、供应链管理、设备管理、安全管理、环境能源管理等管理业务，从数据维度上看包括数据采集、数据存储、分析挖掘、数据可视化等数据价值创造活动。

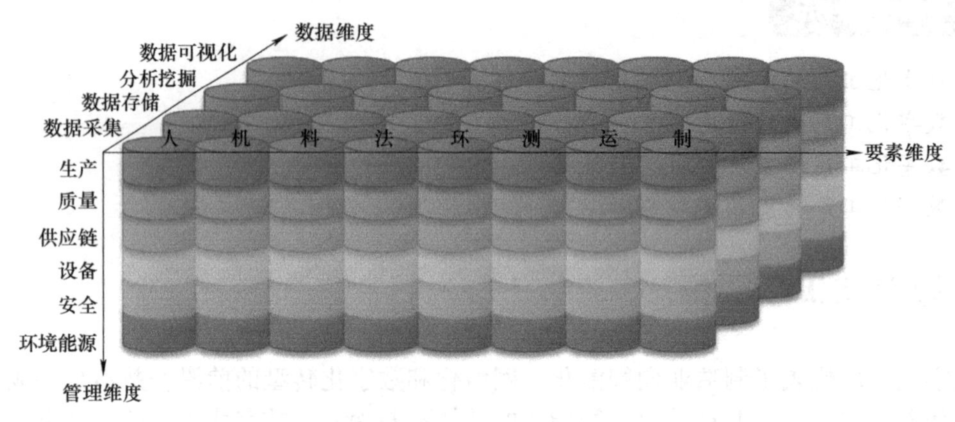

图 5-1　数字化工厂三维度画像

综上，数字化工厂的内涵是以产品全生命周期的相关数据为基础，根据虚拟制造原理，在虚拟环境中，对整个生产过程进行规划、仿真、优化、重组的新的生产组织方式。

5.1.2　数字化工厂的典型特征

作为新一代先进制造理念的代表，数字化工厂凭借数据驱动、虚实融合、系统集成、柔性敏捷、绿色安全等核心特征，正在彻底改变着传统工厂的生产组织模式，推动制造业向智能化、网络化、服务化等方向发展。

（1）数据驱动　数字化工厂充分利用实时收集的数据，包括生产过程中的各种传感器数据、设备状态数据以及产品质量数据等，通过大数据分析技术进行深度挖掘和分析。例如，通过数据分析可以实现生产过程的预测性维护，及时发现设备故障和异常，减少停机时间和生产损失；还可以实现产品质量的实时监控和控制，提高产品的一致性和可靠性。

（2）虚实融合　数字化工厂突破传统工厂界限，将虚拟世界与现实世界紧密融合，实现虚实融合，即通过数字孪生技术将实际生产过程与数字模型进行实时同步和互动。这种虚实融合使得工厂管理者能够在虚拟环境中模拟和优化生产过程，进行生产计划的仿真和验证，并及时调整生产计划和生产流程以满足市场需求的变化。

（3）系统集成　数字化工厂实现了各个系统之间的紧密集成和无缝连接，包括生产管理系统、物流系统、质量管理系统、供应链管理系统等，构建了数据共享、业务协同的一体化技术体系，实现跨地域、跨层级、跨部门的业务流程打通。这些系统通过统一的数据接口和标准化的数据格式进行信息共享和交互，实现了生产过程的协同化管理和优化。

（4）柔性敏捷 传统工厂往往因产线布局固化、流程管理僵化而缺乏灵活性。数字化工厂通过智能装备和信息系统的支持，生产线、工艺路线能根据实际需求动态调整和重组，高效对接上下游环节，快速响应市场变化和客户的需求，提高订单交付的及时性和客户满意度；还可以通过柔性制造单元和智能物流系统实现生产过程的灵活调度和优化，提高生产效率和资源利用率。

（5）绿色安全 数字化工厂在追求生产效率的同时，也高度重视可持续发展，注重环境保护和安全生产，采用清洁能源和绿色制造技术，确保生产过程的环保和安全。通过模拟优化、精准控制等降低资源消耗和污染排放，实现绿色制造。同时，智能化的生产设备和自动化作业流程，能有效减少人员操作风险，提高生产环节的本质安全性。

5.1.3 数字化工厂建设内容

数字化工厂的建设内容可从多种角度进行分析，本小节将从数字化工厂设计与交付、数字化设计与仿真、数字化生产制造和数字化管理运营四个方面进行阐述，如图 5-2 所示。

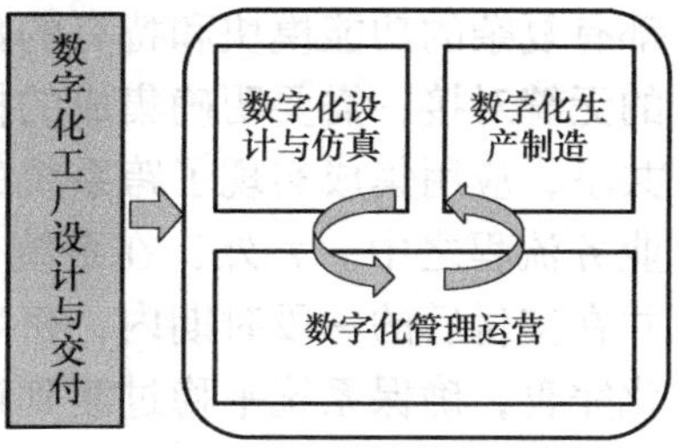

图 5-2 数字化工厂建设框架

1. 数字化工厂设计与交付

数字化转型是制造企业实现高质量发展的必由之路，而数字化工厂设计与交付正是数字化转型中最核心、最关键的环节，它贯穿了从顶层谋划到系统实施的全流程，对工厂的智能化水平和未来竞争力起到决定性作用，其总体框架如图 5-3 所示。

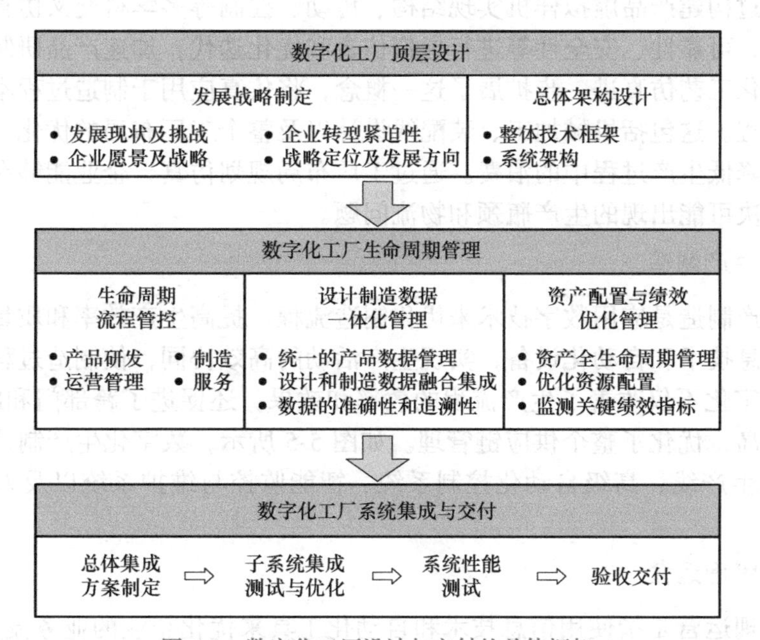

图 5-3 数字化工厂设计与交付的总体框架

（1）数字化工厂顶层设计 顶层设计阶段是确定数字化工厂战略定位、目标愿景和技术路线图的关键阶段。制定清晰的发展战略和总体规划，构建合理的整体架构框架，是为确保后续工作的系统性和前瞻性奠定基础。同时，顶层设计还需要科学评估转型的价值和投入产出比，确保数字化转型的方向正确和动力可持续。具体涉及发展战略制定和总体架构设计两个主要方面。例如，在发展战略制定上，需要重点分析企业现有发展状况和面临的挑战、评估数字化转型的紧迫性和必要性、确定数字化工厂的战略定位和发展方向、制定数字化工厂实施的战略规划。

（2）数字化工厂生命周期管理　数字化工厂所涉及的生命周期环节复杂多样，从最上游的产品研发设计，到中游的智能制造，再到下游的运营管理和服务延伸。具体来说，需要从以下几个层面夯实生命周期管理体系，包括全生命周期流程管控、设计制造数据一体化管理、资产配置与绩效优化管理。

（3）数字化工厂系统集成与交付　数字化工厂系统涵盖众多异构子系统，每个系统都有复杂的功能模块和特有的数据格式，将这些系统集成并保证数据流、业务流、控制流的无缝对接，需要明确集成的标准规范和测试策略。数据集成确保了跨系统数据的融合和共享，应用集成实现了跨系统的业务协同，而过程集成则将各系统的职能高度集成到关键业务流程之中。另外，在系统交付时，提供完整的用户操作手册、维护手册等技术文档，并在交付后的一段时期内，密切跟踪系统运行情况，提供必要的技术支持和培训，持续优化完善，确保系统平稳过渡到运营维护阶段，为数字化工厂的长期稳定运营奠定基础。

2. 数字化设计与仿真

数字化设计与仿真在现代制造业中扮演着至关重要的角色，不仅提高了设计效率，还极大地加快了产品从概念到市场的转化速度。如图 5-4 所示，通过数字化设计，工程师可以在计算机系统中创建精确的产品模型，这些模型能够展示出产品在实际生产和使用过程中的表现。通过构建产品虚拟样机实现结构、传动、控制等多学科交叉仿真，可以对产品的功能、性能、可靠性、安全性等进行虚拟仿真和优化迭代，加速产品研制过程，缩短研发周期。数字化工艺仿真进一步扩展了这一概念，将仿真应用于制造过程本身，从而优化生产工艺和流程。这包括机械加工、装配线设计以及整个工厂布局的优化，确保生产效率最大化，同时降低生产过程中的浪费。通过工厂布局规划仿真，企业能够在投资重资产之前，预测和解决可能出现的生产瓶颈和物流问题。

3. 数字化生产制造

数字化生产制造是应用数字技术来优化制造流程、提高生产效率和质量的过程。通过集成先进的信息技术和自动化设备，实现生产活动的高效协同，使制造过程更加灵活、可靠和透明。数字化不仅改善了生产流程的效率和效果，还促进了跨部门和跨企业的协作，打破了信息孤岛，优化了整个供应链管理。如图 5-5 所示，数字化生产制造主要涉及智能设备与自动化生产线、高级自动化控制系统、智能监控与维护系统以及人机协作系统等方面。

4. 数字化管理运营

数字化管理运营是指使用信息技术和自动化工具来优化企业的业务流程和运营决策。通过集成和分析来自不同业务部门的数据，企业能够实现更高效的资源分配、提升生产效率、优化供应链管理，并增强客户服务效果。如图 5-6 所示，其主要包括但不限于使用企业资源计划（ERP）管理系统、制造运营管理（MOM）系统、大数据分析与决策支持系统来提高决策的速度和准确性。

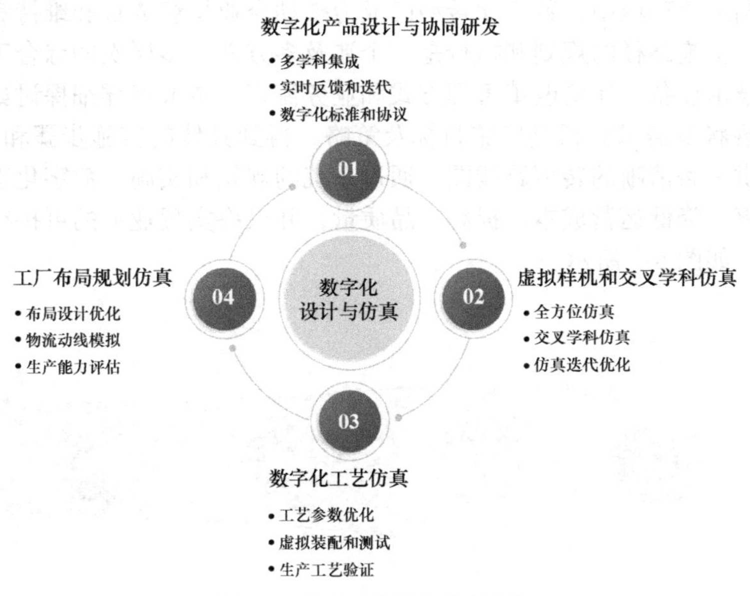

图 5-4 数字化设计与仿真框架

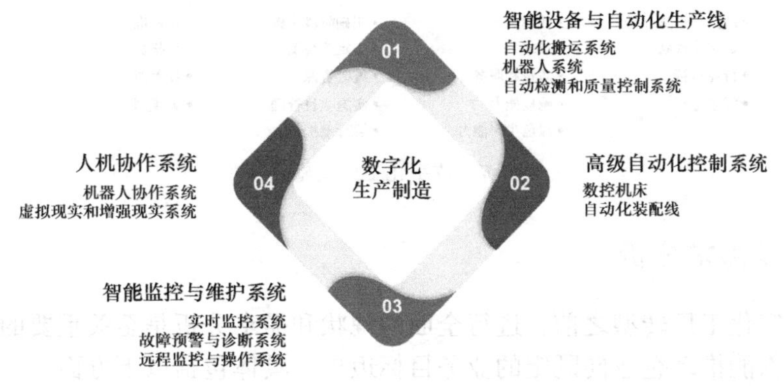

图 5-5 数字化生产制造框架

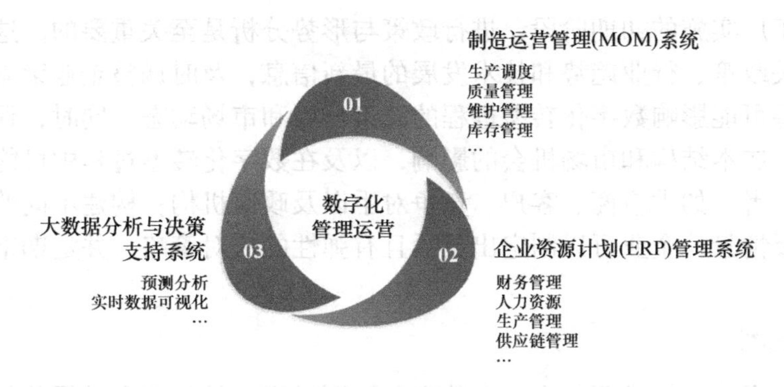

图 5-6 数字化管理运营框架

5.2 数字化工厂的实施路径

在当今的制造业环境中，数字化转型已成为推动企业持续成长和维持竞争力的关键动力。数字化工厂实施路径的规划和执行是一个涉及多方面、多层次的综合工程，它要求企业不仅要更新技术设备，还要改革管理方式和业务流程。本节将详细探讨如何成功实施数字化工厂，从现状及需求分析到实施目标及策略，再到具体的实施步骤和效果评价体系，旨在为企业提供一条清晰的转型路线图。通过系统的规划和实施，数字化工厂能够帮助企业提升生产效率、降低运营成本、提高产品质量，并最终实现业务的可持续发展。数字化工厂实施路径，如图 5-7 所示。

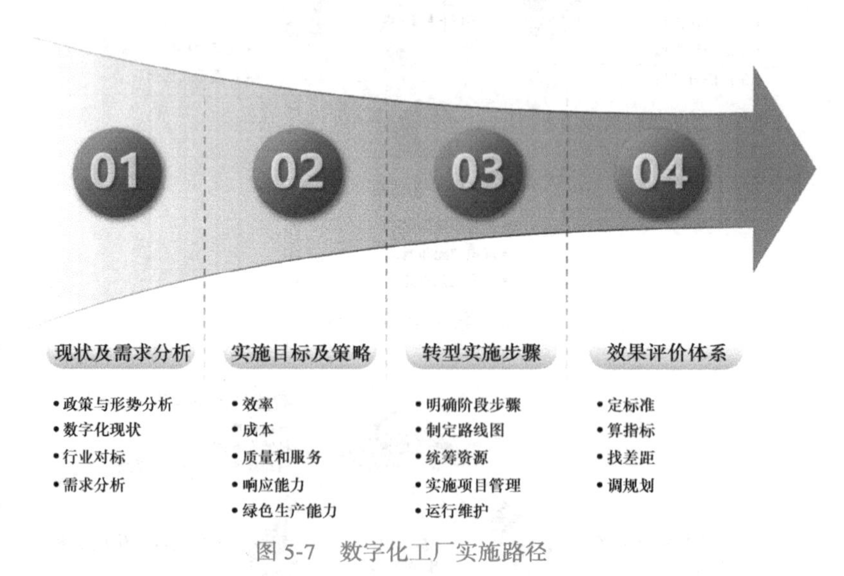

图 5-7 数字化工厂实施路径

5.2.1 现状及需求分析

在实施数字化工厂转型之前，进行全面的现状和需求分析是至关重要的第一步，以确保每一步投资都能推动企业向既定的业务目标迈进。具体包括以下方面。

1. 政策与形势分析

在数字化工厂实施的初期阶段，进行政策与形势分析是至关重要的。这一分析旨在通过持续监控相关政策、行业趋势和技术发展的最新信息，及时调整企业策略，从而精确地识别和解读那些可能影响数字化转型进程的政策环境和市场动态。同时，评估特定政策变动对企业运营、成本结构和市场机会的影响，以及在数字化转型过程中可能影响企业决策的关键利益相关者，如供应商、客户、竞争对手以及政府机构；构建不同的政策和市场形势下的可能发展情景，企业可以制定出灵活且有弹性的应对策略，并定期审查和更新情景规划。

2. 数字化现状

企业数字化现状分析是评估企业在数字化转型过程中的位置和进展的关键步骤。这一分析不仅揭示企业目前利用数字技术的程度，还评估其在运营、生产、管理和市场接触方面的成熟度。通过全面了解现有的技术基础设施、数字化工具的应用以及员工的数字技能水平，企业能够识别出现有的优势和需要改进的领域。同时，通过使用一系列标准化方法和工具，帮助企业确切地评价其在数字化道路上的进展和成熟度。为确保评估的全面性和客观性，企业常常依据如“两化融合评估规范”和“智能制造能力成熟度评估”等国家标准进行。

3. 行业对标

通过行业对标分析，企业能够衡量自己在同行中的竞争地位和技术进步，涉及收集并比较行业内其他企业在数字化实施方面的策略、成果及最佳实践。此分析不仅帮助企业发现自身在技术应用和管理实践上的短板，也能启发企业借鉴成功的经验，从而加速自身的技术革新和业务改进。在全球化竞争加剧的今天，通过行业对标，企业能更准确地定位自身，制定出更具针对性和实效性的数字化战略，确保在行业中保持领先或迅速追赶。

4. 需求分析

企业系统分析和定义自身在数字化工厂建设方面的具体需求，涉及深入理解企业的战略目标与市场定位，识别数字化转型中的关键驱动因素，以及确定哪些数字化功能和解决方案能最有效地支持企业的长期发展。需求分析不仅关注技术层面的升级，更包括如何通过技术提升业务流程的效率、改善产品质量、增强客户服务和市场响应速度。需求分析应该从多个角度进行，确保全面覆盖企业运营的关键方面，如效率、质量、成本和安全生产。通过这些方法和角度的综合分析，企业可以确保其数字化转型能够在改进效率、提升质量、控制成本、保障生产安全以及确保可持续发展和合规性方面产生积极的影响。

5.2.2　实施目标及策略

在制定数字化工厂发展战略的基础上，明确总体目标规划是数字化转型的又一关键环节。合理设定预期目标和考核指标，能够为后续工作提供明确方向，同时也为评估转型成效打下基础。数字化工厂的核心目标是通过新技术手段全面提升企业的现代化水平，实现智能化、精细化、绿色化发展。具体来说，需要在以下几个方面设定明确可衡量的目标。

1. 提高生产效率、缩短产品交付周期

通过数字化生产调度、工艺优化、物流同步等手段，大幅提升生产效率，压缩产品从设计到交付的总周期。可量化为单件产品生产时间缩减、交付周期缩短等。

2. 降低生产制造成本、减少浪费

利用精细化管控、远程运维等数字化手段，降低人力和能耗成本，减少原材料和半成品库存积压等浪费。可量化为单位产品成本、材料利用率等。

3. 提升产品质量和客户服务水平

精益求精控制生产质量，实时预警和快速处置质量问题。同时提供个性化定制服务，满足客户多元需求。可量化为次品率、客户满意度等。

4. 增强工厂灵活制造和快速响应能力

实现“订单驱动型”柔性生产模式，根据客户需求快速调整产品规格和生产线，缩短新产品上线周期，快速响应市场变化。可量化为订单交期响应时间、新品上线周期等。

5. 提高工厂绿色生产能力

通过采用环保技术和可持续的工艺手段，提高资源利用效率，降低环境影响，实现生产过程的环境友好和资源高效利用。可量化为单位产量能源消耗减少比例、碳排放减少比例、污染物排放减少比例等。

6. 提高企业安全管理和应急响应能力

通过工业互联网 + 安全生产等方式，实现全要素、精细化的安全管理，降低事故风险，并对事故应急进行高效的处置。可量化为零事故安全生产周期、万人事故伤亡率等。

数字化工厂总体目标规划是顶层设计的重中之重，需要遵循 SMART [具体（Specific）、可衡量（Measurable）、可实现（Attainable）、相关（Relevant）、有时限（Time-bound）] 原则，并与企业发展战略紧密对接，根据企业发展战略需求、行业特点和自身实力进行量身定制，并制定相应的评估体系和考核办法，确保数字化建设的方向正确，预期收益可期。

5.2.3 转型实施步骤

企业需要科学制定转型路线图，将庞大的系统工程分解为可操作的阶段性任务，统筹规划所需资源和组织变革，确保转型过程有序高效推进。从业务重要性、依赖关系、技术、投资回报等维度梳理项目清单的实施优先级和分阶段顺序，设计数字化转型的路线图，有步骤、有节奏地实现数字化转型目标。

1. 分阶段、分步骤规划数字化工厂建设路线

数字化工厂建设可以按优先级将建设内容划分为若干阶段，并明确每一阶段的目标任务，例如，第一阶段，夯实基础设施建设，构建工业互联网平台，完成车间现场的数字化改造，实现制造数据采集和设备集成互联；第二阶段，核心系统上线运行，部署制造执行系统（MES）、数字孪生仿真平台等核心系统，实现生产过程的数字化管控和仿真优化；第三阶段，全流程贯通集成，建设工厂数据集成管理平台，实现设计、制造、运营全生命周期的数据融合，完成 ERP 等上层系统的对接集成；第四阶段，智能化应用拓展，在集成的数字化平台基础上，拓展人工智能应用、工业大数据分析、个性化定制制造等前沿技术，进一步释放工厂智能化潜能。每个阶段还需要进一步细化为具体可实施的任务，明确时间计划和完成条件，确保阶段任务高效闭合。不同规模和所处行业的企业情况不同，路线图将有所差异，关键是要分阶段、有计划推进。

2. 制定技术发展路线图和系统实施时间表

在确定阶段目标任务后，需要梳理所需的技术支撑和系统实施进度，制定详细的技术发展路线图和实施时间表。技术路线图需要明确每项数字化技术或系统的采纳时间节点、引入方式（自主研发或外包采购）、逐步演进升级计划等。同时，还需要制订科学合理的

系统实施时间表，对项目启动时间、里程碑节点和关键活动做具体排期，确保充分时间和资源配备。同时，事先评估实施风险，制定应急预案。

3. 统筹规划资源配置和组织变革需求

数字化转型不仅需要大量资金和技术资源投入，更需要配套的组织保障。例如，资金投入规划方面，预测硬件基础设施、系统软件、外包服务等各项费用支出，统筹资金配置进度和规模；技术团队组建方面，培养或引进具有相关数字化技能的专业人才，搭建软硬件研发和系统集成团队；运维保障体系方面，建立健全的运维管理制度和流程，配备专职运维人员，确保系统平稳高效运行；组织变革与文化塑造方面，重塑适应数字化转型的组织架构和管理模式，培养敏捷创新型企业文化理念；管理人员和操作人员培训方面，系统地对相关人员开展培训，快速掌握新系统的使用和管理，助力组织变革顺利实施。

4. 实施项目管理

数字化工厂建设项目涉及多个子系统、多个供应商、多个应用场景，项目复杂程度很高，需要科学的项目管理机制作为保障。例如，建立项目管理机构和决策委员会，编制项目实施总体方案和详细计划，对项目进度、质量、风险、投资等进行全面管控，采用关键绩效指标（KPI）跟踪项目执行情况，组织定期项目例会协调解决问题，制定项目验收标准和测试用例等。只有高度规范的项目管理，才能确保数字化工厂的建设目标如期实现。

5. 运行维护

项目实施完成后，系统进入运行维护阶段，需要建立完善的运维管理体系。例如，制定系统运维管理的标准流程和作业指导书，明确各岗位的工作职责和权限划分，建立系统运维工单管理和问题反馈机制，制定系统优化改进和版本升级管理制度，规范系统操作日志和维修记录台账管理。另外，组织和技术层面的配套，例如，组建专职运维团队，建立运维人员的绩效考核机制，持续开展运维人员的专业培训和技能提升。同时，部署运维自动化工具，提高运维效率，建立系统健康状态监测和预警机制，引入安全运维审计和管控措施，配置系统故障备份和容灾恢复方案，提供完善的技术保障。

5.2.4 效果评价体系

效果评价体系采用持续滚动的模式，对企业具体实施项目进行评价，量化每一项技术和策略的具体成效，并从宏观角度审视企业的整体技术水平和数字化成熟度；同时定期更新评估标准和方法，以适应快速变化的技术环境和市场需求。具体效果评价可从定标准、算指标、找差距、调规划四个步骤开展。

1. 定标准

构建适合特定企业的数字化水平评测模型。这一步的目的是为企业的数字化转型设定一个清晰的目标和标准，以便于后续的评估和改进。企业需要根据自己的行业特点和规模大小，选择或设计一套合适的数字化水平评测指标体系，包括评测的维度、指标、权重、评分标准等。企业可以参考国家标准或工业和信息化部发布的指导文件，也可以根据自身的需求和特色，进行调整和创新。

2. 算指标

根据模型，实施数字化水平评测。这一步的目的是通过数据收集和分析，得出企业当前的数字化水平得分，以便于后续的对比和改进。企业需要采用有效的数据收集方式，如问卷调查、现场访谈、数据采集等，获取与评测指标相关的数据，并将数据进行整理、归纳和存储。企业还需要按照评测指标的评分标准，对数据进行打分和加权，得出企业的数字化水平得分，以及各个维度和指标的得分。

3. 找差距

对照转型规划，分析差距。这一步的目的是通过对比企业的数字化水平得分和预期目标，找出企业数字化转型落地与规划间的差距，发现存在的问题，以便于后续的改进和优化。企业需要将自己的数字化水平得分，与自己制定的数字化转型规划，以及同行业或者领军企业的数字化水平，进行对比和分析，看是否达到了预期的目标，以及存在哪些差距和问题。企业还需要分析差距和问题的原因和影响，以及需要改进的优先级和紧迫性。

4. 调规划

根据差距分析结果，调整完善规划方案。这一步的目的是根据企业的数字化水平差距和问题，制定相应的改进措施和优化方案，以提升企业的数字化转型能力和水平。企业需要根据自己的实际情况和资源，有针对性地制定改进措施，如增加投入、引进技术、培训人员、优化流程等，并将改进措施纳入后续的数字化转型规划中，进行执行和监督。企业还需要根据改进的效果，不断地调整和完善自己的数字化转型规划，使之更符合企业的发展目标和需求。

5.3 数字化工厂建设典型案例

5.3.1 车辆制造企业数字化工厂建设案例

北京奔驰作为全球领先的豪华汽车制造商，在数字化工厂建设上开展了前瞻性的布局，将“开创性的数字化”作为企业核心战略规划之一。在数字化转型目标的牵引下，企业结合自身生产管理特点，自建了生产制造服务总线（Manufacture Service Bus，MSB）大数据平台、企业数据仓库（Enterprise Data Warehouse，EDW）、生产分析管理系统（Production Analysis Management System，PAMS）以及自主开发的工厂级制造执行系统（MES）。MSB 大数据平台用于智能焊装工厂中实时生产数据、工艺质量数据、海量设备数据的实时采集、存储；EDW 用于打通各个生产系统和非生产系统的数据隔离，使得数据以标准化接口的方式对外提供；PAMS 和工厂级 MES 用于实现智能生产管理、工艺质量管控、设备预测性维护、资产管理等方面的突破。

1. 工业互联网平台

MSB 平台成为企业数字化的基础设施，在该平台基础上规划了技术路线和实施步骤，如图 5-8 所示。首先，自主研制大数据可视化平台的关键技术路径，打通机器人、PLC 与数据处理中心的接口，使得数据经过有效处理后可以实时变成可视化界面，供用户及时发现、追踪问题；其次，构建生产层级基于 PLC 的实时监控系统；最后，构建生产管理层级基于 WebGL（Web 图形库）技术开发的 B（浏览器）/S（服务器）架构的可视化管理。至此，形成生产控制层和生产管理层两个层级的监控系统，实现对工艺执行层的双层级管理和监控。

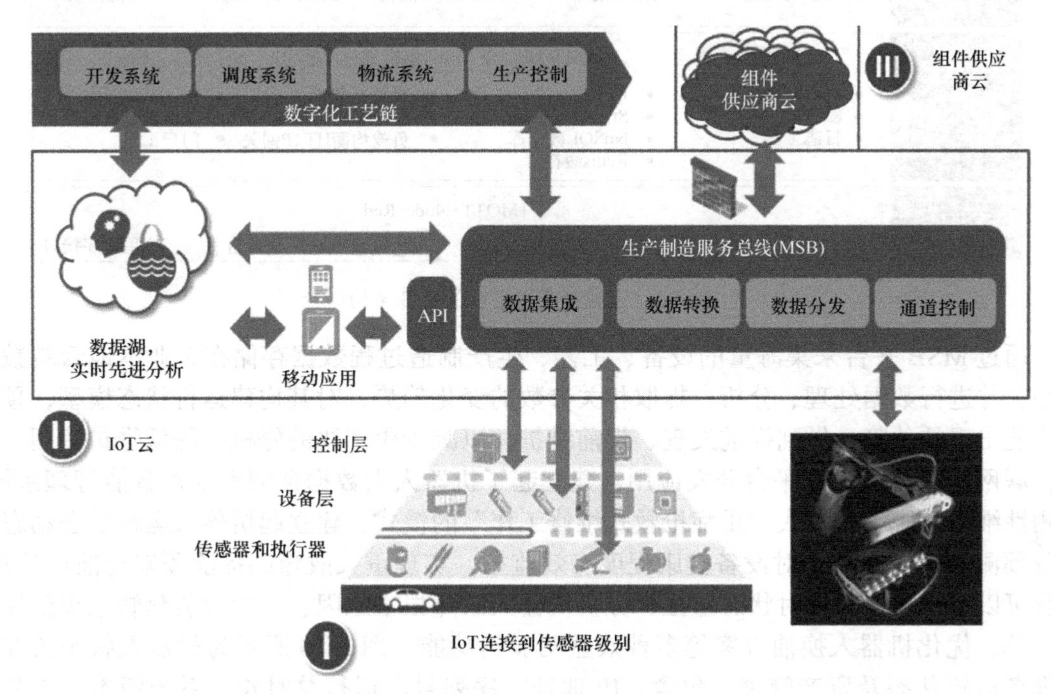

图 5-8　基于工业物联网系统架构的生产制造服务总线

IoT—物联网　API—应用程序接口

B/S 架构的可视化管理系统的技术架构自下而上分为五层，依次为采集层、数据层、模型层、数据分析及可视化层、展示层。在模型层和可视化层进行人员管理、生产管理、工艺质量管理和设备管理模型的构建和可视化服务，在展示层开发基于 B/S 架构的 Web 端服务，包含智能生产、智能质量、智能运维等系统，并通过实践不断完善模型层和可视化层，如图 5-9 所示。

2. 支撑应用场景的工业互联网架构

MQTT（Message Queuing Telemetry Transport，消息队列遥测传输）协议，是 IBM 公司于 1999 年提出的，是一个基于 TCP（传输控制协议）的发布 / 订阅协议，设计的初始目的是保证极有限的内存设备和网络带宽很低的网络都可以可靠的通信，非常适合物联网通信。企业基于 MQTT 协议，采用非 SQL（结构查询语言）数据库作为实时数据显示，Hadoop（分布式系统基础架构）生态圈作为数据湖，构建了工业物联网系统。应用 MQTT 协议、ELK 技术、Node–Red 中间件、Hadoop 生态圈作为数据湖，构建工业互联网技术架构，在系统层面自主开发了多项具有自主知识产权的程序块和核心算法，以实现定制化的、稳定的数据采集和传输，从而将焊装工厂内具备 IoT 功能设备（机器人、PLC、各类传感器、焊接设备、涂胶设备、冲压设备等）的数据通过 MSB 平台传送到大数据中心。

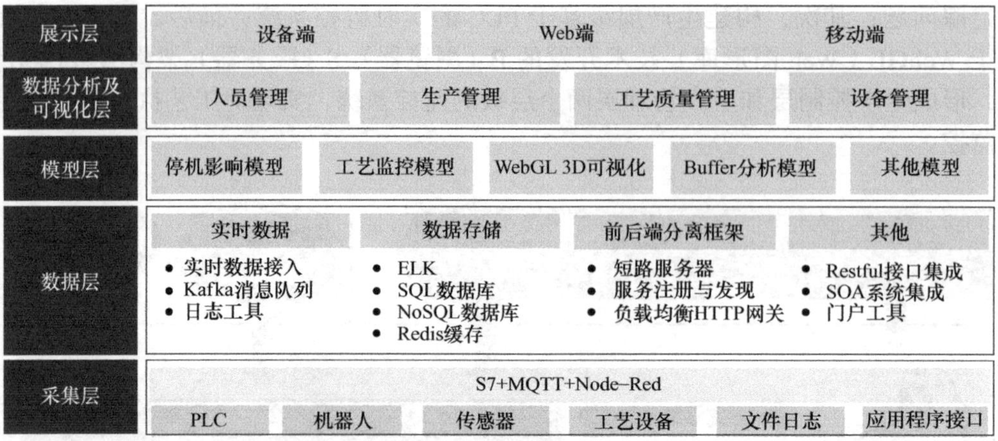

展示层	设备端；Web端；移动端
数据分析及可视化层	人员管理；生产管理；工艺质量管理；设备管理
模型层	停机影响模型；工艺监控模型；WebGL 3D可视化；Buffer分析模型；其他模型
数据层	实时数据：• 实时数据接入 • Kafka消息队列 • 日志工具 数据存储：• ELK • SQL数据库 • NoSQL数据库 • Redis缓存 前后端分离框架：• 短路服务器 • 服务注册与发现 • 负载均衡HTTP网关 其他：• Restful接口集成 • SOA系统集成 • 门户工具
采集层	S7+MQTT+Node-Red PLC；机器人；传感器；工艺设备；文件日志；应用程序接口

图 5-9　工业互联网平台的 B/S 架构

通过 MSB 平台采集海量的设备、工艺、生产制造过程数据存储在企业本地云端数据中心，并进行数据处理、分析，提取相关参数的变化趋势，对其构建运行状态模型，预测其可能出现的故障，做到提前发现、提前维护，以减少生产线的停机，降低维护费用。基于物联网协议的大数据平台开发应用，建立起了机器人大数据预测性维护智能管理系统。预测性维护摆脱了机器人“重症抢救式维修工作”的模式，建立起机器人运行状态动态监控及预测性维护工作，对设备健康程度有效监控，实现重大故障的提前预知与前期处理。系统可以实现机器人实时状态监控、分析机器人故障根本原因、下发智能化管理预防性维护工单、优化机器人换油方案等多种效益明显的功能。图 5-10 所示为机器人状态监控系统设备运行状态及资产管理，包含：IP 地址、序列号、运行总时长、系统版本、工艺包版本等资产信息，以及正在运行的程序号、运行速度、CPU 载荷等实时状态信息；同时具备对日志进行分析处理、以雷达图的形式展示机器人健康状态等功能。

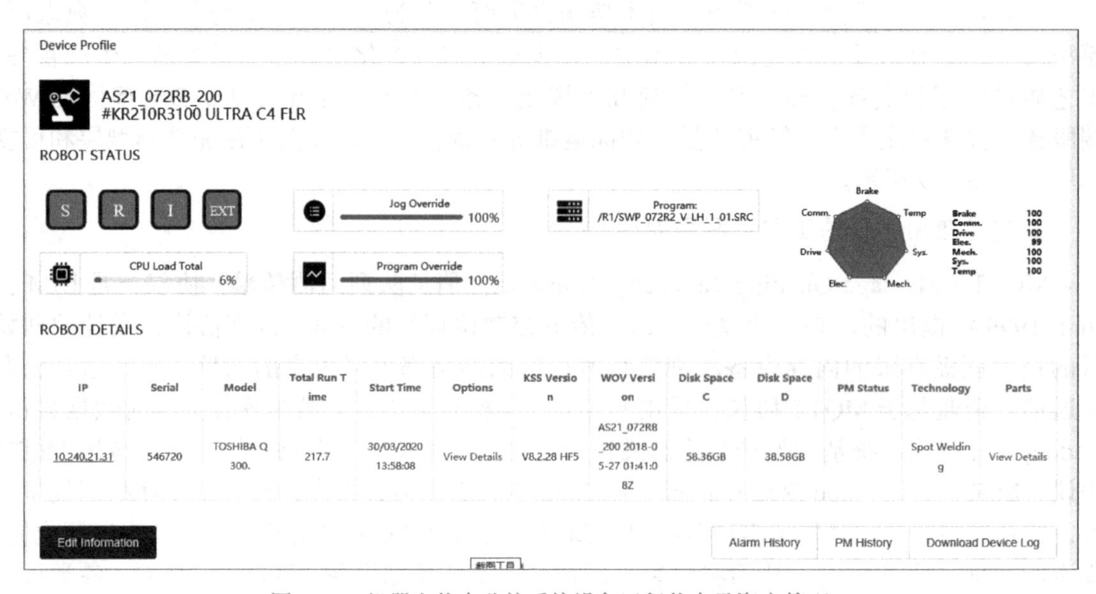

图 5-10　机器人状态监控系统设备运行状态及资产管理

3. 大数据分析平台

企业基于自主建设的 MSB 平台，整合了众多创新性的生产管理模型、智能算法与质量预测方法，有效地对质量问题进行分析解决，结合自主开发的 PAMS，通过人员、设备与工艺的智能互联，打造了工厂的数字化系统。具体功能如下：

1）产能、在制品实时监控与智能预测。实时显示了监控生产交付状态、生产线运行状态、在制品状态等，具备状态回溯、性能分析能力，并根据实时数据，运用人工智能算法可以实时预测生产线在干扰下（停机、性能损失等）工厂的交付、在制状态，以支持灵活的排产和停机应对策略，同时确保运维人员在最佳时间窗口实施 ITPM（集成技术项目管理）、工装、工艺参数的调整。

2）多层级节拍实时监控与产能提升管理。实现了“生产线、工位、设备节拍三层级实时监控模式”，及时发现自动化生产线“毫秒级”的性能损失。集成具有自主知识产权的“基于在制大数据分析的瓶颈识别和量化分级方法”“PDBS 节拍分析和降低方法”等算法，成为企业实施产能提升和效能提升的重要工具。

3）工艺质量双层级实时监控与可视化管理。秉承“工艺质量 + 数量双闭环实时监控、生产层 + 生产管理层双层级监控”理念，开发了工艺质量实时监控、智能预测、3D 工艺可视化等模块。系统将质量管控大幅提前，在生产制造环节可避免制造出缺陷产品，同时质量管控更加精准，可显著降低质检劳动强度，大幅降低缺陷品的返修成本。该可视化平台具备定制化要求，用户可以根据需求定制，找到符合自身要求的展示方式；通过平台处理数据都是实时的，具备超高的时效性。同时，该可视化平台支持 3D 查询功能，通过可视化界面，可以显示问题点的 3D 信息，准确地找到问题点位置，节省大量的追踪定位时间，实现工艺数据的全局管理，并以产品、工艺、工厂、制造信息整合的结构化数据进行同步更新和发放管理，如图 5-11 所示。该平台可实现标准作业流程的固化，并形成标准作业指导书，为精益制造、敏捷生产提供有力的基础保障。

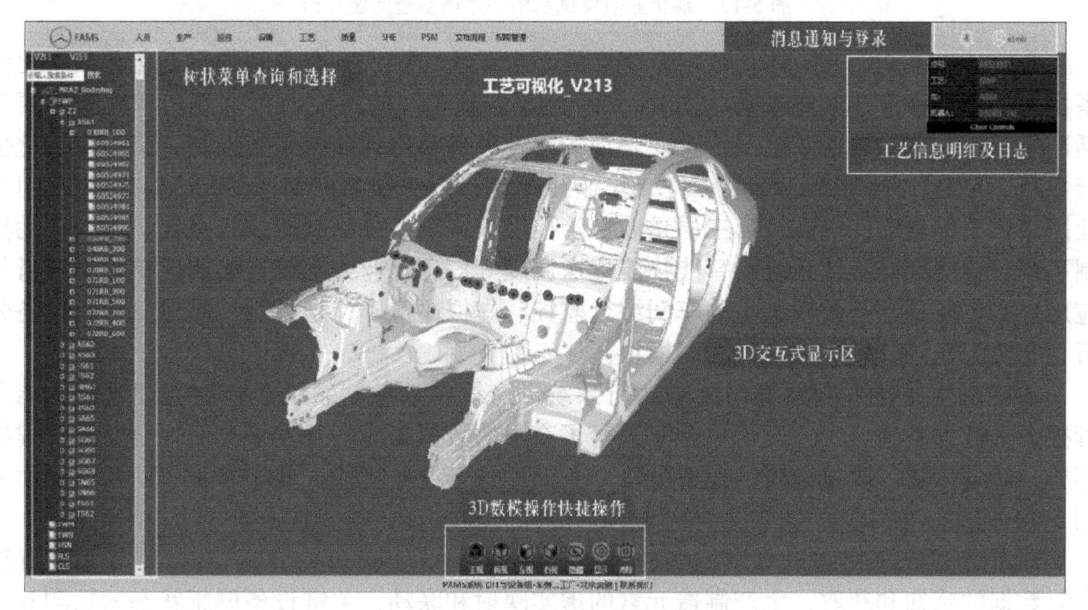

图 5-11 可视化工艺管理

5.3.2 某研发试制中心数字化建设案例

在数字化转型浪潮中，某企业提出了“管理扁平高效、研发虚实互动深度协同、制造柔性敏捷绿色安全、质量稳定可靠全过程追溯”的数字化转型目标，并将具有代表性的研发试制中心确立为数字化转型试点示范车间，开展了基于数字孪生技术的数字化车间建设。

研发试制中心主要承担某复杂部件的装配调试工艺研究和试制，产品结构复杂、零部件多、装配空间狭小，对质量要求高，存在工艺参数不稳定、工艺路径优化难度大、质量影响因素多等问题。图 5-12 所示为该企业研发试制中心生产制造问题分析。数字孪生技术作为智能制造的潜在途径，将其应用在研发试制环节，有助于提高设计迭代效率、缩短工艺固化时间、加速工艺转产进程。

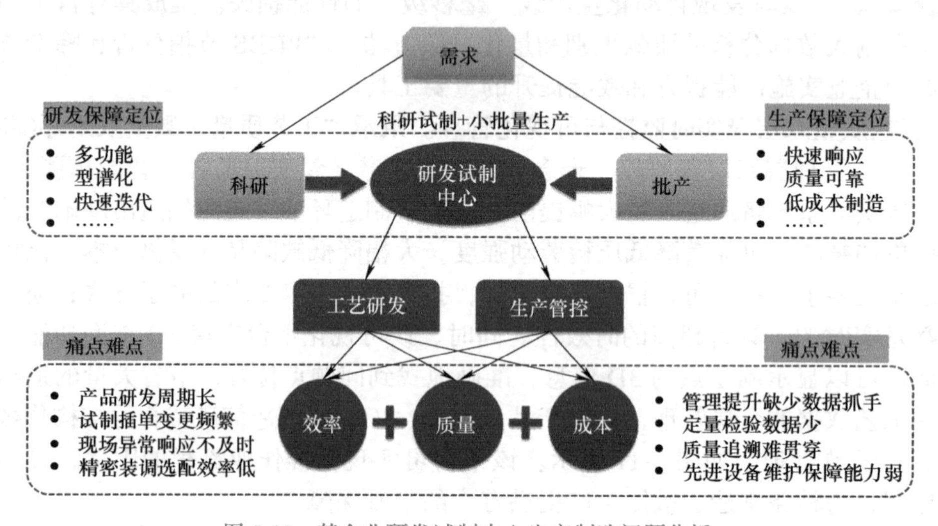

图 5-12 某企业研发试制中心生产制造问题分析

企业建立工艺制造一体化数字孪生支持平台系统，融入整个车间的自动化和数字化体系，互相形成一个有机的整体，如图 5-13 所示。从车间的角度而言，其技术框架主要包括四层：第一层为设备基础层，主要是现场的各种自动化和数据采集设备，诸如自动化生产设备、AGV、机器人、专用工位、作业终端等；第二层为网络基础层，主要是车间工业网络相关的软硬件设施；第三层是业务管控层，主要是分厂制造执行系统、产线自动控制系统、智能仓储管理系统、智能物流配送调度等信息化业务系统；第四层是数据分析与应用层，主要是基于数字孪生的车间综合监控、虚拟巡检、计划分析、质量分析、设备分析、仓储配送等分析决策支持功能模块。

数字孪生支持平台系统与制造执行系统、产线自动控制系统、仓储管理系统、能源管控、主数据系统、工艺设计平台等进行了充分的数据集成，开发了车间综合监控、虚拟巡检、计划分析、质量分析、设备分析、仓储配送等业务功能。数字孪生车间系统界面如图 5-14 所示。

通过上述数字化建设方案的实施，企业实现了人、机、料、法、环、测等车间资源实时数据的感知和获取，生产制造元素的虚实映射和联动，关键设备健康状态的预测和闭环反馈，缩短了试制工艺固化周期，提高了产品研发异常响应速度，实现了装配过程质量追溯。

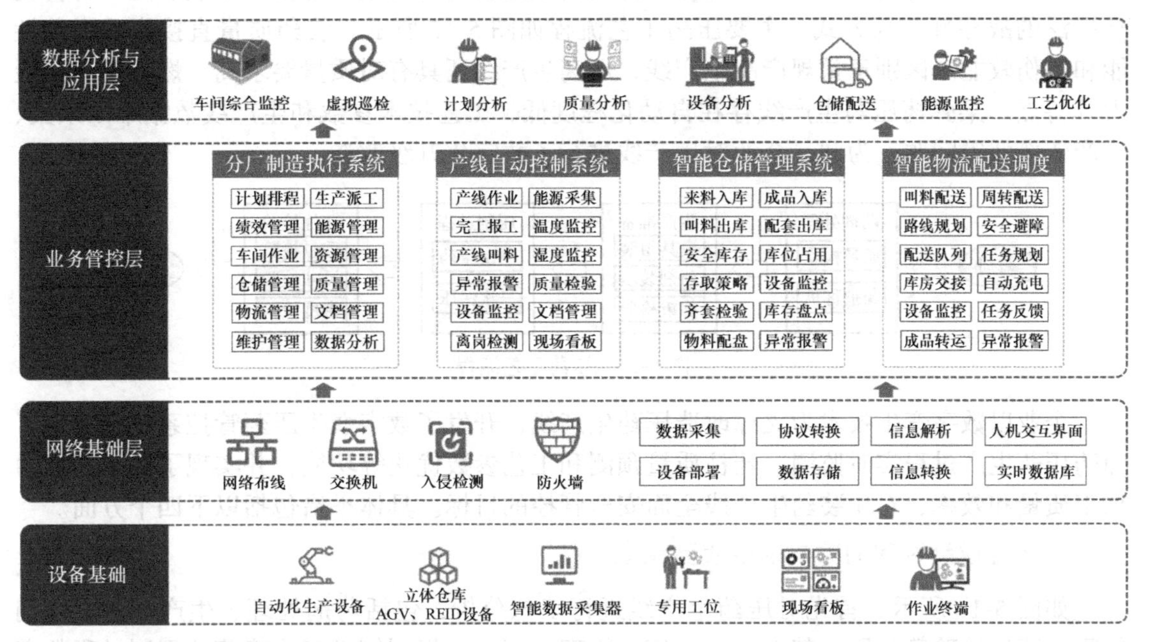

图 5-13 工艺制造一体化数字孪生支持平台系统架构

图 5-14 数字孪生车间系统界面

5.3.3 某弹药压药生产线数字化建设案例

战斗部是弹药的核心部件，是体现弹药高效毁伤能力的重要部分。压装法是一种传统且广泛的战斗部装药方式，主要压药工艺流程如图 5-15 所示。装药质量直接影响弹药性能和毁伤效能。区别于常规产品生产线，压药生产线还具有对质量要求高、燃烧爆炸风险大等特点。某弹药压药生产线存在自动化程度低、工艺技术参数和生产线数据难以采集、生产效率低等问题，为此，企业对生产线进行了数字化升级改造。

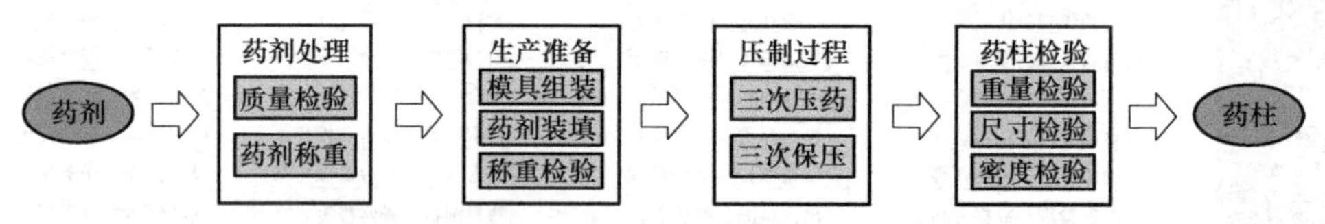

图 5-15 压药工艺流程

企业以数字孪生技术为支撑改造压药生产线，开发了数字孪生压药管控系统，实现了弹药压药生产过程实时监测、药柱质量预测和工艺参数优化等功能，并实现了提高药柱的加工质量和效率、对压装药生产线全面安全管控的目标。具体举措包括以下四个方面。

1. 药柱成型过程的数字孪生模型构建

如图 5-16 所示，首先对压药生产线进行工艺分析，包括药剂处理、生产准备、压制过程、药柱检验等阶段；其次，从几何、物理、行为、规则等维度构建药柱压制过程数字孪生模型，包括压制单元与药柱的几何模型、药柱弹塑性的物理模型、药柱压制的行为模型、药柱形变的规则模型；最后，将几何、物理、行为、规则多维模型融合形成完整的数字孪生模型，为后续工艺仿真及参数优化提供模型基础。

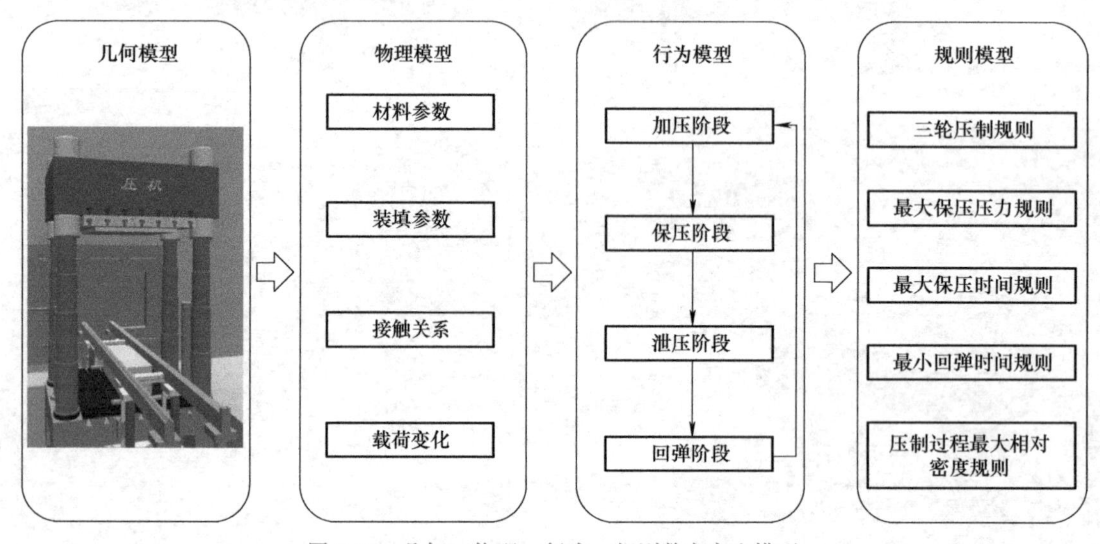

图 5-16 几何 – 物理 – 行为 – 规则数字孪生模型

2. 多源异构数据采集与分析

数字孪生技术的核心是通过运行状态数据驱动孪生模型进行仿真、预测、优化、决策等功能，因此，数据采集与分析是压装药生产线数字孪生的关键。如图 5-17 所示，首先，对压药现场数据进行采集，包含不同压药设备、传感器名称、信号类型、数量等；其次，构建一套数据采集系统架构，实现实时采集的数据格式与语义规范化，以及通信协议统一传输。

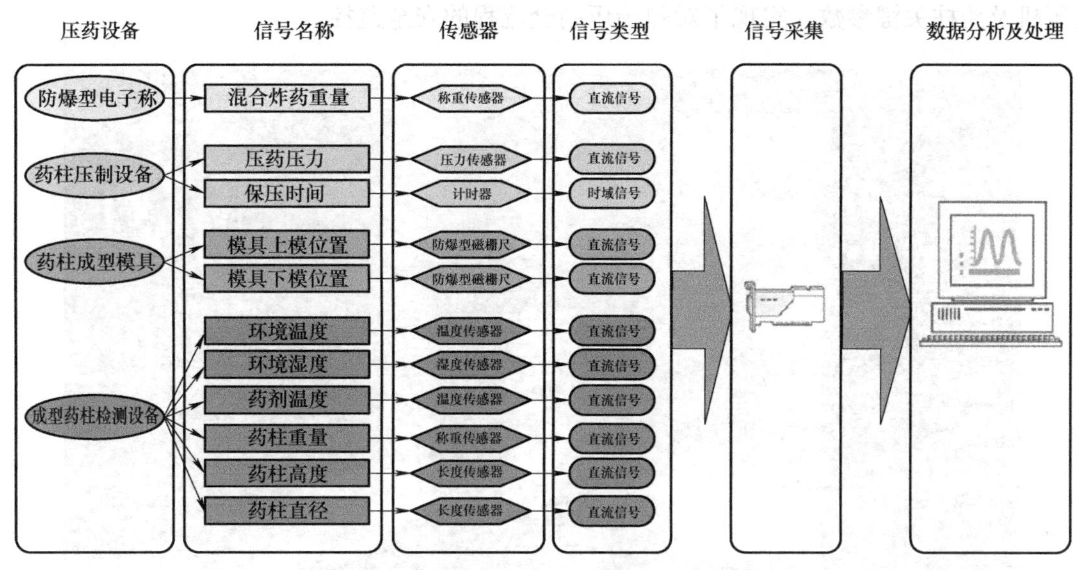

图 5-17 数据采集分析框图

3. 基于改进粒子群算法的工艺参数优化

通过融合数据进行压药过程仿真计算得出最优工艺参数是数字孪生的亮点也是难点。首先，设定优化目标、优化约束条件等工艺参数优化要素；然后，针对粒子群算法，改进粒子初始化方法，在优化过程中引入回退机制和粒子多样性保持机制，确保优化解在接近全局最优的同时满足约束条件；最后，通过改进粒子群算法进行工艺参数优化，得到工艺参数的优化解，并将优化解输入粉末压制过程数字孪生模型，进行优化效果验证，如图 5-18 所示。

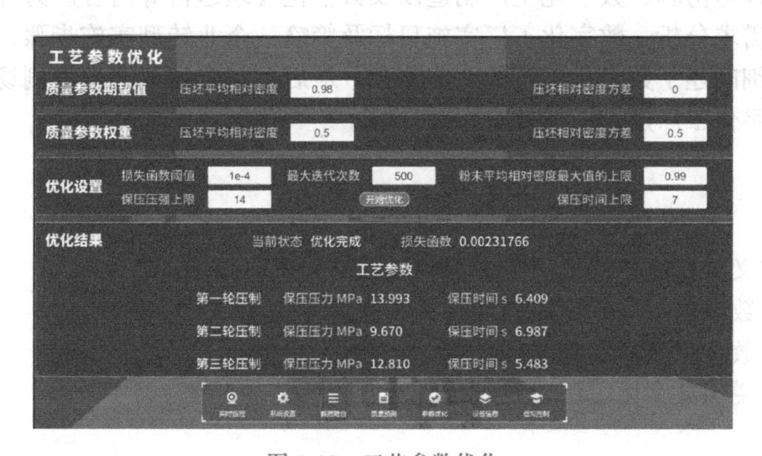

图 5-18 工艺参数优化

4. 数字孪生压药管控系统

企业开发了数字孪生压药管控系统，包括系统设置、数据管理、质量预测、参数优化、产线监控等功能模块，系统界面如图 5-19 所示。通过采集的数据驱动数字孪生模型模拟药柱压制过程，提高了生产效率，实现了压制工艺参数迭代优化。通过传感器实时采集压机及药柱关键参数，实现了对弹药压制全流程的安全监控。

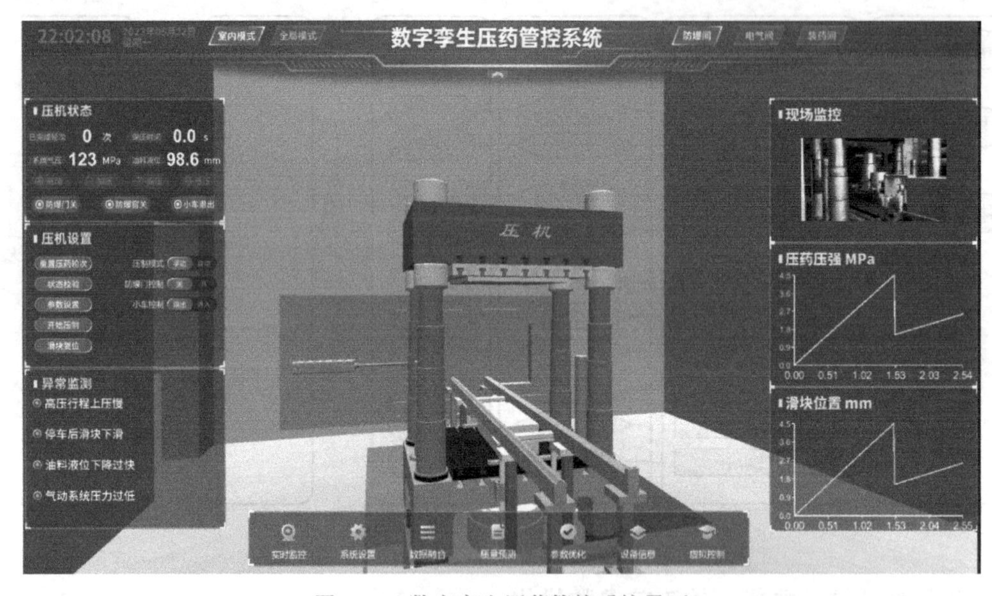

图 5-19 数字孪生压药管控系统界面

本章小结

本章围绕数字化工厂基本概念及其实施应用，重点从定义、内涵、典型特征以及建设内容方面详细介绍了数字化工厂画像，并围绕数字化工厂的实施目标、策略、转型步骤、效果评价体系等给出了数字化工厂实施路径。其中，数字化工厂建设涉及工厂的设计与交付、数字化设计与仿真、数字化生产制造以及数字化管理运营等内容。另外，通过当前制造企业现状与需求分析、数字化工厂实施目标及策略、企业转型实施步骤、效果评价体系四个方面，详细阐述了数字化工厂的实施路径。最后，结合三种典型案例场景，分别说明各自业务的数字化工厂建设及成效。

习题

5-1 从定义、内涵、特征三个方面简述数字化工厂画像。

5-2 简述数字化工厂建设内容及其关联逻辑。

5-3 简述数字化工厂实施路径。

5-4 举例说明数字化工厂建设对企业发展的意义。

第 6 章 “云网边端协同”的智能运维与服务升级

学习目标

1. 能够准确掌握“云网边端协同”的智能运维与服务系统的概念与架构。

2. 能够准确掌握设备故障预测与健康管理的概念、典型制造系统故障、故障预测关键技术、剩余寿命预测方法。

3. 能够准确掌握智能产品服务系统的概念、制造中的典型智能产品与智能服务、智能产品服务系统开发方法。

知识点思维导图

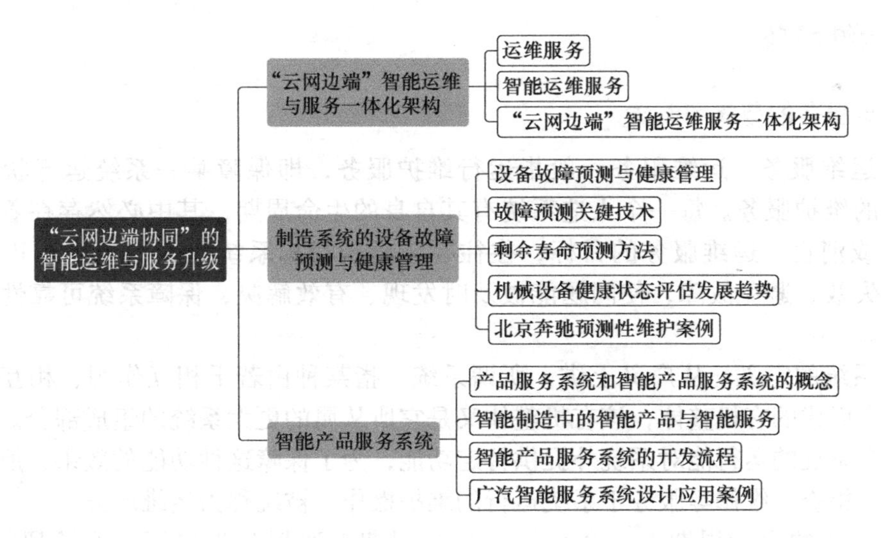

导读

请思考，一个产品经过设计和生产推向市场后，顾客与制造商的价值交换结束了吗？在产品运维与服务阶段，制造商还能给顾客提供哪些服务呢？本章主要介绍如何实现智能运维与服务，在产品运维与服务阶段有哪些典型应用，如何设计与开发一个智能产品服务系统。首先，本章介绍了一个“云网边端”智能运维与服务一体化架构，讲解了什么是智能运维服务，构建一个“云网边端”智能运维与服务一体化架构的关键要素有哪些，并给出了运维服务的典型架构示例。其次，本章介绍了智能运维与服务阶段的典型服务之一：故障预测与健康管理，包含设备故障与健康管理的概念、发展历程、关键技术、关键方法和案例。最后，本章介绍了能够使制造商在产品使用阶段继续为顾客提供价值的框架：智能产品服务系统，包含智能产品服务系统的概念、开发流程和案例。

本章知识点

- 智能运维服务的概念
- 智能运维与服务所需的基础设施
- 故障预测与健康管理的概念、发展历程与制造系统的典型故障
- 智能产品服务系统的概念与开发流程

6.1 “云网边端”智能运维与服务一体化架构

工业 4.0 强调智能化、互联化和自动化，要求制造系统具备更高的灵活性、可扩展性和自主性。智能运维与服务一体化架构应运而生，以满足这些需求。同时，物联网、大数据、云计算和人工智能等技术的快速发展，使得实时数据采集、分析和智能决策成为可能，为智能运维和服务一体化提供了技术支撑。在这些背景下，智能运维与服务一体化架构作为应对制造业挑战和抓住发展机遇的重要手段，得到了广泛关注和应用。

6.1.1 运维服务

1. 运维服务的范畴和概念

（1）运维服务　运维服务一般指运行维护服务，即保障某一系统运行状态和结果符合预期的维护服务。每一个人造系统有其自身的生命周期，其中必然存在着诞生、运行、失效或消亡。运维服务的目标，往往在于延长目标系统生命周期中的正常运行阶段，预防失效、避免故障，使问题能被及时发现、有效解决，保障系统可靠性、功能性和经济性。

（2）系统的定义　从广义上讲，所谓系统，指某种由若干相互作用、相互依赖的组成部分结合而成的有机整体，该有机整体又是它所从属的更大系统的组成部分。人们往往会预期一个系统的运行能对系统外提供特定功能，为了保障这种功能的效果，所采取的调试、配置、检查、维修等服务于系统运行的维护操作，被统称为运维服务。

（3）系统的生命周期　一个系统的生命周期大致划分为以下五个阶段，如图 6-1 所示。

1）规划设计。规划设计是系统最初诞生的阶段，常在这个阶段确定其重要的参数和与外界的关系。运维服务的内容与该阶段密切相关，如规划巡检的周期、方法和指标等。

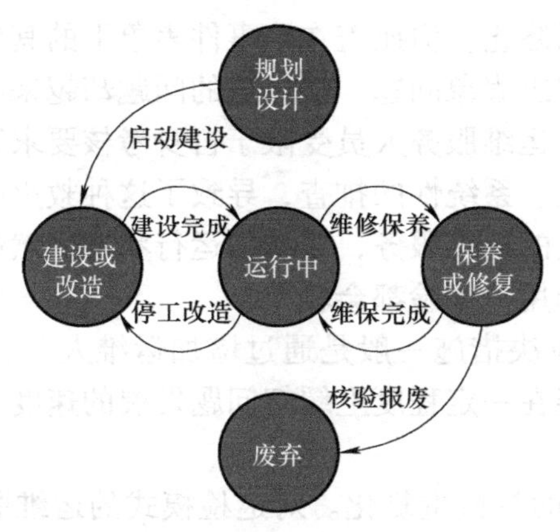

图 6-1　系统的典型生命周期

2）建设或改造。在该阶段完成系统建设，如基础设施、装置装备、组织协调机制和供销渠道等从无到有的初次建设，也包括基于某些基础条件的改扩建或子系统调整。运维服务的基础条件建设改造也需在此阶段完成，如传感器、边缘网关和系统工具等。

3）运行中。运行中是系统生命周期的核心，系统在该阶段会遵循其设计预期提供功能。运维服务监测关键指标，预测预判风险与故障，管理风险，执行巡检修计划。

4）保养或修复。保养或修复是运维的主要工作阶段，包括执行检测、标定、调校、养护、修复、更换高失效风险的系统组件等。有时该阶段会与运行阶段交叉重叠，即在不停机条件下执行保养。

5）废弃。经由保养修复判定，或折旧期满，系统进入报废阶段。在该阶段，运维服务应对前序阶段所沉淀的数据进行分析，对废弃设施设备进行分解、利用或回收。

综上，运维服务贯穿系统的全生命周期。出于专业性和经济性考虑，运维服务往往由独立运维服务团队提供，常涉及沟通信任问题，需要综合的分析与设计，以平衡投入与收效。

本节所讨论的运维服务能力，主要基于智能制造相关场景，也适用于智能制造时代更普适通用的运维服务模式。

2. 传统运维服务的模式

传统的运维服务模式主要分为两类，即维保模式和巡检模式。其区别在于运维服务的发起方不同。在工程实践中，两者常被混合使用。

（1）维保模式（即维护保修模式）　在该模式下，运维服务的需求由系统使用方提出，运维服务方响应，如家用电器的运维服务。此模式需要系统使用方能对系统运行状态具有基本判断，并要求系统异常不可造成严重的额外损失。

（2）巡检模式（即巡检修换模式）　在该模式下，由系统的运维服务方定期巡检调校维修，更换备配件，如对输电线路、航空器的运维服务。此模式常适用于系统的专业性要求高，且系统异常易造成严重损失的情况。

1）维保模式运维服务的救火队员化。实际工程场景下，响应式的维保运维服务常会出现救火队员化的情况。在一个节点多、规模大的复杂系统中，遇到的问题多种多样，且问题复杂度会随着系统工作周期增加。单次的运维服务往往基于某一具体问题事件，运维服务随着问题现象的解决而终止，但掩盖在该事件表象下的其他问题却在积累，导致运维服务团队疲于奔命地响应解决表象问题，被掩盖的问题却越来越多，越来越复杂。越复杂的系统，上述趋势越明显。运维服务人员受限于自身考核要求和经济考量，客观上难以在单次运维服务中完成深层次、系统性的排查，导致了这种救火队员化的演变趋势。其负面结果是，即便已投入高强度的运维服务，系统的运行状态仍然趋于失稳，且运维服务人员的工作状态和系统使用方的用户体验都会较差。

对于上述问题，现有解决措施一般是通过增加运维人员、配合巡检和更换系统备配件来解决。这些措施虽然能在一定程度上缓解问题发展的速度与程度，但增加了运维服务成本。

2）巡检模式运维服务的机械重复化。对巡检模式的运维服务而言，常遇到的则是另一类问题，即运维服务因机械重复所导致的效率下降。例如，对于某项巡检内容，如果异常状况被发现的概率很低，但巡检过程非常烦琐，则会导致执行者不自觉地疏忽，甚至主观上拖延问题处置，以降低劳动强度和服务成本，进而导致许多意想不到的问题。

该情况对于受多因素影响的复杂问题尤为明显，例如，某些设施设备在特定工况下出现异常，因此在巡检人员的感知中，此类异常无须处理也会自行恢复，如此以往，导致类似问题成为运维服务人员认为是可以被忽略的现象。而在运维服务管理层面上，异常情况会越发显著，不得不加大运维服务力度，这又进一步增强了机械重复性，进入恶性循环。

现有的解决措施一般是引入专家介入运维巡检的工艺设计，细化巡检记录项，分级分阶段巡检。此类措施收效较好，但需要专业性强、具有一线经验的专业人员参与，同时，这种巡检工艺具有明显的局限性，很难适应多变的业务场景。

3. 现代运维服务的挑战——四个分散

现代运维服务所面临挑战的根源在于，随着经济发展和技术进步，运维服务对象系统的复杂度大幅提升了，无论体量规模、专业技术、运行效率、运行机制、工艺方法或是市场环境关系，都发生了较大的变化。对运维服务而言，这种复杂度的提升主要体现在四个分散上，即空间分散、时间分散、专业分散和职能分散。这会导致运维服务的成本增加，问题处理的难度提高，所需要的专业技能水平上升。

（1）空间分散　随着产业的规模上升、产业链的拓宽延伸、产地到消费端的距离增加，生产系统及其服务对象的实际空间范围在不断增大。许多的工业产品在面向全球市场提供服务，生产该产品的原材料也许来自全球各地，装配该产品的工业园区可能占地数十平方千米，种种空间上的分散，导致运维服务的交通耗时增加、运输成本上升，降低了运维服务的响应及时性，提高了运维服务的成本和难度，令高度依赖人工的传统运维服务模式难以适应。

（2）时间分散　随着系统复杂度的上升，系统对运维服务的需求表现出了显著的时间分散性，例如，分散或偶发的故障事件、需跟踪的问题，或需要长周期数据挖掘的数据统计等。面对此类问题，孤立分析容易导致信息丢失，或误导运维服务决策，不合理地采取低效运维服务方式。在传统模式下，解决该类问题往往需要运维服务人员的经验积累，逐步对专业问题形成针对性的经验知识体系；但在当前的系统规模和复杂度下，这种方式较为缓慢、奢侈且低效，难以支撑运维服务需要。

（3）专业分散　现代系统的复杂度，还体现在系统内各专业的交叉与分散。为了保障一套系统的正常运行，常需要多个专业间协调配合，而这些专业的子系统又分别需要各自专业的设备装置、工艺方法和运维服务。其中，容易遇到各专业的运维服务彼此间周期不同步、数据不互通、做法不协调的情况，传统模式下的运维服务条件很难支撑此类多专业深度配合。

（4）职能分散　系统规模和复杂度的上升还可能导致职能分散。一方面，生产线的停机检查等关键运维服务项的执行，常涉及系统使用单位中多部门、多层级的管理结构，因而需要相对复杂的协调、授权和决策审批过程；另一方面，现代运维服务也具有支撑社会公共管理体系的要求，如公共安全、生产安全、应急管理和环境保护等，使得运维服务工作中常常需要填报大量信息、遵循较复杂的合规要求，或调校系统设备以达到某些临时性的安全或环保指标。在工程实践中，各岗位层级对信息的需求，并不仅仅是分层提取、归纳总结，而是基于其组织运作的具体机制，适当地将不完整信息通知到特定岗位层级。部分情况下会借助主动查阅、事后抽检和通报考核等形式，保障信息流转的流畅性。

6.1.2　智能运维服务

1. 智能运维服务的概念

智能运维服务是指借助自动化、信息化、智能化等技术手段、方法或工具，提供新型运维服务能力，基于该能力，在一定程度上替代原有机械重复的人工运维服务工作，克服运维服务的分散性和业务难点，在控制成本投入的同时，提升运维服务效率，保障目标系统的可靠性和有效性。

1）微观上说，智能运维服务向对象系统中并行导入了不影响原有稳定性的智能化手段、方法或工具，实现降本增效，如替代人工仪表监看的传感器、多功能的手持终端、自动化故障告警和应急处置等。

2）中观上说，智能化运维服务往往会建立智能运维服务管理系统，在一定范围内整合运维服务的业务、数据、应用和技术资源、手段、工具和方法。

3）宏观上说，智能运维服务的实质是利用自动化、信息化、智能化技术手段，沉淀数据和知识，缩短时 / 空间距离，联通专业差异和壁垒，形成综合高效的运维服务能力。

2. 智能运维服务的目标

智能运维服务的目标是结合运维服务的机制建立、技术升级和模式创新，与目标系统一体化地保障整体可靠性、有效性和经济性。其中，可靠性是指系统关键能力的可靠性，即保障功能状态和效率符合预期，智能运维服务往往通过问题自动分析、故障预测预警和综合感知，保障运行效率、生产安全等指标；有效性是指系统的功能有效性，即借助智能化手段保障生产设施设备的精度、性能和效率；经济性实质包括运维服务在内的综合经济性，基于智能化替代人工、控制故障范围，以实现整体降本增效。

3. 智能运维服务的对象

智能运维服务的对象主要包括所保障的系统，及系统的外界环境，如图 6-2 所示。

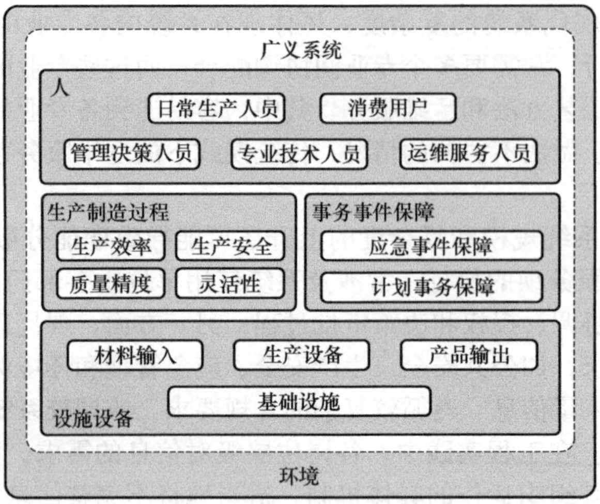

图 6-2　智能运维服务的对象

1）人。人是智能运维服务的首要服务对象，既包括了管理决策人员，也包括日常生产人员和专业技术人员，消费用户，甚至是运维服务人员本身。智能运维服务应当为他们提供便捷的功能和工具，避免不必要的机械重复，提升服务水平和体验。

2）生产制造过程。生产制造过程是一个动态过程，在智能制造体系下，常常需要精密调控其需求和原料的输入，保障其在生产效率、灵活性和经济性中找到平衡。而且，许多的生产制造过程的启停本身也需要耗费大量时间和资源投入。因此，运维服务一方面要对生产制造过程本身进行保障，避免由于故障导致的系统失效；另一方面，也需要考虑避免由于巡检修导致的主动停机。同时，智能运维服务还需要兼顾和保障生产制造过程中的生产安全。

3）事务事件保障。这部分主要包括应急事件保障和计划事务保障。应急事件保障如应对自然灾害、安全事件、故障等情况时所需要完成的各类运行维护服务；计划事务保障如各类迎检、节假日保障、例行巡检修等，计划内可预料的运行维护服务。

4）设施设备。这部分主要包括生产设备和与之相关的基础设施。广义上，生产过程所涉及的材料输入和产品输出，也可能被纳入运维服务范围。现代运维服务不仅对生产设备进行维护，同时也会考量生产相关的基础设施如水、电、燃气、网络等条件的运行状态，同时，结合智能生产制造体系，有追溯、有关联地实现对产品输出的统一运维。此外，对于生产材料输入，典型情况如机械或电子行业，都已将原材料输入甚至材料输入的生产纳入运行维护范围。

5）环境。近年来，环境，尤其是环境保护方面，也逐步成为智能运维服务的对象之一。具体来说，与之相关的常见运维服务项，如为了降低能耗、控制排放和配合有关部门监管，所执行的各类信息采集、状态监控、配置调整和数据提交。

4. 智能运维服务的机制

下面从空间、时间、专业和职能四个维度，给出一些典型的智能运维服务工作机制。

1）空间上，利用技术拉近空间距离。近年来，随着高性能的网络、物联网感知、图像和空间计算、智能化和专家系统等相关技术的发展，数字孪生、综合管控之类的高阶段功能开始逐渐实用化。在电网、管网等站场高度分散的业务场景中，新技术为运维服务带来了跨越空间距离的能力，如远程数据采集、故障诊断和启停控制等，对分散各地的系统组成实现了高效运维，节省大量人力和交通成本的同时，提升了运维服务的时效性。

2）时间上，结合数据分析实现事前－事中－事后的信息智能化关联。运维服务常常要避免意外失效发生，对已发生的故障事件进行处置，基于事件点可将运维服务分为事前、事中和事后三个阶段，即事件发生前的巡检、预测和预防，事件处置中的预案、分析和处置，以及事件发生后的统计、总结和调整。智能运维服务需实现三阶段的智能化联动，结合数据综合预防，联动业务协同处置，支撑决策调整控制。

3）专业上，实现边缘处置和分层汇聚机制。工程实践中，有些设施运维处置的时效性要求很高，有些设备的数据格式规模不适合中心处理，部分地区环境艰苦恶劣，不便长期驻守，各专业也很难在每个现场都安排足够的运维服务支持。因此，智能化运维服务中常会构造实现边缘侧汇聚的系统，本地处理高实时性要求的问题，中心处理综合性要求较高的情况，这对各专业部门的独立管控提供了结构条件，也为整体业务联动实现了灵活的分工界面。

4）职能上，构建适用、实用的信息系统业务工具。重要、复杂的大型系统，常会涉及多级多职能的管理部门，需要面对复杂的权责界定、协调和决策审批，因此，智能运维服务中常常利用信息化实现技术业务管理工具，经预先设计和授权，构建事件和人员的联动机制，自动化支撑业务流程，避免在应急事件和计划事务中受到协调机制的掣肘。

5. 智能运维服务方法

（1）物联网方法　智能运维服务利用物联网技术，实现高频度的感知和远端控制。其中包括各类传感器、远程维护和控制系统，以及各类的无人机和机器人应用。通过这些物联网设施设备，减少运维人员的驻留和奔波，提高运维频率和效率，也减少了很多巡检危险工况。

（2）智能化方法　用智能化替代人工的机械重复。近年来，人工智能技术发展迅速，帮助运维服务领域大幅提升效率，运维服务人员通过这些新技术手段化身千万，显著减少了不必要的机械重复劳动，提升了运维效率和服务水平。常见如智能监控系统、智能感知系统、智能分析系统等。一方面，对于智能化方法可以较为准确完成运维服务工作项的情况，可以通过信息系统替代人工，自动化完成大部分工作；另一方面，对于智能化方法尚不具备足够的可靠性，不能完全替代人工的情况，也可以通过人机结合的方式，配合筛选核验，降低运维服务人员的劳动强度。

（3）数字孪生方法　实现实时全景的现场情况仿真和决策支持。数字孪生（Digital Twin）技术是利用物理模型、传感器更新、运行历史等数据，集成多学科、多物理量、多尺度、多概率的仿真过程，在虚拟空间中完成映射，从而反映相对应的实体装备的全生命周期过程。其常规组成包括基于空间信息和引擎的空间融合，基于数据和传感器的感知融合，以及基于系统模型和业务工具的应用融合。实际运维服务工作中，存在许多需要综合考量现场条件的情况，数字孪生方法可以打通多种数据渠道，直观展现现场情况，为运维服务提供决策支持。

（4）信息化平台方法　使用信息化技术，建立运维服务工具，完成原本人力难以完成的工作；或通过无纸化办公和业务辅助功能应用，降本增效让运维人员工作更轻松。一些典型的业务工具包括：运维检测的告警、事件通知和跟踪、联动预案和在线工作流等。需要提醒的是，构建与人交互的系统，切忌闭门造车，更推荐的做法是，基于多方调研，从当前阶段最关键、最急需的业务入手，逐一最小化地、平滑地构建线上业务，并在每一个设计环节中，尽可能保留线上业务的开放性和可扩展性。

（5）数据分析方法　智能运维服务需要采集和沉淀有价值的数据，基于数据分析方法可以有效地从这些数据中挖掘经验，提取模式，寻找决策支持依据。其中一些典型的实现方法包括：知识库、专家系统、数据挖掘、可视化统计与大数据分析。知识库是一种面向人类用户的数据库，常用于关联性地提供辅助用户决策的既往知识沉淀；专家系统常针对特定场景建立，借助数据、模型和智能算法为特定业务提供功能；数据挖掘常用于从较大规模的数据中清洗并提炼特征信息；可视化统计将统计数据转换为表格、图形、图表等直观易理解的形式；大数据分析方法可以支撑利用更大规模的数据，基于抽取 – 转换 – 装载（Extract–Transform–Load，ETL）规则构造业务智能化能力。

6.1.3 “云网边端”智能运维服务一体化架构

1. “云网边端”基础设施结构

实际工程应用中，面对复杂的系统，没有任何一种通用架构能适用于全部的应用需求，且即便构建了一个适用于当前场景的架构，也需要随着业务发展而不断调整。为了适应上述情况，建议可以采取一些典型的模式、组件和技术策略，通过体系化的方法持续完善，应对灵活多变的挑战，借助智能运维服务最佳实践（Best Practice）的能力工具箱，低成本地建立高适用性、可扩展性的智能运维服务解决方案，这类能力工具箱依托于一些信息技术基础设施和一体化的架构设计。其中，“云 – 网 – 边 – 端”结构是近年来一种较典型的智能运维服务基础设施结构，如图 6-3 所示。

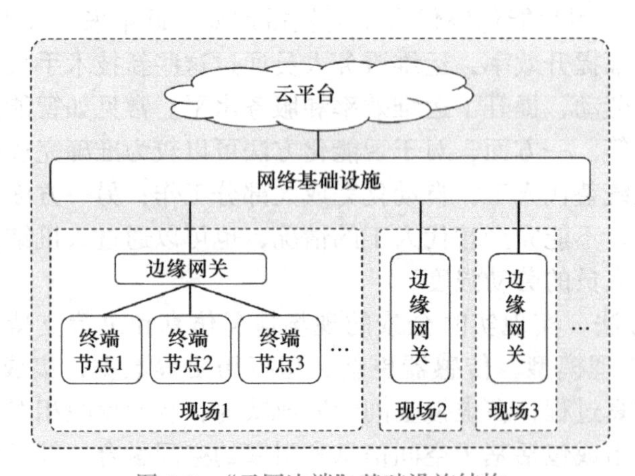

图 6-3　“云网边端”基础设施结构

“云”指基于云平台的中心服务应用，实际运行中，也可以是私有云环境，或基于裸金属设备的云化服务集群。这些基础设施使得中心服务应用具备了良好的性能弹性和可扩展性，并支撑中心服务应用的异地分布式部署。

“网”指网络基础设施，即使各类现场边缘环境、车载、单兵设备、移动终端等能够在适当的安全性保障条件下，具备通信条件接入系统。

“边”指边缘侧环境，且常常特指边缘接入网关。所谓边缘侧环境，是指为适配实际环境构建的现场子系统，受限于供电、网络、安全等条件，一般会单独组网，而边缘网关往往是这个子系统的中枢和门户，承载其数据转换、存储、编程、转发、预处理和部分安全管理。

“端”指终端设备，包括各类传感器、控制装置和智能化终端设备。传感器，如温湿度、摄像机、CO/VI（一种环境监测传感器）等，为采集信息的设备；控制装置，如继电器、电动机、远控开关等，是将信息转化为动作的设备；智能化终端设备，如手机、无人机、机器人等综合类设备。

“云网边端”结构相对通用，与主流技术体系结合度高，有较好的兼容性和扩展性，其建设投入曲线较为平滑，便于弹性投资，适用于支撑复杂系统逐步构建智能运维服务。但业务设计者需对具体业务和专业有较深入的理解，注意避免过多导入框架下不必要的成熟模块。

2. 基于“云网边端”的智能运维服务一体化架构

一体化架构（Monolithic Architecture），顾名思义是将多方面的因素综合考虑、整体设计的架构。在智能运维服务领域，甚至许多其他信息系统设计中，其定义更侧重于体系化设计过程与方法，即通过一体化架构设计，减少内部冲突，促进长效稳定。

下面列举一种典型的一体化架构“4A 模式设计”。4A 指四个重要的架构（Architecture），即业务架构、应用架构、数据架构和技术架构，如图 6-4 所示。

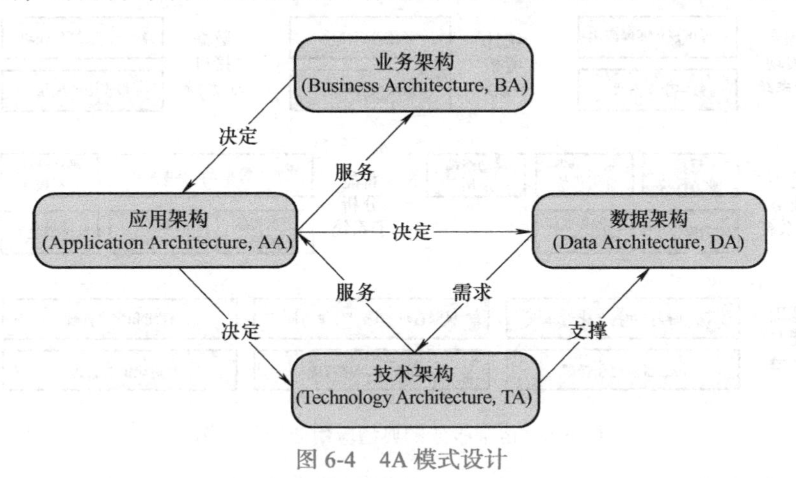

图 6-4　4A 模式设计

4A 中的每一个架构设计之间有着密切的关系：业务架构决定应用架构需求，应用架构又对数据架构设计和技术架构选择提出要求；技术架构决定可以选择的数据架构，技术架构和应用架构共同支撑业务架构服务于业务功能的实现。在智能运维服务领域，4A 设计依托“云网边端”结构的扩展能力，可以很好地复用统一的基础设施条件；而智能运维服务的业务、应用、数据和技术架构，也可以方便地分别嵌入整体系统的业务、应用、数据和技术架构，因此更利于统筹考量和分专业设计。

（1）业务架构（Business Architecture）　业务架构是 4A 一体化架构的核心和方向，

其设计常用于梳理需求，设计者在该过程中调研确认需求流、信息流和工作流，整理事务清单、事件清单和角色清单。根据这些流向和清单，设计者能够更清晰便捷地完成应用设计。图 6-5 所示是一个较典型的智能运维服务业务架构图示例，图中实线为工作流，虚线为工作事务的需求传导。

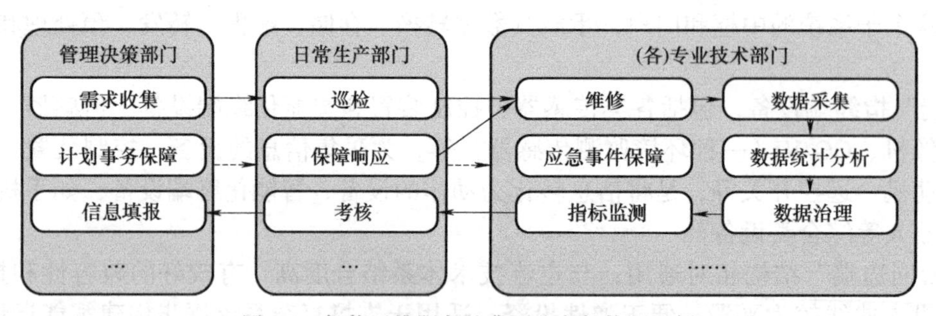

图 6-5　智能运维服务的典型业务架构图示例

（2）应用架构（Application Architecture）　应用架构的意义在于：规划设计支撑实现业务需求的工具集。工程实践中往往特指智能化、自动化的信息系统及其配套的装置设备。为了控制建设成本和使用中的资源空转浪费，应用架构的规划需注意避免过度设计，并区分过度设计和形式要求的界限，客观考量部分从专业上不易理解但有积极意义的形式要求。应用架构设计阶段应是确定业务工具复杂度、避免过度设计的关键环节，一般建议分阶段规划，并核实每个应用是否都具有明确的需求依赖链条。图 6-6 所示是一个典型的运维服务应用架构图示例。

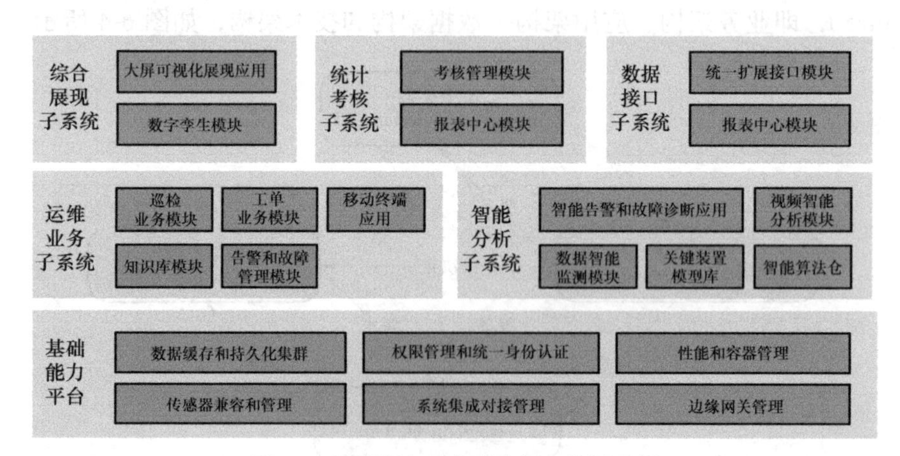

图 6-6　运维服务的典型应用架构图示例

（3）数据架构（Data Architecture）　数据架构一般是 4A 一体化架构设计的第三步，在这个阶段，设计者应当已经明确了业务需求，分析了所需要的工具应用，并对现有的实际业务机制和数据情况具有清晰了解，其中包括纸质的线下流程情况，现有信息系统情况以及业务数据的内外部依赖关系。数据是运维运营知识沉淀和决策支持的关键，其架构是业务需求、专业经验和系统设计三者的主要结合点，对技术架构的选型起约束作用，数据架构中主要完成的设计是：系统内可以有哪些数据，如何读写，各数据库和数据实体的结构与格式等。数据架构的设计机制多种多样，如数据字典、数据流图、E-R（实体 - 关系）图、主题域图、关系型数据物理模型图、逻辑数据模型图、UML（统一建模语言）图等，实际使用中可以根据设计需要组合使用。图 6-7 所示是一个典型的运维服务数据架构图示例。

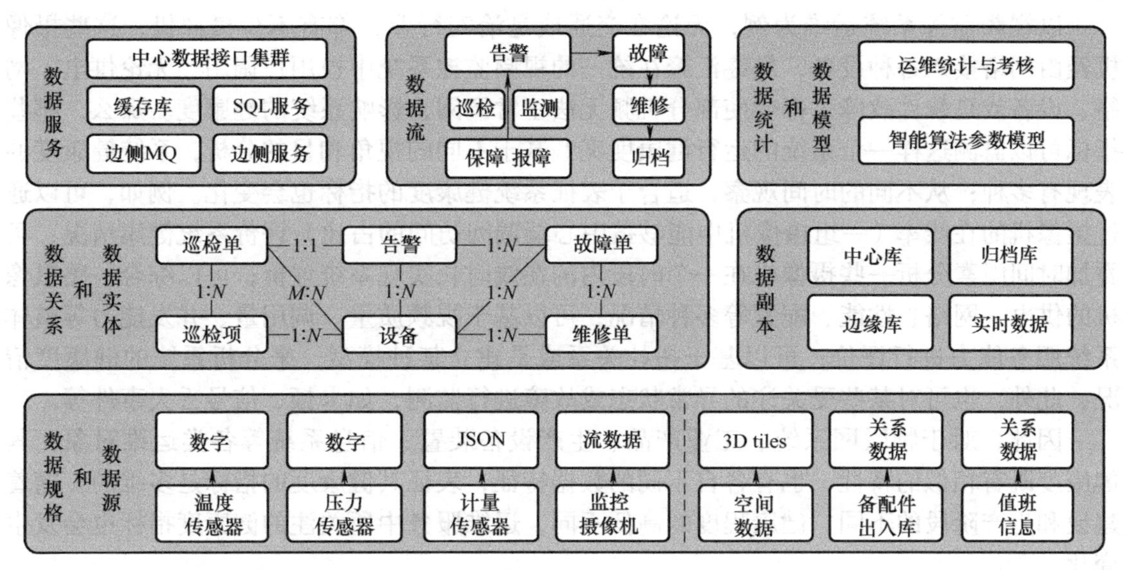

图 6-7 运维服务的典型数据架构图示例

（4）技术架构（Technology Architecture） 技术架构设计常常是 4A 架构设计的最后一个阶段，该部分设计根据前序的业务、应用和数据架构的需求，完成技术和基础框架的选型，论述各关键技术之间的关系，其设计主要包括技术逻辑分层、系统模块划分、开发框架选型、各组件调用和权限关系、开发语言选择等。图 6-8 所示是一个典型的运维服务技术架构图示例。

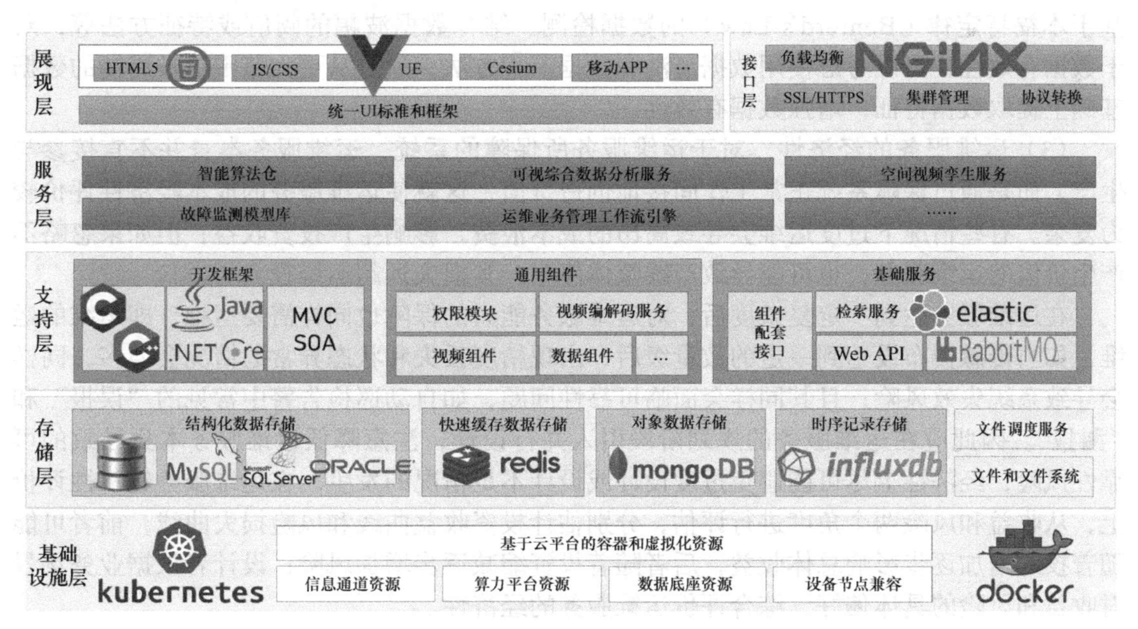

图 6-8 典型的运维服务技术架构图示例

3. 工程实际应用探讨

(1) 系统健康度指标　当面对一个复杂系统时，往往会发现信息来源庞杂、内容繁复，那么是否可通过一些特定的指标来感知和评估系统的健康度呢?

以视频监控系统运维为例，无论在交通或是治安行业，都有不少摄像机，这些摄像机经由网络接入各种设备，最终汇聚在统一的视频监控系统中被用户调用。无论供电、网络、设备或是软件故障，都会使部分视频无法正常调阅，影响系统的健康度。那么，哪些指标可以监测这样一个系统的运行健康度呢？基于不同的视角和目的分析，系统健康度的表现有多种；从不同的时间观察，适合于表征系统健康度的指标也会变化。例如，可以通过摄像机的在线率（一组摄像机中能够被中心端调阅访问的占比）评价系统健康情况；可叠加时间因素分析一些摄像机在一个时段内的在线时长实现系统评价；可以综合一路摄像机的供电、网络、性能、配置等多种情况；可以基于视频质量、调用量、并发能力等整体系统服务能力进行评价；可以基于拓扑关系或是建立某种模型，来分析系统的健康度情况；此外，也可对某些受关注的异常状态或故障进行监测，如卡顿、信号丢失事件等。

因此，对于物联网系统、工业产品、生产设备装置、信息系统等各类运维对象，其健康度既有相似的特性，也有各自不同的数据特征，表征其健康度的指标是多维的。随着建设和生产阶段的不同，健康程度的高低不同，运维服务中所关注的健康度指标也会发生变化。

(2) 信息的真实性和有效性　在对某一系统执行运维服务时，常常会持续性地对该系统收集信息，例如，对于一个涉及危险化学品使用或生产的化工园区，在对其执行的日常巡检维修中，必然会采集各类数据。但是，人工会存在疏忽，传感器会出现漂移，在类似涉及危险化学品的生产制造场景下，安全不容有失，如何保障所采集数据的真实性和有效性是一个关键问题。

对于数据真实性，可以设计增加多来源的数据交叉检验，或考虑使用统计学方法，如基于本福特定律（Benford's Law）的数据检测、结合数据波幅的阈值或特征方法等；对于数据有效性，可以考虑使用数据清洗和数据治理方法，通过从更大范围更长周期的数据基础上提取数据特征，增强数据有效性。

(3) 运维服务的经济性　对于运维服务所保障的系统，运维服务本身并不直接参与生产，而是通过保障系统正常工作间接地创造价值，这就使运维服务的成本经济性评价较为复杂。有些情况下过度运维会导致高昂的成本浪费，影响生产投资收益；但如果忽略不产生价值的运维服务，也可能导致产线整体停车，其损失远超运维投入。

在运维服务达到一定复杂度后，对运维服务能力的保障也同样需要运维，即运维的运维，如当传感器布设达到一定的数量级后，出现精度丢失和状态异常的情况会增多，同样会导致系统失效风险；且其同样会面临可靠性问题，如自动巡检告警中常见的“误报”和“漏报”。因此应在运维服务的规划阶段引入并行设计，注意降低运维服务本身导致的可靠性风险，经济性上尽可能避免过度设计或设计不足情况的发生。在运维服务经济性评价上，从收益和风险两个角度进行评估，分别估计投资收益曲线和风险损失曲线，前者可能随着投入增加逐步影响总体收益，后者随着投资缩减逐步增加风险；设计者根据业务场景对收益和风险的具体偏好，综合评价运维服务的经济性。

(4) 避免“过度设计”　过度设计（Over-Designed）的概念早期常见于软件工程

和工业设计领域，后逐渐在管理科学、人机交互等领域被广泛使用。不同于安全系数（Safety Factor）的冗余量设计，过度设计往往是指，因为过度的抽象或是间接的需求，设计脱离了实际需求，产生与设计初衷背道而驰的效果。因此很容易带来资源浪费、问题被掩盖、误导管理决策和制造不必要的工作负担等危害。那么，应当如何避免过度设计呢？

避免“过度设计”问题，关键在于如何识别设计是否“过度”，这里介绍一些典型措施：以行业内成熟经验指导建设，基于典型框架做减法；借助业务需求的依赖链条进行分析，确保每一项应用或业务的设计背后，都有清晰明确的需求依赖；适当超前规划，分阶段循序渐进设计，各阶段仅新增最急需且性价比最高的部分，便于后续灵活调整。

（5）运维服务策略机制探索　在近年来的工程实践中，相关专业中摸索出的一些适用的策略机制，可以归纳为三个方面。首先，从实用出发，由各专业分别探索模式，再择优通过集团统建强化架构与机制，避免重复建设；其次，强调一切以安全为基线，引导各业务设计平滑升级，避免出现专业间脱节或与现有机制不兼容的情况；最后，尊重客观规律，重视数据资产的沉淀积累，使每个阶段的成果经验对后续建设提供依据和决策支撑。

运维服务管理方面的一个探索如“三融一网平台”，即空间融合、感知融合、通信融合及调度指挥一张网，用于承载多种调控辅助、应急指挥和运营管理业务。限于篇幅，本节不详细讨论其所支撑的具体运维运营业务，而是论述这种统一的基础平台能够提供的能力，包括：在相对位置和业务等多种关系上关联打通传感器数据、资产属性、状态和事件信息，实现统一展现；将各通信机制彼此联通，使任意呼叫方式必然可以联系到能被联系的人员；最后将各类调度指挥应用统一到一张网上，任意指挥中心能联动地查看下级指挥中心进行中的工作。即使不对现有业务进行调整，“三融一网”也能带来新的收益和能力。

6.2　制造系统的设备故障预测与健康管理

在现代制造业中，设备的可靠性和维护是保证生产效率和产品质量的关键因素。随着技术的发展，传统的周期性维护方法已逐渐被基于条件的维护所取代。设备故障预测与健康管理技术允许制造商通过实时监测和分析设备状态来预测潜在故障，从而实现更高效和成本效益更高的维护策略。

6.2.1　设备故障预测与健康管理

1. 故障预测与健康管理概念

故障预测与健康管理（Prognostics and Health Management，PHM），旨在为设备状态的实时监控和健康预测提供解决方案。PHM 是一种基于数据分析的技术，可以对机器设备的运行状态进行实时监控和预测，以实现对设备的健康状况进行有效管理。通过 PHM，人们可以及时发现设备故障，提高设备的可靠性和运行效率，最大限度地降低设备故障率和维修成本。

作为一项基于数据分析的技术，通常 PHM 系统会通过传感器等设备获取数据，然后进行数据分析、处理和建模，以便更好地理解设备的运行状况。然后，基于这些数据分析结果，PHM 系统会生成设备的健康状况报告，以帮助用户更好地理解设备的状态，并提出有效的维修和管理建议。

2. PHM 系统的信息结构

从信息的角度，可以将 PHM 系统分为七层，依次为数据采集层、数据处理层、状态监测层、健康评估层、故障预测层、决策支持层和人机交互层，如图 6-9 所示。

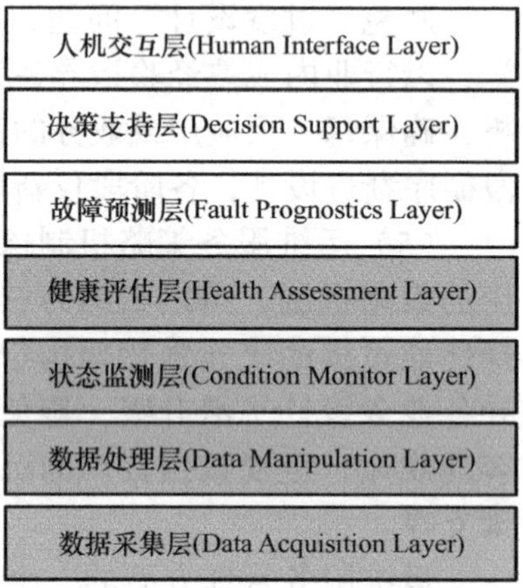

人机交互层(Human Interface Layer)
决策支持层(Decision Support Layer)
故障预测层(Fault Prognostics Layer)
健康评估层(Health Assessment Layer)
状态监测层(Condition Monitor Layer)
数据处理层(Data Manipulation Layer)
数据采集层(Data Acquisition Layer)

图 6-9 PHM 系统的信息结构

在 PHM 系统的功能分层结构中，自下而上是一个信息的获取、转换、分析、应用和展示的过程；自上而下则是一个命令或配置信息下达的过程。各层的功能如下：

1）数据采集层（Data Acquisition Layer）。数据采集层主要由状态监测传感器完成对装备系统、子系统、部件的状态进行实时采集，获得关于监测对象的状态特征参数。

2）数据处理层（Data Manipulation Layer）。数据处理层主要完成对来自装备状态监测传感器的状态特征数据进行处理，转换成 PHM 系统所要求的形式和特征。

3）状态监测层（Condition Monitor Layer）。状态监测层主要实现对装备系统、子系统、部件特性的测试及报告，主要输入为经过数据处理后的来自各传感器的数据，输出为关于系统、子系统、部件的状态或条件。

4）健康评估层（Health Assessment Layer）。健康评估层主要实现对装备的部件、子系统、系统的状态进行评估，并报告所评估的系统、子系统、部件的健康情况。

5）故障预测层（Fault Prognostics Layer）。故障预测层主要是对装备的部件、子系统、系统的状态变化趋势进行预测，进行给定使用包线下的剩余寿命估计。

6）决策支持层（Decision Support Layer）。决策支持层主要完成对装备系统的维修决策，包含任务 / 运行能力评估和计划、维修推理机和维修资源管理等。

7）人机交互层（Human Interface Layer）。人机交互层主要完成装备 PHM 系统与使用者的接口交换，进行状态监测信息、健康评估信息、故障预测信息及维修决策信息的显示，同时接收装备管理人员的干预信息。

3. 故障预测与健康管理的发展历程

随着传感器、物联网、互联网 +、云计算、人工智能等技术的发展与应用，装备积累了海量的数据。通过挖掘、利用隐含在工业大数据中规律、价值、知识等，一些企业优化了资源配置效率，降低了生产运营成本，提升了社会、经济效益，增强了竞争力。虽然定期维护和预防性维护对先前传统的装备运维方式进行了创新，但都不是最优的维护理念。随着人工智能、互联网 +、云计算、大数据等新兴技术的发展，故障预测与健康管理应运而生，如图 6-10 所示。

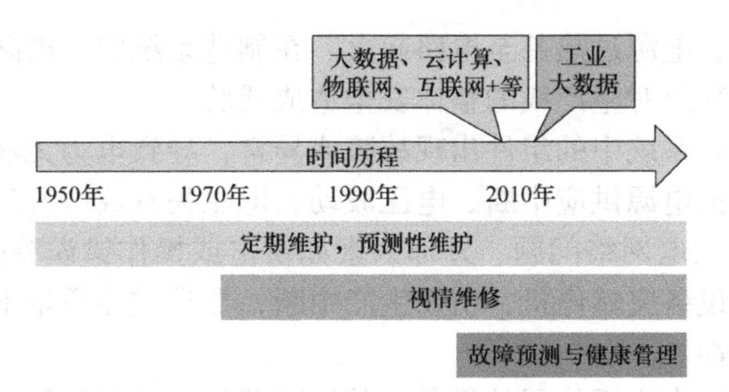

图 6-10 装备运维理念的发展历程

4. 制造系统典型故障类型及其影响

（1）机械故障　机械故障是指在制造系统中使用的各种机械设备、工具或零部件因各种原因导致的无法正常运转或性能下降的情况，可表现为设备突然停止工作、产生异常噪声、振动或漏油等现象，严重影响生产线的正常运行和产品质量。机械故障可能涉及多种因素，如机械磨损和老化、设计或制造缺陷、环境条件变化等。

设备的磨损和老化通常由于机械零部件长时间运行、摩擦或受力而引起，这类故障的主要特征是零件表面或结构的逐渐磨损或变形，最终导致设备性能下降或失效。例如，轴承长时间高速旋转产生的摩擦会使轴承球体和内圈、外圈之间形成磨损，最终导致轴承失效。另外，齿轮之间的接触也会因为磨损而产生噪声和振动，影响设备的正常运行。而密封件的老化则可能导致液压系统泄漏，进而影响设备的工作效率和稳定性。

缺陷故障是由于制造过程中的材料缺陷、组装错误或设计缺陷所引起的故障，这种故障通常在设备投入使用后才会显现出来，其特点是零件出现裂纹、断裂或失效等现象。例如，如果零件的材料中存在气孔或夹杂物，随着设备的运行，这些缺陷可能会导致零件突然断裂。另外，如果在设计中忽略了一些关键因素，如零件的强度计算不足或功能设计不合理，也可能导致设备失效。

制造系统设备运行的外部环境因素或运行条件的变化也可能引起机械故障，这种类型的故障可能是突发性的，如温度突然升高或降低、湿度变化、电力波动等。这些环境变化可能影响设备的工作性能或稳定性，导致设备异常或失效。例如，在高温环境下，设备的润滑油可能变稀，降低了摩擦削减能力，导致部件磨损加剧；而在低温环境下，某些液压系统的密封件可能会变硬，造成泄漏。此外，设备运行参数的突变，如负载突然增加或减少，也可能导致设备性能下降或失效。

机械故障会导致生产中断、设备损坏以及产品质量问题，使得设备停机时间增加，进而影响生产计划和交货期。此外，修复机械故障需要昂贵的维修成本和零部件更换费用，也可能导致额外的人力资源投入。

（2）电气故障　制造系统设备的电气故障是指在生产过程中发生的与电气设备、电路或电力系统相关的故障或问题，这些故障可能包括电路短路、电源故障、电动机故障等。这些问题可能导致生产线停机，生产能力下降，生产延误，甚至可能导致设备损坏或人身安全受到威胁。

电路短路是指电路中两个或多个导电路径直接连接在一起，通常是由于导线或元件之间的接触不良或绝缘损坏引起的。这种故障导致电流绕过了原本的路径，直接通过短路处流过，导致电路过载、电源过热甚至电路起火。在制造系统中，电路短路可能导致设备停机，损坏关键元件，甚至对生产线的整体安全造成威胁。

电源故障是指供电系统中的组件出现故障或异常，导致电力无法按预期方式提供给设备或系统。这可能包括电源供应中断、电压波动、电压失真或电源过载等问题。电源故障可能由于设备老化、供电网络问题、外部因素如雷击或操作错误等引起。在制造系统中，电源故障可能会导致设备突然停机，引发生产中断，导致成品质量下降，甚至影响到生产数据的完整性和准确性。

电动机是制造系统中广泛使用的设备，其故障可能由于多种原因引起，如电动机部件损坏、供电问题、过载或环境条件不利等。例如，电动机可能因为长时间高负荷运行而过热，导致绝缘破损，最终导致电动机停止运行，设备工作中断。

电气故障会对生产过程产生多种不利影响，不但会导致生产线设备停机，还有可能引发设备或产品的损坏，增加生产、维修和替换成本。在更严重的情况下，电气故障可能导致火灾或其他安全风险，威胁到员工的生命安全。

（3）程序故障　程序故障通常来源于多种因素，包括软件问题、编程错误或系统故障等。制造系统设备的自动化运行，依靠于大量各式各样的控制程序，这些程序在运行过程中可能会遇到错误或异常，导致设备出现故障。

软件问题通常指的是在制造系统中使用的软件出现的各种异常情况，包括程序崩溃、运行缓慢、功能异常等，这些问题可能是由于软件本身存在缺陷或漏洞引起的。例如，制造系统可能使用的是特定的生产管理软件、控制系统软件或者与设备通信的驱动程序，这些软件如果未经充分测试或者没有及时更新，就可能存在漏洞或不兼容问题。此外，由于制造系统通常需要与其他软件或者硬件进行数据交换和通信，因此通信协议不兼容、数据丢失或者网络延迟等原因也会使软件出现异常。

编程错误是指在设备控制程序的编写过程中出现的错误或者逻辑缺陷，包括语法错误、逻辑错误、边界条件错误等。在制造系统中，设备的控制程序通常由工程师或者编程人员编写，用于控制设备的各种操作和行为。如果在编写程序时存在错误，或者程序逻辑设计不当，就可能导致设备无法按照预期运行或者产生意外行为。例如，一个简单的计算错误可能导致设备在执行特定任务时产生错误的输出结果，或者在某些情况下无法正确响应外部输入信号。

系统故障通常指制造系统中的硬件或操作系统出现的异常情况。硬件故障可能包括传感器损坏、执行器故障、控制器故障等，这些部件的故障会直接影响设备的功能和性能。例如，传感器故障可能导致设备无法正确读取环境数据，执行器故障可能导致设备无法执行预定的动作。操作系统故障则可能导致设备无法正常运行，如操作系统崩溃或出现错误可能会导致设备停机或运行异常。

程序故障会直接影响到系统自动化控制和生产过程的稳定性，导致设备运行不稳定或失去自动控制能力，需要人工干预或停机进行调整，使得生产线的连续性和效率受到影响。程序故障还可能导致数据错误或误判，进而影响到产品的质量，造成资源的浪费和成本的增加。

（4）人为因素故障　制造系统设备的人为因素故障是指由操作人员的错误、疏忽或不当操作所导致的设备故障，包括错误的设备设置、不正确的操作程序执行、维护保养不当等，也是上述三种设备故障的主要来源之一。

错误的设备设置是指在设备安装、调试或更改参数时，操作人员可能做出不正确的配置或设定，这可能由于操作人员缺乏必要的培训、经验不足或疏忽大意所致。例如，当引入新设备或更换生产线时，操作人员可能没有正确地调整设备的参数以适应新的生产需求，导致设备无法正常运行或达到预期的性能水平。

不正确的操作执行是指操作人员在使用设备时未按照正确的操作程序进行操作，可能因为疏忽、疲劳或缺乏培训。例如，在生产过程中，操作人员可能忽略了关键的操作步骤，或者错误地操作了设备控制面板上的按钮或开关。这种行为可能导致设备异常运行、生产中断或设备损坏，甚至危害到人员的安全。

维护保养不当是指操作人员在设备维护保养过程中未按照规定的维护计划和程序进行操作，或者未及时发现和处理设备的潜在故障隐患。这可能是由于操作人员对设备维护保养要求的不了解、疏忽大意或者缺乏必要的维护保养技能。例如，操作人员可能未按时更换设备的易损件或润滑油，未清理设备的积尘或杂物，导致设备的性能逐渐下降，加速部件的磨损和老化。

总的来说，人为因素的故障主要是来自于人员的疏忽和缺乏培训。对于生产单位而言，应当加强对员工技术水平和安全意识的把控，制定详细的操作规程，定期开展培训课程和实践演练，最大限度地减少各类故障的发生概率和造成的损失。

6.2.2 故障预测关键技术

故障预测技术通过对装备状态监测数据的分析，结合其结构特性、运行条件、环境参数以及其历史的运行维护等信息，参照装备未来的使用条件，预测其健康状况的变化情况，故障预测示意图如图 6-11 所示。

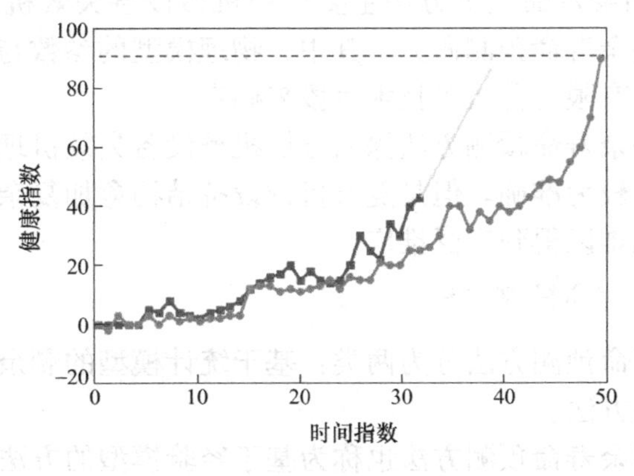

图 6-11　故障预测示意图

1. 监测数据采集方法

状态监测试验是利用各类传感器采集和存储机械设备运行数据，为评估其运行状态及预测剩余寿命提供基础信息。常用的传感器类型包括：振动加速度传感器、声传感器、惯性传感器、压力传感器、冲击传感器、温度传感器等，多类传感器采集到的信号包含丰富的机械设备运行状态信息。随着机械设备健康状态评估技术的不断发展，国内外开展了一系列机械设备状态监测试验。凯斯西储大学轴承数据中心使用电火花加工技术在轴承上布置了三类单点故障，利用振动加速度传感器采集滚动轴承在不同故障状态下的运行数据，被广泛应用于故障诊断领域。

2. 健康因子构建方法

不同于机械设备故障诊断领域提取的特征（主要评估指标为类内间距与类间间距）主要用于识别分类，健康因子作为一类评估机械设备健康状态的特征，其主要作用有两点：①定量评估机械设备运行状态。②不同时刻的健康因子组成性能退化曲线，为剩余寿命预测提供基础数据。因此，评估健康因子性能的指标不仅包括评估精度，还包括对健康因子性能退化曲线的评估指标，如单调性、趋势性、鲁棒性等。目前，构建健康因子的思路主要包括两大类：物理健康因子和虚拟健康因子。随着传感器技术和深度学习方法的不断发展，基于深度学习的机械设备健康因子构建方法也逐渐成为研究热点，但其本质属于虚拟健康因子。

6.2.3 剩余寿命预测方法

机械设备剩余寿命预测定义为“机械设备从当前时刻运行至失效状态时刻的时间间隔”，可表示为 $RUL_k=t_{EO}L-t_k$，其中 $t_{EO}L$ 表示机械设备失效时刻，t_k 表示当前运行时刻，RUL_k 表示当前时刻的剩余寿命。剩余寿命预测是在健康因子组成的性能退化曲线的基础上，预测机械设备从当前时刻运行至失效时刻的时间间隔。目前，剩余寿命预测模型可以分为三大类：基于物理模型的剩余寿命预测方法、数据驱动的剩余寿命预测方法和基于混合模型的剩余寿命预测方法。

1. 基于物理模型的剩余寿命预测方法

基于物理模型的剩余寿命预测方法主要使用机械设备失效机理建立数学模型，描述性能退化过程，开展剩余寿命预测研究。其中，物理模型的参数与材料特性、压力水平有关，通常是利用试验、有限元分析等技术手段来确定。

基于物理模型的剩余寿命预测方法深入分析机械设备失效机理，构建性能退化过程物理模型，因此预测结果较为准确。但是随着机械设备结构愈加复杂，该方法难以建立准确的失效机理模型，因此难以得到广泛推广。

2. 数据驱动的剩余寿命预测方法

数据驱动的剩余寿命预测方法分为两类：基于统计模型的剩余寿命预测方法和基于智能模型的剩余寿命预测方法。

基于统计模型的剩余寿命预测方法也称为基于经验模型的方法，主要是利用经验知识建立统计模型，然后利用历史观测数据确定模型参数，进而得到机械设备剩余寿命的概率分布函数。剩余寿命预测的统计模型在参数估计的过程中考虑了各种随机变量，如时间变化性、单元 – 单元变化性、测量变化性等。

相对于基于统计模型的剩余寿命预测方法要求退化模型已知，智能学习模型能够通过智能算法从监测数据中自主学习机械设备性能退化模式，预测剩余寿命，不需要事先构建物理模型或者统计模型，使其逐渐成为研究热点。目前，在剩余寿命预测领域，常用的智能模型主要包括人工神经网络模型、支持向量机模型、相关向量机模型。

3. 基于混合模型的剩余寿命预测方法

基于物理模型和数据驱动的剩余寿命预测方法均存在一定的局限性。为了充分发挥两者的优势，人们尝试将两种方法相结合，建立基于混合模型的剩余寿命预测方法。传感器采集到的机械设备状态监测数据无法直接反映其性能退化状态，因此，基于混合模型的预测方法一般先利用数据驱动模型，根据监测数据构建反映性能退化过程的健康因子性能退化曲线，然后再利用失效物理模型对机械设备性能退化曲线建模并预测其剩余寿命。基于混合模型的剩余寿命预测方法能够同时融合不同方法的优势，因此受到越来越多的关注。

6.2.4　机械设备健康状态评估发展趋势

通过对研究现状的深入分析，结合大数据背景下机械设备健康状态评估及剩余寿命预测所呈现出的显著特点，具体梳理出以下三点发展趋势。

1. 基于深度学习的机械设备健康因子构建方法

一方面，基于深度学习的健康因子构建模型大多将其作为剩余寿命预测模型的一部分，没有对构建的健康因子及其组成的性能退化曲线进行更深入的研究。健康因子性能将影响剩余寿命预测精度及其预测结果的置信区间大小，进一步影响维修决策的制定。因此，构建能够有效表征机械设备性能退化趋势的高性能健康因子是下一步的发展趋势。另一方面，传感器采集到的机械设备监测数据类型丰富多样，包含一维时间序列数据、二维图像数据、有标签数据、无标签数据等。针对不同的数据类型，如何搭建深度学习网络，深入挖掘不同类型数据中蕴含的性能退化信息是机械设备健康状态智能评估方法的另一个发展趋势。

2. 考虑不确定性的剩余寿命智能预测方法

剩余寿命预测准确性是由预测值和实际值之间的偏差来衡量的，预测的精确性是由一定置信度下的区间大小来衡量的。预测偏差在一定范围内是允许的，偏差过大的预测无法指导预测性维修活动，甚至具有危害性。对于安全关键的设备，人们更倾向于得到较为保守的预测值，即预测的剩余寿命比实际值稍短。剩余寿命预测具有不确定性，在一定置信度下，输出剩余寿命的预测区间，对维修决策有更重要的意义。在相同置信度下，预测区间越小，表明预测的精确性越高。对于智能方法预测剩余寿命而言，提高预测的准确性需要从两个方面着手，一方面要提高数据的质量和数量，另一方面要提高预测方法和算法的性能。因此，在监测数据已知的情况下，提高剩余寿命预测精度、减小预测区间是剩余寿命预测领域的发展趋势。

3. 小样本条件下的健康状态评估及剩余寿命预测方法

目前虽然已经存在一些全寿命周期数据集，但是针对各个不同领域内的测试数据仍然较少。例如，在装备状态监测领域，一方面装备运行次数少、时间短，可采集的数据样本少；另一方面，在实际应用过程中，为了保证作战使用和安全，装备长期处于正常运行状态，很少进入性能退化阶段中后期，从而导致性能退化阶段数据缺失。此外，常用于反映机械设备运行状态的监测数据具有非线性、非平稳性和强噪声等特点，受信号传播途径、传感器位置等因素影响，性能退化特征容易被淹没，获取的数据信号与装备性能退化状态的映射关系也不明确。以上因素均导致复杂机械设备状态监测数据具有数量少、质量不高等特点。因此，探索提高小样本数据下健康状态评估及剩余寿命预测精度问题是复杂机械设备健康状态评估和剩余寿命预测领域的一个发展趋势。

6.2.5 北京奔驰预测性维护案例

案例一：大规模工业机器人的预测性维护

工业机器人是汽车自动化生产线上广泛应用的基础性工业设备，以北京奔驰为例，全厂各车间使用了超过 3500 台工业机器人，遍布所有工艺车间。作为自动化生产线的核心装备，工业机器人的正常运行对于保障生产线运行稳定性至关重要。随着生产线自动化水平以及生产压力不断提高，基于紧急性维修、修正性维修以及预防性维修的传统维修体系体现出以下几个方面的不足：维护成本持续升高、维护效率较低、停机风险增大及设备资产信息难以管理。因此，对大规模工业机器人展开预测性维护是十分必要的，部署工业机器人预测性维护平台可以提高机器人智能装备的可靠性和经济性，提高生产线运行稳定性。

北京奔驰工业机器人预测性维护平台基于戴姆勒生产服务总线系统，如图 6-12 所示，通过对机器人实时数据的抓取、存储、分析，实现信息统计展示、报警地图、设备状态监控、核心部件健康管理及设备信息管理等功能。生产服务总线系统架构如图 6-13 所示。

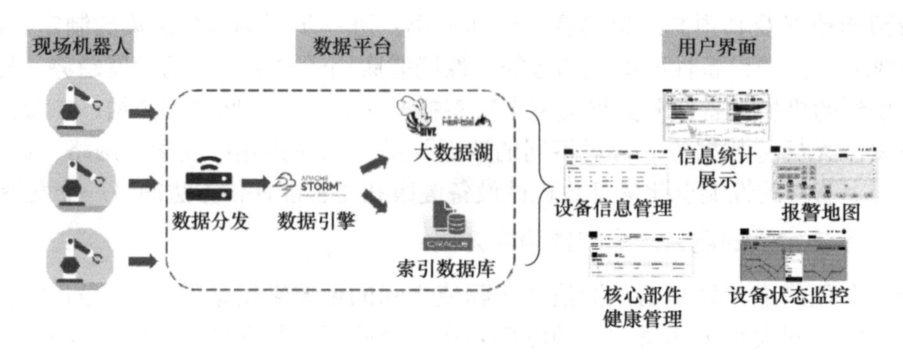

图 6-12 北京奔驰工业机器人预测性维护平台总览

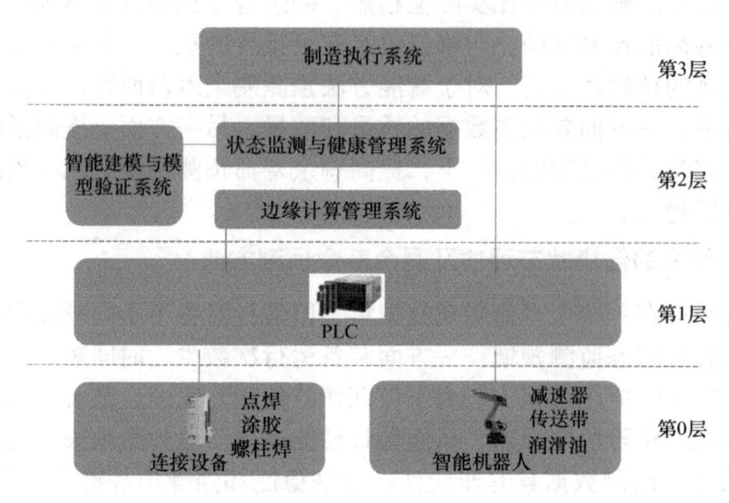

图 6-13 生产服务总线系统架构

预测性维护技术的实施模式多样。在北京奔驰工业机器人预测性维护平台案例中，北京奔驰技术维护部的角色为系统设计、数据及技术提供方，负责平台架构方案制定、功能设计、提供状态监控及预测性模型技术及代码、现场设备 IoT（物联网）功能部署、设备数据接入；IT 咨询商的角色为系统集成商，负责后端数据平台搭建及前端页面设计，如图 6-14 所示。

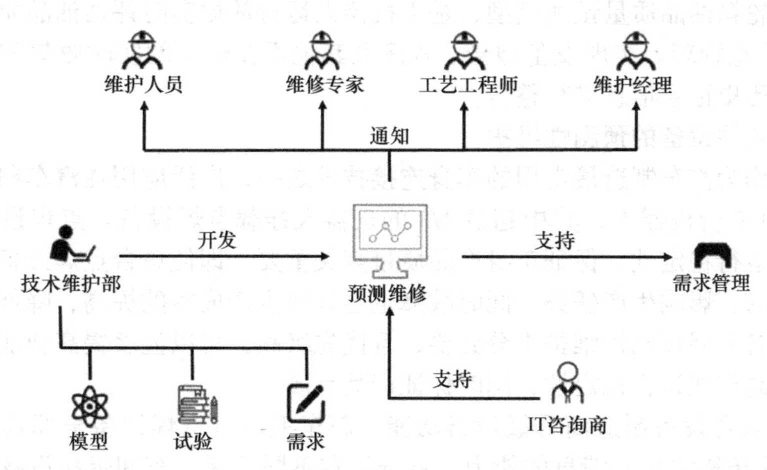

图 6-14 系统角色分工

（1）系统架构 北京奔驰工业机器人预测性维护平台系统架构如图 6-15 所示，主要包括现场工业机器人、数据提取、聚合 API、大数据存储平台、数据处理服务器、前端展示等部分。

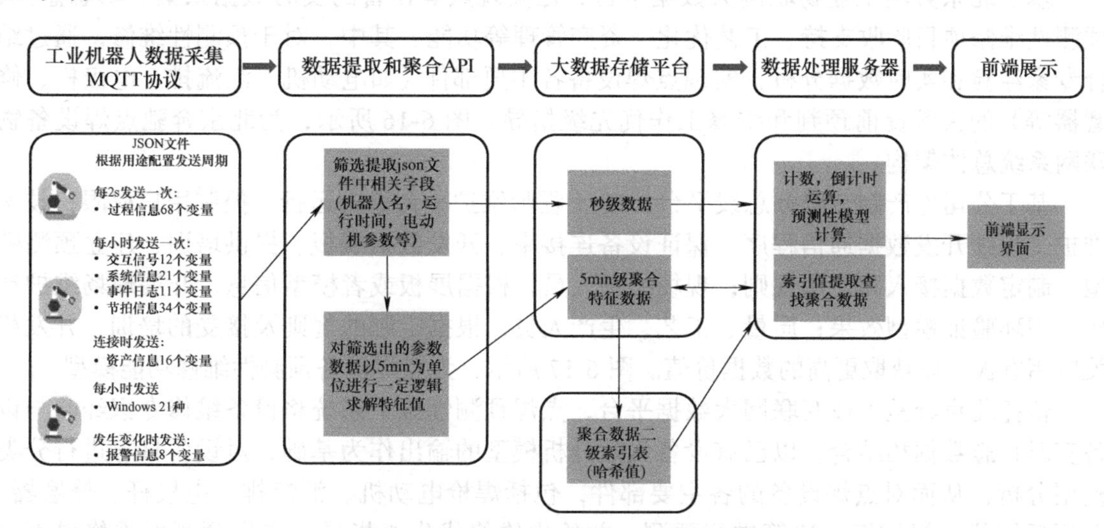

图 6-15 北京奔驰工业机器人预测性维护平台系统架构

（2）功能和方法 北京奔驰工业机器人预测性维护平台可实现机器人信息统计展示、机器人实时状态监控、核心部件监控评估、设备信息管理等，主要功能有：

1）机器人信息统计展示。通过对现场工业机器人状态及报警信息的实时收集、汇总、统计，实现设备信息的可视化展示、趋势分析，并带有联动下钻功能。报警信息还可以在车间地图中实时显示，方便现场设备维护人员及时、准确定位问题。

2）机器人实时状态监控。实现现场机器人核心数据，如电动机温度、电动机扭矩、CPU 载荷等数据的实时展示、历史趋势分析。支持极限值设定、基于卡尔曼滤波器模型的趋势预警监控值设定，并具有自动报警触发功能。

3）核心部件监控评估。实现对于核心部件如齿轮箱油品的监控评估，通过建立基于机器学习的齿轮箱油品质量预测模型，基于机器人运行数据实时评估油品质量。

4）设备信息管理。实现设备型号、程序及其他重要信息的实时收集和展示，并对设备备件、维护历史记录信息进行整合。

案例二：点焊设备的预测性维护

点焊焊接作为汽车制造最常用的车身连接技术之一，广泛应用在汽车制造企业。北京奔驰目前近 4000 台机器人，其中超过 1/3 的机器人挂载点焊设备。点焊设备的正常运行对于保障产线运行稳定性、保证车身产品质量至关重要。即使单台点焊设备故障也会导致整条线生产停滞，影响生产任务，同时故障也会导致生产成本的提高，降低生产率。因此对点焊焊接设备开展预测性维护十分必要，且优先级高，可以显著提高智能装备的经济性和可靠性，提高产线运行稳定性，同时保证产品品质。

北京奔驰联合设备制造商升级设备功能，新车型项目点焊设备全部具备发送 MQTT（消息队列遥测传输协议）消息的能力。将分散在不同厂区、车间焊接设备数据通过制造服务总线传送到大数据中心。用户可以通过前端数据看板直接监控实时数据获取设备状态信息，也可以调用大数据中心的历史数据进行智能算法研究与开发。未来可与第三方云平台进行合作互联，以获取更高的数据价值。

基于北京奔驰工业物联网大数据平台，已实现点焊设备的实时数据采集、状态监控、预测性维修项目验收支持、工艺优化、资产管理等功能。其中，对于预测性维修，通过结合专家经验和实时数据分析，实现点焊设备各主要部件（如电动机、汇流排、电极杆、修磨器等）的失效提前预判和维修工作优先级指导。图 6-16 所示，为北京奔驰点焊设备物联网系统总体架构。

基于公司生产制造服务总线平台，IT 工程师维护平台稳定运行、控制用户权限；技术维护工程师开发数据通信程序、保证设备连接率、开发数据展板、提供培训、建立预测模型、制定数据接入和使用规则；现场维护人员，根据展板或者模型信息，开展现场维护动作，闭环验证模型效果；质量、工艺、生产人员，根据定制的规则及接受的培训，开发相关应用看板，以获取更高的数据价值。图 6-17 所示，为点焊设备预测性维修功能模型。

依托北京奔驰工业互联网大数据平台，点焊预测性维护系统将设备维修专家经验与设备实时日志数据相结合，以已有设备失效分析模型的输出作为基础，对设备日志进行分类模型分析，从而对点焊设备的各主要部件，包括焊枪电动机、汇流排、电极杆、修磨器、电压反馈线、焊控柜电池等进行预测，并给出维修优先级指导。点焊预测性维修界面如图 6-18 所示，上方的筛选和趋势区，可筛选车间和区域，查看整体趋势。功能区每个视图对应一个点焊设备部件的预测性维修，视图标题即为该部件的维修工序内容、标准工时和维修所需生产线状态。视图主体是预测出的各设备位置并带有优先级排序，超过红色阈值线的设备需要预测性检修，将光标放在视图上将显示数据详情。同时，对预测出的点焊设备存疑或需要深度分析时，可通过焊接参数实时监控界面，查看该点焊设备的实时参数趋势，如焊接电流、焊接时间等。

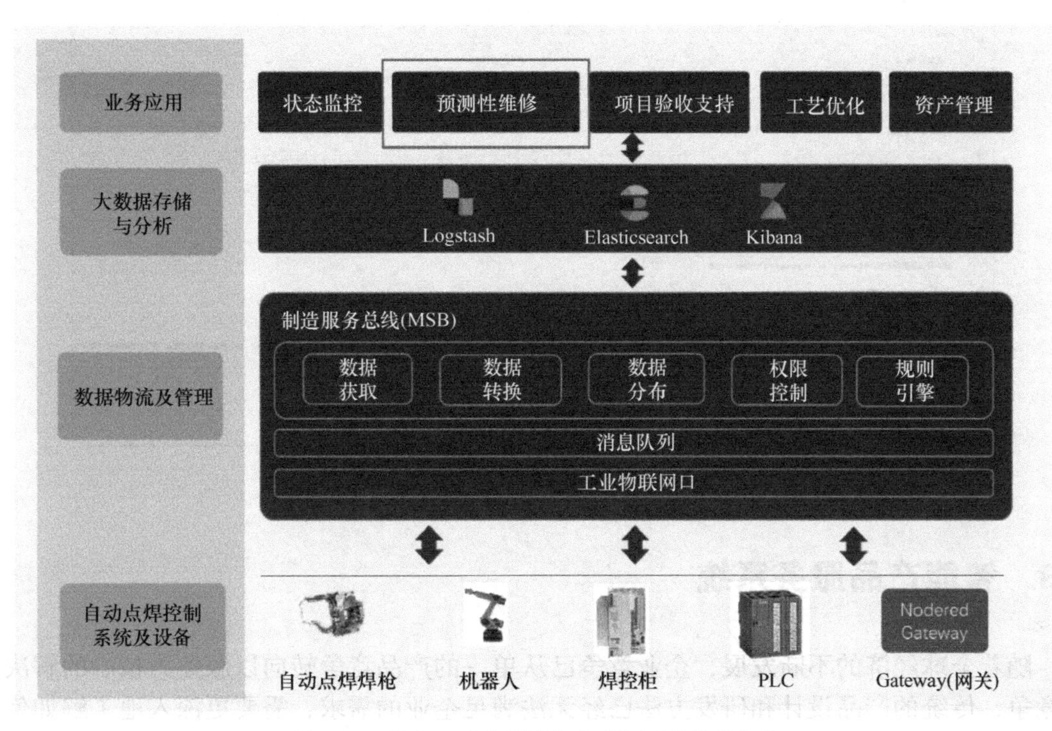

图 6-16 北京奔驰点焊设备物联网系统总体架构

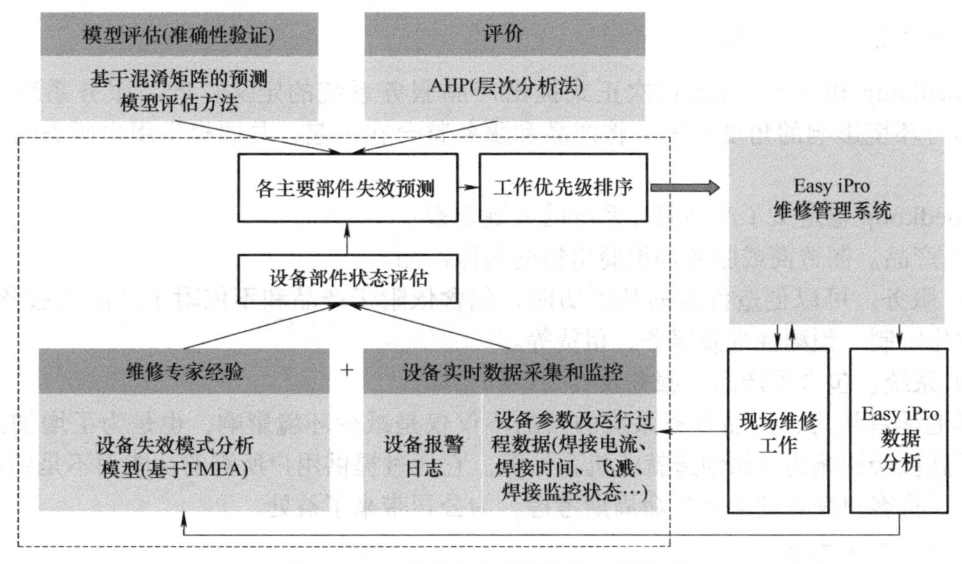

图 6-17 点焊设备预测性维修功能模型

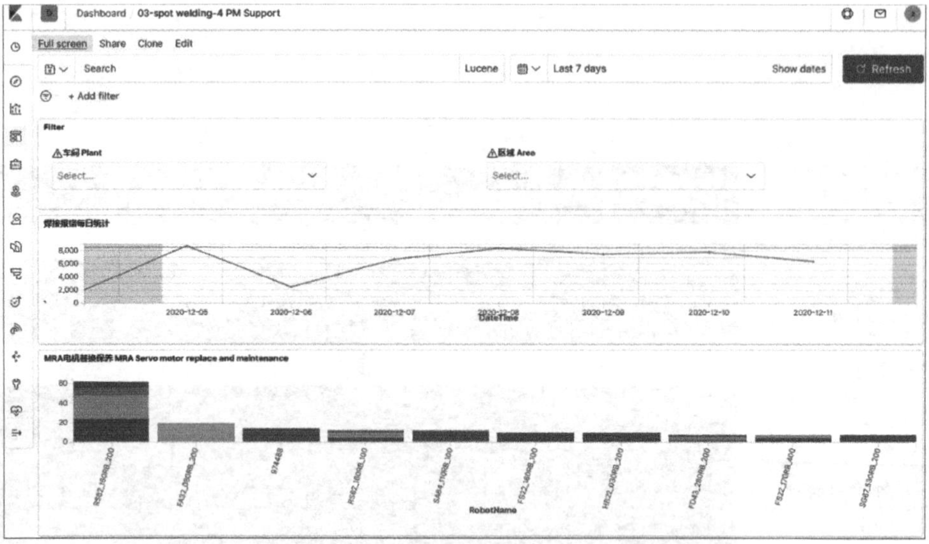

图 6-18　点焊预测性维修界面

6.3　智能产品服务系统

随着全球经济的不断发展，企业竞争已从单一的产品竞争转向以服务为核心的解决方案竞争，传统的产品设计和研发方法已经无法满足企业的需求，需要更深入地了解如何设计和开发具有高附加值的产品和服务，并具备应对快速变化的市场需求的能力。

6.3.1　产品服务系统和智能产品服务系统的概念

1. 产品服务系统定义

Goedkoop 和 Van Halen 首次正式提出产品服务系统的定义：产品服务系统是从降低产品对环境影响的角度出发，将产品和服务整合在一起，共同提供用户所需的功能的系统。

Goedkoop 也定义了产品服务系统的关键要素：

1）产品。制造商或服务提供商出售的实体产品。

2）服务。可以创造价值的某项功能，包含依附于产品和不依附于产品的服务功能，如个性化定制、预测性维修服务、租赁等。

3）系统。包含了产品、服务及其关系的整体。

其他学者认为，产品服务系统的目的不仅仅是减少环境影响，也是为了增加经济效益、提高社会影响力（如创造就业机会）等。它通过提供用户所需的功能而不是销售实体产品，并将客户满意度纳入生命周期考虑，为公司带来了益处。

2. 产品服务系统分类

根据产生价值的目标不同，可将产品服务系统分成产品导向、使用导向和结果导向三种主要类型，如图 6-19 所示。

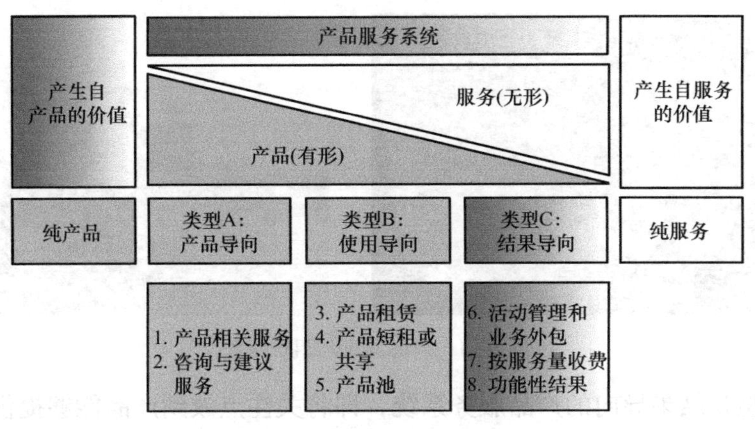

图 6-19 产品服务系统分类

第一种类型是产品导向的产品服务系统。这种产品服务系统将关注点放在产品上，如以产品销售为导向，并附加额外服务。在这种情况下，可能产生的服务有：

1）产品相关服务。即提供与产品使用相关的服务，如预测性维护和备件供应，如图 6-20 所示。

2）咨询与建议服务。即物流优化、产品使用的教育和培训等。

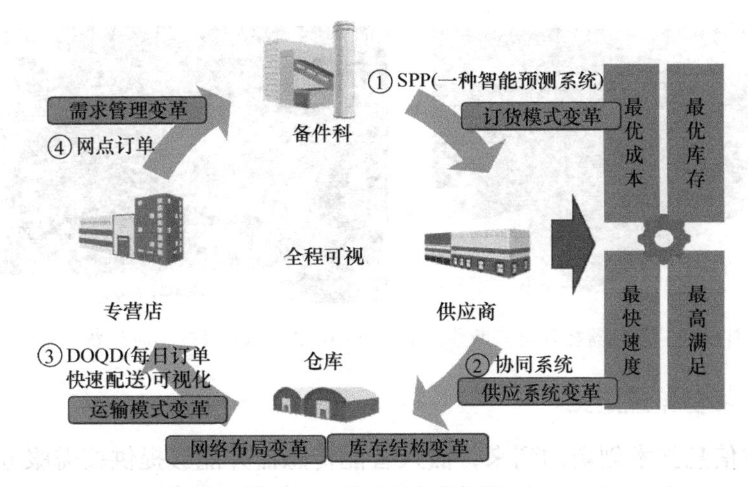

图 6-20 东风日产备件服务

第二种类型是使用导向的产品服务系统。这种产品服务系统将关注点从产品销售转向使用可达性（即一项服务是否能够获得，是否能够使用）。例如，通过租赁或共享，同一件产品可被不同的用户使用，如图 6-21 所示。根据使用时常不同，使用导向的服务包含：

1）产品租赁。在较长的时间内，某一客户获得某一产品的使用权。

2）产品短租或共享。在较短的时间内，如一天内，不同客户相继使用同一个产品。

3）产品池。同一时间内，不同客户可以同时使用同一种产品。例如，智能工厂设施共享，共享物流设施、仓储设施、测试设备等。

图 6-21　产品共享与租赁服务

第三种类型是结果导向的产品服务系统，即将关注点放到产品能够提供的功能上。制造商仍保留产品所有权，客户只需支付使用权所产生的费用，如图 6-22 所示。这种类型的服务包含：

1）活动管理和业务外包。制造商与客户就业务外包达成一致承诺。

2）按服务量收费。与使用导向的服务相似，客户在一段时间内使用某一产品及其服务，但客户只为所使用的基本单位（如按时间、按使用次数、按查询次数等）付费。

3）功能性结果。是服务化最激进的一种形式。客户与制造商仅就服务传递的最终结果达成一致，对于如何完成这一结果不做约束。

图 6-22　服务器托管与劳斯莱斯 Power-by-the-hour（按小时计费）服务

3. 智能产品服务系统定义

随着第三波信息技术创新的到来，嵌入智能传感器并能够提供按需服务的智能互联产品（SCP）出现了，实现了用户与制造公司之间的连接和智能化，促进了数字化服务化。与此同时，随着尖端信息与通信技术（ICT）、网络物理系统（CPS）、大数据分析和人工智能（AI）方法的快速发展，考虑如何开发适当的产品 – 服务捆绑包以提供用户所需功能的 PSS（产品服务系统）开发方法变得更加自动化和智能化。因此，智能化成为产品服务系统的新趋势，智能产品服务系统作为一种新的价值共创商业范式，成为制造商和服务商所重点考虑的运营方式。

智能产品服务系统最初由 Valencia 等提出，定义为：智能产品服务系统是通过将智能产品与服务整合为一种解决方案来满足用户需求的系统。也有学者将这个定义进行了扩展，如智能产品服务系统的扩展定义为：智能产品服务系统是一种为持续满足客户个性化需求，整合了各方参与者，实现智能互联的基础设施、智能产品和服务的系统。智能产品服务系统的关键要素如图 6-23 所示。

1）智能互联产品。即不同智能产品与电子服务的整合体。

2）各方参与者。包含制造商、服务商、用户等参与者。

3）智能互联基础设施。包含物联网设备、传感器、云计算平台等。

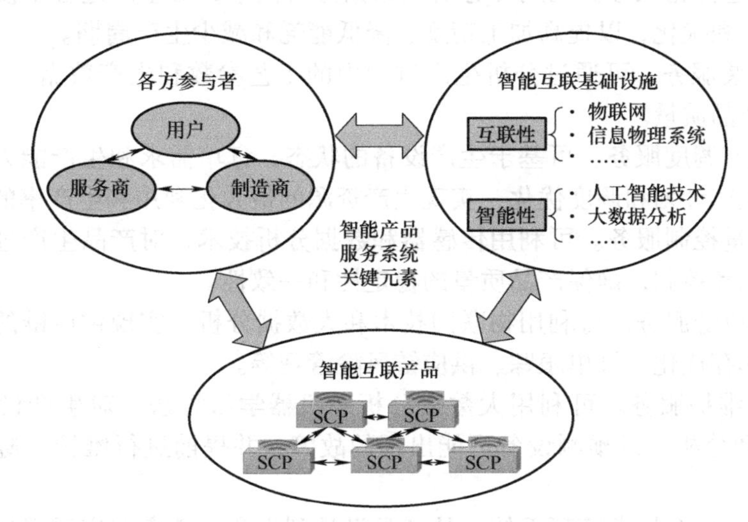

图 6-23 智能产品服务系统的关键元素

4. 概念辨析：工业产品服务系统与服务化制造

近些年，工业产品服务系统与服务化制造两个词共同存在于学术界和工业界，但是，二者表达的是同样的概念。工业产品服务系统（Industrial Product-Service System），是指在 B2B（企业与企业）场景下进行产品规划、开发、产品使用和服务共享的系统；服务化制造（Manufacturing Servitization），即在使用、生产、销售中增加服务。

6.3.2 智能制造中的智能产品与智能服务

1. 智能产品

智能产品是指具有智能化功能的产品，能够通过集成传感器、处理器、软件和网络连接等技术，实现自动化、智能化的操作和控制。这些产品可以收集和分析数据，做出适应性的反应，并与其他设备或系统进行交互。日常生活中的智能产品包括智能手机、智能家居设备、智能穿戴设备等。智能制造中的智能产品则是利用先进数字化、智能化技术改善制造过程效率、质量和灵活性的产品。智能产品包含但不限于：

1）智能机器人可以用于自动化生产线上的专配、焊接、搬运等任务。

2）智能传感器可以检测设备运行状态、环境条件等，并将数据传输到系统中进行监控和分析。

3）智能工件是具有嵌入式传感器和标识的工件，可以用于跟踪工件位置、状态和生产历史。

4）智能物联网设备也可以是智能制造中的智能产品，它是连接到互联网的设备，可用于设备间的通信和数据共享。

2. 智能服务

智能服务是指利用人工智能（AI）、大数据、物联网（IoT）等先进技术，为用户提供智能化、个性化的服务。智能制造领域的典型智能服务有：

1）智能工艺优化服务。利用传感器和数据分析技术，对生产过程中使用的工装和夹具进行实时监测和优化，以提高加工精度、降低能耗和减少生产周期。

2）智能工装服务。可通过分析生产过程中的工艺参数和生产数据，优化生产工艺，提高生产率和产品质量。

3）智能生产调度服务。可基于生产设备的状态、订单需求和生产能力等因素，通过智能算法进行生产计划和调度优化，实现生产资源的最大化利用和生产率的提高。

4）智能质量控制服务。可利用传感器和数据分析技术，对产品生产过程中的关键参数进行实时监测和控制，确保产品质量的稳定性和一致性。

5）智能供应链服务。可利用物联网技术和大数据分析，实现供应链的可视化和智能化管理，包括库存优化、订单跟踪、供应链风险管理等。

6）预测性维护服务。可利用大数据分析和机器学习算法，对生产设备的运行状态进行实时监测和分析，以预测设备可能出现的故障，并提前进行维护，避免生产中断和损失。

7）智能产品生命周期管理系统。从产品设计到生产、销售和售后服务的整个生命周期，实现对产品信息和数据的集中管理和跟踪，提高产品质量和生产率。

6.3.3 智能产品服务系统的开发流程

本小节介绍智能产品服务系统的开发流程。需要注意的是，这里介绍的是如何发现产品与服务组合的方法、如何将产品 - 服务组合解决方案进行个性化配置并提供给合适的用户的开发流程，而非具体某个产品 - 服务组合解决方案（如设备状态监控、用户个性化配置）的详细开发方法，具体的产品 - 服务组合解决方案的开发方法需具体问题具体分析。

1. 产品服务系统开发方法

基本上，产品服务系统有两种开发方法，一种是产品服务化，另一种是服务产品化。产品服务化意味着产品与不可分割的服务相结合。服务产品化则是将服务与产品结合并推向市场。

（1）产品服务化　产品服务化是指制造企业通过增加服务内容来提升传统产品的附加值，为客户提供综合性的解决方案。这一过程涉及将产品与相关的服务相结合，转变为一种以服务为导向的商业模式，如图 6-24 所示。

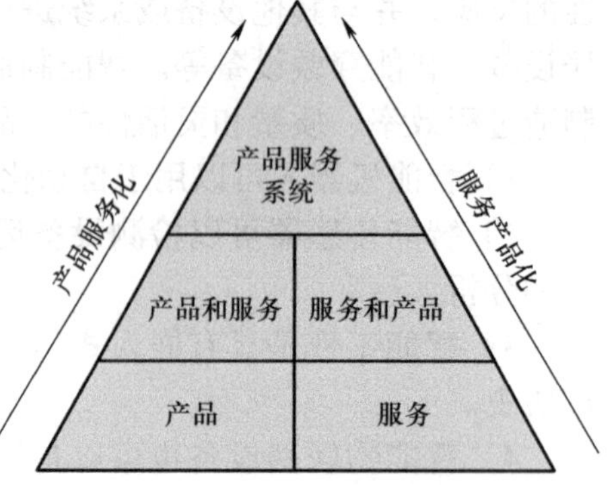

图 6-24　产品服务系统概念演变过程

产品服务化的常见方式有：

1）提供附加服务。企业出售产品的同时，提供附加的售后服务、维护保养、操作培训等。

2）提供增值服务。通过提供额外的服务，如远程监控、定期检查、升级换代等，提升产品的整体价值。

3）提供整体解决方案。将产品与服务打包提供，形成一体化的解决方案，满足客户的综合需求。

（2）服务产品化 服务产品化是指服务企业将原本无形的服务进行标准化、模块化和商品化处理，使其像产品一样可以被打包、定价和销售。这一过程涉及将服务内容进行具体化和可交付化，以便客户能够明确理解和消费。

服务产品化则的常见方式有：

1）服务标准化。将服务流程和内容进行标准化，形成可重复、可预测的服务产品。

2）服务模块化。将复杂的服务分解为独立的模块，客户可以根据需求选择组合。

3）服务商品化。将服务明确化，使其具有明确的特性和价格，方便客户购买和使用。

许多学者都为产品服务系统开发方法做出了贡献，包含从产品设计衍生出的方法（如质量功能展开、设计结构矩阵）和从服务设计衍化出的方法（如服务蓝图或旅程地图）。因为本书主题为智能制造工程，主要面向制造场景，多是先有产品 / 设备 / 装备和生产线，后有依附于产品的服务，故本小节只讨论从产品设计衍生出的产品服务系统开发方法。

产品设计开发流程包含四个主要阶段，即项目开发规划、概念开发、系统级设计和详细设计。项目开发规划主要是确定项目机会，评估和优先考虑项目，分配资源并计划时间等。概念开发主要是解决问题的解决方案，即产品规格，将被确定为此阶段的输出。产品规格可以通过识别客户需求、概念生成、概念评估和产品规格的识别来确定。系统级设计主要是确定产品的架构，将整个产品分解为子系统和组件。详细设计主要是确定所有独特组件的布置、材料、公差、表面性质等。详细设计之后还包含制造、销售、运维、回收等。这些阶段共同构成了产品生命周期。

产品 – 服务组合解决方案配置主要发生在设计阶段，即发生在需求分析、概念设计、详细设计阶段中。在设计阶段中，产品和服务尚未成型，产品 – 服务组合解决方案配置过程如图 6-25 所示。

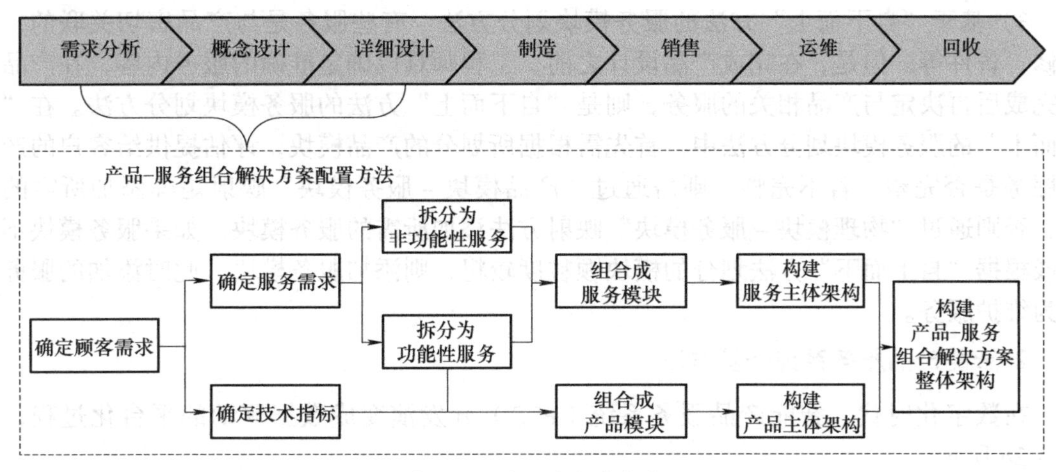

图 6-25 产品 – 服务组合解决方案配置过程

首先，需建立一个面向服务配置的模块化平台，用于个性化产品 - 服务组合解决方案配置，它应包含模块化的产品、服务，以及收集顾客、制造商等利益相关者相关数据的通信平台和分析平台。在需求分析、概念设计和详细设计阶段，应收集客户需求，并将客户需求转换为技术指标和服务需求。服务需求包括功能性服务和非功能性服务，通过模块划分形成服务模块结构。在产品的模块化设计中，通过分析技术指标和功能性服务，使用适当的模块划分方法构建物理模块结构。最后，通过关联规则，建立产品 - 服务组合解决方案的主结构，并形成面向服务配置的模块化平台。产品 - 服务组合解决方案的模块划分过程是服务模块划分和产品模块划分的交互过程，两个模块相互影响。模块划分过程可以分为三个步骤。

1）基于“自上而下”方法的服务模块划分方法。根据服务之间的关系，服务模块可以划分为功能相关、类别相关和过程相关，通过计算服务之间的关联性建立综合关联矩阵，从而确保划分的模块能够最大限度地满足需求。为此，使用质量功能展开（Quality Function Deployment，QFD）将顾客需求转化为服务功能。QFD 是一种基于客户需求衍生的产品开发方法，其核心内容是需求转换。QFD 方法的工具是质量屋，这是一种直观的矩阵表达形式。

2）基于“自上而下”方法的产品模块划分方法。该方法具体步骤如下：

步骤 1：从用户需求出发，用户需求包括产品的基本功能需求和功能性服务需求。通过质量屋，将基本功能需求和功能性服务需求转换为总体功能和子功能的产品，并完成产品功能分解。

步骤 2：建立功能和结构映射矩阵以划分物理模块。根据功能和结构分析产品子结构的关联性，实现“功能域 - 结构模块域”的映射。产品功能与结构的模块矩阵关系反映了功能与结构之间的映射关系和相关程度。产品结构模块的自相关矩阵表示模块变化对其他产品结构模块的影响程度。

步骤 3：根据功能关联矩阵分析功能和结构之间的关联度，可以从不同层次获得物理模块划分方案。

步骤 4：根据物理模块之间的关系建立物理模块的主结构。

基于“自上而下”方法的产品模块划分方法同样可以使用 QFD 方法实现。

3）基于“自下而上”方法的服务模块划分方法。有些服务是与产品密切关联的，如维修、备件等。但是，在完成产品设计之前，工程师难以确定准确的服务内容，在产品设计完成后再决定与产品相关的服务，则是“自下而上”方法的服务模块划分方法。在“自下而上”的服务模块划分方法中，首先需根据所划分的产品模块，评估提供给客户的产品与服务是否完整。若不完整，则需通过“产品模块 - 服务模块”映射矩阵添加所需的服务，否则通过“物理模块 - 服务模块”映射方法添加所需的服务模块。如果服务模块不存在或根据“自上而下”方法划分的模块颗粒度较粗，则添加服务模块，此时添加的服务主要为维护服务。

2. 智能产品服务系统开发方法

在数字化时代，智能产品服务系统（PSS）开发演变成数据驱动的平台化过程，如图 6-26 所示。

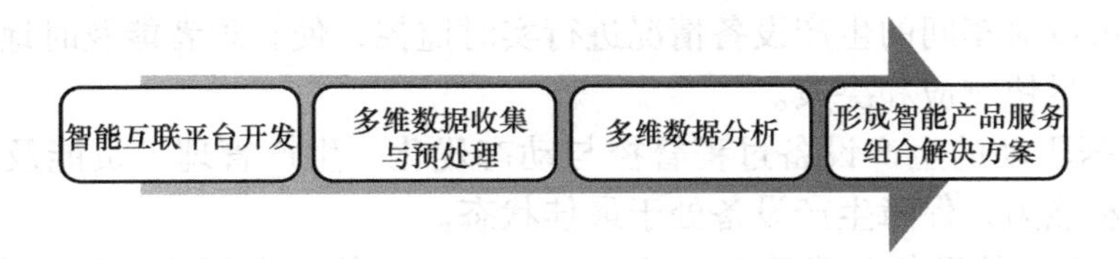

图 6-26 智能产品服务系统开发流程

基于数据驱动的平台化过程涉及收集和分析用户生成的数据和与产品相关的数据，旨在升级当前的智能互联产品（SCP）及其服务或生成新的产品服务组合。在这个过程中，首先，在智能 PSS 的开发过程中，连接 SCP 和利益相关者（包括用户和服务提供者）的平台是至关重要的。该平台可以是一个应用程序、网站、平板计算机或任何可以在 SCP 和利益相关者之间进行交互的屏幕。其次，应该在平台上预定义将收集哪些类型的数据。值得注意的是，数据收集过程需要得到用户的同意。若进一步的数据分析还需要数据预处理。再次，可以通过 4V 数据分析过程来分析产品服务组合的性能和用户反馈，包括容量（Volume）分析、速度（Velocity）分析、多样性（Variety）分析和价值（Value）分析。随后，可以推断出隐含的用户需求、潜在的故障和预测的维护持续时间。最后，服务提供商可以升级其现有的智能产品服务组合或生成新的产品服务组合。

6.3.4 广汽智能服务系统设计应用案例

1. 顾客个性化定制生产

广汽采用全球领先的 C2B（消费者到企业）业务模式，提供海量定制方案。通过高度柔性、智能的制造过程打造专属座驾，让用户深度参与互动，享受个性化体验。顾客个性化定制生产相关的制造服务有：

（1）可配置 BOM（物料清单）管理实现汽车模块化组合选配　通过 G–BOM（通用物料清单）系统和研究院 PLM 系统的协同，打造可配置 BOM 管理，并根据订单选配解析生成一台车一个订单一个专属 BOM，指导后续生产、物流。

（2）车主 App 建立高度用户黏性的销售生态圈的 C2B 平台　以客户对汽车产品个性化需求提取和定制化服务体验为目标，构建以客户为核心的客户入口管理、电商服务、个性化需求管理、车型配置和智能服务等 C2B 平台系统，实现客户个性化定制需求接入和智能服务。

（3）基于复杂装配约束条件的计划高级排产、基于 JIT（准时制）、JIS（顺序制）的物流协同　制造执行系统根据前端传送的一车一订单一 BOM，识别车辆具体车型、派生、颜色等配置，结合车间设备开动率等排产条件进行自动智能排序，生成生产排序订单，并展开至各车间、各线体的生产计划，根据单车特征信息准确下发个性化定制车辆设备生产指令，并指示现场操作人员识别个性化定制信息，准确装配，精确适应定制化生产。

2. 全程生产监控与指挥

广汽实现的全程生产监控与指挥相关服务包括：

（1）全厂级生产过程中央监控　通过已经构建的车间工业互联网来采集生产过程中的实时数据，并按权限进行数据共享与可视化显示。全厂级的 PMC（生产计制与物料控制）生产监控可以对车间的生产设备情况进行实时监控，使管理者能及时地掌握生产第一线的情况，以便尽快响应和决策。

（2）大数据驱动的生产设备过程管控与动态优化　生产管理人员能及时掌控生产设备的运行状况和能力，保障生产设备处于最佳状态。

1）基于互联网的设备台账管理与监控。系统对新能源车辆生产过程中用到的备品、备件的出入库记录管理，可以详细记录到备品、备件使用情况，最大限度地保证现场生产。对备件、备品的领用、借还等记录及备件的库存进行管理并预警，实现设备的台账、维修、点检、保养等生命周期管理。

2）基于大数据的设备远程故障诊断与维修维护。系统对设备PLC的数据采集，获取大量的原始数据，对设备运行的状态进行收集、清洗、提取等环节，为设备的分析预测提供基础。和供应商建立远程连接，及时获取设备异常事件及其原因，并建立异常解决办法，通过互联网络发送到维修中心进行维修维护安排。同时，根据自动化设备的运行状态，实时采集设备的起/停及故障信息，生成设备故障维护请求，根据故障原因、停机时间进行统计分析，并生成维修经验库，指导设备的维护工作，实现设备的闭环管理。

3）基于物联网的能源精细化管控。MES对冲压、焊装、涂装、总装车间自动线、手工线设备的实时能耗信息进行采集和记录，能源管理人员可以通过系统获取车间运行的设备能耗情况，通过系统导出能源监控相应报表，如图6-27所示。

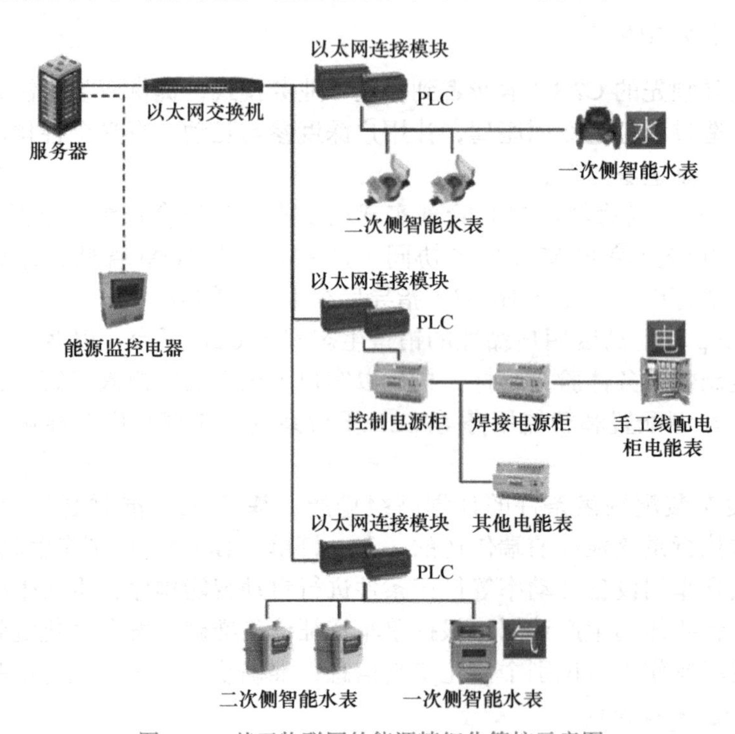

图6-27　基于物联网的能源精细化管控示意图

① 能源数据采集和监控。系统对冲压、焊装、涂装、总装车间的所有生产线的各个智能电表进行电能采集，实时查看变压器稳定运行的各项参数（如变压器温度、电流、相

间电压等)。远程监控蒸汽管网压力、温度、流量情况，连续监视电能波动，故障发生瞬间启动录波记录、开关状态变位记录、故障后长时间包络线记录、继电保护动作时间和顺序记录，为科学指挥、调度管网设备起停、保障管网压力平衡、流量稳定，掌握用电负荷规律，及时发现和预测故障等提供实时监控数据依据。

② 能源数据分析。MES 提供能源数据进行各种能耗分析，相关人员查看能耗报表和分析报表，经过大量能耗数据的分析工作，计划下一步节能降耗的方案，按照能源分析的结果，调整生产模式，改造设备，如图 6-28 所示。

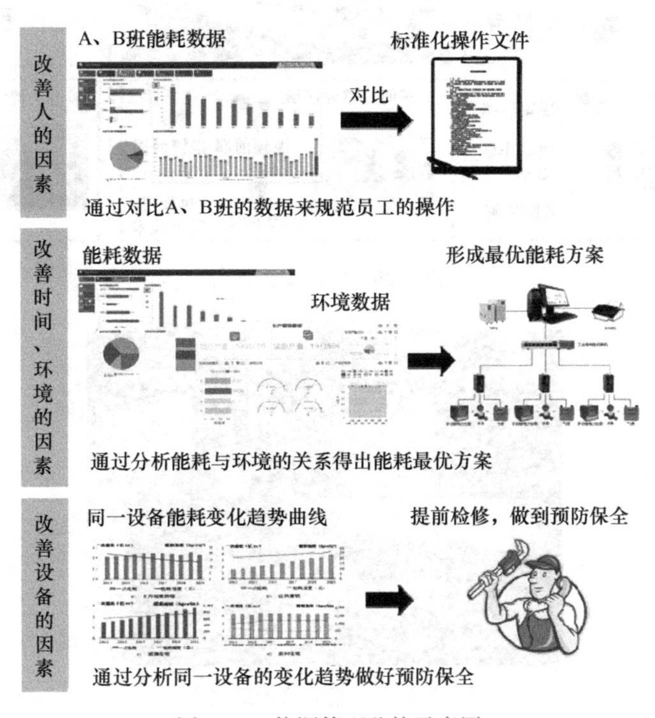

图 6-28 能源管理监控示意图

3. 智能化厂区

通过建设智能安防设备，如图 6-29 所示，运用高清视频、热成像、人脸识别等技术，部署人工智能深度学习的分析服务器，实现可视化的集中管理综合平台。做到事前及时预防、事中及时响应，打造安全、智慧、绿色平安园区。

在重点防爆区域部署具备热成像温度感应功能的摄像机，运用先进数字视频分析技术，革命性地实现防火预警功能。其温度检测设置阈值低至 60℃，一般可燃物表面燃点 200 ～ 295℃，响应速度比常规烟雾感应快三倍以上。

在厂区东、南、北侧围墙，以及重要防护区域设置具有入侵报警功能的视频监控，当有人员或可疑物品翻越，监控中心将自动弹出报警信息，便于值班人员迅速发现并及时应对，构筑稳固的 7 × 24 × 365 可视周界，如图 6-30 所示。

导入厂区地图实现监控点位全方面平面化可视管理，随时监控安全设备状态，以及迅捷地调取实时监控录像和回放。

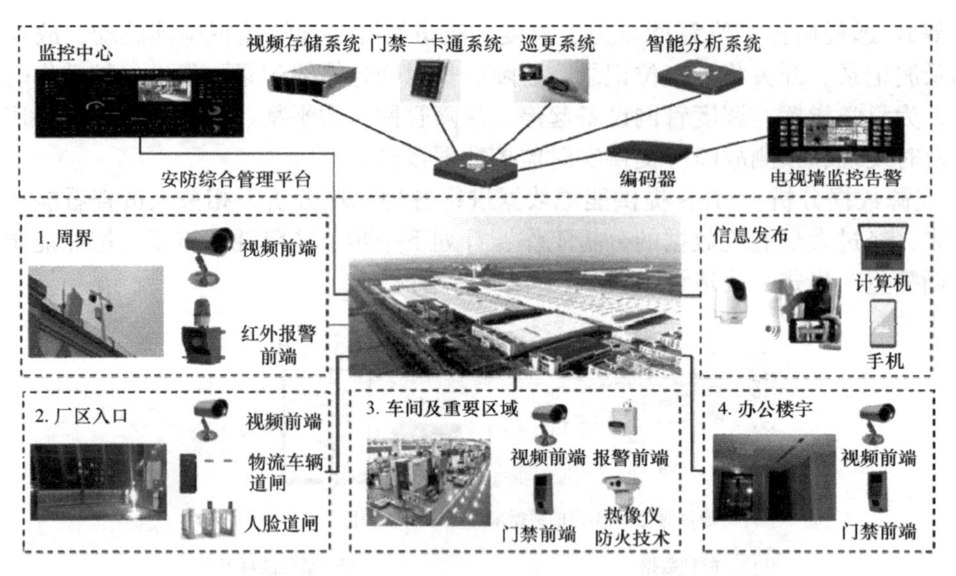

图 6-29　智能安防设备

图 6-30　视频监控运用

本章小结

本章针对智能制造系统中的运维与服务阶段，介绍了“云网边端”智能运维与服务一体化架构、故障预测与健康管理、智能产品服务系统等概念，以及实现“云网边端”智能运维与服务一体化架构的基础设施、故障预测与健康管理的典型方法、开发智能产品服务系统的方法流程，并对每部分提供了案例解释。

习题

6-1　请解释什么是“云网边端”智能运维与服务一体化架构。

6-2　请举例制造场景下的典型故障。

6-3　请列举三个典型故障预测方法。

6-4　劳斯莱斯“按小时计费”服务，对我国制造业生产有哪些借鉴意义？

6-5　请思考智能工厂环境下，有哪些智能产品、智能服务以及智能产品服务系统？

第 7 章 "绿色低碳先行"的供应链协同管控

学习目标

1. 能够准确掌握绿色低碳供应链的基本概念、技术及其重要性。
2. 能够准确掌握绿色低碳供应链的组成部分和实施方法。
3. 能够准确掌握绿色低碳供应链的协同管控策略。
4. 能够准确掌握绿色低碳供应链的碳资产管理以及应用。

知识点思维导图

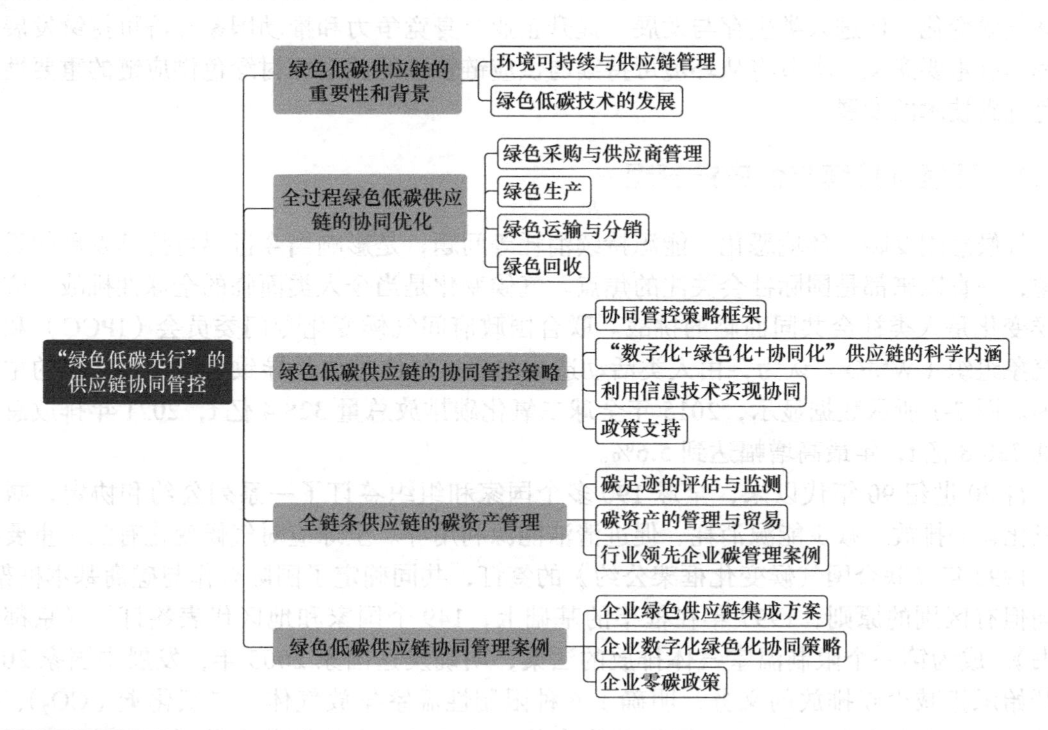

导读

当前全球愈发重视环保与可持续发展。本章通过引入绿色低碳供应链的重要性和背景，从全过程协同优化的视角，系统探索绿色采购、绿色生产、绿色运输、绿色分销和回收等关键环节。同时，本章还将探讨供应链管理中绿色低碳策略的实施框架与方法，深入研究供应链碳资产管理方法，并通过金风科技的案例，展示零碳政策在供应链管理中的实践应用。通过本章内容的学习，读者将掌握实施绿色供应链协同管控所需的理论知识和实践技能，理解其对企业竞争力和社会责任的双重影响，为构建可持续发展的绿色低碳供应链提供支持。

本章知识点

- 绿色低碳供应链的基本概念、技术和重要性
- 绿色低碳供应链的管理构成
- 绿色低碳供应链协同管控的实施策略
- 供应链的碳资产管理方法
- 绿色低碳供应链协同管理的案例应用

7.1 绿色低碳供应链的重要性和背景

随着对环境问题的重视，对供应链管理的要求逐渐呈现出绿色低碳的新趋势。绿色低碳供应链管理是一种兼顾环境保护、资源利用效率和经济效益的现代管理模式，其在应对全球气候变化、促进人类生存与发展、提升企业自身竞争力和推动国家经济可持续发展方面都具有重要意义。本节将从环境可持续与供应链管理的关系探讨绿色供应链的重要性和绿色低碳技术的发展。

7.1.1 环境可持续与供应链管理

气候急剧变暖、环境恶化、能源持续消耗等问题，是影响当今世界可持续发展的重大问题，一直以来都是国际社会关注的焦点。气候变化是当今人类面临的全球性挑战。应对气候变化是人类社会共同面临的挑战。联合国政府间气候变化专门委员会（IPCC）和世界气象组织（WMO）认为，由人类活动造成的温室气体排放是导致全球气候变暖的主要原因。图 7-1 所示数据显示，2015 年全球二氧化碳排放总量 328.4 亿 t，2021 年排放总量达到 338.8 亿 t，年最高增幅达到 5.6%。

自 20 世纪 90 年代以来，全球 190 多个国家和组织签订了一系列公约和协定，减少二氧化碳的排放、减少能源消耗、促进清洁能源利用等。全球应对气候变化有三个重要事件，1992 年《联合国气候变化框架公约》的签订，共同确定了国际合作与磋商基本框架、共同但有区别的原则；1997 年在框架的基础上，149 个国家和地区代表签订了《京都议定书》，成为第一个限制温室气体排放的法案，明确发达国家 2005 年，发展中国家 2012 年开始承担减少碳排放的义务，明确了 6 种限制性温室排放气体，二氧化碳（CO_2）、甲烷（CH_4）、氧化亚氮（N_2O）、氢氟碳化合物（HFCs）、全氟碳化合物（PFCs）、六氟化硫（SF_6）。《京都议定书》的颁布，冲击到了钢铁、石化和电子等与汽车密切相关的行业。2016 年签订了《巴黎协定》，确立了以“国家自主贡献”为主体的全球变化治理体系，明

确把气温升幅限制在工业化前水平以上，低于 2℃之内，并努力将气温升幅限制在工业化之前水平以上 1.5℃以内。截至 2020 年底，共有 190 个缔约国签订了协定。

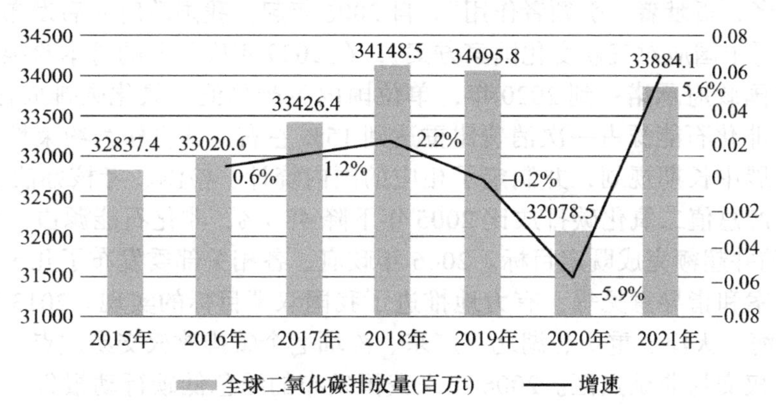

图 7-1 2015—2021 年全球二氧化碳排放量

从全球视角看，2020 年是“碳中和元年”，各国在更新国家自主贡献目标的同时分别提出碳中和目标，全球开启了迈向碳中和目标的国际进程。截至 2024 年 5 月，全球已经有 151 个国家和地区提出了碳中和目标。其中，大部分计划在 2050 年实现，如欧盟、英国、加拿大、日本、新西兰、南非等。一些国家碳中和时间更早，如乌拉圭提出 2030 年实现碳中和，芬兰 2035 年，冰岛和奥地利 2040 年，瑞典 2045 年，苏里南和不丹已经分别于 2014 年和 2018 年实现了碳中和，已经进入负排放时代。我国宣布在 2060 年实现碳中和。表 7-1 详细记录了世界部分国家和地区承诺碳中和时间。

表 7-1 世界部分国家和地区承诺碳中和时间

国家和地区	碳中和年限	进展
苏里南、不丹	已实现	已实现
乌拉圭	2030 年	政策宣示
瑞典、瑞士、苏格兰	2045 年	已立法
英国、法国、丹麦、新西兰、匈牙利	2050 年	已立法
欧盟、西班牙、智利、斐济	2050 年	立法中

1. 政策法规与市场驱动

与发达国家相比，我国面临的碳排放挑战巨大。一是我国是世界排放大国，且仍处于快速增长阶段。我国是人口大国、生产大国、消费大国、出口大国，也是排放大国。根据国际能源署（IEA）统计数据，2019 年我国碳排放总量达 98.25 亿 t，占世界排放总量的 28.8%。一是我国工业化时间相对较短，第二产业占主体的产业结构和石油化石能源占比很高的能源结构密切相关。二是碳达峰、碳中和时间紧任务重。欧盟、美国、日本等国历史碳排放总量、人均历史碳排放总量远远高于我国等发展中国家。同时这些发达国家从碳达峰到碳中和的时间有 40 ～ 50 年，远远长于中国的 30 年。三是我国经济发展不平衡，随着一些地区人民生活水平的持续改善，人均生活用碳在近年内排放消耗仍将会继续提高。

在此背景下，我国政府积极建设性参与气候治理多边进程，“在全球生态文明建设中发挥重要参与者、贡献者、引领者作用”。自2006年起，我国政府先后发布《气候变化国家评估报告》《中国应对气候变化国家方案》，在2009年底召开的哥本哈根会议上，温家宝总理代表中国政府承诺：到2020年，单位国内生产总值二氧化碳排放比2005年下降40%～45%，非化石能源占一次消费比重达到15%左右，其将作为约束性指标纳入国民经济和社会发展中长期规划，并制定了相应的国内统计、检测、考核办法。2019年，我国单位国内生产总值二氧化碳排放比2005年下降48.1%，非化石能源占一次消费比重为15.3%，已提前并超额完成既定目标。2006年政府、各相关部委发布了几十项绿色低碳活动、报告、方案和指导意见等，有力地推进了我国双碳目标的实现。2013年至今，我国启动北京、上海、天津、重庆、湖北、广东、深圳七个碳排放权交易试点，以及福建、四川两个碳排放权交易非试点区。2006年来我国发布的绿色低碳行动报告、方案、指导意见等见表7-2。

表7-2　2006年来我国发布的绿色低碳行动报告、方案、指导意见等

时间	发布主体	活动、报告、方案、指导意见等	行动内容
2006年	中国政府	《气候变化国家评估报告》	
2007年	中国政府	《中国应对气候变化国家方案》	
2009年	温家宝	哥本哈根会议	到2020年，单位国内生产总值二氧化碳排放比2005年下降40%～45%，非化石能源占一次消费比重达到15%左右
2020年	习近平	第75届联合国大会	2030年前达到峰值，2060年前实现碳中和
2020年12月	工业和信息化部	《关于推动钢铁工业高质量发展的指导意见征集稿》	推进产业间耦合发展，构建跨资源循环利用体系，力争率先实现碳排放达峰。能源消耗总量和强度均降低5%以上，水资源消耗强度降低10%以上，水的重复利用率达到98%以上
2020年12月	生态环境部	《纳入2019—2020年全国碳排放权交易配额管理的重点排放名单》	纳入名单共2225家发电行业重点排放单位
2021年1月	生态环境部	《碳排放权交易管理办法(试行)》	2月1日开始实施，全国碳排放权交易体系正式投入运行，成为全球最大的碳市场
2021年1月	生态环境部	《关于统筹和加强应对气候变化与生态环境保护相关工作的指导意见》	各地要结合实际提出积极明确的达峰目标，制定达峰实施方案和配套措施。鼓励能源、工业、交通、建筑等重点领域制定达峰专项方案。推动钢铁、建材、有色金属、化工、石化、电力、煤炭等重点行业提出明确的达峰目标并制定达峰行动方案
2021年6月	生态环境部	《关于加强高耗能、高排放建设项目生态环境源头防控的指导意见》	明确“将碳排放影响平均纳入环境影响评价体系”，各级生态环境部门和行政审批部门应积极推进“两高”项目环评开展试点工作
2023年2月	国务院	《质量强国建设纲要》	提出树立质量发展绿色导向，包括开展重点行业和产品资源效率提升行动、加快低碳零碳负碳技术攻关、推动高耗能行业低碳转型等

综上，在外部环境的急迫需求下以及内部政策的要求下，落脚到智能制造行业的供应链角度，迫切需要采取有效措施来构建绿色低碳的供应链管理，为实现碳排放峰值和碳中和目标做出贡献。

2. 绿色供应链管理的具体表现

供应链中的企业在碳减排的过程中扮演着关键角色，同时绿色低碳化的供应链管理对实现企业、行业乃至国家层面的碳减排目标至关重要。这是因为供应链的各个环节都可能产生碳排放。通过优化供应链管理，可以提高资源利用效率，降低碳排放强度，从而有助于实现环境的可持续发展。如图 7-2 所示，具体表现在以下四个方面。

（1）绿色采购　选择符合环保标准的供应商，通过选择绿色、低碳、环保的产品和服务，以及对仓储作业进行优化，采用智慧仓库等措施可以降低供应链上游的碳排放。

（2）绿色物流与分销　通过智能路线规划、全程物流跟踪、优化物流运输工具和方案，以及智能车船调度等手段，可以提高运输效率，减少能源消耗和碳排放。

（3）绿色制造　创新和应用清洁生产、节能减排技术，减少生产过程中的能源消耗和废物产生，提高能源和材料的利用率；优化生产流程，采用低碳、环保的生产技术和工艺，降低生产过程中的碳排放。

（4）绿色回收　企业研发人员在产品设计和包装设计阶段考虑环境影响，选择可持续的材料和工艺，设计易于回收和再利用的产品，使用可再生和可降解材料，减少产品生命周期结束后的废弃物；建立产品回收机制，通过逆向物流加强废弃物回收和处理，减少环境污染，实现资源的循环利用和降低碳排放。

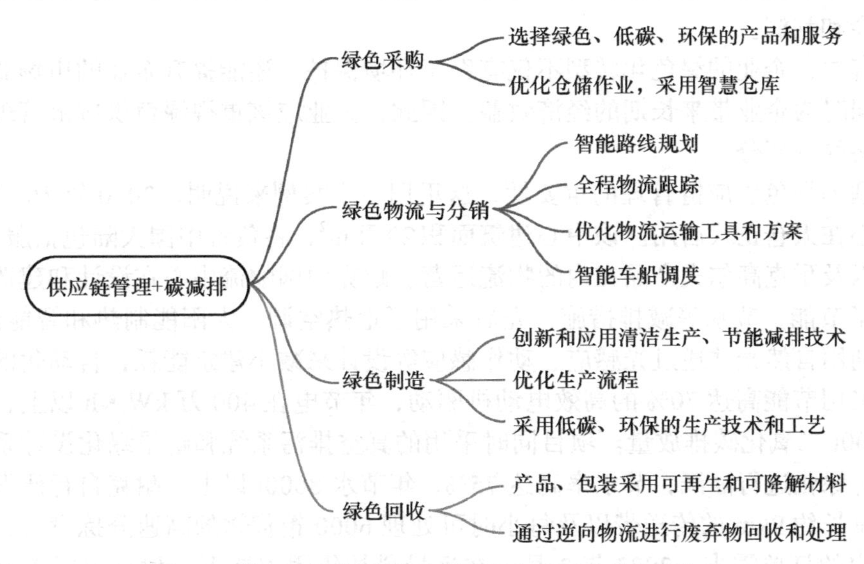

图 7-2　供应链在碳减排与环境可持续发展中的关键作用

此外，环境问题对供应链的稳定性和可持续性构成严重威胁。气候变化导致的极端天气事件，如洪水、干旱和风暴，会影响物流运输的效率和安全性，从而威胁到供应链的稳定性。

考虑到供应链管理运营过程中实施的绿色低碳措施，以及环境问题对供应链运作产生的负面影响，可以得出结论：面对环境挑战，采纳绿色低碳的供应链管理策略，是实现经济发展与环境保护和谐共进的有效手段。这种策略不仅有助于缓解环境压力，还能增强供应链的韧性和可持续性，进而推动经济与生态的双重收益。

3. 绿色供应链管理的重要性

在当今世界，环境问题日益突出，公众对环境保护的意识不断增强。因此，环境可持续性已成为企业供应链管理中不可忽视的因素。企业不仅要关注产品的生产过程，还要关注原材料的采购、产品的运输以及废弃物的处理等各个环节的环境影响。

首先，从宏观角度，绿色低碳供应链是实现双碳目标、保护环境的重要途径。企业通过实施绿色供应链管理，可以减少环境污染。

其次，碳达峰、碳中和目标对企业供应链管理的挑战与机遇。碳达峰、碳中和目标的提出，对企业供应链管理带来了前所未有的挑战。企业需在供应链的各个环节中降低碳排放，实现绿色发展。这不仅对企业供应链管理提出了更高的要求，也为企业提供了转型升级、创新发展的机遇。

再次，绿色供应链管理可以帮助企业提高资源利用效率，从而降低生产成本。这种管理方式不仅能使企业在激烈的市场竞争中获得优势，对于那些严重依赖自然资源的企业来说，绿色供应链管理更是一种确保其长期发展的必要手段。

最后，在环境问题日益受到关注的今天，绿色供应链管理对企业声誉与品牌形象会产生重要的影响，公众对企业的环境责任有着更高的期待。提高产品的环境友好性，从而赢得公众的信任和支持。这种信任和支持将转化为企业的声誉和品牌形象，为企业带来更多的商业机会和利润。

总而言之，企业的绿色化转型不仅有助于环境保护，还能提升企业的市场竞争力和品牌形象，同时为企业带来长期的经济效益。因此，企业应该重视绿色供应链管理，将其作为企业战略的一部分。

为了理解绿色供应链管理的重要性，这里用一个案例来说明。2010 年 10 月，耐克中国物流中心在太仓正式启用。该中心建筑面积20万m^2，将负责中国大陆包括服装、鞋类、运动装备以及耐克高尔夫产品在内的物流运营。耐克中国物流中心在设计和建造过程中就充分考虑了节能、节水等减排措施，先后采用了地热空调、太阳能制热和智能建筑管理，同时充分利用自然光并通过光感应、动作感应等设计来减小建筑能耗，自动化的流水线和分拣机均采用节能高达 70% 的高效电动机驱动，年节电在 400 万 kW・h 以上，相当于每年减少 4200t 二氧化碳排放量。项目同时采用的真空排污系统和耐旱绿化设计系统，还可收集雨水对绿化进行灌溉，节水率高达 75%，年节水 8000t 以上。耐克自行研发的仓储管理系统、总长约 9km 的传送带以及每小时可处理 6000 箱货物的高速分拣设备，能轻松满足各种客户的订单需求。2023 年 3 月，在远景科技集团支持下，耐克中国太仓物流中心风力发电项目正式启用，使整个物流园区实现了 100% 使用可再生能源电力，并且仓储系统达到了高度智能化的水平。耐克中国物流中心是我国首个“风光一体化”零碳智慧物流园。远景科技副总裁孙捷表示面对气候变化和地球保护的挑战，将绿色低碳理念纳入企业战略的公司将走得更远。

7.1.2　绿色低碳技术的发展

1. 清洁能源技术

清洁能源是指在生产和消费过程中不排放或极少排放污染物的能源。它包括核能和可再生能源，这些能源的共同特点是它们对环境的影响较小，有助于减少温室气体排放和其他污染物的排放。当下，全球气候变化面临的现状非常严峻，全球气候变化是一个复杂且多面的问题，它不仅仅关乎温室气体排放，还涉及了人类社会的各个方面。

在《2023 年全球气候状况》报告中，世界气象组织（WMO）提供了一系列令人担忧的数据和趋势，这些都强调了气候变化的紧迫性和全球性影响。报告指出，2023 年的全球气候变化指标达到了创纪录的水平，包括温室气体浓度、地表温度、海洋热量和酸化、海平面上升、南极海冰和冰川的退缩。图 7-3 展示了与 1850—1900 年平均气温相比的全球平均温差。联合国秘书长古特雷斯将此称之为地球发出的“求救信号”，并呼吁各国领导人立即采取行动，为人类和地球筑起最后的生命线。他敦促道：“只有各位世界领导人才能够治愈气候灾难这一顽疾，你们要结束对化石燃料的依赖，实现早该兑现的气候正义承诺。希望你们让本届气候变化大会发挥应有的重要作用。”

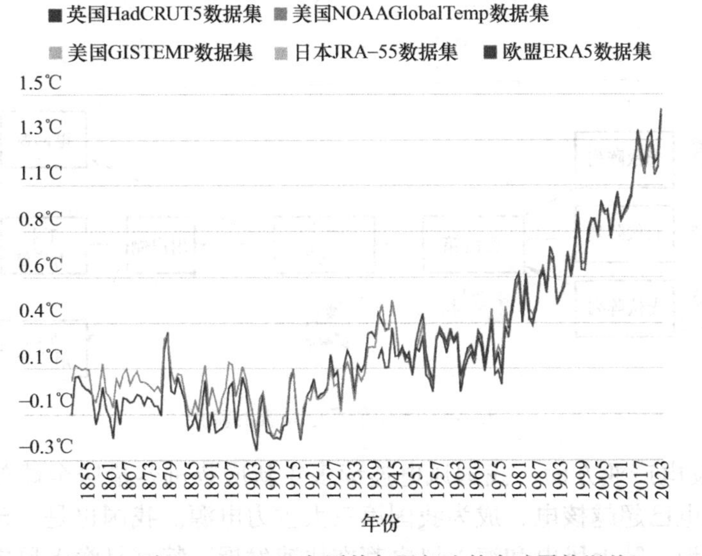

图 7-3　与 1850—1900 年平均气温相比的全球平均温差

图 7-3 彩图

在此背景下，清洁能源的发展和应用是全球能源转型的关键部分，对于实现低碳经济和可持续发展目标至关重要。我国在清洁能源领域的投资和发展已经取得了显著成果，成为全球清洁能源发展的领导者之一。习近平总书记在中共中央政治局的集体学习中进一步强调了能源安全对于经济社会发展的全局性影响。他指出，能源安全不仅是国家发展的基础，也是国家安全的重要组成部分。因此，积极发展清洁能源，推动经济社会向绿色低碳方向转型，不仅是国内的战略需求，也是响应国际社会对抗全球气候变化的行动。清洁能源的发展已经成为全球共识，它不仅是应对气候变化的有效手段，也是推动全球经济转型和技术进步的关键。作为第四次工业革命的支撑力量，清洁能源在促进人类文明发展进步中扮演着核心角色。它的重要性不仅仅体现在能源本身的清洁和高效，更在于它对于促进全球生态环境的改善和经济社会的可持续发展具有深远的影响。

目前，清洁能源在多个领域中的应用日益广泛。

1）在太阳能产业方面，我国是太阳能热水器生产和应用大国，也是重要的太阳能光伏电池生产国。太阳能光伏电池主要包括晶体硅电池和薄膜电池两类，其中晶体硅电池占据市场的绝大部分份额。图 7-4 所示为太阳能发电系统的流程，从太阳能光伏阵列开始，光伏板将太阳能转化为电能，通过汇流箱汇集后，光伏逆变器将直流电转换为交流电，供各类用户（如电网侧、工业用户侧和家庭用户侧）使用，实现了太阳能的高效利用和分配。

福建厦门 ABB 工业中心绿色微电网项目是绿色供应链管理的另一个杰出案例。该项目通过构建智慧微电网，实现了能源的精准调控和高效利用。ABB 工业中心利用自身的技术创新，将绿色微电网与智慧能源管理相结合，通过屋顶光伏等清洁能源的利用，预计每年可减少碳排放 13400t。这一项目的实施，不仅提升了企业的能效，还通过减少能源消耗和碳排放，加强了整个供应链的绿色转型。此外，ABB 工业中心还通过与供应商的紧密合作，推动了绿色采购和供应链中的环境绩效管理，进一步强化了绿色供应链的协同效应。

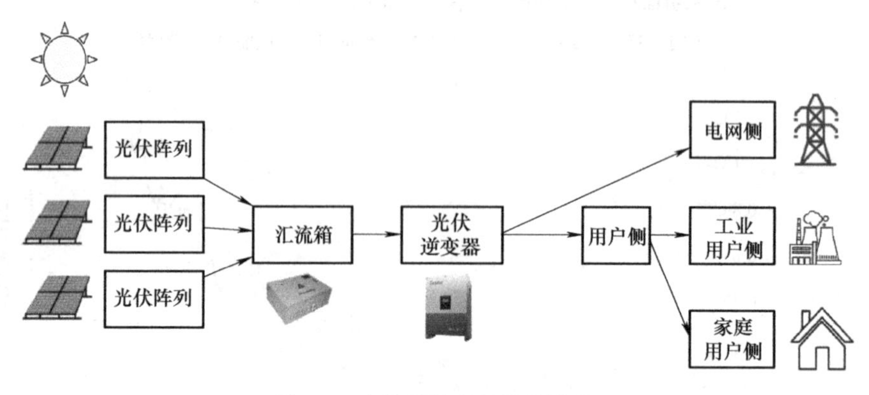

图 7-4　太阳能发电系统的流程

2）在风力发电产业方面，我国风电连续多年新增装机容量居全球首位，成为全球第一风电大国。风电已超越核电，成为我国第三大主力电源。我国也是全球最大的风电零部件制造供应链基地。陆上风电和海上风电都在快速发展，特别是海上风电，由于其距离负荷中心近、风机利用效率高等优势，正在成为推动风电技术进步和产业升级的重要力量。图 7-5 所示为风力发电系统的流程，从风电场开始，风力发电机将风能转化为电能，通过风电控制器进行管理和调节，然后由风电逆变器后，将直流电转换为交流电，供各类用户（如电网侧、工业用户侧和家庭用户侧）使用。

2. 循环经济与闭环供应链

循环经济是一种经济模式，它强调资源的高效利用和循环利用，以“减量化、再利用、资源化”为原则。这种模式的目标是通过设计创新来消除废弃物和污染，循环产品和材料，并促进自然资源的再生。循环经济的核心在于创建一个“闭环”的经济系统，其中物质和能源在使用后可以被回收、再制造、翻新或维修，从而最大限度地减少资源的消耗和废物的产生，循环经济的概念起源于 20 世纪 60 年代，旨在解决传统线性经济模式所带来的资源枯竭和环境污染问题。在循环经济中，产品的设计和生产考虑到了其整个生命周期，包括原材料的选择、生产过程、产品使用以及最终的回收和再利用。这种模式不仅有助于环境保护，还能促进经济增长和社会福祉，实现可持续发展的目标。

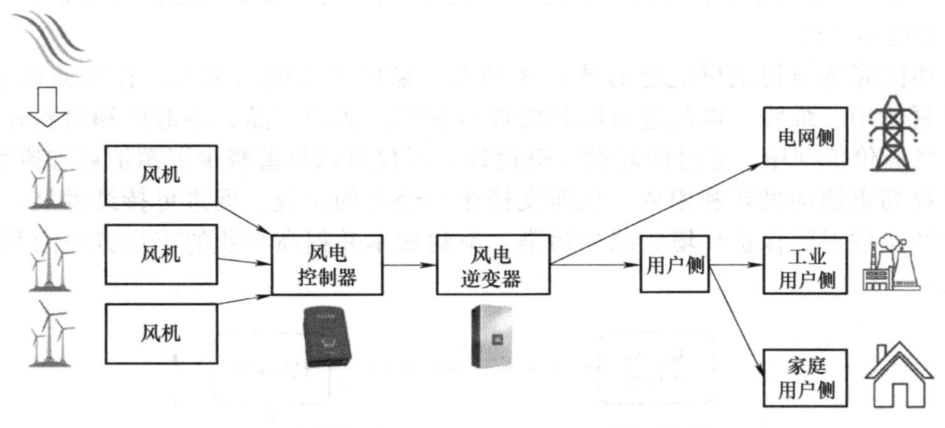

图 7-5 风力发电系统的流程

传统经济模式是线性的：人类从自然界中获取资源用于生产商品，并最终将其作为废弃物丢弃。而循环经济的目标是将经济活动与资源消耗脱钩，在设计之初避免污染和废弃物的产生。循环经济以设计为驱动力，遵循三条原则：消除废弃物和污染、循环产品和材料（在其最高价值状态）以及促进自然再生。其基础在于向可再生能源和材料的转型，从而将经济活动与有限资源的消耗脱钩，形成一个具备韧性的经济系统，企业、个人和环境均能从中受益。

传统线性经济模式的弊端显而易见：获取资源制造产品，而后将其丢弃。例如，在新款手机上市后，旧手机往往被弃之不用；洗衣机损坏时，人们倾向于购买新的替代品。每次这样做，都是在消耗有限的资源，同时产生有毒废弃物。这种模式显然不可持续。

为应对这些挑战，“循环经济”模式应运而生，循环经济通过循环利用宝贵的金属、聚合物和合金，保持其质量，并延续其使用寿命，旨在取代传统的“丢弃”文化，转而倡导“回收和更新”文化。产品和零部件被设计为可拆卸和再生的，以便在使用周期结束后返回给制造商，制造商能够对其技术材料进行重复利用。然而，循环经济的实现不仅依赖于单个制造商对单一产品的改变，而是需要所有构成基础设施和经济的相互连接的公司共同努力。只有通过这样的协同合作，才能真正实现循环经济的目标，推动经济系统的可持续发展。

从供应链的角度来看，闭环供应链是循环经济的体现，它是实现资源高效利用和废物最小化的关键。在循环经济模式下，供应链不再是一个单向流动的线性过程，而是变成了一个闭环的系统（闭环供应链），以确保最大限度地利用资源。

闭环供应链设计首先考虑产品的整个生命周期，从原材料的采购开始，到产品的制造、分销、使用，再到产品的回收和再制造，甚至是产品的最终废弃处理，如图 7-6 所示。在这个过程中，每一个环节都被仔细考虑，以减少资源的浪费和对环境的影响。

闭环供应链是将传统的正向供应链和逆向供应链进行集成规划和运营管理，通过有效的战略战术（选址布局，协调上下游的关系）、操作（库存管理，回收品数量、产品定价等收益管理）多层面的管理，以实现产品在整个生命周期中的价值最大化。

具体而言，正向供应链管理涵盖了从原材料的采购到产品交付给使用者的整个过程，即从原材料供应商、零部件制造商、产品制造商、服务提供商、到最终使用者之间的各种生产、装配、配送等活动；逆向供应链一般包括产品回收、修护与延长使用寿命、重新利用、再制造等活动。

闭环供应链与传统供应链的核心区别在于逆向供应链的引入。在逆向供应链中，通过重复使用、维修、再制造与回收处理再利用，实现产品、零部件和材料在经济活动中的最高价值利用。通过闭环供应链设计，不仅可以显著减少资源消耗和废物产生，还可以提高资源的循环利用率，从而支持循环经济的实现，促进可持续发展。这种设计理念和实践对于保护环境、减少污染、节约成本并提高企业的市场竞争力都具有重要意义。

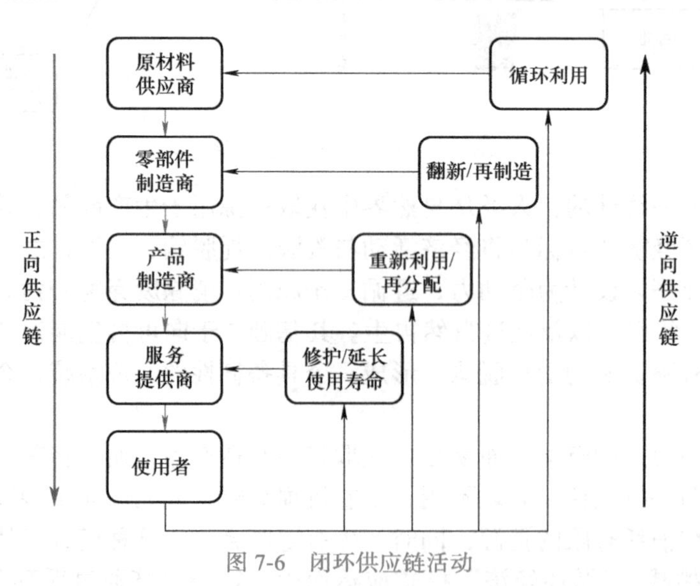

图 7-6　闭环供应链活动

3. 其他绿色低碳技术

在推动供应链向绿色低碳转型的过程中，还有一系列其他核心重要技术和工具发挥着至关重要的作用，不仅帮助企业降低能耗和废物，还优化整个供应链的效率和响应速度。

（1）节能设备和节能技术　节能设备和节能技术是实现供应链绿色低碳化的重要组成部分。在生产过程中，高效的能源管理系统能够监测和控制能源使用，从而减少不必要的浪费。例如，变频技术在机械设备中的应用可以根据实际需要调节电动机速度，显著降低电力消耗。

（2）废弃物管理技术　废弃物管理技术包括废物的减量、重用和回收。通过改进包装设计，使用可降解或可再生的环境友好型材料，企业能够减少在物流和产品包装过程中产生的废物。如森林管理委员会认证的木材和使用再生塑料。此外，废弃物检测系统能够有效分离和回收资源，使之重新进入生产周期。

7.2 全过程绿色低碳供应链的协同优化

全过程绿色低碳供应链协同优化的目的在于将环境保护和资源节约的理念贯穿于产品从设计到最终报废处理的每一个环节，确保企业的经济活动与环境保护相协调。这种优化不仅涉及单个企业，而是要求整个供应链上下游的企业共同参与，形成一个环境友好、资源高效利用的协同体系。本节将针对绿色低碳供应链的关键组成，从绿色采购与供应商管理、绿色生产、绿色运输与分销、绿色回收四个角度来探讨如何实现绿色供应链管理。

7.2.1 绿色采购与供应商管理

在当今全球经济中，绿色供应链管理已成为企业提升竞争力、履行社会责任和实现可持续发展的重要战略。绿色采购是企业实现可持续发展战略的关键组成部分。随着全球对环境保护和社会责任的日益关注，企业必须重新思考和设计其供应链，以确保整个采购过程和供应商活动与绿色原则相一致。

1. 绿色采购的基本概念

根据商务部、环境保护部、工业和信息化部印发的《企业绿色采购指南（试行）》定义，绿色采购是指企业在采购活动中，推广绿色低碳理念，充分考虑环境保护、资源节约、安全健康、循环低碳和回收促进，优先采购和使用节能、节水、节材等有利于环境保护的原材料、产品和服务的行为。绿色采购的目标是通过选择环境友好和社会责任感强的供应商和产品，减少企业运营对环境的负面影响，同时提升企业的品牌形象和市场竞争力。

2. 绿色采购评价框架

绿色采购不仅是企业对环保理念的一种承诺，也是实现可持续发展战略的具体行动。为了有效实施绿色采购，企业必须将供应商的环境绩效管理作为关键的考量因素。这意味着企业在评估供应商时，不仅要考虑其提供的产品或服务的质量、价格和交付时间，还要深入分析供应商在环境保护、资源利用、能源消耗、废物管理以及合规性等方面的表现。图 7-7 展示了绿色采购评价框架，其中包括供应商环境绩效和产品本身评价两大方面。在供应商环境绩效方面，要求供应商建立生产过程中的环境管理体系，遵守与环境相关的法律法规，遵守行业行为准则，采取相应措施防止对土壤和地下水的污染，并建立产品所含化学物质管理体系。在产品本身评价方面，强调产品不应包含禁用物质。该框架旨在通过全面的环境管理和合规措施，促进绿色低碳采购实践，减少环境污染和资源消耗，实现环境与经济的协调发展。

此外，环境信息共享在采购方与供应商之间的流通对于绿色采购流程至关重要，它不仅提升了供应链的透明度，使得企业能够对供应商的环境绩效进行精确评估，而且通过促进信任和合作，推动了环保产品和服务的共同开发。例如，宜家家居通过要求供应商提供包括能源使用、废物管理和排放数据在内的详尽环境信息，与供应商合作制定改进计划，如转向可再生能源和减少废物，有效地展示了环境信息共享在绿色供应链管理中的应用。此外，宜家通过定期的审计和评估来确保供应商在环境目标上的持续进步。

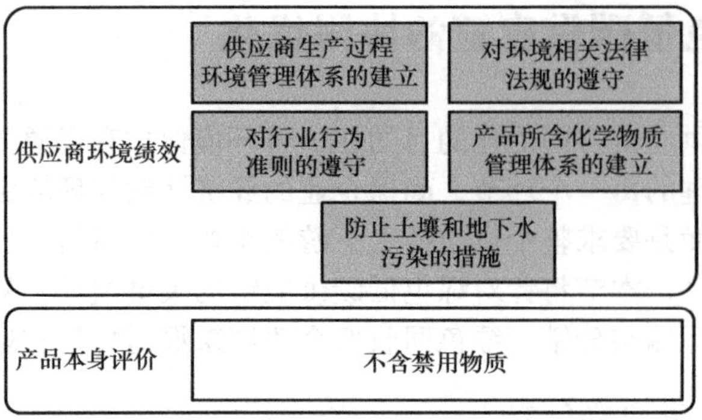

供应商环境绩效
供应商生产过程环境管理体系的建立
对环境相关法律法规的遵守
对行业行为准则的遵守
产品所含化学物质管理体系的建立
防止土壤和地下水污染的措施
产品本身评价
不含禁用物质

图 7-7　绿色采购评价框架

同时，政府的政策支持和技术的创新应用也是推动环境信息共享和绿色采购不可或缺的力量，它们通过提供指导和工具，帮助企业克服实施过程中的挑战，共同推动可持续发展的实现。通过制定激励性政策和法规，政府能够鼓励企业采纳绿色采购实践。例如，提供税收优惠、补贴或其他财政激励措施，可以降低企业实施绿色采购的财务障碍。此外，政府还可以通过公共采购政策来示范绿色采购的重要性，通过自身作为消费者的选择来影响市场。

3. 绿色采购实践案例

联想（中国）按照企业的发展、行业特点和产品导向，将绿色供应链管理体系融入公司环境管理体系中，制定目标并按年度进行调整，用定性和定量两类指标体系来规划企业内部各项环境工作的具体内容，并将绿色供应链的各个要求渗入体系的各个环节。图 7-8 所示为联想（中国）采购流程图，其绿色采购除了对产品自身的要求，还要求供应商遵守电子行业行为准则（Electronic Industry Code of Conduct，EICC），符合环境相关法律法规，并具备 ISO 9001 和 ISO 14001 认证。

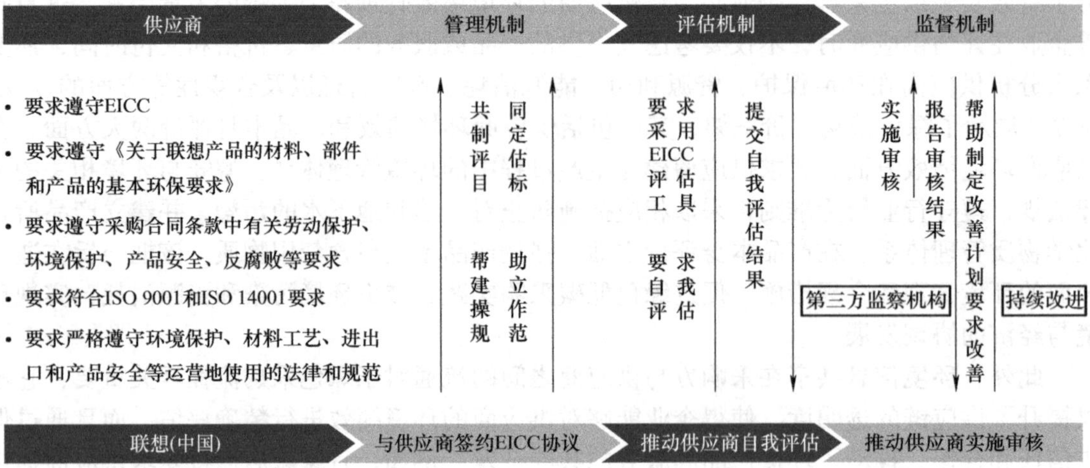

供应商　管理机制　评估机制　监督机制

- 要求遵守EICC
- 要求遵守《关于联想产品的材料、部件和产品的基本环保要求》
- 要求遵守采购合同条款中有关劳动保护、环境保护、产品安全、反腐败等要求
- 要求符合ISO 9001和ISO 14001要求
- 要求严格遵守环境保护、材料工艺、进出口和产品安全等运营地使用的法律和规范

共同制定评估目标
帮助建立操作规范
要求采用EICC评估工具
要求自我评估
提交自我评估结果
实施审核
报告审核结果
帮助制定改善计划要求改善
第三方监察机构
持续改进

联想(中国)　与供应商签约EICC协议　推动供应商自我评估　推动供应商实施审核

图 7-8　联想（中国）采购流程图

随着绿色评价框架的有效实施，联想（中国）在供应商的环境绩效管理方面也采取了积极措施。联想（中国）通过与供应商的紧密合作，不仅监督和指导供应商的环境绩效，

还通过共享最佳实践、提供技术支持和培训，促进供应商持续改进其环境管理措施。这种合作方式不仅加强了供应链的环境可持续性，也为企业带来了长期的竞争优势和市场认可。

7.2.2 绿色生产

1. 绿色生产的基本概念

生产过程的环境优化对于构建绿色供应链至关重要。绿色生产是指以节能、降耗、减污为目标，以管理和技术为手段，实施工业生产全过程污染控制，使污染物的产生量最少化的一种综合措施。在全球化的经济体系中，绿色生产不仅是企业社会责任的体现，也是提升企业竞争力和实现长期可持续发展的关键。绿色生产涉及在制造过程中采取环保措施，减少资源消耗和废弃物排放，以及提高能效和材料利用率。通过绿色生产，企业能够在生产环节实现环境效益与经济效益的双赢，进而推动整个供应链的绿色转型。

在绿色供应链管理的框架下，绿色生产是连接上游原材料供应和下游产品分销的关键环节。企业通过在生产过程中实施绿色措施，能够确保产品从设计、制造到包装、运输的每一个环节都符合环保标准。这不仅有助于减少生产活动对环境的负面影响，还能提升产品的环境绩效，增强品牌的市场吸引力。通过这种方式，企业可以与供应商、分销商和消费者建立基于环保责任的合作伙伴关系，共同推动绿色供应链的构建。

2. 绿色生产的核心内涵

对于生产活动的主要执行者制造业企业而言，绿色生产的核心在于采用清洁的生产工艺、高效的能源利用和环保的原材料，同时注重产品的生态设计，以减少产品全生命周期对环境的影响。企业通过实施绿色生产，可以有效地降低生产成本，提高资源利用效率，同时响应消费者对环保产品的日益增长的需求。此外，绿色生产还能够帮助企业避免因环境法规的遵守不当而产生的潜在风险和成本。

1）能效提升与废弃物减量是绿色生产的重要组成部分。通过采用高效的能源管理系统、优化生产流程、使用节能设备以及实施废物分类和回收利用等措施，降低企业能耗，减少废物的产生，并提高资源的整体利用效率，山东海阳核电厂核能供暖工程是一个能效提升的典型案例。该工程通过利用核电厂的余热供暖，不仅提高了能源的利用效率，还减少了对化石燃料的依赖，降低了温室气体排放。这种供暖方式的实施，展示了如何通过技术创新，将原本废弃的热能转化为有用的资源，从而在不增加额外能源消耗的情况下，满足周边地区的供暖需求。这一模式的推广应用，对于推动能源结构的优化和减少环境污染具有重要意义。

通过上述案例分析可以看到，能效提升与废弃物减量是绿色供应链管理中不可或缺的两个方面。通过技术创新和系统优化，企业不仅能够在生产环节实现资源的高效利用和环境影响的最小化，还能够通过绿色供应链管理，与供应商和合作伙伴共同推动整个生产系统的绿色转型。此案例的成功实施，为其他企业提供了宝贵的经验和启示，展示了绿色供应链管理在促进企业可持续发展和环境保护中的重要作用。

2）环保材料的应用是绿色生产的另一个关键方面。企业应优先选择那些对环境影响较小的原材料，如可再生、可回收或生物降解材料，这些材料不仅减少了生产过程中的环境污染，而且有助于产品生命周期结束后的环境友好处理。

在建筑行业中，生态水泥是一种新型绿色建筑材料，其主要原材料包括火山灰和钢铁渣等工业废弃物。与传统水泥相比，生态水泥在生产过程中能够减少约 40% 的二氧化碳排放，并节约 30% 以上的能源，同时保持了与传统水泥相同的强度和使用性能。这种材料的应用不仅减少了对自然资源的依赖，还降低了建筑行业对环境的负面影响。

在家具制造领域，一些企业开始采用可回收塑料作为原材料，设计出既环保又实用的家具产品。例如，Pedrali 公司推出的 100% 回收塑料椅子，由 50% 的消费后废弃物和 50% 的工业塑料废物制成。这些家具不仅具有现代设计感，而且通过使用可回收材料，减少了对环境的负担。此外，Stefan Diez 设计的沙发系统 Costume 由可回收的聚乙烯制成，易于拆卸和清洁，提高了产品的可持续性。

与化工产业一样，纺织业是全球污染最严重的产业之一。为了减少对环境的影响，一些企业开始使用再生 PET（聚对苯二甲酸乙二醇酯）纤维作为原料生产纺织品。例如，SORIANA 沙发使用了 100% 再生 PET 吹塑纤维和低甲醛排放的可回收木板。这种材料的使用不仅减少了对石油资源的依赖，还减少了废弃物的产生，同时提供了与传统纺织品相媲美的质量和性能。

可以看到，环保材料在不同行业的应用对于推动绿色供应链管理具有重要意义。生态水泥、可回收塑料家具和再生 PET 纤维的应用展示了环保材料如何在减少环境污染、节约资源和提高产品可持续性方面发挥作用。环保材料的应用不仅为企业带来了经济效益，也为社会的可持续发展做出了贡献。随着环保意识的提高和技术的进步，预计未来将有更多的环保材料被开发和应用，进一步推动绿色供应链的发展。

3）生产过程中的污染控制对于实现绿色生产至关重要。生产过程中的污染控制包括减少有害化学物质的使用、安装污染物处理设施以及采用清洁生产技术。通过这些措施，企业能够降低生产活动对空气、水和土壤的污染，同时提高生产过程的安全性和企业的市场竞争力。

例如，宝钢集团在污染物处理方面进行了大量投资，安装了先进的脱硫和脱硝设施，有效减少了大气污染物的排放。宝钢集团还采用了高效的废水处理技术，减少了水污染物的排放。通过这些技术创新，宝钢集团不仅提高了生产过程的环保水平，也提升了企业的绿色品牌形象。联想集团在生产过程中广泛应用了清洁生产技术，如低温锡膏焊接技术，这不仅减少了有害化学物质的使用，还降低了能耗和成本。联想（中国）还推行了绿色包装，减少了包装材料的使用，并提高了包装材料的可回收性。通过这些措施，联想（中国）成功地将绿色生产理念融入其供应链管理中。

这些案例的成功实施，为其他企业提供了宝贵的经验和启示，展示了绿色供应链管理在促进企业可持续发展和环境保护中的重要作用。随着环保意识的提高和技术的进步，预计未来将有更多的企业采取类似的措施，共同推动绿色供应链的发展。

绿色生产作为绿色供应链管理的核心环节，对于推动企业的可持续发展具有决定性作用。通过实施绿色生产，企业不仅能够在其生产过程中实现资源的高效利用和环境影响的最小化，还能通过提升产品的环境绩效来增强品牌的市场吸引力。

3. 绿色生产实践案例

宁德时代是全球领先的新能源科技公司，致力于为全球新能源应用提供解决方案和服务。公司设有十一大电池生产基地，并在德、法、日、美等地设有子公司。在 2021 年，其储能电池产量占有率全球第一，动力电池使用量连续五年全球第一。

1）能效提升与废弃物减量是绿色生产的重要组成部分。为满足复杂的制造工艺和产品质量需求，公司提出了极限制造理念，利用人工智能等技术，实现了极低的缺陷率和能源消耗降低。2021 年 9 月，公司宁德工厂被评选为“灯塔工厂”，成为全球首个获此认可的电池工厂。2022 年，公司将极限制造升级为绿色极限制造，并建成了世界上第一家电池零碳工厂。通过智慧厂房管理系统和数字化生产管理系统，宜宾工厂实现了安全高效的运行，大幅降低了能源消耗和废料产生，并实现了 80% 以上的可再生能源利用，减少了碳排放。

2）环保材料的应用是绿色生产的另一个关键方面。为助力实现“双碳”目标，公司以先进电池和可再生能源为核心，致力于替代传统能源系统，并实现电动化和智能化的市场集成创新。

3）生产过程中的污染控制对于实现绿色生产至关重要。针对生产过程中的污染控制，公司不断推出快充、高能量密度、长寿命、安全可靠的动力电池产品，如第三代麒麟电池，以及储能电池产品，致力于为双碳目标提供关键支持。同时，通过回收工作实现了核心金属的高回收率，并推出了组合换电解决方案，确保电池的全生命周期得到科学处理和最大程度的资源回收利用。

7.2.3　绿色运输与分销

在全球环境挑战日益严峻的背景下，实施绿色低碳先行的供应链协同管控变得至关重要。绿色运输与分销作为这一战略的核心，旨在通过整合环保技术和可持续方法，显著降低运输和分销过程中的碳排放和环境破坏。

1. 绿色运输的基本概念

在供应链管理中，绿色运输指的是实现交通运输活动中最小环境影响的运输方式，这包括减少温室气体排放、优化能源使用和降低噪声污染等。这种运输模式采用环保技术和策略，如电动和混合动力车辆的使用、铁路和水路运输的优化以及非机动车道的发展。绿色运输的目的是提高运输效率，减少对环境的负面影响，同时支持经济的可持续发展。例如，根据国际能源署的报告，通过实施绿色运输措施，可以有效减少全球碳排放，并提高城市的生活质量。此外，在供应链协同的背景下，绿色运输的基本概念、定义存在以下几点特征。

（1）供应链协同下绿色运输的特色　供应链协同下的绿色运输不仅关注个别环节的优化，还强调整个供应链的综合协调。这种协同模式的特色在于各供应链成员之间的信息共享和共同决策。通过先进的物流信息系统和大数据分析，供应链上的各个节点可以实时获取运输和库存数据，优化运输路线和载货方案，减少空驶率和等待时间。

例如，智能运输管理系统可以根据实时交通状况调整运输路径，避免拥堵，减少燃油消耗。此外，供应链协同下的绿色运输还注重多式联运的使用，将公路、铁路和水路运输有机结合，利用各自的优势，降低整体碳排放和运营成本。这种协同运输方式不仅提升了运输效率，还增强了供应链的弹性和适应性。

（2）绿色运输与传统运输的区别　绿色运输与传统运输的主要区别在于其环境影响和能源使用方式。传统运输主要依赖化石燃料，造成大量温室气体排放和空气污染，运输方式多集中于公路运输，效率较低。绿色运输则更注重环保，采用低排放或零排放的交通工具，如电动车辆、混合动力车辆，以及更为节能的铁路和水路运输。

在该方面，我国在城市公交、出租车、环卫、物流配送、民航、机场以及党政机关等领域大力推广新能源汽车。2023 年，我国新能源汽车产销量占全球比重超过 60%；2024 年 1 至 10 月，产销量分别完成 977.9 万辆和 975 万辆，同比分别增长 33% 和 33.9%。截至 2024 年 6 月，我国新能源汽车的保有量达到了 2472 万辆，从 2015 年开始，我国新能源汽车产销量连续 9 年位居全球第一。截至 2024 年 11 月，全国新能源公交车数量达到 55.4 万辆，占比达 81.2%；新能源出租汽车数量已超过 30 万辆。铁路移动装备的绿色转型也在不断推进，铁路内燃机车的占比从 2012 年的 51% 降低到了 2023 年的 34.82%。同时，机动车污染物排放标准得到提升，船舶开始使用 LNG（液化天然气）动力和岸电受电设施，老旧车船的改造和淘汰工作也在加速进行。2024 年 1 月到 10 月，全国累计淘汰黄标车和老旧车超过 480 万辆。

在此背景下，绿色运输还通过物流数字化管理、优化路线规划、减少空驶和重复运输等手段，提高运输效率和降低能源消耗。这些措施不仅减少了环境污染，还提高了整体运输系统的可持续性和经济效益。

综上所述，绿色运输作为绿色低碳先行的供应链协同管控的重要组成部分，通过采用环保技术、优化运输方式和提升物流效率，有效减少了运输过程中的碳排放和环境污染。在不同行业中，绿色运输的实施方式各有侧重，但其核心目标是一致的，即实现可持续发展。

2. 绿色运输与分销的核心内涵

绿色运输与分销的核心内涵是在整个供应链中实施环保措施，以确保从原材料的采购、产品的制造到最终的消费者交付过程中，各环节都符合环境保护的标准。这包括采用低碳运输模式、优化物流网络设计、减少包装材料和实施回收策略。例如，通过供应链的数字化，可以实时追踪货物流动，优化运输路线和载货量，减少空驶和重复运输，从而降低整个供应链的碳足迹。

（1）绿色运输的基本流程　绿色运输的基本流程涵盖了从原材料采购到最终产品交付及回收的全过程，通过供应链各环节的紧密协作，确保每一步都符合环境保护的标准，如图 7-9 所示。

1）原材料采购与制造：优先选择具有环境认证的供应商，采购可再生、可回收或生物降解的原材料，采用清洁生产技术和能效提升措施，减少生产过程中的能耗和污染排放。具体而言，绿色运输过程中，采购与制造等的核心特征在于：

① 选择有环境认证的供应商，确保供应商的生产过程符合环保标准。

② 使用可再生、可回收或生物降解材料，减少对不可再生资源的依赖。

③ 实施清洁生产技术和能效提升措施，减少生产过程中的能耗和污染排放。

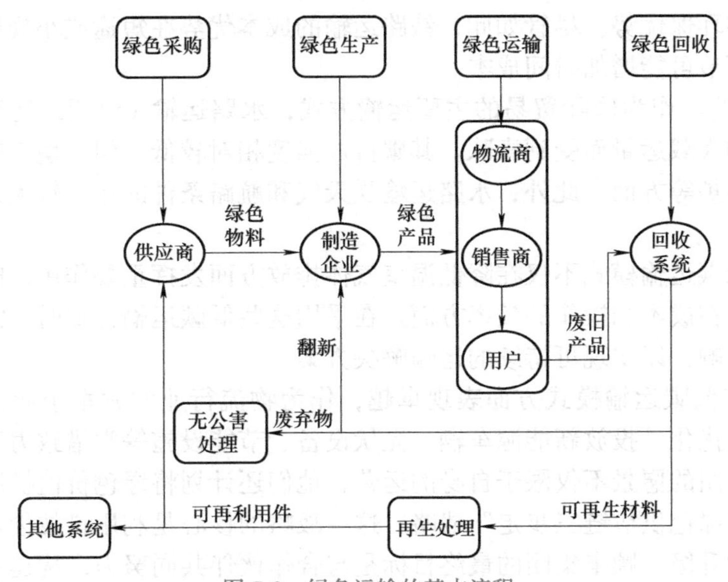

图 7-9 绿色运输的基本流程

2）包装与运输：使用环保包装材料和轻量化设计，建立包装材料回收系统；采用低碳运输工具（如电动车辆和混合动力车），推进多式联运，利用智能物流系统优化运输路线，减少空驶和重复运输，降低整体碳足迹。综上，可将该阶段的特征归纳为：

① 使用环保包装材料，采用可降解或可回收的包装材料，减少环境负担；建立包装回收系统，鼓励消费者将包装材料返还进行再利用。

② 采用低碳运输工具，如电动车辆和混合动力车，减少温室气体排放。

③ 优化运输路线，利用智能物流系统减少空驶和重复运输，降低碳足迹。

3）仓储、分销与回收：建设节能环保的仓储设施，实施能源管理系统和自动化仓储系统；优化配送网络，使用绿色配送车辆，设置集中配送点；通过环保意识宣传和便捷的回收服务，鼓励消费者参与产品回收，建立闭环供应链体系，确保产品在生命周期结束后被有效回收和再利用。综上可将该阶段的特征归纳为：

① 建设节能环保仓储设施，采用节能灯照明、自然通风和太阳能板等设施减少能源消耗。

② 使用绿色配送车辆，进行最后一公里配送，减少污染和噪声。

③ 设置集中配送点，减少多次运输和重复配送，提升配送效率。

④ 鼓励消费者参与回收，通过环保意识宣传和便捷的回收服务，建立闭环供应链体系。

（2）低碳运输模式　低碳运输模式包括多种运输方式，每种方式在减少碳排放和提升能效方面都有其独特的优势和面临的挑战。

1）电动车辆。电动车辆在公路运输中正逐渐替代传统燃油车，成为低碳运输的主要力量。它们有助于减少温室气体排放，从而改善城市空气质量。然而，虽然电动车辆在运行阶段的成本较低，但它们的初始购置成本相对较高，并且在城市交通中尤其有效率，特别是在交通拥堵的情况下。

2）铁路运输。铁路运输以其大运量、低能耗和少排放的特性，在长距离运输中显示出明显的节能和环保优势。尽管如此，铁路运输的成本优势在短途或小规模运输中不太明显，且在转运环节可能增加时间成本。

3）水路运输。作为国际贸易的主要运输方式，水路运输（包括内河和海上运输）因其低运输成本和大载运量而受到青睐。其碳排放强度相对较低，但环境影响主要体现在港口操作和船舶维护等方面。此外，水路运输受天气和航路条件的影响较大，适合于大批量的货物运输。

可以看出低碳运输模式不仅在降低温室气体排放方面发挥重要作用，同时也带来一系列挑战，特别是在成本和操作的效率方面。在采用这些低碳运输方式时，需综合考虑其成本效益及环境影响，以实现可持续的运输解决方案。

顺丰集团在低碳运输模式方面表现卓越，作为物流行业的领军企业，在运输、转运等环节采用线路优化、投放新能源车辆、光伏设备、节能设施等举措致力于减少碳排。展望未来，顺丰集团的愿景不仅限于自身的运营，他们还计划将绿色价值扩展到整个供应链中，并提出了“绿色供应链三步走”战略。这一战略的核心是利用科技创新来推动整个行业的绿色转型和升级。顺丰集团的最终目标是与合作伙伴共同努力，构建一个零碳排放的商业社会，为实现可持续发展做出积极贡献。

3. 绿色运输与分销的实践案例

京东物流作为中国领先的物流服务提供商，一直致力于通过绿色运输与分销实现可持续发展。其业务模式涵盖从仓储管理、订单处理、配送服务到逆向物流的各个环节。京东物流通过自建的全国仓储网络和高效的配送体系，确保了快速、精准的物流服务，同时减少了物流环节中的资源浪费和碳排放。京东物流采用了先进的仓储自动化设备和智能管理系统，极大提高了仓储运营效率，减少了能源消耗。下面从三个方面进行介绍。

（1）数字化物流技术应用　京东物流通过其供应链解决方案和物流服务的数字化、自动化和智能化，显著提高了运营效率。2023 年京东物流全年研发投入达到了 35.7 亿元人民币，同比增长 14.4%，技术团队拥有近 4600 名专业研发人员，通过操作自动化、运营数字化和决策智能化，不断寻求成本和效率平衡以及体验优化的解决方案。截至 2024 年 6 月 30 日，京东物流已获得授权的专利和软件超过 4000 项，其中涉及自动化技术和无人技术的专利数量超过 2000 项。

2021 年，京东物流成为我国首家获得数据管理能力成熟度评估模型（DCMM）4 级认证的物流企业，标志着其数据管理能力达到国内领先水平。这一成就反映了京东在供应链管理中对数字化技术的深度应用，如实时货物追踪和运输路线优化等。通过这些技术的应用，京东能够更好地管理内部资源，减少需求波动和周期时间，从而在不确定的市场环境中快速做出应急对策。此外，京东还提供个性化的供应链服务，帮助商家客户优化库存管理。这些先进的供应链管理实践不仅提高了京东物流的服务质量和效率，还增强了其在激烈市场竞争中的地位。

（2）绿色运输模式　在绿色运输方面，京东物流通过引入电动车辆和自动配送车，积极推广低碳运输模式。京东物流在其配送网络中广泛采用电动车辆，不仅降低了温室气体排放，还改善了城市空气质量。此外，京东物流的自动配送车项目在多个城市试点，利用无人驾驶技术减少了燃油消耗和污染排放。京东还推进多式联运，结合铁路和水路运输的优势，进一步降低了长途运输中的碳排放。通过优化配送路线和仓储布局，京东物流有效减少了运输过程中的能源浪费和碳排放，提高了物流效率。

（3）供应链碳管理平台（SCEMP） SCEMP 是一个用于管理和减少物流活动碳足迹的创新系统。SCEMP 能够精确追踪和管理碳排放，利用实际运输路线的数据，并集成了针对我国道路运输的 140 多种碳排放因素。这种精确的数据管理和分析能力，使京东物流能够在物流运输中显著减少碳排放。此外，京东物流还利用智能物流系统优化运输路线，减少空驶和重复运输，进一步降低了整体供应链的碳足迹。

京东物流在绿色运输与分销中的实践展示了供应链协同管理在实现环境可持续性目标中的关键作用。通过引入电动车辆、建立供应链排放管理平台和优化运输路线，京东物流不仅提升了其运营效率，还显著减少了碳排放。这些实践不仅有助于实现企业的环境目标，同时也增强了京东物流的市场竞争力，树立了企业在绿色物流方面的领导地位。这些举措为其他物流企业提供了宝贵的借鉴经验，展示了绿色运输与分销在供应链协同管理中的重要性和可行性。

7.2.4 绿色回收

绿色供应链管理不仅涵盖了传统供应链中的原材料采购、产品生产与销售等正向物流，更重要的是包括了废弃物的回收再利用等逆向物流。这种全方位的供应链管理策略强调在产品的整个生命周期内实现环境保护和资源的最大化利用。

1. 绿色回收的基本概念与重要性

绿色供应链不仅包括传统供应链中的原材料采购、产品生产与销售等的正向物流，尤其还包括废弃物的回收再利用等逆向物流，实施绿色供应链最为关键的是解决绿色回收难题。绿色回收是指企业在产品使用后端的回收利用策略。随着全球对环境保护和社会责任的日益关注，企业必须重新思考和设计其产品生命周期的每个环节，以确保从生产到消费再到回收的整个过程与绿色原则相一致。

环境友好的回收是指在企业中，推广绿色低碳理念，充分考虑环境保护、循环低碳和回收促进，促进企业实施有效的回收机制，减少产品全生命周期对环境的负面影响，同时提升企业的品牌形象和市场竞争力。

2. 绿色回收策略的关键环节

环境友好的回收策略通过绿色产品设计以及产品生命周期末端的回收与再利用两个关键环节实现。这两个环节的紧密结合不仅能够减少产品全生命周期对环境的影响，还能增强企业的市场竞争力和品牌形象，推动整个社会向可持续发展的转变。

（1）绿色产品设计 绿色产品设计阶段，企业需采用环保材料，设计易于拆卸和回收的产品，并通过生命周期评估减少资源消耗和污染排放。

绿色设计的核心在于将环境因素和污染防治措施从产品设计的最初阶段就纳入设计考量，将生态性能作为设计的核心目标，力求将产品对环境的影响降至最低。这一设计过程极为复杂，它不仅关联到产品形成的每一个环节——从需求分析、材料选用、结构设计、销售物流、生产制造直至回收再利用，还涉及多样的环境属性，包括自然资源的高效利用、对人类友好的设计以及产品的可回收性等。因此，绿色设计需要跨学科、跨领域的专业知识和实践经验的融合，以确保设计成果的合理性和可行性。通过这种全面而深入的方法，绿色设计能够有效推动产品的环保性能，促进可持续发展的理念在产品设计和制造中广泛应用。

北京汽车股份有限公司在绿色产品设计方面表现突出。如图 7-10 所示，北京汽车股份有限公司通过制定全面的绿色供应链管控办法，实现公司整车产品在设计开发、生产制造、使用维护及回收利用等环节，均满足《汽车产品有害物质和可回收利用率管理要求》《汽车禁用物质要求》等环保法规和标准，公司禁止采用污染环境、危害人体健康的材料，优先考虑使用环保节能材料为基本原则，采用并行工程的思想，以闭环运作的方式，在汽车产品设计研发、原材料生产、包装运输、产品生产制造、使用维护、回收利用及废料处理的全生命周期过程中综合考虑材料的回收再利用及对环境的影响，提高资源利用效率，减少对环境的污染。

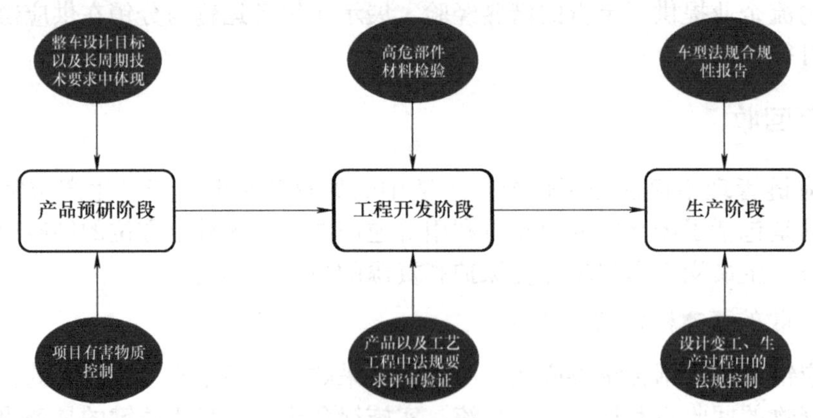

图 7-10　北京汽车股份有限公司绿色生产

北京汽车股份有限公司通过顶层设计和供应链管理的优化，将绿色设计原则融入产品开发的每个阶段，从而在源头上减少了对环境的负面影响，为单款车型节省了近 1900 万元的经济损失。同时，北京汽车股份有限公司多款车型符合国家环境保护标准，并获得了环境标志产品认证，促进了汽车产品的绿色发展。

（2）产品生命周期末端的回收与再利用　建立有效的产品回收体系，制定激励政策以鼓励回收行为，并通过废物转化能源等技术实现资源的最大化利用。

绿色回收是循环经济的关键环节，它要求企业在产品设计和供应链管理中采取绿色策略，在产品生命周期末端对产品进行回收，进一步进行再利用或者废弃处理以保护环境。此外，为实现绿色回收，还需要消费者的积极参与。为了促进消费者的参与，需要构建一个用户友好的回收体系。可以通过在社区中设置便捷的回收站点、提供清晰的回收指导和利用移动应用程序等现代技术手段来简化回收流程。此外，通过实施积分奖励、折扣优惠等激励措施，可以有效激发消费者的回收热情，这些措施促进了回收行为。

同时，政府的法规对产品的回收与再利用也有重要的作用，政府可通过立法要求产品制造商负责回收其产品，确保回收体系的可持续性。目前，政府已经颁布了相关法规促使对废弃品的回收与再利用。2015 年 5 月 8 日，国务院印发的《中国制造 2025》文件中指出，政府应倡导并推进资源高效循环利用，大力发展再制造产业，实施高端再制造、智能再制造等，促进再制造产业持续健康发展。2016 年 12 月 25 日，国务院印发的《生产者责任延伸制度推行方案》要求，到 2020 年，重点品种的废弃产品规范回收率平均达到 40%；到 2025 年，废弃产品规范回收率平均达到 50%。与此同时，世界各国政府也要求产品的制造商需对“无使用价值”产品的环境影响负责，以此降低废旧产品的随意处理对生态环境造成的危害。

进一步而言，产品的绿色设计对于其末端的回收与再利用同样至关重要。设计阶段就应该考虑到产品的可拆卸性、材料的可回收性以及产品的可降解性。此外，企业还应积极探索和采用创新的回收技术，如化学回收、能量回收和生物回收等，以提高回收效率和资源的再利用率。通过这些技术，废旧产品中的材料和能量可以被提取并用于新的生产过程，形成闭环的资源循环。

3. 绿色回收的实践案例

案例一：惠普公司的回收与再制造

如图 7-11 所示，惠普公司通过其 Indigo 检修计划和个人计算机及打印机的再利用项目，展示了企业如何通过提供再使用和翻新服务来延长产品的生命周期，这不仅减少了废弃物的产生，也促进了资源的循环利用。

惠普公司的订阅服务和即时墨水服务是激励消费者参与绿色回收的典型案例。通过提供这些服务，惠普鼓励消费者回收使用过的墨盒和硬件，从而减少了打印耗材的废弃物。同时，惠普的 3D 打印解决方案和模块化设计也支持了循环经济的推动，通过维护和升级旧型号产品，减少了对新材料的需求。

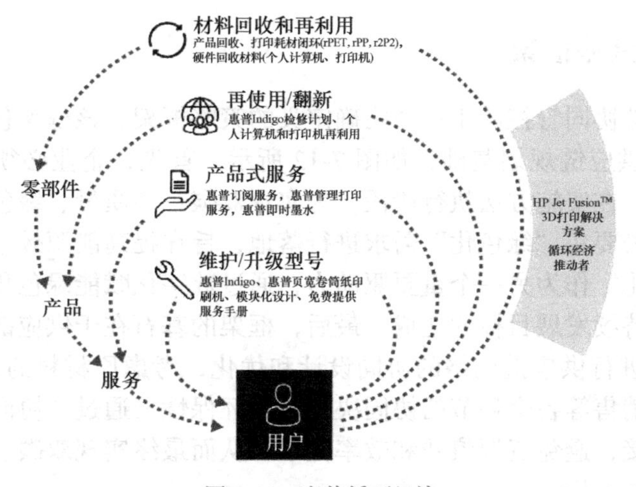

图 7-11 惠普循环经济

案例二：宜家（IKEA）“回购”的计划

瑞典的家具巨头宜家（IKEA）推出了一项名为“回购”的计划，鼓励消费者将不再需要的宜家家具返还给商店，以换取购物券。这一计划不仅减少了废弃物的产生，还促进了家具的循环使用。宜家的案例展示了企业如何通过创新的商业模式和营销策略，激发消费者的环保行为，同时也体现了宜家在产品设计初期就考虑到了产品的生命周期和最终的回收利用。

产品末端的回收与再利用是实现循环经济和可持续发展的核心环节。通过有效的回收机制和再利用技术，人们可以将废弃物转化为可再生资源，减少对新资源的开采，从而降低对环境的总体影响。

企业通过建立完善的回收体系和采用绿色设计理念，可以有效地提高产品的回收率和资源的再利用率。政府的政策支持和公众的环保意识提升，为回收与再利用提供了良好的外部环境。创新的回收技术和商业模式，如化学回收、能量回收和生物回收，以及企业与政府的合作，都是推动绿色循环经济发展的关键因素。这些案例的成功实施，不仅减少了环境污染，还为企业带来了经济效益，展示了绿色供应链管理在促进可持续发展中的重要作用。

综上，绿色供应链管理是实现可持续发展的重要途径。通过绿色采购、绿色生产、绿色运输与分销、绿色回收与再利用等策略，企业能够构建一个环境友好、资源节约的生产和消费模式。随着全球对环境保护的重视，绿色供应链管理将成为更多企业战略规划的一部分，共同推动经济与环境的和谐发展。

7.3　绿色低碳供应链的协同管控策略

在推行绿色低碳先行的供应链中，协同管控策略是确保各环节效能和可持续性的关键。本节将详细讨论实施绿色供应链中的协同控制策略，包括策略框架、协同管控的内涵以及利用现代信息技术来增强协同效果。有效的协同管控策略可以极大地提高资源使用效率，降低整个供应链的碳足迹。

7.3.1　协同管控策略框架

绿色低碳供应链协同管控始于一个明确定义的策略框架，该框架包含三个层次：发展目标、实施方法和供应链规划基础，如图 7-12 所示。首先，企业必须明确其长远的发展目标和战略。其次，在实施方法执行阶段，为实现双碳、高质量、绿色、数字化和可持续的关键核心目标，需要将“绿色化”需求进行落地，旨在提高能源效率并促进资源的循环利用。同时“数字化”作为另一个重要驱动力，通过数字化赋能绿色化需求的实现，进而支持绿色低碳和可持续发展目标的达成。最后，框架的基石在于供应链的协同规划，在这一阶段，企业需要进行供应链网络的协同设计和优化，考虑原材料的采购、产品的生产、成品的配送、市场销售等各个环节的协同决策以及环保性。通过“协同化”可以确保各个环节之间的顺畅衔接，避免资源浪费和效率低下，从而最终实现双碳、高质量、绿色、数字化和可持续的发展目标。

具体来看，在构建数字化、绿色化、协同化供应链的共同发展流程框架中，企业首先需要明确其最终的发展目标和战略，包括实现双碳目标、促进高质量发展、推动绿色低碳实践、确保可持续发展以及打造数字化供应链等关键方向。在实施方法阶段，“绿色化”需求的实现涉及采用绿色技术，例如，采用节能的生产设备来提升资源利用效率，优化物流路线以增加清洁能源使用和减少碳排放，以及实施高效的废物回收系统促进资源循环利用。随着全球进入智能化变革的新时代，“数字化”智能化创新是供应链演进的方向，还能为绿色化目标提供支持，利用传感技术、智能决策、机器学习、深度学习等手段，可以优化运输路径、仓库管理和智能车辆调度，最大化资源利用，满足供应链的绿色化需求。在实际操作阶段，企业必须进行供应链网络的协同设计和优化，重点在于利用供应链不同、企业不同、环节协同运营下积累的海量数据，依据运营管理理论，进行供应链协同运营，构建一个高效协同的供应链生态系统。

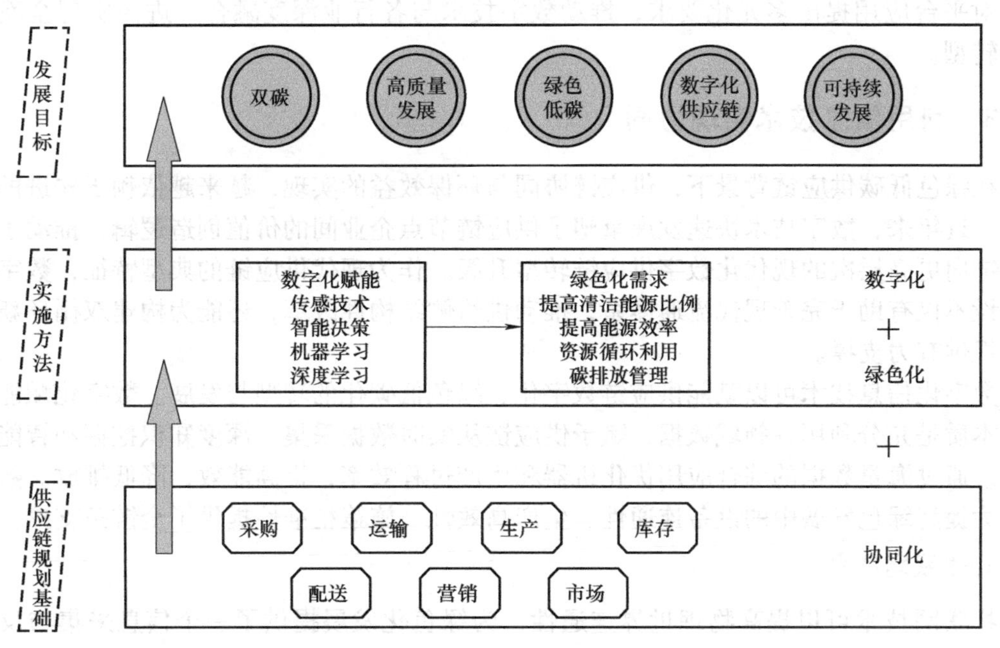

图 7-12 协同管控策略框架

7.3.2 “数字化 + 绿色化 + 协同化”供应链的科学内涵

绿色低碳先行供应链协同管控的科学内涵涉及数字化、绿色化、协同化三个关键维度。协同化构成了整个框架的基石，数字化赋能绿色化，绿色化牵引数字化。通过将这“三化”集成为一个整体策略，实现协同化运营、数字化转型和绿色化发展共同推动供应链向全面高质量发展的目标迈进。具体而言，这一过程主要包含以下三个方面：

一是以协同化为基石。供应链协同化是以信息共享和紧密合作为基础，通过优化整体绩效，将供应链各成员企业组成一个统一体。在这个过程中，各成员在信息、资金和物流等方面进行全方位的协调与合作，以实现组织目标的优化。这不仅是供应链体系的一场深刻变革，更是一个涉及销售、采购、制造、物流等多个业务系统的综合性工程，同时还牵涉到企业外部客户和供应商的合作。这一变革对提升供应链整体效率和响应市场需求具有重要意义，但同时也是供应链体系建设中的一项重大挑战。

二是数字化赋能绿色化发展。“数字化”以协同化供应链为抓手，利用物联网、大数据、人工智能、云计算等数字技术作为手段和工具，以数据资源作为关键要素，以信息网络作为重要载体，支持上下游用户的生产、采购、仓储、运输、销售等管理领域的系统对接，实现平台间的互联互通。通过感知控制、数学建模、决策优化等方式，发挥供应链在优化生产、加速周转、精准销售、品质控制、决策管理等方面的作用，实现资源的最优利用，助力节能降碳，促进经济效益与环境效益的双赢。

三是绿色化牵引数字技术的升级。以绿色为目标与驱动力，围绕绿色流程再造、能源结构转型、低碳技术应用、减量包装、可循环包装、环保可降解包装等各种绿色包装技术的应用、资源循环利用和碳排放管理等手段，面向设备智能化升级、过程控制优化、协同减碳等具体环节，对数字传感能力提出普适性要求、对传输网络提出高性能要求、对平台应用提出多元化要求，推动数字技术与各行业深度融合，进而实现全面的绿色化转型。

7.3.3 利用信息技术实现协同

在绿色低碳供应链背景下，供应链协同与环保效益的实现，越来越依赖于先进的信息技术。近年来，数字技术快速发展重塑了供应链节点企业间的价值创造逻辑，推动了传统供应链向更高层次的现代化数字供应链转型升级。作为现代供应链的典型特征，数字供应链建设不仅有助于完善现代流通体系，推动供给侧结构性改革，还能为构建双循环新发展格局提供有力支撑。

数字化信息技术可以赋能供应链数字化、绿色低碳化的转型与发展。数字化赋能绿色化的本质是充分利用各领域数据，赋予供应链从实时数据采集、深度知识挖掘和智能决策能力，通过海量数据的综合应用优化机器和生产过程效率，提高能效，降低排放。数字化技术为提高绿色发展中的设备连通性、生产高效性、施策精准性提供了全链条支撑。

1. 物联网技术

物联网技术可以提高物理世界连通性，为绿色化发展提供了一个信息采集与反馈的闭环通道。物联网通过传感器和设备连接，能进行有效的实时信息采集和记录，实现机器与机器之间、机器与人之间高效的信息交互，为生产过程的绿色智能优化闭环建立数据双向流动的通道。这不仅实现了实时的、精细化的设备管理和生产控制，还有效降低了能耗和碳排放。例如，通过物联网设备收集的数据可以监控生产设备的能耗，自动调整设置以达到最佳能效；物联网设备可以监测仓库的温度和湿度，确保资源在最佳条件下储存，从而减少损耗；使用智能传感器监测冷链物流，确保货物在运输过程中的温度稳定，减少食品浪费，增强供应链各环节的协同作业能力。同时，智能传感器和物联网设备还能实现对车辆和货物的实时监控和调度，优化运输路线，减少能耗，提升运输效率，减少环境影响。

2. 大数据分析技术

大数据分析技术可以帮助企业从历史数据中识别浪费最严重的环节，寻找改进措施；大数据分析技术还可以处理和分析供应链中产生的海量数据，帮助企业洞察消费者行为、市场趋势和供应链性能。这些洞察可以用于改进决策过程、预测需求、优化库存水平，以及识别和解决供应链瓶颈，进一步提高资源利用率，推动供应链运营向更加绿色低碳化发展。

3. 人工智能技术

人工智能技术在绿色低碳供应链协同优化中具有重要作用。人工智能在供应链中的应用包括自动化流程、预测分析和智能决策支持。通过自动分析物流数据，人工智能技术可以做出最优决策，提高运输效率。例如，使用机器学习算法预测物流需求，优化仓储和运输路径，减少运输成本和资源浪费，降低碳排放，并促进绿色供应链的发展。人工智能技术的应用不仅使得供应链更加智能化和自动化，还提高了操作效率，降低了成本，并增强了对复杂市场动态的适应能力，促进绿色供应链的可持续发展。

4. 云计算技术

云计算技术提供了一个集中的平台，供应链的所有参与者都可以在上面存储、共享和访问信息。这种即时的信息共享提高了协作效率，使企业能够快速响应市场变化。

进一步地，数字化技术的综合应用还可以提高碳排放监测管理精准性。我国全国碳交易市场自 2021 年 7 月 16 日开市以来，已经取得了显著的发展，截至 2023 年年底，全国碳排放权交易市场碳排放配额累计成交量 4.42 亿 t，累计成交额 249.19 亿元。在此背景下，数字技术的应用将极大提高碳交易过程中碳核算的实时性和精确性。以碳排放核算的在线监测系统为例，物联网、云计算、大数据等数字化技术将有力支撑该监测系统运行的数据采集、记录、传输、处理，进而通过数据模型分析，帮助企业更好地规划碳配额。对于政府而言，通过能源与碳信息监测管理，可助力不同层级政府及时掌握“碳达峰”和“碳中和”目标的完成进度及趋势预测等信息，为政府部门减排政策科学决策提供依据。

7.3.4 政策支持

政府政策在推动供应链绿色化方面也发挥着重要作用。政府可以通过制定环保法规，强化数字化、绿色化、协同化集成的必要性、可行性，引导企业和组织朝着协同发展的方向前进。我国“数字化 + 绿色化”政策的梳理如下：

自党的十八大以来，我国在生态文明建设方面的投入持续增加，生态环境治理取得初步成效，环境质量明显提升。党的二十大报告进一步提出“推动形成绿色低碳的生产方式和生活方式”，并强调“加快发展数字经济，促进数字经济和实体经济深度融合”。为了达到数字化、绿色化和协同化的目标，国家发布了多项政策文件。例如，《中共中央 国务院关于完整准确全面贯彻新发展理念做好碳达峰碳中和工作的意见》和《2030 年前碳达峰行动方案》等政策文件强调了将互联网、大数据、人工智能、5G 等新兴技术与绿色低碳产业深度融合的重要性。此外，《“十四五”国家信息化规划》中提到“深入推进绿色智慧生态文明建设，推动数字化与绿色化的双向协同发展”。

2021 年 9 月，中共中央、国务院发表的《中共中央 国务院关于完整准确全面贯彻新发展理念做好碳达峰碳中和工作的意见》中，也特别指出了促进互联网、大数据、人工智能、5G 等技术与绿色低碳产业的深度融合的必要性。这些政策还提倡在工业领域推动低碳工艺革新和数字化转型，以及在商贸流通、信息服务等领域加快绿色转型。

2022 年 11 月 18 日，习近平主席在亚太经合组织领导人非正式会议上强调了数字化、绿色化、协同化对于经济社会绿色发展的关键作用。相关政策的密集出台，进一步明确了协同化为基础、数字化与绿色化相互支撑的重要作用。

我国近几年推出的“数字化 + 绿色化”发展政策见表 7-3。

表 7-3　我国近几年推出的“数字化 + 绿色化”发展政策

发布机构	发文日期	政策	要点
中共中央、国务院	2021 年 9 月	《中共中央　国务院关于完整准确全面贯彻新发展理念做好碳达峰碳中和工作的意见》	明确指出要“推动互联网、大数据、人工智能、第五代移动通信（5G）等新兴技术与绿色低碳产业深度融合”；推进工业领域低碳工艺革新和数字化转型；加快商贸流通、信息服务等绿色转型等
国务院	2021 年 10 月	《2030 年前碳达峰行动方案》	指出要推进工业领域数字化智能化绿色化融合发展；加强新型基础设施节能降碳等
中央网络安全、信息化委员	2021 年 12 月	《“十四五”国家信息化规划》	明确指出要“深入推进绿色智慧生态文明建设，推动数字化绿色化协同发展”
工业和信息化部等三部门	2022 年 7 月	《工业领域碳达峰实施方案》	重点提出“主动推进工业领域数字化转型，强化企业需求和信息服务供给对接，加快数字化低碳解决方案应用推广”
工业和信息化部等七部门	2022 年 8 月	《信息通信行业绿色低碳发展行动计划（2022—2025 年）》	从行业重点设施绿色升级、产业链供应链协同发展、能源资源循环利用及共建共享、健全能耗及碳排放综合管理平台等方面提出了翔实的工作方案。同时，该文件也重点提出了赋能产业绿色低碳转型、赋能居民低碳环保生活、赋能城乡绿色智慧发展要求
中共中央、国务院	2023 年 2 月	《数字中国建设整体布局规划》	提出，到 2025 年，数字生态文明建设取得积极进展、数字技术创新实现重大突破。要求建设绿色智慧的数字生态文明，加快数字化绿色化协同转型等要求
国家发展改革委等十部门	2023 年 8 月	《绿色低碳先进技术示范工程实施方案》	为加快绿色低碳先进适用技术示范应用和推广，在落实碳达峰碳中和目标任务过程中锻造新的产业竞争优势。其中重点方向中的工业领域示范项目，包括数字化绿色化协同降碳、“工业互联网 + 绿色低碳”、绿色（零碳、近零碳）数据中心等的能效水平应不低于行业标杆水平
工业和信息化部、教育部等五部门	2023 年 8 月	《元宇宙产业创新发展三年行动计划（2023—2025 年）》	明确将元宇宙作为“加速制造业高端化、智能化、绿色化升级支撑建设现代化产业体系”战略性前瞻性新领域

7.4　全链条供应链的碳资产管理

本节从战略和操作层面详解绿色供应链的实施策略，介绍如何通过协同管控优化供应链设计，实现资源的最优配置和过程的环保化。

气候变化是全球性的、超越国界的问题，在工业革命之前，地球的大气中温室气体（GHG）浓度从没有超过学术界公认的安全阈值 300ppm（$1ppm=10^{-6}$），但由于工业革命等因素，全球二氧化碳排放量快速增长，现如今大气中的温室气体浓度已经超过了 410ppm（$1ppm=10^{-6}$），如此高的 GHG 浓度容易诱发极端环境事件，如 2023—2024 发生的北京最长连续低温纪录，广东极端雷雨 + 冰雹 + 大风等。因此，应对气候变化已经是一项刻不容缓的、全球性的挑战。

气候的变化已经给全世界造成了非常深远的影响，应对气候挑战需要全球各个层面、各个方向的相关方坚决采取行动才有可能解决，除适应逐渐变化的气候之外，放缓气候的变化，让其尽量停留在全球人民的“舒适区”也至关重要。其中，我国作为世界上最大的温室气体排放国，减少温室气体排放量任务艰巨，且早在 2020 年就提出了碳达峰、碳中和等应对气候的目标。为达成目标的减碳任务，供应链作为各行各业经济影响的重要组成部分，其碳资产的管理在达成目标的过程中将起到至关重要的作用。对相关企业来说，节能减排、推行低碳经济迫在眉睫。

科学碳目标倡议组织 SBTi 的数据显示，全球供应链已经有超过 2800 家企业参与减少温室气体排放的行动，其中有 1300 余家企业制定了科学的碳目标，1400 余家企业明确了科学界认为的需要尽量控制全球平均温度提升幅度不超过工业革命开始前全球平均气温的 1.5℃的气候目标。这些企业覆盖了供应链上的 50 余个行业，包含各个行业的巨头，也包括阿里巴巴等中国供应链上的企业，他们共同响应参与应对气候变化，会激励更多企业和客户参与到应对气候变化的巨大挑战中。

7.4.1 碳足迹的评估与监测

碳足迹是一种评估产品和服务在全生命周期内产生的温室气体排放量的方法。在国家和企业参与减碳以达成碳中和目标的行动中，碳足迹的评估与监测是不可或缺的一环，如华为、苹果等企业即设立了自身的碳中和目标，并且推动供应链上下游的碳中和行动，开展了自身的碳足迹与供应链合作的碳足迹核算。因此，随着越来越多的企业参与应对气候变化的挑战中，碳足迹将会越来越被人们关注并重视。

1. 供应链碳足迹的计算方法

2008 年英国多部门联合发布了世界上第一个关于碳排放的计算标准 PAS 2050：2008，其为企业提供了一个标准化的方法来评估产品全生命周期内的温室气体排放量。该标准主要应用于产品和服务从原材料的获取到产品的生产，后期市场分配和销售，消费者应用及产品损坏或废弃后的处理的全过程的温室气体排放量的计算与评估，该评价规范在 2011 年完成了修订。随后，GHG Protocol 与 ISO 14067：2018 等评估体系的出现完善了相关的国际标准，其发展历程和相互关系如图 7-13 所示。其中，产品生命周期核算和报告标准（GHG Protocol）是由世界资源研究所（WRI）和世界可持续发展工商理事会（WBCSD）两个组织联合发布，其主要用于评估产品全生命周期的碳排放报告，目的是帮助企业对采购、生产、销售等环节制定相应的碳排放策略，其发布前经过 60 家公司的测试，是目前最详细和清晰的碳足迹核算、指导规定。ISO 14067 是根据 PAS 2050 标准发展而来的，在其中定义了产品碳足迹的概念，即基于生命周期法评估得到的一个产品体系中对温室气体排放和清除的总和，以二氧化碳当量（CO_{2eq}）表示其结果。其服务对象除组织和企业外，还包含个人和科研工作者，所以省略了部分生命周期相关的评价内容。

总的来说，PAS 2050 首先提出了碳足迹评估与计算的相关规则，GHG Protocol 在已有基础上完善了标准概念，且灵活处理了计算方法、数据收集方法等，主要目的是为企业和公司提供详细的碳足迹计算的相关指导。ISO 14067 在其他规则的标准下出台，其在概念方面提高了针对性，虽然在碳足迹的评估与计算上较其他规则较弱，但它的出现增强了碳足迹计算与评估在全球的影响力。

常见的碳足迹评价方法主要基于生命周期评价（LCA）方法。目前较为常用的包括过程生命周期评价（Process–LCA，P–LCA）、投入产出生命周期评价（Input–Output LCA，IO–LCA）与混合生命周期评价（Hybrid–LCA，H–LCA）。

过程生命周期评价（P–LCA）是目前最主流的生命周期评价法，其主要步骤为：目标定义和范围界定 – 清单分析 – 影响评价 – 结果解释，其采用自下而上的模型，基于数据的收集来研究生命周期内研究对象的碳排放量和环境影响。其优势在于适用于多个不同数据层次的碳足迹计算，尤其是微观层次的计算。其缺点是由于需要自定义系统边界，以及收集的数据可能产生的截断误差，其计算结果准确度可能不足。

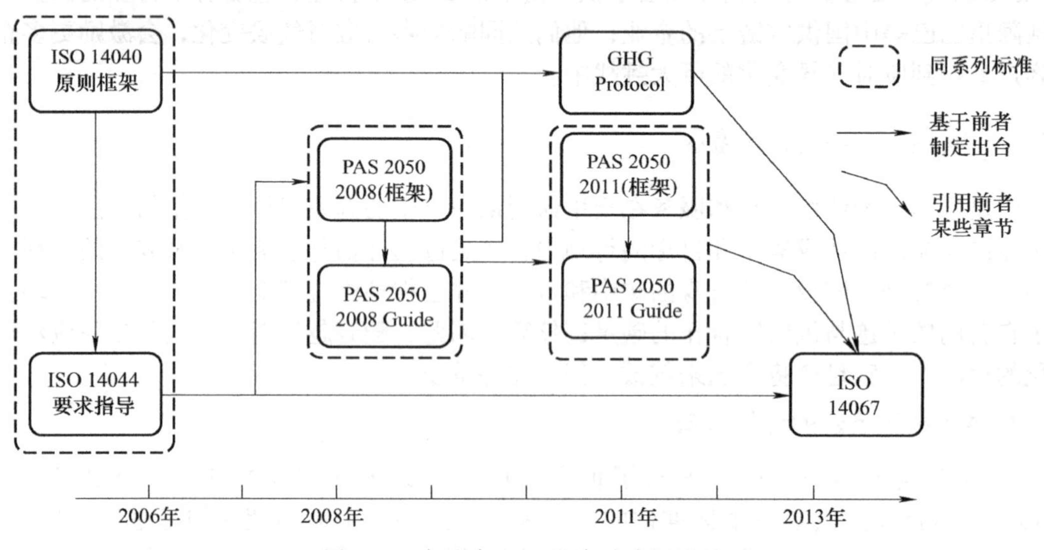

图 7-13　产品碳足迹国际标准发展历程

投入产出生命周期评价（IO–LCA）引入了经济投入产出表，克服了过程生命周期评价中系统边界的界定问题。其采用自上而下的模型，首先计算出行业与企业的碳排放水平和能源消耗量，再根据平衡方程来估计经济主体与被评价对象之间的关系，依据模型来进行碳足迹的计算。其一般应用于宏观层面，能较好地计算产品或服务的碳足迹，且计算碳足迹需要消耗的人力物力等资源较少，具备较好的鲁棒性和综合性。其缺点是不好计算单一产品的碳足迹，且受到投入产出表的数据影响，时效性不强。

混合生命周期评价（H–LCA）是将过程生命周期评价法与经济投入产出生命周期评价法相结合，将其划分为分层混合（TH–LCA）、基于投入产出的混合生命周期评价（IOH–LCA）和集成混合生命周期评价（IH–LCA），其中，分层混合生命周期评价适用于宏观和中微观系统的评价与分析，但容易造成重复计算的问题；基于投入产出的混合生命周期评价适用于投入较少的对象，但只能计算产品生产中的自然资源消耗和污染排放，使用和报废阶段需要单独计算；集成混合生命周期评价能避免重复计算问题，且与投入产出表的数据结合程度好，但其对数据和矩阵的计算要求较高，目前还只是设想阶段，极少有实际案例。

2. 碳排放数据的收集与分析

在碳足迹的评估与监测中，对于碳排放数据的收集与分析也是至关重要的一环，但碳足迹的评估与监测是全球性的、全行业的问题，对于不同行业来说，碳排放数据的收集标准不同，收集到的数据信息也有不同，因此，对于不同行业来说，碳排放数据的收集与分析标准各不相同，因此，本节主要介绍一些通用的、笼统的碳排放数据收集与分析方法。

碳排放数据的收集可以通过全球碳排放数据库来进行，其可以全面记录全球碳排放的数据，包括各个国家、各个行业、各个地区的碳排放数据，可以通过该数据库收集数据。在此基础上，不同行业中的不同企业的碳排放情况也有所不同，可以通过对各个行业的企业进行访谈、问卷调查等方式获得特定行业的碳排放数据。除此之外，还可以利用卫星遥感技术对大范围地区进行碳排放的监测和测量，通过测量空气中的二氧化碳浓度和光谱特征来获得碳排放的数量级与地区分布情况。

在收集到碳排放的数据后，需要对其进行一定的数据处理和分析才能投入使用，如数据可能存在错误和噪声，即需要对数据进行删除异常值、填补缺失数据等清洗和校正工作。对数据进行时空规律的总结与整合，通过数据可视化技术生成图表、地图等，可以为指定碳排放政策提供指导依据。通过计算碳排放强度，即单位产值产生的碳排放量，可以评估企业、地区、国家的碳排放效益，提高节能减排的空间。

下面介绍一个集装箱船行业的碳排放数据收集与分析案例。在数据收集方面，其基于国际海事组织（IMO）实行的燃油数据收集机制，以 IMO 审议通过的四个年度的燃油数据报告作为数据源。收集到数据后，在数据分析方面，首先对收集到的数据进行不确定性分析，对未报送数据的缺失船舶和报送数据存在错误未改正的船舶进行错误数据剔除和校正。之后，通过船型尺度分类，整理得到相关燃油消耗数据，并对燃油消耗数据进行总量分析、数据分析、船型尺度消耗量分析等，通过分析后的数据对碳排放量进行计算，并根据船舶尺度进行碳强度分析，最终，通过 IMO 数据收集机制，经过符合行业特性的数据处理方法，得到了该行业相关的碳排放量数据。

3. 实际案例

可口可乐公司一直在致力于降低其碳足迹对环境的影响，其通过监测和跟踪每升出售产品的碳排放量，来进行系统级别的管理。如图 7-14 所示，可口可乐公司制定了相关的减碳目标，并且这些目标已经获得了科学碳目标倡议组织 SBTi 的核准。2018 年，公司对旗下产品的碳足迹进行了排查，重新计算了基准碳排放量，并形成了相应的科学碳目标进展报告。此外，公司还通过引入碳情景规划器来确保能采用标准化的预测方法监测碳排放数据。这些方法已被应用于减少包装和改善货车配送等领域的温室气体排放。通过这些努力，可口可乐公司不仅在自身运营中推动了减碳目标，还促进了其供应链中相关企业的碳减排。例如，其供应商 HBC 公司显著降低了碳排放量，并通过了 SBTi 认证，在道琼斯可持续发展指数中位居瓶装商行业首位。

总体而言，可口可乐公司通过计算和评估碳足迹，以及收集和监控碳排放数据，确保其设定的减碳目标得以有效实施，并推动供应链中的相关企业也达成减碳目标。

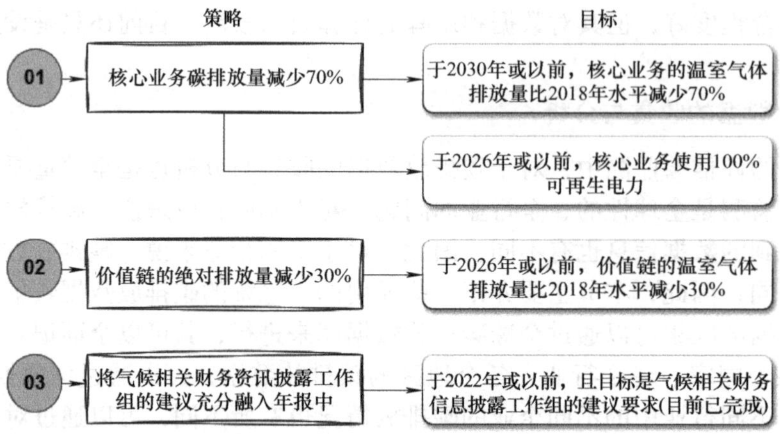

策略 | 目标
01 核心业务碳排放量减少70% → 于2030年或以前，核心业务的温室气体排放量比2018年水平减少70%
→ 于2026年或以前，核心业务使用100%可再生电力
02 价值链的绝对排放量减少30% → 于2026年或以前，价值链的温室气体排放量比2018年水平减少30%
03 将气候相关财务资讯披露工作组的建议充分融入年报中 → 于2022年或以前，且目标是气候相关财务信息披露工作组的建议要求(目前已完成)

图 7-14　可口可乐公司相关减碳目标制定

7.4.2　碳资产的管理与贸易

为应对全球气候变化，碳资产管理应运而生。普华永道的《碳资产白皮书》将碳资产定义为以碳排放权益为核心的所有资产，即通过节能减排等活动减少的碳排放量与碳交易、碳配额等衍生品等。其中，碳交易的定义是把二氧化碳的排放权当作一种商品，通过支付一定金额的方式来获取一定量的二氧化碳排放权。随着全国性碳市场启动后交易额的日益增长与扩大，如何管理碳资产从而实现碳资产保值，进一步通过碳资产管理提高相关市场有效性，从而推动企业进行节能减排，积极参与碳交易，达到优化宏观市场上的碳资产与碳排放的相关资源配置，从而降低全社会碳排放是全链条供应链企业发展所面临的重要问题。

1. 碳排放权的交易与管理

1997 年《京都协议书》规定了关于国际碳排放权的三个交易机制：国际排放贸易、联合履行以及清洁发展机制，这三个交易机制形成了碳交易的雏形。2021 年，上海环境能源交易所股份有限公司出台了《关于全国碳排放权交易相关事项的公告》，对碳排放权的相关交易方式、交易时间、交易账户需求等做出了规定。碳排放权的交易可以通过协议转让、单向竞价等方式完成交易。2011 年 10 月，国家批准在北京、上海等一部分城市进行碳交易试点；2016 年，国家明确建设和运行碳排放权交易市场；2020 年，发电行业第一个进入全国碳市场的履约周期；2021 年，生态环境部制定的关于碳排放权登记、交易、结算管理规则的文件正式出台，进一步规范了全国碳交易市场。

当前，我国对重点单位进行碳排放配额免费发放，配额的总量由生态环境部根据温室气体排放、节能减排等因素制定。其中，碳交易市场可以分为强制性的配额交易市场与自愿减排市场，碳交易以市场交易为主、自愿交易为辅。对于自愿交易市场，2023 年 10 月，生态环境部等发行了《温室气体自愿减排交易管理办法（试行）》，明确了全国温室气体自愿减排的相关项目与减排量的登记等工作，并正式发布温室气体自愿减排的首个项目方法学，包含造林碳汇、并网海上风力发电、并网光电发热、红树林修复四个领域。

碳交易市场的建立和相关制度规则的完善，有助于促进企业向绿色低碳的方向转型，对于供应链企业实现减碳目标有着重要作用。此外，碳交易的引入，能充分挖掘不同产业的需求侧潜力，并对低碳能源体系建立有着重要的意义，如对能源系统构建了阶梯型碳交易机制，从而优化能源系统综合需求响应对碳排放的影响。

2. 碳税及其对供应链的影响

碳税是一种政府采取的环境税收措施，旨在鼓励减少温室气体排放和推动低碳经济发展。其基本原理是将温室气体排放视为一种对环境造成负外部性的行为，通过征收排放量所对应的税款，使排放者付出经济成本，促使其减少或控制温室气体的排放。这样一来，企业或个人就会受到经济激励，以更环保的方式生产和生活，推动低碳技术的发展和应用。

碳税的实施方式可以有多种形式。一种常见的方式是在能源消耗中直接征收碳税，如燃煤、石油和天然气等能源的生产、销售或使用环节征收相应的税款。另一种方式是基于排放量的征税，根据企业或个人实际的温室气体排放量来计算并征收税款。此外，碳税也可以根据不同行业、地区或产品的排放强度进行差别定价，以更精确地反映温室气体排放的成本。

随着节能减排目标进一步推进，促进绿色供应链的发展协同减少碳排放量是绿色环保消费市场的重要理念。碳税涉及经济的各个方面，对供应链网络有很大的影响。从宏观上来看，在碳税产生后，将使得一些排放高的企业需要支付额外的费用，这会增加生产成本。供应链中的企业可能面临原材料、生产、运输等环节的成本上升，从而对产品成本或价格产生影响。消费者倾向于选择环保产品，企业需应对低碳竞争并提供环保解决方案。并且，碳税的出现可能会催生更严格的环保要求和标准，供应链中的企业需要适应这些要求。这意味着企业需要改进供应链的透明度和可追溯性，采用更环保的包装材料以及与更环保的供应商合作等。此外，碳税有助于推动企业优化能源使用和生产流程，以减少排放。因此，供应链中的企业可能需要重新配置资金，用于改善能源效率，采用更环保的技术或者寻找替代能源，以减少碳排放并降低碳税负担。

具体来说，碳税促使生产制造企业研发低碳产品，推动供应链减碳。大型零售企业通过宣传培养消费者环保意识，引导他们购买绿色产品，达到节能减排目标。供应链上下游企业对碳税影响的关注方向不同，生产企业注重减碳投资与效益平衡，销售企业关注减碳对产品销售的促进作用。碳税背景下，供应链各阶段成本变化相互关联，需对供应链网络进行优化和重新设计。此外，碳税促进低碳技术发展，激发企业进行绿色升级，使整个供应链更多采用低碳技术。目前对于碳税在供应链方面的研究也有很多，学者们考虑碳税和不同条件对供应链的决策优化和设计，使供应链在碳税的影响下向良好的方向发展。然而，多数研究仅关注单一的碳税税率，不同国家和地区相应的碳税政策也存在差异，对供应链的影响也存在不同。此外，实际上的供应链是多层次的、交互性的供应链网络，在复杂的供应链网络结构中，考虑碳税的参与后需要进行更深入的研究。

7.4.3 行业领先企业碳管理案例

随着我国在多个场合提出了碳达峰、碳中和的目标，各个行业都提出了与自我相关的碳管理目标，有些行业领先企业在碳管理方面已经做出了卓越的成果，如维斯塔尔、海尔等企业，同样的，有些企业不仅着眼于自身，其通过数智科技的技术影响，完成了创新碳减排项目的研发，对社会减碳做出了贡献。本小节的实践案例以汽车行业为例进行详细说明。

目前，汽车用钢是汽车用材中全生命周期低碳排放、低成本、高性能的最主要材料之一，其绿色、可持续生产制造和应用的前景和趋势，是影响钢铁行业、汽车行业可持续发展的关键。钢铁行业生产绿色钢铁，同时提升轻量化性能、降低生产成本的发展潜力，为汽车行业供应低碳原材料、实现“零”碳排放的绿色发展目标提供了机会。汽车行业的绿色发展和对低碳排放材料的急迫需求，促进了钢铁行业绿色发展进程，加快了钢铁行业提升现有绿色环保技术、创新低碳排放技术的改革步伐。钢铁行业和汽车行业作为产业链上的供需两端，其绿色、可持续发展是相互影响和相互促进的，发展进程最终将影响到国家“双碳”战略的实现，为缓解全球环境危机、为人类创造可持续发展环境贡献一份力量。

我国汽车行业作为国民经济支柱产业，产业链长、覆盖面广、带动性强，在汽车全生命周期（原材料获取、零部件及整车组装、汽车使用以及报废再生利用）对资源、能源、环境都带来了较大压力，碳排放占全国总量的 8%。提倡绿色发展是汽车行业未来发展的主旋律、主色调。

2021 年 10 月，中共中央、国务院印发《国家标准化发展纲要》，明确提出汽车行业也需要尽快建立汽车行业企业、汽车部件产品、整车产品温室气体排放管理标准体系，围绕汽车组织层面、产品层面和减排项目层面，构建汽车碳排放计量监测标准体系、碳排放量化核算及报告标准体系、碳排放核查标准体系、碳排放信息披露标准体系、低碳评价及标识标准体系和碳排放限额约束标准体系。“十三五”（2016—2020 年）以来，通过深入贯彻落实绿色发展理念，汽车行业积极构建绿色制造体系，加强有害物质管控，减少汽车全生命周期碳排放，绿色低碳转型初见成效。

1）汽车全生命周期碳排放量稳步下降。我国乘用车全生命周期的碳排放量由 2015 年的 233.1gCO_{2e}（二氧化碳当量）/km 减少至 2019 年的 212.2gCO_{2e}/km。预计到 2030 年，全生命周期的碳排放量将在 2019 年基础上进一步下降约 19%。

2）绿色制造体系建设不断深入。汽车行业创建 312 家绿色工厂、52 家绿色供应链，开发 129 种绿色设计产品，树立了一批绿色低碳发展标杆。培育 8 家汽车行业绿色制造供应商，制定发布 32 项汽车行业绿色标准，覆盖 M1 类传统能源车、铅酸蓄电池、锂离子电池、汽车轮胎、内燃机等。

3）产品有害物质管控水平显著提升。汽车企业深入推行产品绿色设计、构建绿色供应链、选用新型环保材料及应用绿色工艺技术。主流乘用车车内 8 项挥发性有机物的污染物浓度明显降低，2020 年主流乘用车车内苯和甲醛平均浓度降低至 0.005mg/m^3 和 0.025mg/m^3，较 2015 年相比分别降低了 69% 和 50%。

4）绿色发展信息披露水平持续加强。汽车行业率先探索建立企业绿色发展信息披露机制，为企业编制绿色发展报告提出规范化指引，经过近两年的努力，2020 年汽车行业绿色发展信息披露水平较 2019 年提升约 52%。

同时，提高燃油汽车经济性仍是降低汽车碳排放的重要方面。截至 2023 年底，我国汽车保有量已超过 3 亿辆。我国原油主要依靠进口，2023 年进口量超过 5.64 亿 t，对外依存度约 73%，其中车用燃油消耗占社会汽 / 柴油消耗超 80%。在“十四五”规划期间，随着燃油汽车节能技术的进步和汽 / 柴油品质的提升，每降低 1% 的油耗将节约 260 万 t 燃油，相应减少约 750 万 t 的二氧化碳排放。若燃油效率提升达到 10%，则预期的减排效果将更为显著。

从中长期来看，发展电动汽车是汽车行业实现“双碳”目标的主要手段。以市场化的方式鼓励车企多生产新能源汽车。我国从 2014 年 9 月起，新能源汽车购置税被免除，这将为购车者节省约 2 万元人民币。《乘用车企业平均燃料消耗量与新能源汽车积分并行管理办法》同时对不同车型进行积分设置，一辆 BEV（纯电动汽车）将根据里程依照线性公式得到 2 ～ 5 分，PHEV（插电式混合电动车）得 2 分，BEV 将获得更多的积分，同时明确 NEV（新能源汽车）积分等同于 CAFC（企业平均燃料消耗量）积分，使得 OEM（原始设备制造商）估分更容易。在北京、上海等几大有牌照限制的城市，电动车可相对容易地获得牌照额度，大大地提升了电动车销量，限牌城市短期内还有可能增加。截至 2023 年年底，我国充电基础设施累计达 859.6 万台，同比增加 65%，新增公共充电桩 92.9 万台，同比增加 42.7%；新增随车配建私人充电桩 245.8 万台，同比上升 26.6%；高速公路沿线具备充电服务能力的服务区约 6000 个，充电停车位约 3 万个，基本满足新能源汽车快速发展需求。

在国家政策扶持和新能源汽车自主攻关努力之下，新能源汽车相关的基础设施更加完善，使得越来越多的人选择购买新能源汽车。新能源汽车销量迅猛增长，2023 年我国新能源汽车产销分别完成 958.7 万辆和 949.5 万辆，同比分别增长 35.8% 和 37.9%，市场占有率达到 31.6%，高于上年同期 5.9 个百分点，连续 9 年位居全球第一。图 7-15 展示了 2013—2023 年新能源汽车市场销量和增长率的变化趋势。

图 7-15 2013—2023 年新能源汽车市场销量和增长率的变化趋势

汽车产业是重要的碳排放领域。当前，我国交通领域碳排放总量占比约为 10%。随着城镇化规模扩大和人民生活水平的提高，个人和家庭使用交通工具的需求还会进一步增长。面对低碳经济的发展趋势，以及全球碳达峰和碳中和的目标，汽车产业正面临前所未有的挑战和机遇。如果汽车企业在这场脱碳变革中跟不上节奏，最终很可能会被淘汰出局。

长城汽车是我国首个公开提出“碳中和”时间表的汽车企业。2021年6月，长城汽车宣布，将在2045年实现“碳中和”，并同步公布了针对“碳中和”目标的“五年计划”：到2025年之前，将推出51款新能源车型，以实现年销量的80%为新能源车的目标。在产品层面，公司始终坚持以创新引领低碳发展。其中，旗下魏牌蓝山作为绿色可持续产品的典范荣获“2023年度低碳领跑者车型NO.1”奖项。在管理层面，长城汽车持续完善自身环境管理体系。2023年顺利通过管理体系（ISO 4001：2015）换证审核，并荣获“2023最佳低碳实践企业”等奖项。自国家发布双碳政策以来，长城汽车快速响应，深入贯彻落实双碳政策，以全生命周期理念贯穿整车研发、供应、生产、运输、销售使用及报废回收等各个环节，并组建专业的碳排放管理团队，提前规划布局，构建循环生态链，持续打造绿色供应链，为实现2045碳中和目标奠定坚实基础。

“吉利控股集团2021年可持续发展报告”发布，首次披露吉利控股集团（简称“吉利控股”）将于2045年实现全链路碳中和目标，提出打造全价值链条绿色可持续发展生态圈。吉利控股持续推动产业链上下游企业践行ESG（Environmetal，Social and Governance）发展理念，面向全球展现了中国车品牌的良好形象。

2021年9月16日，在2021世界新能源汽车大会上，上汽集团总裁王晓秋表示，上汽将力争在2025年前实现碳达峰。2022年8月26日，在第四届世界新能源汽车大会（WNEVC 2022），上汽集团董事长陈虹在本次大会上发表演讲时表示，尽快出台汽车产业低碳发展的路线图，进一步明确汽车产业实现“双碳”目标的时间表、实施路径、核算边界等。

更加全面的汽车行业主机厂“碳减排”行动计划见表7-4。

表7-4　国内汽车行业主机厂“碳减排”具体行动计划

主机厂	时间节点	碳排放具体行动计划
长城	2021	2023年实现首个零碳工厂 2025年前，将推出51款新能源车型，将在2045年实现“碳中和”
比亚迪	2021	2021年8月，比亚迪启动零碳园区项目，利用自身在新能源领域的独特优势，将电动车、储能系统、太阳能电站、电动叉车、LED灯、云巴等绿色产品应用到园区生产生活方方面面。截至2023年年底共计减排24.5万t二氧化碳当量 2021年11月，获得中国首张SGS承诺碳中和符合申明证书；报告期间，比亚迪深圳、惠州、陕西三个地区的工厂成功获得了国家级绿色工厂称号 2021年11月，比亚迪受邀参加第26届联合国气候大会，在交通日上，相关政府、企业和其他组织代表共同发表了关于加速向零碳排放汽车和火车转型的宣言，目标是在2040年或之前实现零排放汽车和火车的销售占比达到100%。比亚迪积极参与其中，并加入签署了《零排放中、重型车辆全球谅解备忘录》
吉利汽车	2021	2025年吉利汽车全生命周期碳排放减少25%以上（2020年基准），2045年实现碳中和 2030年沃尔沃成为100%纯电车企，2040年实现全链路气候中和 2023年优行科技实现运营碳中和，2035年实现全部出行订单净零排放 2030年极星推出碳中和的产品，2040年实现气候中和
上汽	2021	力争在2025年前实现碳达峰

7.5 绿色低碳供应链协同管理案例

金风科技成立于 1998 年，总部位于我国新疆，是全球领先的风力涡轮机制造商之一。公司业务遍布六大洲 38 个国家，每小时生产超过 1.11×10^8kW·h 的绿色电力。公司拥有一支由数千名工程师组成的全球研发团队，致力于风电技术的前沿研究。此外，金风科技通过与全球供应商建立长期合作关系，确保供应链的稳定性和可持续性。

金风科技实施的绿色低碳策略不仅有效降低了运营成本和风险，还增强了企业的社会责任形象，提升了市场竞争力，并为全球环境可持续性做出了重要贡献。公司通过不断投资研发，推出更高效的风力发电解决方案，并优化从原材料采购到生产、物流以至产品回收的整个供应链，确保整个过程的环境影响最小化。

7.5.1 企业绿色供应链集成方案

金风科技秉持其“为人类奉献碧水蓝天”的企业使命，关注产品全生命周期对环境和社会的影响，将绿色可持续发展理念融入研发设计、零部件采购、制造、安装和运维等各个环节，引领行业可持续发展转型升级，构建可持续的绿色供应链。同时，企业积极推进供应商评价标准的制定和完善，参与编制的《风电装备制造业绿色供应链管理评价规范》于 2021 年 4 月 26 日由国家能源局发布，填补了风电行业绿色供应链标准的空白。如图 7-16 所示，金风科技搭建了绿色可持续发展框架，从绿色设计、绿色采购及供应商管理、绿色生产、绿色物流与回收多个维度强调了绿色供应链和可持续发展的重要性。自 2016 年在行业中率先实施“绿色供应链”项目以来，金风科技致力于提升风电产业链整体环境表现，推行绿色设计、绿色采购、绿色生产、绿色交付，打造风电全过程、全链条、全环节的绿色供应链。

在绿色设计方面，金风科技聚焦于产品生命周期中的四个关键环节：原材料选择、产品结构设计、生产过程设计和包装设计，旨在从源头减少环境影响，通过选择环保材料、优化产品结构以降低能耗、改进生产过程以减少排放，以及设计可回收或生物降解的包装，实现产品全生命周期的绿色化，进而推动可持续发展，减少对环境的负担。

在绿色采购方面，金风科技的政策涵盖了从原材料选择到供应商管理的各个环节，确保采购活动对环境的负面影响降到最低。企业重视对供应商的社会责任管理，根据 SA 8000《社会责任标准》、ISO 26000《社会责任指南》、RBA《责任商业联盟行为准则》等，制定了《供应商社会责任行为准则》，在劳动者权益、健康与安全、环境、商业道德和管理体系等方面提出要求，并将其纳入供货框架合同，要求供应商签订社会责任承诺书，承诺遵守相关准则。

在绿色生产方面，金风科技积极响应国家“十四五”战略规划和“双碳”目标，通过不断推出新产品和新技术来满足市场和客户需求，促进风电行业的可持续发展。2023 年，金风科技的 GWHV12 平台 GWH204-6.X 型首台样机成功并网并满负荷运行，刷新全球陆上低风速区域已运行机组的最大叶轮直径纪录，并获得中国专利保护协会联合国家碳中和知识产权运营中心评选的“绿色技术创新典型案例”奖。同时，GWHV17 平台 GWH22X-8.X 系列机组被列入“2023 年第一批北京市创新型绿色技术推荐目录”，并已获得国内权威认证机构颁发的认证证书。企业持续开展风机的生命周期评估（LCA），分析风机在全生命周期的环境影响因素，识别不同阶段改善风机环保性能的机会，采取优化措施，减少风电对环境的不利影响。

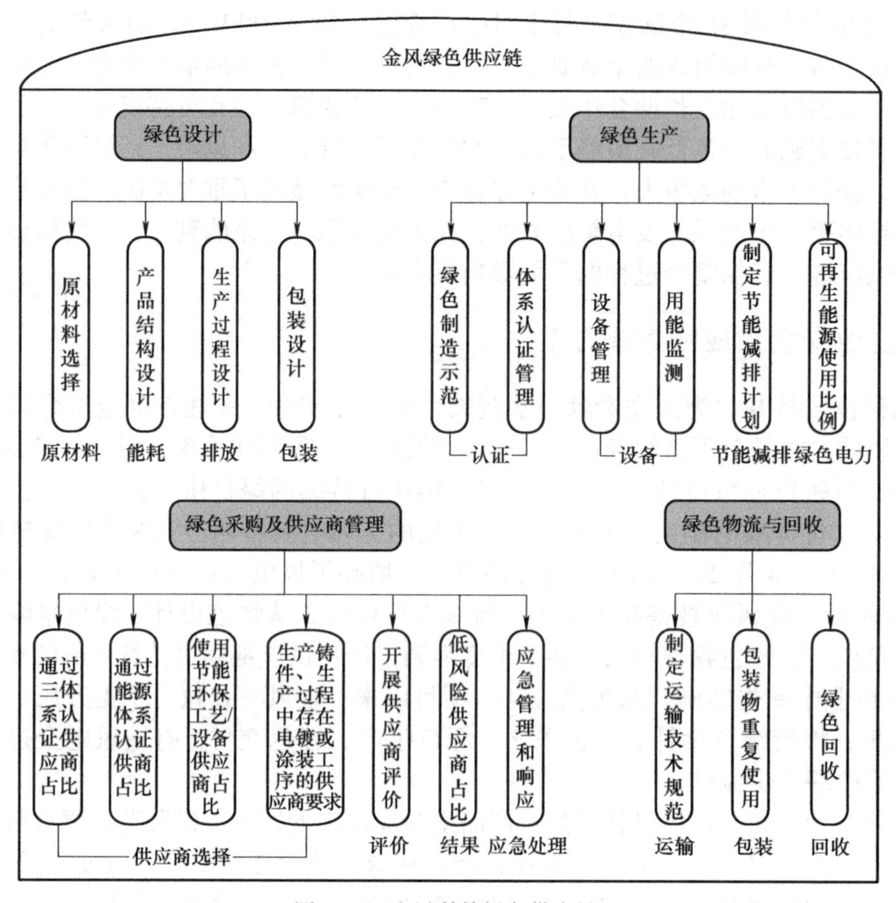

图 7-16　金风科技绿色供应链

在绿色物流方面，金风科技通过绿色化运输网络设计，使用低碳运输工具，以及实施高效的货物管理系统，减少整体的碳排放。企业运用高度自动化的物流管理系统来优化货物的存储和运输流程，实时追踪货物位置，精确控制库存水平，减少过剩和缺货情况，降低因急需快速配送而引起的额外碳排放。此外，金风科技还在关键分销中心安装了太阳能发电系统，利用太阳能板产生的能源进行日常运作，如货物装卸和仓库照明，有效降低了能源消耗和运营成本。

在绿色回收方面，金风科技凭借多年的风电研发及制造经验，已形成一套完整的风机回收再利用体系，并建立全国覆盖的“收、转、运”回收网络。企业不仅建立了翻新设备销售渠道，而且形成了旧机回收再制造链条的生态闭环。同时，金风科技具备维修和再制造 200 余种风电部件的能力，自主研发设计了 30 多个系统级检测维修平台，申请国家专利 24 个。在电控部件制造技术方面，公司的“风力发电机组变流器维修能力评估”获得第三方权威机构的五星级认证。

7.5.2 企业数字化绿色化协同策略

金风科技的数字化构架以及可持续发展策略如图 7-17 所示，在供应链各环节的协同基础上，通过数字化中台为供应链的运营提供支持，同时在全生命周期的业务流程运作中，始终贯穿可持续发展的理念，确保整个供应链朝着协同化、数字化、绿色化的方向发展。

金风科技的数字化总体架构是一个综合性战略规划，旨在通过数字化转型成为全球清洁能源领域的领先企业。该架构涵盖了数字化风电场、能源互联网、管理数字化、应用创新、业务资源共享、数据服务和物联网等关键业务领域，并通过构建数字化中台来整合核心业务流程和数据资源，以支撑这些业务的高效运作。此外，公司也注重文化、人才和组织机构等数字化组织支撑要素，以确保数字化转型的成功，并持续推动行业的可持续发展。

在整个供应链运营时，金风科技以“促进可持续发展，构建更美好生活”为宗旨，将可持续发展理念融入业务流程之中。公司注重管理自身行为对环境和社会的影响，积极履行企业的社会责任，推动公司和社会的可持续发展。

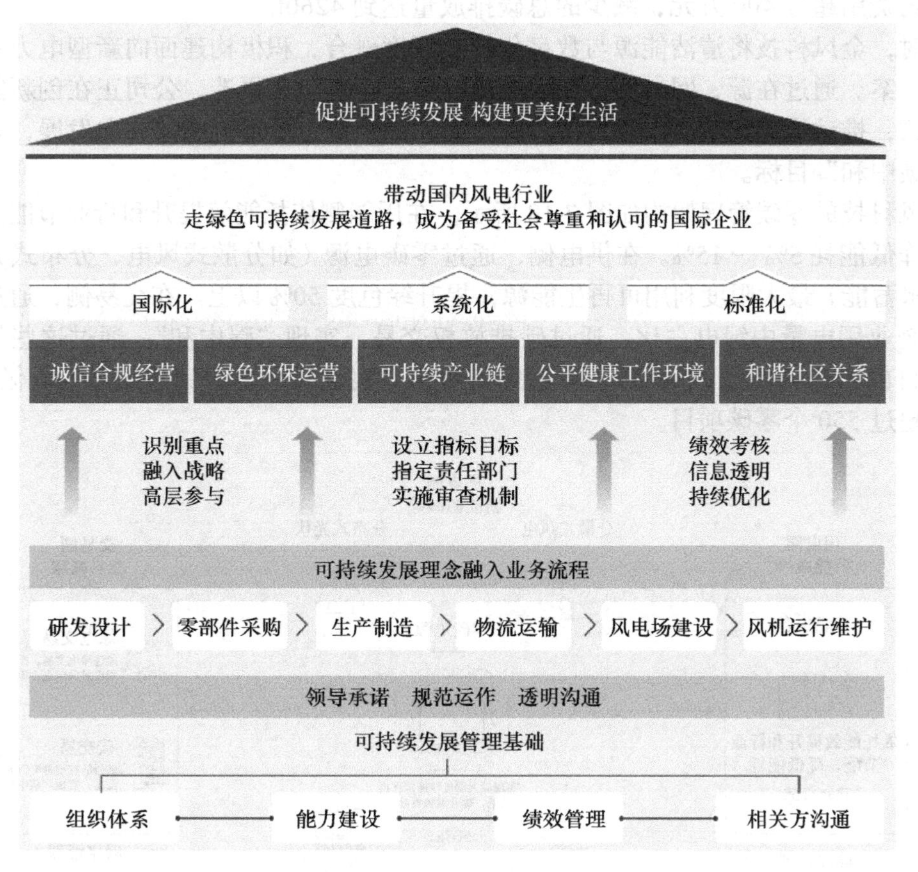

图 7-17 金风科技数字化构架及可持续发展策略

7.5.3 企业零碳政策

金风科技积极参与国际气候变化倡议，与多方国际伙伴合作共绘减碳蓝图。2023年，作为唯一受邀的中国风电整机制造商，金风科技成为COP28（第28届联合国气候变化大会）的官方合作伙伴，与世界分享中国在风电领域的洞见与实践。同年，公司还正式加入了RE100倡议，承诺最晚到2031年将全球生产及运营活动的用电达到100%的绿色电力，以应对全球气候危机。同年9月，金风科技达坂城的零碳数字化工厂入选“2023第二届标杆智能工厂百强榜”，其“智造”能力再次得到业界认可。该工厂不仅实现了低碳节能，还通过数字化和智能化生产，从软硬件两端进行创新，显著提升了生产率。与使用传统固定式生产模式的风电总装厂相比，该工厂生产一套机舱及叶轮单工位节拍从6h缩短到3.5h，生产周期从5天缩短到4天。

此外，金风科技零碳智慧园区项目标志着中国首个碳中和园区的诞生，成为数字化与工业化融合的卓越典范。园区以能源场景为核心，整合了运营体系、集控中心、智慧门户等技术模块，面向各行业园区提供能源、办公、生活、文化、管理、健康等多类型服务，构建了绿色生态体系，有效提升园区能源综合利用效率、运营业务管理效率，推进信息资源共享与业务协同。以该智慧园区为例，年均用电成本下降291.1元/（MW·h），使用绿电节约费用超过400万元，减少的总碳排放量达到4260t。

同时，金风科技将清洁能源与数字化技术深度融合，积极构建面向新型电力系统的零碳解决方案。通过在源、网、储、荷各能源环节进行优化和再造，公司正在创新能源资产管理模式，推动能源互联网向更智慧、更可靠、更经济、更可持续的方向发展，全面支持实现“碳中和”目标。

金风科技的零碳管理架构如图7-18所示，在用能侧依托能效提升和行业节能实现节能减碳，降低能耗5%～15%。在供电侧，通过零碳电源（如分散式风电、分布式光伏、电储能、水蓄能）最大限度利用可再生能源，提升绿色度50%以上。在交易侧，通过绿电交易提高企业用电量中绿电占比，通过碳排放权交易，实现“碳中和”。通过这些策略，金风科技目前已连接超过1300MW·h的负荷规模，实现绿色电力销售超过680亿kW·h，实施了超过550个零碳项目。

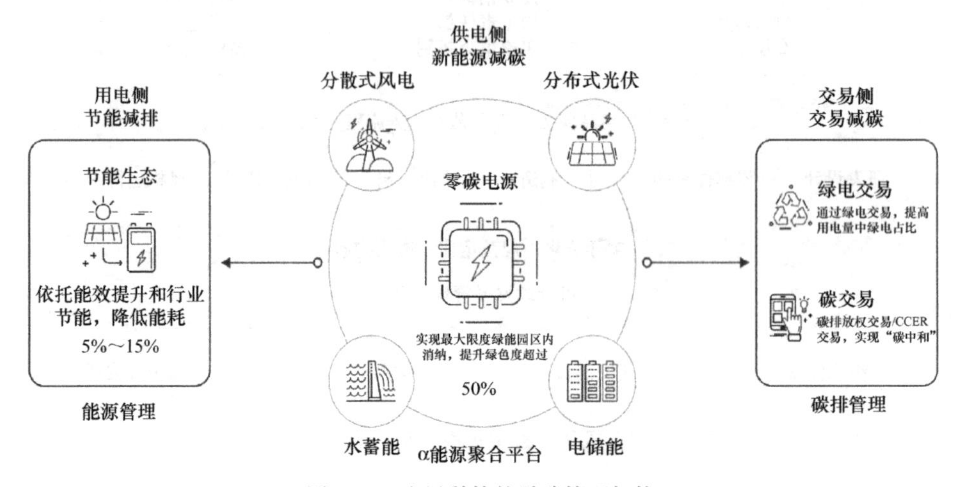

图7-18 金风科技的零碳管理架构

本章小结

本章首先概述了绿色低碳供应链的背景和重要性，强调环境可持续性与供应链管理之间的紧密联系，并讨论了绿色低碳技术的发展。其次，详细介绍了全过程绿色供应链的协同优化，包括绿色采购、生产、运输、分销和回收等环节。本章还提出了绿色供应链的协同管控策略，构建了一个集数字化、绿色化和协同化于一体的供应链策略框架。此外，本章还对全链条供应链碳资产管理进行了深入阐述。最后，通过金风科技的案例，展示了数字化、绿色化协同策略和零碳政策在实际供应链管理中的应用。

习题

7-1 讨论绿色低碳供应链对企业可持续发展战略的三个关键贡献。

7-2 讨论绿色供应链中“绿色采购”的基本原则。

7-3 解释绿色低碳供应链中具体绿色技术或方法，并评估其在实际操作中的环境效益。

7-4 碳中和目标如何影响企业的供应链策略。

7-5 讨论在生产过程中引入绿色生产技术的具体步骤、挑战及其对产品成本的影响。

7-6 详细描述绿色低碳供应链协同框架的核心组成部分。

7-7 简述常见的碳足迹评价方法包含哪些，并对比优缺点。

第8章　智能制造新模式

学习目标

1. 能够理解共享制造、人本制造和认知制造为代表的智能制造新模式兴起的背景。
2. 能够深入理解共享制造、人本制造和认知制造的基本内涵。
3. 能够准确理解共享制造、人本制造和认知制造的实际案例。
4. 能够理解共享制造、人本制造和认知制造未来发展的挑战、困难和阻力。

知识点思维导图

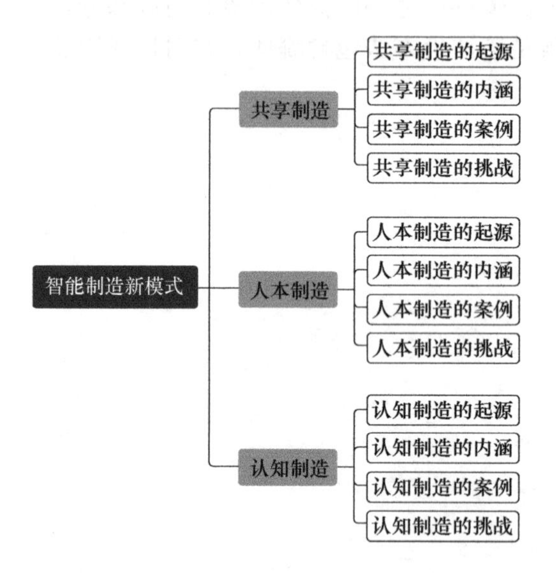

导读

随着经济社会的快速发展、生产模式的转变以及人们生活水平的不断提高，智能制造模式也随之转变以适应新形势下的需求。本章选取共享制造、人本制造和认知制造三个代表性的智能制造新模式，从起源、内涵、案例和挑战四个方面，对智能制造新模式与业态进行介绍。首先，通过在起源部分，从需求的必要性和兴起的必然性两方面，了解三种新模式产生的经济和社会背景，掌握三种新模式是“怎么来的”；其次，通过学习内涵部分，从内涵、特点、组成、框架、价值和意义等多角度理解三种新模式，掌握三种新模式是“什么样的”；再次，通过三种新模式的典型案例，从案例背景、模式应用、具体流程等方面对三种新模式有更直观的理解和认识，掌握三种新模式是“怎么用的”；最后，通过探讨三种新模式的挑战，了解其发展过程中遇到的困难和阻力，理解三种新模式是“怎么发展的”。

本章知识点

- 共享制造、人本制造和认知制造兴起的经济背景和社会背景
- 共享制造、人本制造和认知制造的基本内涵
- 共享制造、人本制造和认知制造在实际案例中的体现
- 共享制造、人本制造和认知制造未来发展的挑战、困难和阻力

8.1　共享制造

本节涉及的知识点及含义如下：

生产要素：进行社会生产经营活动时所需要的各种社会资源，包括土地、劳动力、资本、技术、数据，是国民经济运行及市场主体生产经营过程中所必须具备的基本因素。

资源配置：当社会经济发展到一定阶段，相对于人的需求，资源通常表现出相对的稀缺性，因而需要对有限的资源（如物料、设备、资本、劳动力等）进行合理配置，期望以用最少的资源消耗，生产出最适用的商品和劳务，获取最佳的效益。

制造资源：广义制造资源是指产品生命周期中所有生产活动，包括了设计、制造、维护等相关活动中涉及的所有软、硬件元素。制造资源可分为人力资源、制造设备资源、技术资源、应用系统资源、物料资源、用户信息资源、计算资源、服务资源以及其他相关资源。

创新能力：技术和各种实践活动领域中不断提供具有经济价值、社会价值、生态价值的新思想、新理论、新方法和新发明的能力。

服务能力：为他人做事情、使他人受益的能力程度，或一个服务系统提供服务的能力程度。

大规模定制：根据客户的个性化需求，以大批量生产的低成本、高质量和效率来提供定制产品和服务的生产方式，也称为大批量定制。

8.1.1　共享制造的起源

1978 年，美国社会学教授马科斯·费尔逊（Marcus Felson）和琼·L. 斯潘思（Joe L. Spaeth）提出了共享经济的概念，强调通过共享可以提高资源的利用率、减少浪费。自此，人们开始更加关注资源的共享和利用效率。共享制造的概念由艾伦·布兰特（Ellen Brandt）于 1990 年提出，作为一种反映经济社会发展深层需求的制造模式，其兴起是全球化趋势的必然产物。为探讨共享制造的起源，首先需要了解其背后经济社会发展和制造

业变革的历史背景。

20 世纪 80 年代，随着全球制造业的快速发展，产能过剩的问题逐渐凸显。特别是进入 21 世纪，中国和印度等新兴经济体的快速崛起，带来了全球制造业竞争格局的剧烈变化。这些国家提供了大量低成本的劳动力资源，成为全球制造业的新中心，使得制造业产能快速增长。然而，这种产能增长并没有带来需求的同速增长，当市场需求不足以消化所有产能时，过剩的产能将导致一定的资源浪费。另外，可持续发展也对制造业提出了新的要求，需要在不增加资源消耗的情况下提高生产效率，持续满足人的需求。这些变化快且集中，使得制造业出现了局部产能和订单的不匹配问题。有的工厂有足够的制造资源和制造能力，但生产订单少；有的工厂有足够的生产订单，但缺乏制造资源和制造能力。

在这种背景下，共享制造的概念应运而生。它继承了共享经济的理念，通过网络平台将分散的制造资源和制造能力进行共享，以缓解产能和订单不匹配的矛盾。通过共享制造，制造商可以充分利用闲置产能，而需求方可以按需获得制造服务，实现产能和需求动态匹配。

同时，共享制造的兴起也存在必然性。一方面，信息与数字化技术的飞速发展和广泛应用，尤其是云计算、物联网、大数据等技术的成熟，为制造业提供了强大的技术支持，使得制造资源能够更高效地被共享和管理，极大地促进了不同实体之间的协同合作。在技术革新的推动下，制造业的资源共享和优化配置成为可能，为共享制造的兴起奠定了技术基础。另一方面，各国政府大多意识到了制造业创新和升级的紧迫性，纷纷出台了一系列支持政策。我国工业和信息化部 2019 年发布的《工业和信息化部关于加快培育共享制造新模式新业态的指导意见》指出，共享制造是生产制造领域的应用创新，提出了发展共享制造的总体要求、基本原则和发展方向。文件强调，共享制造是优化资源配置、提升产出效率、促进制造业高质量发展的重要举措，并提出了到 2025 年共享制造发展的主要目标。工业和信息化部、国家发展和改革委员会等部门 2020 年发布的《关于进一步促进服务型制造发展的指导意见》强调了共享平台建设的重要性，并鼓励企业建设共享制造工厂，完善共享制造发展生态。同时指出，共享制造将成为制造业转型升级、实现高质量发展的突破口和重要推动力。国务院 2022 年颁布的《扩大内需战略规划纲要（2022—2035）》也强调了打造共享生产新动力，鼓励制造业企业探索共享制造的商业模式和适用场景。这些政策为共享制造的发展创造了有利的外部环境。政策支持与技术进步相辅相成，促进了共享制造的发展。

8.1.2 共享制造的内涵

1. 共享制造的内涵

共享制造，又称制造共享或制造资源共享，最初是指具有相似需求的不同制造商共享制造技术和管理系统，通过共享可以将企业的投资和运营成本降低，使其形成专业化竞争优势。美国通用电气的计算机科学家们曾提出过在互联网上共享制造服务的设想，制造商们借助互联网可以共享多种服务，如设计或制造相关的软件、工艺过程仿真模拟、制造设备、测试或检测服务等。

国内学者也提出了共享制造这一概念。例如，共享制造是“基于新一代信息技术，企业或个人便捷地将其所有的闲置资源和能力进行共享，需求者可随时随地、便捷地按需获得这些资源和能力”，并完成服务业务结算。其反映了经济、社会和技术的协调发展，突出了制造服务化的核心特征。工业和信息化部也鼓励形成以制造能力共享为重点，以创新能力、服务能力共享为支撑的协同发展格局，将共享制造定义为围绕生产制造各环节，运用共享经济理念将分散、闲置的生产资源集聚起来，弹性匹配、动态共享给需求方的新型产业组织形态。2009 年，云制造的概念被首次提出，定义为一种利用网络化云制造服务平台，按用户需求组织网上制造资源，为用户提供各类按需制造服务的一种网络化制造新模式。2012 年，社群化制造的概念被提出，指的是消费者与企业通过网络世界能够随时随地参加到生产流程之中，社会需求与社会生产能力能够实时有效地结合。借助云制造、社群化制造等概念的理解与实践，也可以加深对共享制造的理解。

总体上，共享制造是一种基于共享经济理念的制造模式，通过两个及以上的用户共享制造资源和制造能力，来解决制造资源、制造能力和需求之间不匹配的矛盾，让参与者通过协同共享获得无法单独一方完成的新价值。它围绕生产制造各环节，通过互联网平台将分散的生产资源、制造能力、专业知识等进行有效整合和优化配置，实现资源利用的最大化和价值共创。共享制造突破了传统的制造业边界，是制造业与服务业深度融合的代表，提供了一种全新的生产方式和商业模式。

共享制造可分为制造资源共享、创新资源共享、服务资源共享三种形式。

1）制造资源共享，即面向企业共性制造需求，提供生产设备、专用工具、生产线等制造资源共享服务，例如，美国的 Machinery Link 共享平台、3D Hubs（全球最大的 3D 打印机网络联盟）、荷兰的 Floow2 共享平台，国内的鲁班世界、生意帮、优制网、智能云科 iSESOL 等。

2）创新资源共享，即面向企业灵活多样且低成本的创新需求，提供产品设计与开发能力等智力资源共享，以及科研仪器设备与实验能力共享等服务，如中国科协“绿平台”等。

3）服务资源共享，即面向企业普遍存在的共性服务需求，提供物流仓储、产品检测、设备维护、验货验厂、供应链管理、数据存储与分析等开放资源以及技术服务能力共享服务，如上海名匠等。

2. 共享制造平台的架构与基本模式

共享制造的实现离不开共享平台。在共享平台上，拥有制造能力却缺乏订单的制造商，与持有订单却缺乏生产能力的客户得以汇集，制造商与客户通过扮演不同角色，参与到制造资源能力的共享之中，形成了服务之间的相互嵌套。共享平台改变了传统的供应链节点，在实现共享制造的过程中处于重要位置，其核心理念包括：解决制造企业的信息不对称问题，挖掘闲置制造资源的潜力，优化制造资源配置。图 8-1 展示了共享制造的平台架构，从下至上包括协议层、数据层、技术层和应用层。协议层为整个系统提供了基础通信协议，确保不同组件之间能够有效地交换信息；数据层负责存储和管理所有与制造相关的数据；技术层提供各种技术和工具，对知识、有形资产等数据进行分析，支持制造能力共享的实现；应用层负责把共享制造的理念转化为具体的实践应用，包括企业资源计划应用、制造执行系统应用等。这些层次共同协作，为用户提供了一系列的服务和解决方案，帮助他们更好地利用共享制造的优势。

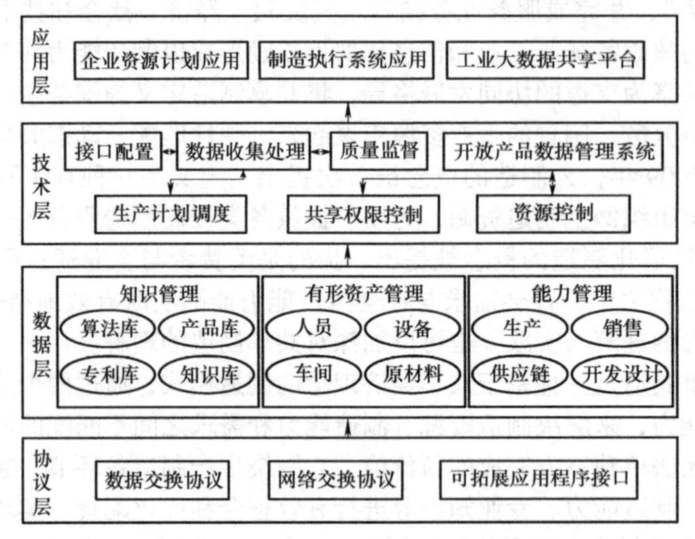

图 8-1　共享制造的平台架构

在共享制造平台上，利用移动终端（APP）以及企业制造资源共享平台、分布式设计平台、工业大数据平台和工业互联网平台等工具，再辅以政府监管和政策支持，大型制造业企业的闲置资源如设备、场地和人力资源等，能够与中小企业的服务需求相连接，实现资源共享。具体的服务模式包括：制造服务合作伙伴实现订单、机器产业资源的共享；平台运营商建立工业大数据分析平台，为客户提供大数据分析服务，帮助客户远程监控、预测性维护、产能优化配置等，如图 8-2 所示。

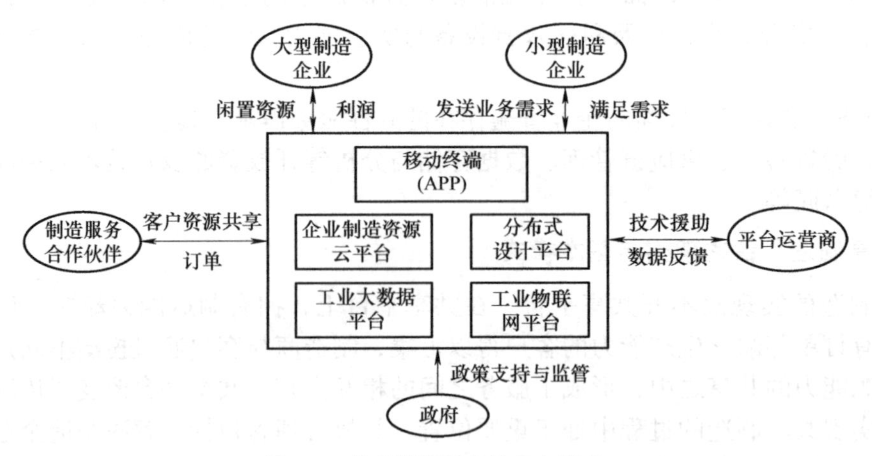

图 8-2　共享制造平台的基本模式

3. 共享制造平台的实现模式

根据共享过程中发挥的作用，综合考虑共享制造的主体特征、共享内容、共享模式和共享功能等多种因素，可以将共享制造平台分为中介型共享平台、众创型共享平台、服务型共享平台和协同型共享平台。

（1）中介型共享平台　中介型共享平台是指连接制造供需双方的第三方平台，通常是由互联网企业主导，平台自身不拥有共享资源，依托自身互联网技术优势整合多方资源，负责供需双方的对接服务，属于轻资产运营模式。由于中介型共享平台不需要投入制造资源，所以形成鲜明的优缺点。优点是参与门槛低，缺点是互联网企业对制造流程、工艺等缺乏深入了解，在资源协调方面存在不足，中介型共享平台的典型案例有淘工厂等。

（2）众创型共享平台　众创型共享平台通常是由大型制造商建立的开放性平台，对小型制造商的制造能力和服务能力进行全面整合，致力于形成面向企业内部和社会的创新生态系统。众创型共享平台通常由龙头企业搭建，在聚集行业资源、吸引中小型企业参与方面具有明显优势，目前的典型案例有海尔“海创汇”等。

（3）服务型共享平台　服务型共享平台一般是由工业技术型企业建立的共享平台，以设备共享为基础，通过共享工业系统、软件、智能控制和工业云等技术提供全面的生产服务。此类平台可以通过租赁设备并提供技术服务帮助中小型企业完成产品生产，既能降低企业的设备闲置率，又能为中小型企业降低生产成本，典型案例有沈阳机床厂 i5 平台等。

（4）协同型共享平台　协同型共享平台是若干个企业通过共享各自的生产设备、生产线、办公空间等资源建立的共享平台，目的是实现订单共享和协同生产。协同型共享平台往往由同行业、同区域内的中小型企业构建，能够快速形成“全产业链脉动”以降低成本，典型案例有生意帮等。

4. 共享制造的特征

一般来说，共享制造的主要特征如图 8-3 所示。通过深入理解这些特征，有助于将共享制造与一般性的电子商务、分时租赁等区别开来。

（1）多主体协同　共享制造不仅是制造资源的共享，更是创新、服务等资源的共享，各主体共同参与，围绕产能提升开放资源、优势互补。这些主体为集聚在共享制造平台上的供给方和需求方，既包括大型制造企业、中小制造工厂等生产制造企业以及研发、物流、仓储、金融服务、信息服务等服务型企业，还包括拥有大量科研仪器和实验能力的高校、科研院所等。从供给的角度看，社会上的制造资源通过网络化方式整合在一起，“海量”供给方使得各种需求都可以得到满足，即常说的“总有一款适合你”。从需求的角度看，所有企业和个人都可以成为需求方，“足量”需求方也使得任何一种有价值的资源都能找到用户，也就是常说“总有一方需要你”。共享制造的各方主体围绕产能提升、利益共享的共同目标，协同打造信息共享、资源协同、统筹调度的共享制造平台。

（2）使用权共享　共享制造作为共享经济在制造领域的创新应用，具有拥有权和使用权分离的特征。区别于传统制造模式和一般性电子商务，资源的获取和使用不再需要直接购买或拥有生产资源，而只需要购买生产资源使用的价值即可。在交易和服务的过程中，用户可以在不同时段分别对相关制造资源拥有使用权，不涉及所有权的变化。通过共享平台，将分散的生产资源进行连接和共享，使多个需求方进行使用权的分享，极大降低制造企业的研发和生产的门槛和成本，扩大了资源可利用范围，同时也实现了闲置和分散资源的有效盘活利用。

（3）基于平台　共享制造的核心是基于工业互联网平台打破空间边界和限制，实现多方资源跨区域协同高效配置。也就是说，共享制造具备互联网经济、平台经济、智能经济等基本属性。通过互联网将分散在不同区域的社会资源和需求方整合在共享制造平台，再利用大数据、云计算、人工智能等技术，使供需之间能够实现快速智能的匹配，实现跨企业、跨领域、跨产业的互联互通。连接全要素、全产业链、全价值链，实现以数据流带动技术流、资金流、人才流、物资流，大幅提升制造业的发展质量与效益，推动制造业高质量、高端化发展。

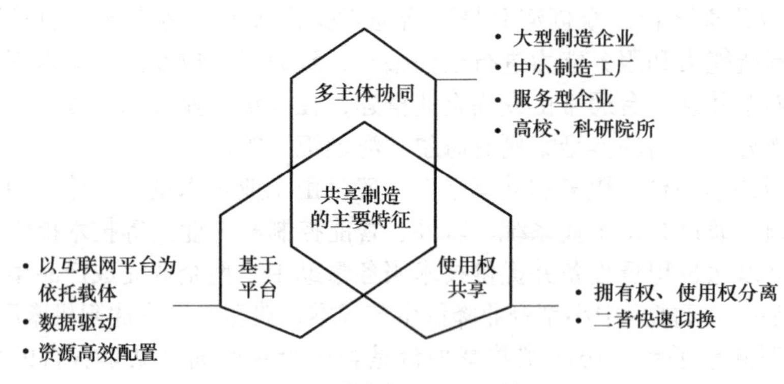

图 8-3　共享制造的主要特征

5. 共享制造的价值和意义

共享制造不仅为制造业带来了新的变革，也为社会经济的发展注入了新的活力。具体而言，共享制造的价值和意义主要体现在以下四个方面。

1）降低生产交易成本。在共享经济模式下，制造体系中研发、设计、制造、运输、服务等各个环节和各类制造资源都将汇聚在共享平台，通过集中共享闲置的生产能力，共享制造能够大幅降低单个企业的固定投资和运营成本。同时，直接的资源共享减少了中间环节，进一步降低了交易成本，提高了市场反应速度。

2）推动可持续发展。共享制造通过更高效的资源利用和减少重复建设，有助于减少整个生产过程中的碳足迹和环境影响。这种模式鼓励企业以环境友好的方式进行生产，支持全球可持续发展目标。

3）提升产业链水平。共享经济能够推动当前孤立、分散、低价值、低效率的制造体系向更完整、高价值、高效率的制造业体系转型。在共享平台上，各类企业能够在更大范围内进行合作与协同，根据市场需求的变化快速调整生产资源，满足个性化和定制化的生产需求。不同规模的企业都可以找到合适的合作伙伴，共同应对市场变化，提高了组织的柔性和灵活性。

4）促进经济创新发展。共享制造平台提供的资源和数据共享功能为创新提供了肥沃的土壤。企业能够通过接触到多样化的设计和制造技术，激发新的产品和服务创意，加速创新周期。不同参与者可以在共享平台上交流技术和经验，降低了创新门槛，激发了创新活力，为经济的持续增长提供新的动力。

8.1.3　共享制造的案例

本小节以航天云网和淘工厂为例，介绍共享制造的具体应用，以便更深入地理解共享制造的内涵、模式和现实意义。

1. 航天云网

航天云网是中国航天科工集团有限公司打造的一个工业互联网平台，成立于 2015 年，旨在利用先进的信息技术推动航天工业的智能化和共享化发展。该平台以“信息互通、资源共享、能力协同、开放合作、互利共赢”为核心理念，以“互联网 + 智能制造”为发展方向，以提供覆盖产业链全过程和全要素的生产性服务为主线，整合配置航天科工集团及社会各类优质资源，实现产业资源共享，促进产业能力协同，构建以“制造与服务相结合、线上与线下相结合、创新与创业相结合”为特征的航天云网生态系统。

航天云网建设规划了以“平台总体架构、平台产品与服务、智能制造、工业大数据、网络与信息安全”五大板块为核心的“1+4”发展体系。通过智能化工厂提供的制造过程信息，航天云网可以在 INDICS 平台上实现设计工艺协同、云端资源协同、制造运营管理分析等功能，并为智慧研发、精益生产、智能服务和智慧管控等提供相应的解决方案，如图 8-4 所示。

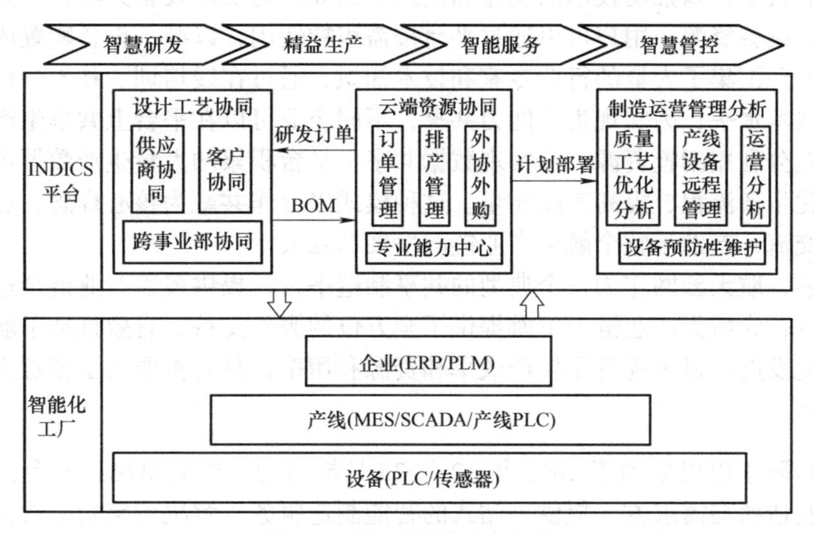

图 8-4　航天云网的平台架构

“1+4”发展体系中，以“平台产品与服务”模块为例，对航天云网中的共享制造过程进行介绍。航天云网通过培育云制造产业集群生态，强化工业互联网平台的资源集聚能力，整合了产品设计、生产工艺、设备运行、运营管理等数据资源，以及共享设计能力、生产能力、软件资源、知识模型等制造资源，通过资源出租、服务提供、产融合作等方式，开展面向不同行业和场景的应用创新。航天云网公司覆盖的运行流程包括从创意设计、生产制造到供应链和企业管理的全过程，平台通过网络化协同模式，集成了工程、生产制造、供应链和企业管理的先进制造系统，把分散在不同地区的生产设备资源、智力资源和各种核心能力通过平台的方式集聚，是一种高质量、低成本的先进制造方式。用户通过平台实现资源共享的过程可以分为如下三个步骤。

（1）资源发布与匹配　用户可以在航天云网平台上发布自己拥有的资源和技术，其他用户可以根据需求进行检索和匹配，如图 8-5 所示。

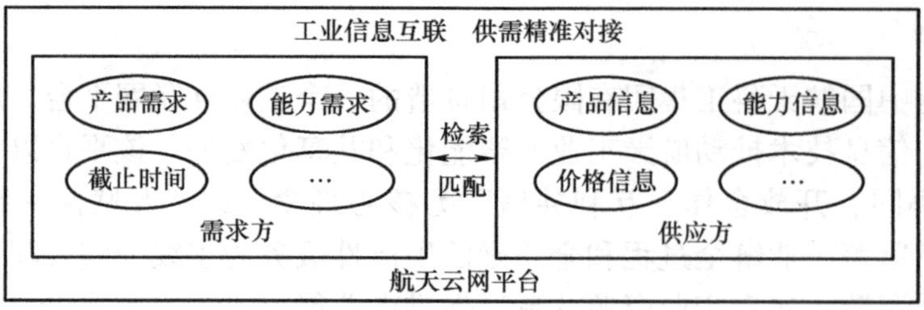

工业信息互联　供需精准对接
产品需求
能力需求
截止时间
…
需求方
检索
匹配
产品信息
能力信息
价格信息
…
供应方
航天云网平台

图 8-5　航天云网供需对接

（2）合作协商与交流　通过平台上的在线交流工具，用户可以进行合作协商、技术交流和项目洽谈。

（3）项目管理与实施　一旦达成合作意向，航天云网提供项目管理工具和平台支持，协助用户进行项目实施和进度跟踪。

航天云网允许航天领域的各类资源进行高效利用和交换，同时促进用户间技术成果和解决方案的共享，以推动技术的交流和创新。例如，为实现设备共享，航天云网整合了大量高端制造设备资源，用户可以通过平台按需租赁使用，以减少设备购置成本；为实现知识共享，平台汇集了大量的行业专家和技术知识，通过在线培训、技术咨询等方式，帮助企业提升技术水平；为实现生产能力共享，不同企业可以在平台上共享生产能力，互补生产任务，充分利用闲置资源；为实现数据共享，平台积累的大量生产数据可以供企业参考，用于优化生产流程、提高产品质量。这种模式以合作共赢为核心理念，通过促进用户间的合作与交流，有助于整个航天产业链的发展和壮大。

综上所述，航天云网作为一个典型的共享制造平台，提供覆盖产业链全过程和全要素的生产性服务，为航天产业链上下游提供了全方位的服务支持，有效推动了航天工业的智能化和共享化发展，显著提升了生产效率和资源利用率，具有重要的示范意义。

2. 淘工厂

淘工厂是阿里巴巴集团于 2013 年 12 月 25 日推出的一个共享制造平台。该平台致力于连接全球制造商与需求方，提供一站式的智能制造服务，解决淘宝卖家找工厂难和工厂增加订单、实现电商化转型的问题。淘工厂平台通过整合各工厂的闲置档期，并将其与淘宝卖家匹配，实现供需双方的衔接，如图 8-6 所示。

共享平台
工厂资料
设备资料
闲置档期
…
数据支持
需求方
需求提交
匹配制造商
生成订单
制造商
功能支持
信息管理
交易保障
物流服务
…
淘工厂

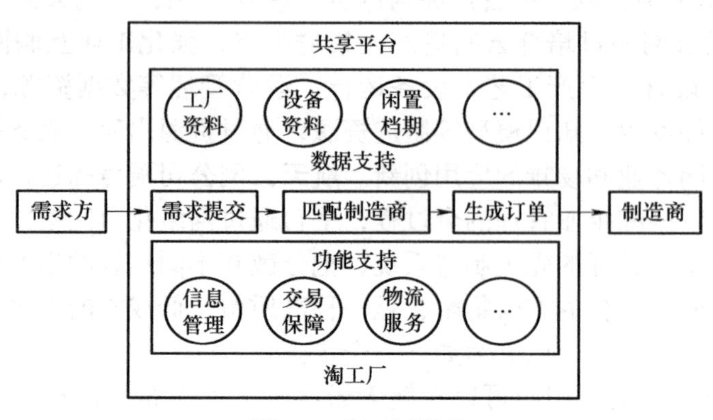

图 8-6　淘工厂模式

淘工厂的共享制造平台分为需求方、共享平台、制造商和数据与功能支持四个主要部分，其运行流程分为三个步骤：需求提交、匹配制造商、生产订单。需求方主要包括创业者、设计师等淘宝平台的卖家，他们通过平台发布具体的制造需求，包括所需产品的规格、数量、质量标准等。共享平台负责整合工厂、设备、工艺、档期等数据资料，通过算法给不同需求匹配最合适的制造商，生成订单，然后将订单推荐给制造商。整个过程中，共享平台还提供信息管理、物流服务、交易安全保障以及举报维权等服务，保障工厂和卖家交易公平、安全。制造商可能包括工厂、工作室、设计师等，拥有不同领域的专业技能和生产能力，他们会根据自身能力，选择适合的订单进行制造。

作为共享制造的一个案例，淘工厂通过整合优质的制造资源，提供一站式的智能制造服务，为电商卖家与优质工厂搭建了一条稳固的桥梁，为创业者和创新者提供了更便捷、高效的生产解决方案，推动了制造业的转型升级和创新发展。

8.1.4　共享制造的挑战

共享制造在全球范围内逐渐得到推广和应用，我国的共享制造在近年来也发展迅速，应用领域不断拓展，产能对接、协同生产、共享工厂等新模式新业态竞相涌现，然而，这一模式在发展过程中也面临着诸多挑战和阻碍。

1. 技术层面

技术标准以及兼容性问题：共享制造依赖于高度的技术集成和互操作性。由于新模式和新业态的竞相涌现，导致技术标准难以统一。不同设备和系统间的技术标准及兼容性问题很大概率会阻碍资源和产能的有效对接和共享，因此，不同提供商异构资源的兼容和有效整合是实施共享制造的一大障碍。例如，淘工厂需要与多个供应商的系统进行集成，以实现资源的高效利用。由于这些系统可能基于不同的技术标准，淘工厂需要开发适配器或中间件来保证这些系统的兼容性，确保数据的准确交换和处理。

数字化应用问题：共享制造需要依赖数字化技术实现资源的共享和协同生产，因此，数字化基础薄弱、应用程度低可能会成为制约因素。尤其是对中小型企业来说，很可能遇到如技术设备和工具不足、数字化技能短缺、专业人才缺乏以及数据管理和分析能力不足等实际问题。

数据安全问题：随着制造业数字化程度的提高，企业和个人数据的交互成为常态，企业在共享生产能力和资源的同时，可能暴露敏感或隐私数据，增加被网络攻击的风险。因此，需要技术解决方案来确保数据交互的安全性，包括加密技术、安全协议、访问控制和网络安全措施等。例如，在航天云网平台上，企业需要共享设计文件、生产数据和供应链信息，需确保这些敏感数据的安全。

2. 法律层面

法律法规问题：共享制造模式要求企业间共享关键资源和信息，这涉及多个领域的法律法规，如民法典、知识产权法和劳动法等，现有的法律法规尚无法完全适应共享制造的发展需求，不同国家和地区相关法律法规的差异也会成为实现共享制造的障碍。此外，在共享制造中，技术的共享和转移应当尊重知识产权。如何在保护创新成果的同时促进资源共享，是一个需要解决的法律难题。

3. 组织文化层面

组织文化问题：共享制造要求企业改变传统的生产和运营模式，采用开放和协同的工作方式，它的生态系统包括各种参与者，如制造商、技术提供商、投资者等。这些参与者之间的协作与互动需要更完善的机制和环境。而传统制造企业相对保守和封闭的文化，对共享外部资源持保守态度，担心涉及企业的竞争优势和核心技术的保密，共享意愿与持续性不明。此外，共享制造要求企业改变内部的组织结构和管理流程，以适应更加开放和协同的工作方式。因为通常会伴随着不确定性和对现有权责结构的改变，这可能会遇到企业内部阻力。

4. 工程伦理层面

隐私安全问题：共享制造涉及大量数据的交换和共享，包括个人数据、企业机密和知识产权等，涉及对隐私的尊重和保护。如何确保数据被恰当地使用，避免滥用和侵犯隐私，是一个重要的工程伦理问题。在淘工厂平台上，制造商和需求方之间共享的数据可能包括个人信息、订单细节和财务记录，需要确保这些信息的隐私和安全，以保护用户隐私不被侵犯。同时，共享制造要求企业之间建立高度的信任关系。如果企业之间存在信息不对称，或者有欺诈、隐瞒行为，将会破坏这种信任，影响共享制造的运作。

5. 经济层面

投资成本问题：共享制造需要先进的技术平台和传统设备升级，这些都涉及较高的初始投资。对于中小企业来说，可能是一笔超预算费用。此外，由于其他企业的先进设备使用成本和设备运输成本较高，中小企业甚至可能负担不起先进生产设备的共享成本。

利益分配问题：共享制造可以提高制造商和客户的议价能力和共同利润，而参与共享的每个主体都可以根据其在生产订单、制造资源或制造能力上的贡献来获得利润，但增加的利润如何合理分配是决定这种工厂模式是否具有可持续性的关键。

总体上，尽管共享制造的发展面临诸多挑战和阻碍，但也带来了不少发展机遇，如推动生产力的革新和升级、开辟新的商业模式和市场机会、促进可持续发展和环境保护等。共享制造有助于推动制造业向更高效、更环保、更智能的高质量发展，为我国经济发展提供新的动力。

8.2 人本制造

本节涉及的知识点及含义如下：

人－信息－物理系统：为了实现特定的价值创造目标，由相关的人、信息系统以及物理系统有机组成的综合智能系统，其中，物理系统是主体，信息系统是主导，人是主宰。

数字孪生：充分利用物理模型、传感器、运行历史等数据，集成多学科、多物理量、多尺度的仿真过程，在虚拟空间中完成映射，反映对应实体装备的全生命周期过程。

人机交互：人和计算机或机器人系统之间的信息交流和互动过程。这种交互可以通过多种方式进行，包括键盘、鼠标、触摸屏、语音识别、手势识别等。人机交互旨在使人们能够方便地与计算机或机器人系统进行沟通和操作，以实现特定的任务和目标，通常涉及用户界面设计、交互设计、人机界面技术等方面的研究和实践。

人机协作：人与计算机或机器人系统之间的合作关系。这种合作关系旨在将人和计算机或机器人的优势结合起来，以实现更高效、更准确地完成任务。人机协作通常涉及人和计算机或机器人系统之间的数据交换、任务分配、决策制定和协同工作等方面的研究和实践。

马斯洛需求层次理论：马斯洛需求层次结构是心理学中的激励理论，包括人类需求的五级模型，通常被描绘成金字塔内的等级。从层次结构的底部向上，需求分别为：生理需求（如食物和衣服），安全需求（如工作保障），社交需求（如友谊），尊重和自我实现的需求。前四个级别的需求通常称为缺陷需求，而最高级别称为增长需求。

8.2.1　人本制造的起源

人本制造兴起的背景可以追溯到工业发展的多个阶段。工业 1.0 诞生了蒸汽机，工人手工操控机器进行生产；工业 2.0 诞生了电动机，出现了模拟电子仪器仪表和经典自动控制理论，工人使用计算机辅助技术进行生产；工业 3.0 涌现了电子与信息技术，工人与机器协同进行生产。从工业 1.0 到工业 3.0，每一次技术发展都使得工人的体力劳动与脑力劳动得到一定程度的解放。在工业 4.0 时代，大数据、云计算等技术的发展使得智能化生产逐步实现，旨在进一步解放工人的脑力劳动。然而，有学者认为这种提升效率与生产力的生产方式仍然存在包括环境污染、资源浪费以及对劳动者的剥削等一系列问题。

随着工业化的深入发展，用户对产品的要求不再仅停留在功能性和经济性上，而更关注产品对生活质量的影响。人们需要的不仅仅是产品本身，更需要的是能够满足其个性化需求、提升生活品质和体验的产品。这种需求的变化推动着制造业向着以用户为中心的多品种小批量生产模式发展，这种生产模式给工人提出了更高的要求。工人在生产过程中扮演着重要角色，其对于安全、健康、归属感、尊重、自我实现这五个层次的需求日益提高。工人的工作状态会直接影响生产效率和生产质量，一些学者证实制造业需要关注工人的需求以实现工人与制造业相互促进的可持续发展。欧盟 2021 年提出了工业 5.0 的概念，主张将工人的福祉置于生产过程的中心，寻求更加人性化、弹性与可持续的制造方式。

同时，人本制造的兴起也存在必然性。在政策方面，我国 2015 年发布的《中国制造 2025》明确提出，以加快新一代信息技术与制造业深度融合为主线，以推进智能制造为主攻方向，按照“创新驱动、质量为先、绿色发展、结构优化、人才为本”方针，实现制造业由大变强的历史跨越。欧盟工业 5.0 要求工业生产必须尊重和保护地球生态，将工人的利益置于生产过程的中心位置，进而可以实现就业增长等社会目标，成为社会稳定和繁荣的基石。国内外政策层面除了关注制造系统的效率、质量等传统目标，还关注“大制造系统”中工人与用户的需求。在技术方面，制造场景下的传统保护机制是采用人机隔离的方法，而随着新一代 AI、物联网等技术的不断发展，人的活动识别、意图预测与柔性终端执行器等新技术日渐成熟，系统可以感知和预测工人的行为，并自适应地计划和执行安全的人机交互任务，使制造场景下的主动保护成为可能。同时，移动互联网等技术的发展使得企业能够广泛收集外部消费者的需求，使其能够参与到产品的规划与设计过程中。可见，政策引导和技术飞跃正向促进了人本制造的发展。

8.2.2 人本制造的内涵

1. 人本制造的内涵

《中国制造 2025》提出的“人才为本”方针强调了制造业中人才队伍的重要性。在基于人－信息－物理系统（HCPS）的智能制造发展理论的基础上，国内学者提出了“人本智造”的概念，即将以人为本的理念贯穿于智能制造系统的全生命周期，充分考虑人的各种因素，用先进的数字化网络化智能化技术，充分发挥人与机器的各自优势来协作完成各种工作任务，最大限度提高生产率和质量、确保人员身心安全、满足用户需求、促进社会可持续发展。工业 5.0 提到的 Human-Centric Manufacturing 强调将工人福祉置于生产过程的中心，构建了一种工业与社会发展趋势相契合的制造模式。在这一模式下，企业要为工人创造一个安全和包容的工作环境，优先考虑身心健康和福祉，保障工人的自主权、尊严和隐私等基本权利。Human-Centric Manufacturing 聚焦于生产场景下的工人，而“人本智造”关注的范围更加广泛，涵盖了产品从设计到运营全流程的所有利益相关方。同时，两者都希望通过引入 AI 技术实现智能化控制和管理，以提高生产率、降低成本、提高产品质量。针对当前 AI 可解释性不强等局限性，美国学者提出了 Human-AI Teaming 和 Human-Centered AI，进一步聚焦研究人类与人工智能的关系，综合利用人类与人工智能的优势并克服各自的局限，尝试开发更高效合理的协作模式。

人本制造的核心目标是提高效率、实现人力资源的可持续发展并进一步提升社会整体福祉。因此，人本制造中不只局限于生产场景下的工人，广义制造场景下的不同角色人的需求都应纳入考虑。

2. 人本制造的系统框架

人本制造的系统框架如图 8-7 所示。人本制造系统接收企业外部消费者的需求，指导产品的生产，生成相应的生产任务。该制造系统包含了一个基本制造任务库。对于每个基本任务，都创建了两个模型。第一个模型指定该任务所需的制造能力和人力等制造资源。第二个模型是该任务对应的人类福祉影响情况。该模型量化了产业工人完成该项任务时将承受的身体、认知和心理负荷。当动态的生产任务被输入到制造系统时，制造系统可以根据生产任务的具体信息，将其分解成一个基本制造任务序列，在此基础上提供个性化产品。

在人本制造系统中，需创建工人与机器的数字孪生体以实现人机的双向共情。人类数字孪生体可以模拟工人的工作能力、健康指数和行为模式。工作能力用于确定将制造任务分配给人工的可行性，健康指数表征了工人对负荷的反应，行为模式涉及工人的工作休息时间表、团队合作方式和认知决策模型。行为模式和健康指数将允许制造系统了解人类状态的变化。机器数字孪生体可以模拟机器的认知能力与物理能力，认知能力是指机器对人类状态和意图识别的能力，物理能力则是指机器在运行过程中的额定功率、最大承重等物理指标。人本制造系统的关键优化问题之一是分布式协作的多智能体（人和机器）任务的分配问题。与传统的生产调度和控制不同，人本制造系统在确保良好的系统生产效率同时，工人的安全、健康等需求也将作为优化目标。突发事件会导致传统的集中式生产调度算法出现故障，而基于分布式学习的算法，如多智能体强化学习，可以在工作站级别为人机协作提供所需的响应能力。人本制造系统将通过全局任务的分配和调度以及工作站级别的微调来实现自组织，以确保工人享受愉快的工作环境，同时确保顺利生产。

因此，人本制造系统可以通过主动沟通、共情理解和需求驱动的协作，与人类建立可信赖的关系，从而形成高性能的人机协作和高效灵活的制造流程。

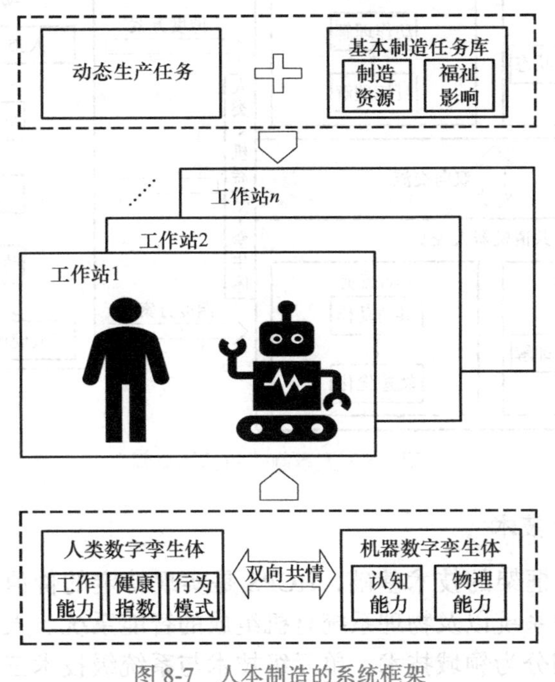

图 8-7　人本制造的系统框架

3. 人本制造的具体流程

人本制造在基本制造单元中实现的具体流程如图 8-8 所示，主要包括动态人类理解、共情机器人控制与动态任务调度。动态人类理解模块服务于数字孪生人，允许人机协作系统理解由操作引起的人类状态变化，共情机器人控制提供主动协助。生产计划则是通过人类智能与机器智能的协作动态生成。下面对各模块进行详细讨论。

动态人类理解是指开发一种个性化的数字孪生人，通过融合多模态人体外部数据来跟踪人体状态，得出工作量对人体状态（身体、认知和心理）的影响。同时，通过持续监测人体运动，确定人类在动作理解和目标理解层面的短期意图。动作理解可以识别和预测短的时空动作，目标理解是基于一个或多个已识别的动作序列，通过动作来推断目标。对人类状态和意图进行准确地、持续地建模将促成动态人类理解，促进共情技能。

共情机器人控制包括利用共情技能生成动作和主动控制。共情技能通过理解人类状态和意图来定义机器人行为，从而产生协作。因此，这种共情机器人的目标是最大化人类福祉，通过自主调整行动以适应人类行为或工作偏好，保证工人安全及更高层次的需求。随后，共情机器人使用主动控制策略在物理空间中执行生成的动作，将动作意图与动态轨迹优化相结合，提高灵活性。

动态任务调度是指为了优化工人健康状态和处理突发事件，利用人机协作智能在人与机器人之间主动进行任务分配。通过考虑能力、偏好等信息和预定的任务约束，生成任务分配计划，充分考虑人类健康并优化生产效率。此外，系统还可以通过应对突发事件来进行自我完善，以最少的人工干预将任务恢复至最优状态。

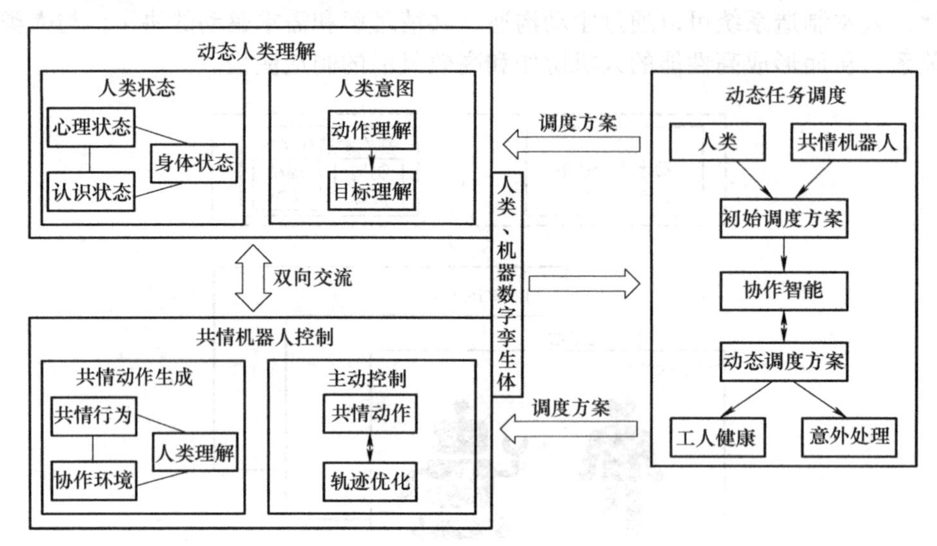

图 8-8　人本制造的具体流程

4. 人本制造的使能技术

HCPS 是人本制造框架的技术基础，HCPS 是实现特定的价值创造由相关的人、信息系统以及物理系统有机组成的智能系统。人本制造的使能技术可细分为领域技术、单元级技术与系统级技术三类，如图 8-9 所示。

图 8-9　人本制造的使能技术

（1）领域技术　领域技术是指在特定领域中采用的特殊技术，如在制造领域，领域技术可分为材料去除技术（如车削）、材料成形技术（如铸造）、材料连接技术（如焊接）和材料添加技术（如熔融沉积成型）等。

（2）单元级技术　单元级技术使人本制造中个体间的交互作用得以实现，是实现人本制造的基本模块，包括以下四类技术。

1）感知技术。人本制造需要收集大量数据，是后续分析、决策和执行的前提。例如，可穿戴惯性传感器可用于检测人体活动，为构建数字孪生人提供数据；脑电设备可用于识别工人的注意力并向系统提供信息来改变生产节拍，避免生产事故。

2）认知技术。HCPS 需要具有学习与认知能力，以支持制造系统处理复杂问题。例如，认知智能体现在推理、决策和创造等复杂的任务中，认知计算支持认知智能，允许机器模拟人类的认知过程，从而达到人类智能的水平。多模态传感器技术、强化深度学习和云计算等是认知计算的主要使能技术。

3）监控技术。为了保证生产活动正常运行，需要对制造系统进行持续监测与控制。例如，将操纵杆摇杆操作与机器人远程视觉系统相结合，实现了更快捷方便的远程控制。

4）人机交互技术。除了传统的机床显示屏外，多种人机交互媒介的发展实现了人与信息 - 物理系统的数据交换与人机协作。例如，脑机接口是一种支持人脑与外界环境直接交互的生物电信号接口，可以极大地解放操作员的双手，脑机接口与深度学习的结合使机器人能够通过分析脑电图来理解人类的意图，从而使人脑直接控制机器人。

（3）系统级技术　系统级技术用于支持人本制造单元的集成，主要负责处理大量用户生成和产品感知的数据，并以实时交互和集成的方式做出决策，以支持以人为中心的产品设计、制造和服务优化。例如，将边缘计算与云计算相结合，可以将制造商的数据计算、存储和网络能力从云扩展到边缘，显著降低延迟，实现人本制造系统的快速决策。

8.2.3　人本制造的案例

典型的人本制造案例主要体现在产品的生产与使用过程中。在生产过程中，人本制造通过人机协作提升生产效率并解放工人的体力与脑力。在使用过程中，人本制造考虑以用户为中心，产品要能够满足用户需求、提升用户满意度。本小节分别从以人为本的智能生产和以人为本的智能产品两方面介绍案例。

1. 以人为本的智能生产

目前，宝马集团总装工厂为流水线生产，汽车总装工艺的大部分复杂作业任务由人工进行操作。由于缺少对于人因工程学的考虑，作业人员的职业健康遭到损害，同时也影响生产效率和产品质量。汽车差速器主要由左右半轴齿轮、两个行星齿轮及齿轮架组成。其作用是当汽车转弯行驶或在不平路面上行驶时，使左右车轮以不同转速滚动，保证两侧驱动车轮做纯滚动运动。在前桥差速器组装这一场景下，企业探索实践了人机协作的前桥差速器组装，其工作站如图 8-10 所示。在此工作站中，工人完成垫片、轴承等轻质零件的拾取及放置工作，工作站中的视觉系统定位齿轮机构的放置位置，协作机器人在获得齿轮机构的位置后，机器人的终端执行器抓手将重达 5.5kg 的齿轮机构放置在预定位置，工人进行壳体的左右对齐，完成后续的装配工作。

a) 工人拾取垫片零件

b) 工人放置垫片与轴承

c) 协作机器人定位并放置齿轮机构

d) 工人对齐左右壳体

图 8-10　前桥差速器组装工作站

2. 以人为本的智能产品

从 1983 年出现第一款移动电话（手机）后，各大手机厂商为了让手机更加轻巧、方便和实用，不断进行技术创新，但手机的方向键、确认键、拨号键等交互方式在很长时间内都没有改变。苹果公司于 2007 年推出的 iPhone（见图 8-11）搭载了支持多点触控的全触控电容屏幕，仅保留了主键，这一创新不仅减轻了手机重量，而且改变了用户交互方式。

在隐私安全方面，手机中个人隐私逐渐变多，简单的滑块解锁已无法满足用户的隐私需求，iOS 通过拖动滑块进入密码输入界面，iPhone 5S 中引入了正面按压式的指纹识别技术，仅允许与 Apple 授权的 API 和系统接触，保证了用户的数据安全。2017 年发布 iPhone X 中引入了面部识别技术，继续带给消费者无感的体验，如图 8-12 所示。

图 8-11　iPhone

除了在按键屏幕、解锁方式上的创新外，iOS 的过渡动画也体现了智能产品对用户需求的考量，包含多个精细的动态阶段，如页面缩小、透明度变化、背景颜色过渡和图标动画等，这种过渡效果减少了用户视觉上的突兀感。iOS 采用的 Core Animation 框架是一个高度优化的动画引擎，基于图层的概念，支持硬件加速，确保了高帧率的稳定性，减少了视觉上的延迟感。所有的 iOS 应用遵循统一的动画规范，也是为了保证用户在不同应用间切换时的一致性体验。

图 8-12　iPhone 的面部识别功能

8.2.4　人本制造的挑战

人本制造已从理念迈入应用实践，但其实现仍面临着技术、工程伦理、经济、组织管理等多层面的挑战。

1. 技术层面

大部分协作机器人通常因为安全要求限制运行功率，在小负载工况下的工作效率影响不大，但是在大负载工况下，其工作效率受到限制。除了协作机器人的运行功率限制，航空航天、船舶和建筑等行业由于任务过程的复杂性，改变对人知识经验的依赖，提高人机协同智能决策的准确性的挑战也增大了工作效率提升的难度。此外，工人对机器人的信任程度也会影响生产效率，当前基于深度学习的系统在透明度和可解释性方面难以得到工人信任，如何理解智能系统建议与决策的缘由，对建立人机信任关系至关重要。

2. 工程伦理层面

人本制造涉及声音、影像等大量数据的收集，即便是在职场范围，工人对个人隐私保护仍存在担忧。在多智能体的任务分配过程中，也有工程伦理问题需要讨论。例如，如何确保人与机器人的任务分配是公平合理的，如何明确界定人与机器人的责任范围以及在任务执行中的责任问题，如何避免恶化就业问题以确保人在协同工作中的合理权益。

3. 经济层面

人本制造需要企业将用户需求考虑在生产计划中，企业不仅要对现有生产线进行智能化升级，引入高端的数字化制造系统来精准执行复杂任务，还需构建全面的数字化管理体系，对工人的技能、健康状况甚至情绪状态进行感知与分析，从而优化作业环境、任务分配等。这都需要稳定的资金投入，但中小型企业受限于资金周转，往往采用智能化程度有限的协作机器人以减轻体力劳动负担，实现机器人对工人状态的感知、理解、即时反馈与辅助决策仍存在一定难度。

4. 组织管理层面

组织管理者不仅需要精心设计工作站，使机器人成为工人高效、安全的合作伙伴，还需认识到工人技能转型与能力提升的重要性。这意味着组织必须建设一系列综合性培训项目，涵盖从基础的数字化技能到高级的人机交互操作，确保每位员工都能掌握与智能系统协作所需的知识与技巧。这对习惯了传统生产线上分段式、重复性劳动的工人提出了新的要求。他们不仅要学会如何使用先进的技术工具，还要具备解决问题和持续学习的能力，以便适应变化的工作环境。因此，如何有效地引导并支持工人完成从“单一技能”向“多技能复合型人才”的转变是组织管理层面的一大挑战。

8.3　认知制造

本节涉及的知识点及含义如下：

数据驱动：基于数据挖掘来进行决策和优化的方法，通过收集、处理和分析大量数据，来识别和提取系统中的规律和模式，从而驱动系统进行决策和优化。

认知计算：一种模拟人类认知过程来理解和解决复杂问题的计算方法，利用工业大模型、大数据分析等技术，通过对大量数据的表征推理，旨在实现类似人类的理解、推理、计划、决策和学习等认知行为。

工业大模型：依托基础大模型的结构和知识，融合细分行业的数据和专家经验，形成垂直化、场景化、专业化的工业应用模型。工业大模型具有强大的认知和自主学习能力，通过持续训练能够不断处理吸收海量工业数据和领域知识，实现智能辅助决策。

自适应：系统根据环境或用户需求变化，自动调整和优化其状态的能力特点。自适应系统能够对动态环境进行快速响应，进而保持系统最佳性能。

知识图谱：一种基于语义网思想的知识库，用有向图中的节点代表实体或者概念，边代表实体 / 概念之间的各种语义关系，能够利用图结构来识别、建模和推理事物之间的复杂关系，形成领域知识，使智能系统能够理解知识并进行推理计算。

8.3.1　认知制造的起源

20 世纪 70 年代，以认知科学为代表的认知相关学科相继出现并蓬勃发展，国内外学者开始研究人类认知过程和心智工作机制。认知科学的发展促进了神经网络、符号模型等认知模型的发展。随后，人们希望基于认知理论和认知模型研究复杂制造系统，将认知能力赋予制造系统，以提高其生产效率、自适应能力等性能表现。认知制造的提出可以追溯到 2009 年 M.F. Zaeh 等人的著作 *Changeable and Reconfigurable Manufacturing Systems* 中所提出的“认知工厂”构想。该书中指出未来制造工厂需要具备类似人类的认知能力，能够实时感知工厂的运行状态，迅速做出决策。

从需求的必要性角度来看，在制造数字化与智能化时代，制造企业需要引入认知制造来降低人员应对海量数据和信息的认知负荷，在复杂多变的制造环境中做出合理的决策，保障制造系统的高效运转。具体而言，制造系统每天不停地产生大量的数据，如表格、图片、文档、信号等，而决策人员要实时地分析这些数据，并且在复杂多变的制造场景中正确决策，但是，制造系统产生的数据量大、信息难挖掘、任务动态变化等因素，加重了决策人员的认知负荷。通过实施认知制造模式，把人的认知能力赋予制造系统，使得制造系统能够整合内外部各层级信息，实时感知、分析系统状态，进而从海量数据中挖掘有价值的信息，针对不同的制造任务制定合理的解决方案，从而降低决策人员的认知负荷。

从兴起的必然性角度来看，政策的导向和技术的发展促使认知制造的兴起。在政策导向方面，2021 年的《“十四五”智能制造发展规划》中的发展路径与目标中提到，要推动制造业实现数字化转型、网络化协同和智能化变革。2023 年的《工业和信息化部等八部门关于加快传统制造业转型升级的指导意见》指出：要加快数字技术赋能，全面推动智能制造。认知制造为上述目标的实现提供了技术方向，通过整合制造网络的信息、感知制造系统的状态、适应动态环境，进而自分析、自决策，实现制造网络的协同智能。在理论完善与技术发展方面，以认知科学为代表的基础学科理论不断进步，以工业大模型为代表的等新兴人工智能技术不断发展，使得制造系统能够更好地理解制造过程，应对不断变化的制造场景，最终能够像人一样自适应理解与应对系统变化，进行动态决策。

8.3.2 认知制造的内涵

1. 认知制造的内涵

为了理清认知制造的内涵，对人的认知、认知与制造系统的联系、制造系统中的认知进行三个方面依次论述，并引入现有研究学者对认知制造的理解和描述，阐述认知制造的内涵，其整体逻辑如图 8-13 所示。

理解人的认知是理解认知制造的核心。认知是指人通过感官、经验和思考来理解和学习的过程，是多个学科（如认知科学、认知心理学、认知工程学等）的研究对象。这些学科通过研究人的认知过程来探索认知过程对人的影响，进而改进系统设计。人的认知即为人类对外界信息进行感知、理解、推理、决策和学习的过程，是人与环境进行交互和自适应的关键。

认知是如何引入制造系统的呢？按照制造方式的变革，认知和制造系统的联系可以分为两个阶段。第一阶段是以人的认知为主的制造系统。在传统制造系统中，引入认知是为了提高系统的生产率，试图研究、测量工人在完成各项生产任务时的认知过程和认知负荷，并据此改善工作环境和人机交互方式，减轻工人的认知负荷使其更容易、更迅速地完成各项生产任务。第二阶段是以制造系统的认知为主的制造系统。在智能制造系统中，系统不断产生并处理大量且复杂的信息，学者们开始将认知能力的主体从人转向制造系统，探索赋予制造系统认知能力，来协助人的决策，保障制造系统高效运转。

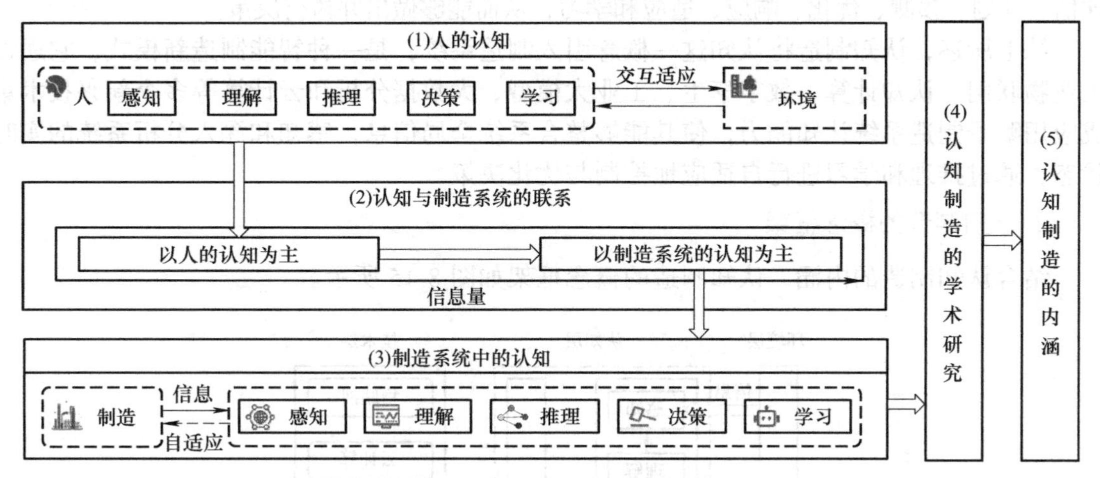

图 8-13　认知制造的整体逻辑

在认知制造中，制造系统的认知能力是核心。如图 8-14 所示，虽然两个制造系统都具有传感设备采集制造数据，都建有各种算法分析数据，但是二者的主要区别在于制造系统是否具有认知能力。当系统具有自主性和自适应性的认知能力，无论感知到什么样的信息，都能够自动进行理解、推理、学习，进而制定决策方案。而在不具有认知能力的制造系统中，决策方案是根据预设的规则或者算法来制定的，一旦出现特殊情况，预设的规则或者算法可能会失效。例如，某工业机器人虽然具有声音传感器和视觉传感器，但它在和工人进行交互时，只能理解特定的、预设的几条指令，只能识别固定的几种场景，一旦出现未预设的工人活动或工作任务，机器人则无法对此做出正确的反应，造成停机甚至可能危及工人安全。

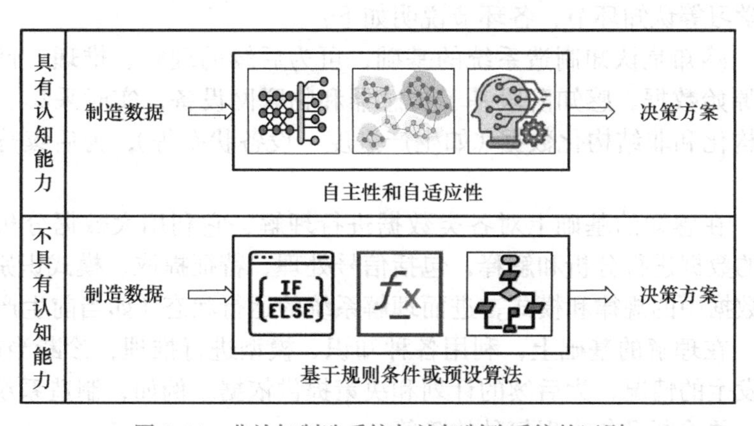

图 8-14　非认知制造系统与认知制造系统的区别

国外学者 2009 年提出的认知工厂这一概念，其关键正是通过整合工厂生产信息来实现感知与行动的闭环。2017 年，认知制造的概念被进一步完善，强调利用认知计算、工业物联网和先进分析技术，深入理解和优化制造过程。有学者认为制造系统应具备程序执行、动态监控、交互通信、状态认知、情景认知、性能认知、最优决策、实时预警、知识学习和推理学习等认知功能，进而实现动态认知和动态适应；也有学者受自组织网络的启发提出了认知制造网络，能够进行自配置、自优化和自调整；此外，也有学者提出自适应认知制造系统，强调数字孪生和认知制造的结合，认为自适应认知制造系统具有一定程度的自主性，能够识别、评估、计划、预测、优化、响应、适应和学习，从而能够做出并执行决策。

综上所述，认知制造将认知这一概念引入制造系统，是一种智能制造新模式，它通过工业物联网、认知计算、数字孪生、工业大模型、大数据分析和云计算等多个新兴技术集成应用赋予制造系统认知能力，使其能够整合系统全局信息，感知和深入分析系统的实时状态，通过推理和学习进行自适应地控制与优化决策。

2. 认知制造的概念框架

结合认知制造的内涵，认知制造的概念框架如图 8-15 所示。

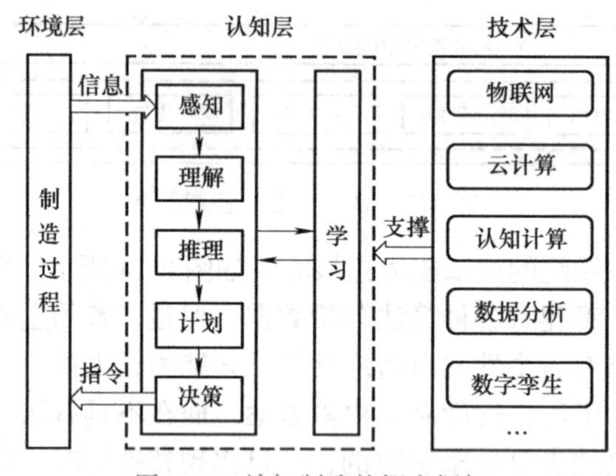

图 8-15　认知制造的概念框架

认知制造的概念框架包括环境层、认知层和技术层。认知制造系统通过传感器、工业物联网感知制造过程的状态，为认知层提供全面的信息。认知层包括感知、理解、推理、计划、决策和学习等认知环节，各环节说明如下：

（1）感知　感知是认知制造系统的基础，可为后续的理解、推理、计划、决策和学习提供所需的原始数据。感知阶段基于传感器和物联网设备，实时采集、监控以及整合制造系统的结构化和非结构化数据（如生产进度、设备状态等），为后续分析和决策提供基础。

（2）理解　在感知的基础上对各类数据进行理解，它利用大数据分析、知识图谱等技术，对感知的数据进行分析和解释，包括信号处理、特征提取、模式识别以及语义分析等过程，挖掘数据中的规律和模式，进而理解系统的运行状态（如当前生产率等）。

（3）推理　在理解的基础上，利用各种知识、模型进行推理，诊断当前存在的问题、预判未来可能发生的情况，为后续的计划和决策提供依据。例如，制造系统推测设备何时可能出现故障，并诊断设备出现何种故障等。

（4）计划　根据推理和理解的结果，制定各种方案，如生产计划方案、设备维护方案、生产调度方案等，能够为后续的决策提供指导。

（5）决策　对计划环节给出的方案进行选择并执行，包括生产调度、资源分配，亦或是对机器人动作进行规划控制等。

（6）学习　学习贯穿于整个认知制造系统的各个环节，基于感知、理解、推理、计划和决策的结果，通过存储的实际反馈和数据，应用人工智能等技术对系统进行持续优化和改进，提升认知制造系统适应复杂多变环境的能力。

3. 认知制造的特点

（1）认知性　认知制造赋予制造系统认知能力，使制造系统具备实时感知、分析系统状态的能力，如预测设备是否出现故障、产品是否存在质量问题等；基于感知的结果，制造系统进行自决策和自推理，如优化制造资源的配置、调整生产计划、排查影响产品质量的原因；根据决策方案执行情况来进行自学习，例如，通过实时监测某一产品的生产数据来检测生产异常，当出现异常之后，制造系统根据历史知识文档、监测数据、质量检验指标来排查、推理影响产品质量的工艺参数，并给出调整方案，当调整方案有效后，系统基于实际结果反馈，对自身进行学习、更新。

（2）闭环性　认知制造系统的认知过程需形成闭环，它不仅是对制造过程进行感知、分析、推理和决策，还需要根据实际决策结果进行持续的更新和学习。这种闭环机制使得系统能够不断提升自身的认知能力，不断改善自身的决策水平。例如，在进行设备的故障诊断时，制造系统根据设备的状态和以往经验，经过分析和推理，给出了多个可能的故障原因。然后，通过实际反馈，系统能够确定导致设备故障的原因，并学习这个反馈结果，以加强对设备故障状态和故障原因之间关联的认识。

（3）自适应性　认知制造系统具备自学习和自调整的能力，能够根据不断变化的外界需求和生产任务来进行调整，以降低生产成本、保障产品质量。例如，当某一设备被预测出异常后，认知制造系统一方面诊断该设备出了哪种故障、制定维修方案；另一方面，根据订单信息动态调整生产方案，保障生产的顺利进行，最大程度降低损失。又如，针对生产过程中出现的动态插单现象，制造系统能够快速调整生产计划，重新分配资源和工艺参数，以对突发情况做出快速响应，从而保证生产的顺利进行。

8.3.3　认知制造的案例

IBM 所提出的认知制造框架包括智能产品、智能运营和智能工厂三个平台，涵盖了从产品定位、客户需求到工厂制造管理和运营服务等多个环节，如图 8-16 所示。IBM 的智能工厂平台底层以物联网（IoT）串流分析平台为基础，采集和传输各种数据，包括生产数据、能耗数据、设备数据等。智能工厂执行核心系统来打通底层 IoT 数据采集模块和上层认知分析模块的连接，通过整合工厂设备、产品质量数据和能耗数据等，来满足认知设备预警、认知设备管理等模块对数据的需求，进而对生产过程进行管理和控制。这里以认知设备管理和智能环安模块为例进行阐述。

（1）认知设备管理　IBM 的认知设备管理包含设备状态监控维护机制、设备失效预测维护机制和智能设备修护导引三个方面。设备状态监控维护机制是认知过程中感知能力的体现，它基于物联网平台，通过设备的实时运行状态以及设备异常的判断规则，来对各类型设备状态进行实时监测和预警。设备失效预测维护机制是认知过程中分析、推理能力的体现，它针对设备失效原因，基于设备运行的历史数据，采用深度学习、机器学习等技术，对设备进行预防性维护，降低设备异常导致的损失和风险。智能设备修护导引也是认知过程中分析推理能力的体现，它运用人工智能技术来分析、归纳设备的历史异常记录、修复措施、修护规范与SOP（作业标准书）等数据，当设备异常发生时，提供设备修复方案，进而协助维护人员快速、准确地恢复到原有的运行状态。

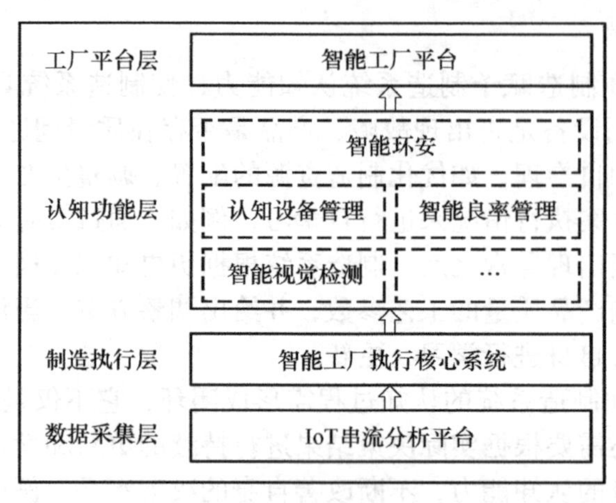

图 8-16　IBM 的认知制造框架

（2）智能环安　IBM的智能环安模块基于物联网、人工智能和智能影像辨识分析技术，来有效预防生产过程中不安全事件的发生，辨识出员工误入危险区域、作业不安全等行为，能够及时发出警报来防范不安全事件。该模块基于认知能力，可以保障制造过程运行安全和工人作业安全。首先，在制造过程运行方面，制造系统主要监测并感知设备的转速、振动、声音等信号，基于分析结果，及时对设备的异常状态发出报警。其次，在工人作业安全方面，制造系统基于影像监控数据，通过智能分析技术，识别工人误入危险区域或者作业不安全的行为，一旦发现，就立刻发出警报，防止不安全事件的发生。最后，制造系统会根据实际效果，对之前分析的影像结论进行重新判断，将更新后的数据加入自身的训练集中，来进一步学习、提升自身对危险行为的辨识能力。

由于传统制造系统不具备认知能力，对于设备管理只能进行周期性检查，对于工人的作业行为也主要依赖车间标语、作业指导书等角度进行防范，难以利用设备的监测数据和工厂的监控数据高效可靠地预防设备故障和不安全事件的发生。将认知能力融入制造过程中后，制造系统能够有效利用制造过程中产生的信息，实时动态地感知、发现设备异常和工人作业不规范等不安全事件，以预防不安全事件的发生，并根据实际结果来进行学习，提升系统的认知能力。

8.3.4　认知制造的挑战

1. 网络安全与隐私保护

随着认知制造的推进，制造企业将面临网络安全威胁和隐私泄露风险所带来的挑战。在网络安全方面，认知制造依托于物联网、云计算等技术，通过网络传输的大量数据一旦受到恶意攻击，就可能会出现数据泄露、生产中断、故障误报等问题。在隐私保护方面，认知制造需要整合制造系统中的各种信息，这一过程也涉及大量敏感数据的处理和共享。例如，在分析和预警设备故障时，需要结合设备故障代码进行分析，而故障代码正是制造企业的设备供应商所保护的敏感数据之一。只有保障制造系统的网络安全、保护敏感数据的隐私性，认知制造才能更易被制造企业应用、实施。

2. 知识的共享机制

认知制造的实施过程中需要将专家知识融入认知制造系统中，以便支撑认知制造的感知、推理和决策能力。例如，根据音频信号判断设备是否出现故障、排查故障原因、制定维护维修方案；或者确定某一产品质量问题的影响因素，以调整工艺参数。这些过程都需要把工人的宝贵经验融入模型当中。要克服工人担心被机器取代、待遇降低、失业等而不愿意分享经验知识、抗拒使用认知制造系统的实际问题，制造企业需要建立合理的激励制度和保障措施，维护工人的权益，尊重和激发工人的主观能动性，提升认知制造系统的可靠性和可持续性。

3. 数字孪生和工业大模型与制造场景的融合

认知制造的落地需要数字孪生和工业大模型技术的支撑。二者可以赋予制造系统强大的感知、理解、推理和学习能力。现阶段制造企业构建的数字孪生多停留在对物理实体的数字模型记录和仿真模拟阶段，难以精确感知制造系统状态，也缺乏反向指导制造系统的运行。同样，现阶段构建的工业大模型多是将专家知识和历史文档整合并存储起来，在生成和推理方面的可靠性有待加强。例如，生成 PLC 代码并进行自调试，根据设计方案生成符合要求的工业设计图等。只有将这两者与制造场景紧密融合，认知制造的实际应用效果才能得以体现。

本章小结

本章深入探讨了共享制造、人本制造和认知制造这三种智能制造新模式。首先，从起源出发，从经济背景、社会背景等方面介绍了这些模式兴起的必要性和必然性；随后，阐述了三种新模式的核心理念，包括内涵、构成要素、特点、属性、价值和意义等内容；同时，选取航天云网、阿里巴巴淘工厂、宝马集团、苹果手机、IBM 认知制造系统等现有案例，详细介绍了三种新模式的实践现状、运行模式、具体流程；最后，深入探讨三种新模式在持续发展中所面临的困难与阻力，为未来的研究和实践提供了重要的参考和启示。

习题

8-1　智能制造新模式兴起的条件可以从哪几个方面考虑？简述一下各个方面的主要内容。

8-2　智能制造新模式的基本内涵可以从哪些方面理解？以共享制造为例进行详细介绍。

8-3　从以人为本的智能生产和智能产品两方面，给出人本制造的其他应用案例，并简述每个案例是如何体现人本制造的。

8-4　认知制造系统与非认知制造系统有哪些区别？如何判断一个制造系统具备认知能力？

8-5　智能制造新模式未来发展会遇到哪些共性的挑战？简述三个智能制造新模式的未来发展和各自独有的挑战。

第 9 章　新兴智能制造跨学科发展趋势

学习目标

1. 能够准确掌握当前新兴智能制造技术的基本概念和原理。
2. 能够准确理解新兴智能制造技术中的关键技术。
3. 能够了解当前新兴智能制造技术在不同应用场景中的实际应用及其带来的效益。

知识点思维导图

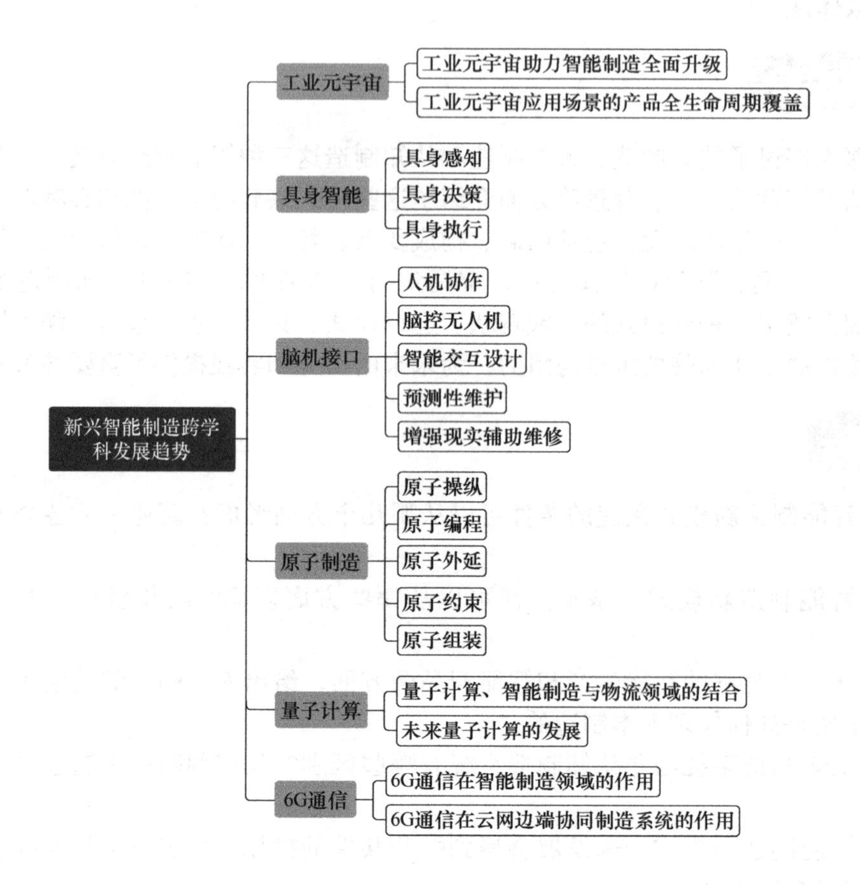

导读

智能制造技术的迅猛发展不仅促进了制造业的转型升级，还推动了新一代信息技术的深度融合，形成了更加高效、智能、绿色的生产模式。特别是在当今全球化和数字化的背景下，新兴智能制造技术的创新与应用显得尤为重要。本章将探讨新兴智能制造技术的跨学科发展趋势，重点涵盖工业元宇宙、具身智能、脑机接口、原子制造、量子计算、6G通信等前沿技术。通过对这些技术的详细介绍和分析，读者将能够理解其基本概念、发展现状及在智能制造中的应用场景，认识到这些技术在实际应用中的巨大潜力和价值，进一步掌握这些技术如何推动制造业的高端化、智能化和绿色化升级，为未来智能制造的发展提供理论支持和实践指导。

本章知识点

- 工业元宇宙的定义及其在工业制造中的应用
- 具身智能在智能制造中的作用
- 脑机接口在智能制造中的价值
- 原子制造的基本方法
- 量子计算的发展趋势
- 6G 通信的定义及其在工业制造中的应用

9.1 工业元宇宙

所谓元宇宙，即是人工智能、区块链、5G、物联网、虚拟现实等新一代信息技术的集大成应用，是具有广阔空间和巨大潜力的未来产业。发展元宇宙产业将极大开辟数字经济的新场景、新应用、新生态，培育经济新动能。特别是发展虚实融合互促的工业元宇宙，将进一步加速制造业高端化、智能化、绿色化升级，是新型工业化建设的重要发力点之一。

工业元宇宙则是元宇宙的一个分支，是对高度复杂系统如机器、工厂、城市、交通网络的映射和模拟。它可为参与者提供完全沉浸、交互式、持续、实时同步的现实世界的呈现和模拟。现有以及正在发展的技术，包括数字孪生、人工智能和机器学习、扩展现实、区块链以及云计算，将成为工业元宇宙的基石。这些技术将融合在一起，在现实世界和数字世界之间创建一个强大的接口，实现协同效应。利用工业元宇宙工具，企业在将实际资源投入项目之前就可以在虚拟环境中进行无限次设计迭代、实时建模、原型化和测试，工业元宇宙将开创一个以数字化方式解决现实世界问题的新时代。

工业元宇宙将现实工业环境中研发设计、生产制造、营销销售、售后服务等环节和场景在虚拟空间实现全面部署，通过打通虚拟空间和现实空间实现工业的改进和优化，形成全新的制造和服务体系，达到降低成本、提高生产率、高效协同的效果，促进工业高质量发展。

工业元宇宙“由虚向实”实现“虚实协同”。这与“数字孪生”的概念类似，两者的区别在于：数字孪生是现实世界向虚拟世界的 1∶1 映射，通过在虚拟世界对生产过程、生产设备的控制来模拟现实世界的工业生产；工业元宇宙则比数字孪生更具广阔的想象力，工业元宇宙所反映的虚拟世界不只有现实世界的映射，还具有现实世界中尚未实现甚至无法实现的体验与交互。另外，工业元宇宙更加重视虚拟空间和现实空间的协同联动，从而实现虚拟操作指导现实工业。

（1）工业元宇宙助力智能制造全面升级　智能制造基于新一代信息技术与先进制造技术深度融合，贯穿于设计、生产、管理、服务等制造活动的各个环节，是致力于推动制造业数字化、网络化、智能化转型升级的新型生产方式。工业元宇宙则更像是智能制造的未来形态，以推动虚拟空间和现实空间联动为主要手段，更强调在虚拟空间中映射、拓宽实体工业能够实现的操作，通过在虚拟空间的协同工作、模拟运行指导实体工业高效运转，赋能工业各环节、场景，使工业企业达到降低成本、提高生产率的目的，促进企业内部和企业之间高效协同，助力工业高质量发展，实现智能制造的进一步升级。

（2）工业元宇宙的应用场景将实现产品全生命周期覆盖　现阶段工业元宇宙的大部分案例更趋近于“数字孪生”技术的应用。展望未来，工业元宇宙的应用场景将覆盖从研发到售后服务的产品全生命周期，由“虚”向“实”指导和推进工业流程优化和效率提升。以下从研发设计、生产优化、设备运维、产品测试、技能培训等多个环节切入，展望工业元宇宙可能的应用场景。

1）研发设计。相比现阶段利用工业软件进行产品设计，工业元宇宙相关技术应用下的研发设计将在更大程度上提高产品开发效率、降低产品开发成本。在产品设计方面，通过工业元宇宙平台可控制产品应用时的环境因素，并基于在工业元宇宙平台中设计的产品模型对产品各零部件的作用方式做出直观、精准的模拟，能够有效验证产品性能。在协同设计方面，工业元宇宙能够打破地域限制，支持多方协同设计，用户也可以在工业元宇宙平台上参与产品设计并体验其设计的产品。在用户体验方面，工业元宇宙平台上的产品研发经过用户的深层参与，更加贴近用户需求，并能在更大程度上增强用户体验。

2）生产优化。通过工业元宇宙平台，能够沉浸式体验虚拟智能工厂的建设和运营过程，与虚拟智能工厂中的设备、产线进行实时交互，可以更加直观、便捷地优化生产流程、开展智能排产。在智能工厂建设前期，可利用工业元宇宙平台建设与现实智能工厂的建筑结构、产线布置、生产流程、设备结构一致的虚拟智能工厂，从而能够实现对产能配置、设备结构、人员动线等方面合理性的提前验证。对于智能工厂生产过程中的任何变动，都可以在虚拟智能工厂中进行模拟，预测生产状态，实现生产流程优化。例如，宝马与英伟达正开展虚拟工厂相关合作，宝马引入英伟达元宇宙平台（Omniverse 平台）协调 31 座工厂生产，有望将宝马的生产规划效率提高 30%。

3）设备运维。相对于现阶段利用大数据分析的预测性维护，基于工业元宇宙的设备运维能够打破空间限制，有效提高设备运维响应效率和服务质量。在工业元宇宙平台建立的虚拟空间中，运维人员将不受地域限制，在生产设备出现问题时，能够实现远程实时确认设备情况，及时修复问题。对于难度大、复杂程度高的设备问题，可以通过工业元宇宙平台汇聚全球各地的专家，共同商讨解决方案，从而提高生产率。

4）产品测试。对于应用标准高、测试要求复杂的产品，工业元宇宙能够提供虚拟环境以开展试验验证和产品性能测试。通过虚实结合实现物理空间和虚拟空间的同步测试，更加直观地感受产品的内外部变化，提高测试认证效率和准确性。例如，相对于民用消费级芯片产品，车规级 AI 芯片由于工作环境多变、安全性要求高等因素，功能设计复杂，其研发、测试、认证流程十分严苛，须满足多项国际国内行业标准。工业元宇宙可为车规级 AI 芯片提供虚拟测试空间，工程师可以用较低的成本对车规级 AI 芯片进行测试，也可以模拟和体验搭载 AI 芯片的自动驾驶汽车，提高车规级 AI 芯片的测试和认证效率。

5）技能培训。工业元宇宙能够有效提高教学培训效率，为高等院校、企业等组织提供培训学生、员工专业技能的虚拟设备，让学员更加直观地操作生产设备。同时，对于地震、失火等极端特殊情况，可以通过工业元宇宙平台搭建虚拟空间，供相关人员演习逃生路线和检验事故处理办法。

9.2　具身智能

具身智能是人工智能发展的一个重要领域，指机器通过感知和交互实现与环境互动的能力。该领域主要研究具有实体的智能体（如机器人、无人车）如何通过与物理和数字世界的互动，在现实世界中学习、进化、理解环境并完成任务。具身智能旨在模仿人类感知和理解现实世界的方式，并通过自我学习和适应性行为完成任务。这种智能体与环境之间的实时互动和自主操作涉及感知、决策与执行等关键环节。具身智能体具备感知、运动和操作执行能力，负责理解、决策和控制，通过与环境直接交互实现高级智能化处理，显示出巨大潜力。

1. 具身感知

在当代人工智能领域，具身智能技术不断推进机器理解与实际操作环境的边界。具身智能，即将智能体嵌入到能够与物理世界交互的机体中，是实现高级智能交互的关键。

（1）环境感知和多模态融合　智能体的环境感知能力是具身智能的基石。在复杂的操作环境中，单一模式的数据往往不足以支撑智能体做出准确的决策，因此，多模态数据融合成为提升具身智能系统理解能力的关键技术。通过整合视觉传感器、听觉传感器、触觉传感器等多种感知数据，智能体能够获得更全面的环境信息，提高对复杂环境的适应性和操作的精确性。在 Google 发布的 PaLM-E 模型中，模型接收的输入是“多模态句子”，这意味着不同模态的输入与文本标记交织在一起输入到模型中。除了融合语言和文本这类常见多模态信息以外，模型也能处理来自机器人或其他传感器的连续状态数据，这些数据提供了关于环境的更详细的物理信息，如对象的位置和状态，这些信息被编码成与文本标记相同维度的向量，并在模型中进行处理。这种结构使得模型能够同时处理来自不同感知源的信息，进而进行更准确的语义解析和任务规划。通过这种多模态集成，PaLM-E 模型大大提高了对环境的感知能力。

而充分开发和利用多模态数据集也可以帮助具身智能系统来更好地感知、理解和推断环境及其规则边界。以 TaPA（Task Planing Agent）框架为例，它构建了一个包含室内场景、指令和相应行动计划的多模态数据集。这一数据集特别设计了提示（Prompts），并列出了场景中存在的物体，用于训练GPT-3.5生成大量的指令和对应的行动计划。具体来说就是利用收集到的多模态数据（视觉+语言），TaPA能够生成可执行的行动计划。这些计划基于现实世界中的物体配置，并且能够根据环境变化灵活调整。例如，如果某个任务指令是“将苹果放在桌子上”，而系统检测到的场景中只有杯子没有桌子，TaPA将调整其行动计划，生成如“将苹果放在杯子中”的可行步骤。通过结合多模态数据，TaPA不仅提高了具身智能系统对任务的理解能力，还增强了系统对物理世界的适应性和反应能力。

（2）上下文理解　通过集成高级视觉处理系统和传感器数据，智能体不仅能够感知其周围环境，还能够理解环境中的上下文信息，例如，如果指令是“将苹果放在桌子上”，智能体需要识别“苹果”和“桌子”作为任务相关的上下文对象。在由哈佛大学开发的上下文感知规划和环境感知记忆（CAPEAM）系统中，上下文感知规划（CAP）是一项关键技术，第一步是从自然语言指令中提取出任务相关的上下文信息。这通常包括对任务指令中涉及的关键对象、动作和目的地的识别和理解。一旦智能体理解了任务指令中的上下文，它接下来会根据这些信息生成一系列子目标。这些子目标是实现主要任务目标的中间步骤。例如，在“将苹果放在桌子上”的任务中，子目标可能包括“拿起苹果”和“将苹果放在桌子上”。每个子目标都会被分配到一个详细规划器，该规划器负责生成执行具体子目标所需的一系列具体动作。这些动作是智能体与环境互动的具体操作步骤，如抓取、移动或放置对象。

（3）动态环境交互　具身智能系统面临的一个主要挑战是动态环境下的实时决策。系统不仅需要实时解析环境变化，还要快速做出反应。这要求智能体具备高效的算法来处理即时数据，并能够在动态变化的环境中持续更新其行为策略。例如，在上下文感知规划和环境感知记忆（CAPEAM）系统中，环境感知记忆（EAM）的核心功能是对环境中对象状态的持续追踪与更新。在智能体探索环境时，此功能记录每个对象的位置。如果对象被移动，其新位置也会被更新在系统中。同时当对象从一个位置移动到另一个位置时，该系统会记录新的位置，从而防止智能体重复移动已经被移动的对象。通过环境感知记忆，智能体能够在任务执行过程中根据环境的动态变化做出响应。

2. 具身决策

在现代机器人技术和人工智能领域，具身智能的决策技术是使机器人能够有效理解和操作物理环境的关键。这些技术不仅使机器人能够完成复杂的任务，还使它们能够在动态且不断变化的环境中做出智能决策。随着大型预训练语言模型的发展，它们已经被广泛应用于解析复杂的自然语言指令并生成行动计划。这些模型能够提取大量的常识知识和上下文信息，帮助机器人理解人类的需求并转化为具体的操作步骤。例如，在家庭机器人的应用中，机器人可以根据用户的指令“清理餐桌”，利用语言模型理解任务需求，并规划出一系列具体的动作，如拿起盘子、擦拭桌面等。

大语言模型和视觉感知模型通过考虑环境中的物理限制和可用的物体，系统能够生成与现实世界对齐的、可执行的任务步骤，这样生成的可执行的行动计划克服了传统方法在动态环境中可能遇到的限制。大语言模型最直接的助力决策方式便是利用其出色的推理能力，例如，李飞飞团队提出的VoxPoser方法利用大型语言模型和视觉语言模型生成和利用三维价值地图，以指导机器人的物理操作。大语言模型的另一优势在于其强大的文本理解能力。美国南加州大学和谷歌 DeepMind 共同开发的“Language-World”平台通过使用名为“Plan Conditioned Behavioral Cloning（PCBC）”的方法，将大型语言模型的文本理解能力和机器人的物理操作能力结合起来。Transformer 架构作为最流行的大模型框架之一，其特点在于其长时间的记忆能力以及优秀的预测能力。

大语言模型助力决策还可以涉及其衍生应用，类似智能体（Agent）方面。Google 和麻省理工学院开发了一种名为 March-in-Chat（MiC）的模型，该模型旨在改善具身智能系统在复杂环境中的导航和决策能力。MiC 模型通过调用 AI Agent 与大型语言模型（LLM）进行实时对话，动态地生成导航计划，以响应高层次的指令。

大语言模型不仅有强大的理解和回答自然语言的能力，同时也是一个巨大的知识库。例如，北京大学团队提出的 DiscussNav 作为一种创新的视觉语言导航框架，其核心在于利用大语言模型驱动的多领域专家集体智慧，从而在每一步移动前收集必要的信息和建议。DiscussNav 框架创建了多个领域专家（特定的大模型），每个专家都擅长处理特定的子任务，如指令解析、视觉感知、完成估计和决策测试，这些专家分别通过特定的提示来激活大模型的领域能力。

3. 具身执行

虽然大模型可以有效地将复杂任务进行拆分，但是动作的具体执行需要对模型进行进一步的处理，以 RT 系列为例，Google 提出的 RT-1（Robotics Transformer 1）是一个用于机器人控制的高效模型，结合了多种先进的机器学习技术，通过 TokenLearner 模块压缩图像特征，生成紧凑的视觉令牌，再用 Transformer 根据视觉令牌和指令生成动作令牌。实现了具身执行中的多任务学习和实时控制。RT-1 建立在 Transformer 架构上的 35M 参数网络，仅是一个能听懂简单指令的机械臂，只能执行拿起、放下、向左、向右等基本指令。由于 RT-1 训练时采取的数据库数据相对有限，RT-1 只能接收在数据库中出现过的指令，指令的基本结构为“目标动作 + 目标物体 + 目标位置”，一旦超出该范围，RT-1 模型就无法实现机器人的控制。因此，RT-1 模型也不具备思维链和推理能力。在这之后提出的 RT-2 模型能够用复杂文本指令直接操控机械臂，中间不再需要将其转化成简单指令，通过自然语言就可得到最终的动作。原理层面：RT-2 模型与 RT-1 模型类似，均采用“目标动作 + 目标物体 + 目标位置”的指令结构。在此结构下，RT-2 抛弃了 RT-1 的设计，采用了利用网络上海量图文数据预训练出的图文模型，这些模型的规模可以最大达到 55B（1B=10 亿）的参数量，因此，RT-2 模型具备多模态大模型的“涌现能力”，即可以处理在训练数据中没见过的任务。同时，相较于 RT-1，RT-2 还具备一定的推理能力。之后 Google 进一步提出的 RT-X 由控制模型 RT-1-X 和视觉模型 RT-2-X 组成，开发人员使用 RT-1（用于大规模实际机器人控制的模型）训练了 RT-1-X，并使用 RT-2（视觉 - 语言 - 动作模型，可从网络和机器人数据中学习）训练了 RT-2-X。相较于 RT-2，RT-X 训练时的重点为拓展目标指令动作。Google 历时大半年，在全球范围内收集了约 60 多个不同机器人实验室的数据集，形成数据集 Open X-Embodiment，据 Google 官方描述，该数据集包含 527 种不同的“动作”。同时，相较于 RT-1 和 RT-2，RT-X 在训练完成后，产生了进一步的“涌现效应”，在 RT-1 和 RT-2 中只能指定绝对位置（如把可乐放到桌子上），而在 RT-X 中，模型具备了指定相对位置的能力（如把可乐放到桌子的西北角）。这一系列模型的主要工作就是通过收集大量真机数据直接训练了一个基于观测结果和指令对于多种任务可以实现低阶控制的模型。

9.3 脑机接口

脑机接口（Brain-Computer Interface，BCI）技术正逐渐从科幻走向现实，并与智能制造领域深度融合。BCI 技术是一座连接人类大脑与外部设备的桥梁，通过解析人类大脑活动，并将其转化为外部设备可识别的信号，进而实现人类思维与外部设备直接通信和控制的技术。BCI 技术能够实现大脑与外部设备的直接通信，它主要由三个关键步骤构成：首先，精确地捕捉大脑发出的电信号；接着，对这些信号进行解码，理解其背后的意图；最后，将解码后的信号转化为具体的操作指令，驱动外部机器执行相应的任务。BCI 的应用领域广泛，从帮助瘫痪患者恢复运动能力和沟通能力，到提升感官体验，甚至在虚拟现实和游戏互动中也展现出巨大潜力。根据采集大脑信号的方式不同，BCI 技术可分为侵入式、半侵入式和非侵入式三大类，每种类型都有其独特的优势和应用场景。

BCI 技术打破了传统的人机交互模式，为智能制造领域带来了全新的视角和可能性，以下为在智能制造中的几种典型应用场景。

1）人机协作。涉及人类工作者与机器人或自动化系统之间的交互。BCI 技术可以使人类工作者更直接地与机器人或自动化系统进行交互，从而更有效地控制生产过程。例如，人类工作者可以使用 BCI 技术直接控制机器人的运动，而无须使用复杂的遥控器或编程。这种直接的交互方式可以减少人类工作者的负担，提高工作效率，并减少错误发生的可能性。总的来说，BCI 技术可以在智能制造中改善人机协作，提高生产效率和产品质量，同时减少人类工作者的负担和错误发生的可能性。

2）脑控无人机。通过脑机接口技术，操作员可以直接使用大脑信号来控制无人机的飞行、拍摄、检测等功能，从而实现更高效的生产管理和监控。例如，操作员通过脑控无人机，可以实现仓库物流和仓储管理、制造环境中的安全监控和巡逻以及生产过程中的实时检测等。这种技术不仅可以提高生产过程的自动化程度，减少人为干预，降低成本，提高生产率，同时，脑控无人机还可以在危险或高度复杂的环境中代替人工操作，提高安全性和可靠性。脑控无人机作为一种前沿的科技应用，其背后融合了多种生物传感器技术，这些技术使得无人机能够与用户的大脑活动产生直接的互动。这种互动的实现，依赖于对用户多种生物信号的精确检测和分析。

3）智能交互设计。未来人工智能发展的重要方向将是人机交互的智能系统。这种智能是一种双向闭环系统，既包含人，又包含机器组件。其中人可以接收机器的信息，机器也可以读取人的信号（包括生理信号）。进入人机深度交互阶段，设计方式从人工操作计算机实现设计、人通过语音发出指令实现设计发展到人通过脑电波发出指令实现设计。

4）预测性维护。通过监测设备的运行状态和性能参数预测潜在故障，在故障发生前采取措施，避免非计划停机和降低维护成本。BCI 技术能够直接从人脑中获取信息，无须通过传统的物理交互方式，如键盘或鼠标。当应用到预测性维护场景中，这意味着可以捕捉到工程师或专家在诊断、维护设备时的脑部活动模式，这些活动模式蕴含了他们多年积累的专业知识和对特定故障预兆的敏锐识别能力。例如，面对设备的异常振动或声音，有经验的工程师能够迅速判断出可能的问题所在，而 BCI 技术尝试捕捉并解码这种直觉反应背后的神经信号。结合人工智能，这些从大脑活动中提取的模式可以被进一步分析和学习，能够提前识别出设备即将出现的故障迹象，哪怕这些迹象对于人类来说可能不易察觉。

5）增强现实辅助维修。增强现实（Augmented Reality，AR）技术为维修行业带来了前所未有的变革，而将其与脑机接口技术结合，则进一步提升了维修工作的效率与精准度，开创了一种全新的辅助维修模式。在传统的维修场景中，技术人员需要频繁地查阅手册、操作复杂的诊断工具或与远程专家沟通，这一过程往往耗时且容易出错。而采用 AR 辅助维修，技术人员佩戴的 AR 眼镜或头戴式显示器能够直接在其视野中叠加维修指南、设备的三维模型、故障代码解释等实时信息，大幅简化了故障诊断与维修步骤。引入 BCI 技术后，这一过程变得更加流畅和直观。维修人员只需通过思维指令即可与 AR 环境互动，如思考“显示电路图”或“播放维修视频”，相应的信息便会立即出现在其视野中的适当位置，无须动手操作任何物理或虚拟按钮。这种无缝的交互方式极大缩短了信息检索和指令执行的时间，使得技术人员能够更加专注于手头的维修任务，同时也减少了因操作界面分心可能带来的错误。

9.4　原子制造

原子制造是一种在零点几个纳米尺寸级别加工，并且保持单原子特征，通过控制原子行为创造新材料、构筑新结构和器件，实现新功能，从而形成具有原子级特定结构特征产品的新兴技术，被国内外学者认为是一种颠覆性技术和前沿技术的代表。在原子制造材料中，一个原子的改变将会使得材料性能急剧变化，例如，在铁团簇中铁原子数量从 3 变为 2 时，将会大大提高其氧化还原催化性能，其得益于原子级设计制造。原子制造可以实现前所未有的性能提升，实现从原子出发任意创新材料，获得极限集成、极限性能新材料和器件，形成未来制造和新质生产力，全面渗透、革新多门类高新技术和战略性新兴产业。

原子制造技术在原子尺度上进行自下而上的制造，这将衍生出大量的新材料、新器件和新系统。由于原子制造在国内外均属于探索起步阶段，无论在科学原理，还是在关键技术上都极大地挑战着人类的认知和能力范畴。原子制造主要有基于原子直接操纵和化学反应两大类，其中，原子操纵（Atomic Manipulation）是具有高空间分辨率的物理制造方法，其主要是基于探针、电子束和离子束直接进行原子操纵的方法；而化学方法则主要有原子编程（Atomic Programming）、原子外延（Atomic Epitaxy）、原子约束（Atomic Confinement）、原子组装（Atomic Assembly）。

1）原子操纵是一种利用亚纳米级别的原子探针辅助可视化的方法，采用原子操纵可以实现原子的迁移、替换、重排和叠加。

2）原子编程是一种通过在化学反应中设计控制原子的吸附、接触和反应，从而获得理性的材料。

3）原子外延类似原子编程，其主要通过在某一特定的晶面排列生长原子，如化学气相沉积（CVD）。

4）原子约束是一种将化学反应控制在很小的空间内进行，通过控制约束室大小和形状实现原子排列和产品大小控制的一个原子制造策略。当金属熔化时，它的长程有序结构被破坏，电子偏离、原子的运动和扩散行为也发生了改变。因此，它表现出独特的性质，如表面分离、高表面张力、高反应性、可变形性和流动性。

5）原子组装利用液体的表面分离特性金属，可以限制在几个原子层以生产具有原子厚度的二维材料，这已经应用于非分层二维材料的生长。

原子制造在制造和材料等领域都具有颠覆性作用，由于其原子尺寸的加工特点，使得其在制造加工过程中具有独特的精准度和优越的性能，并且结合原子级别的改造和设计，可以快速实现材料的开发和创新。这些材料广泛应用于能量转换、能量存储、量子信息技术、光电器件等领域，主要涉及基于团簇、单原子、二维材料等方面的原子制造技术。

此外，原子制造由于其制备技术和尺寸上的优势，能够突破当前微纳制造的极限，实现单原子的垒砌、操控、存储和计算，有望将量子比特的集成度提升数个数量级，从而增加量子计算机的计算能力。同时，原子制造技术能够突破当前芯片制造的物理极限，实现芯片特征尺度的持续缩小，通过原子制造可以有效制备单原子晶体管，并利用其量子效应进行计算，这将带来器件性能的显著提升，满足未来对高性能芯片的需求，为新型芯片的研发提供了可能，将极大地促进芯片器件从纳米级制程进入原子级制程，助力下一代芯片从“纳米时代”进入“原子时代”。例如，单原子晶体管、原子级量子集成电路等新型器件的出现，将为芯片产业带来全新的应用场景和发展机遇。

9.5 量子计算

量子计算结合了传统量子力学的基本原理与现代计算机技术，是一种全新的计算方法。它利用量子力学的基本原理来编制和控制量子信息单元进行计算。量子计算的基本单元是由微观粒子组成的量子比特群，这些量子比特同时具有量子叠加和纠缠等特性。在量子态受控演化的过程中，量子计算可以实现大量信息的编码和存储，因此具备了传统经典计算无法比拟的巨大信息承载容量，以及远超并行计算的信息处理能力。量子计算的出现，为人工智能、密码分析、气象预报、资源勘探、药物设计等需要大规模计算的难题提供了解决方案，并且能够揭示量子相变、高温超导、量子霍尔效应等复杂的物理机制。

量子计算、智能制造与物流领域的结合为工业界前沿的探索领域。全球航空航天公司Airbus于2015年成立量子计算部门，并投资量子软件初创公司QC Ware和量子计算机制造商IonQ，其中研究的内容涵盖数字建模和材料科学的量子退火，这能够在短短几个小时内过滤无数飞机机翼的影响变量，帮助确定飞机最有效的机翼设计。此外，IBM还将制造业划分到其量子计算机的目标市场当中，强调材料科学、控制过程的高级分析和风险建模等的关键应用。量子计算擅长解决优化性质的问题，而物流常常需要考虑航运路线和供应链的极端复杂性和众多的变量，恰恰符合了量子计算的特性。全球著名的邮递和物流集团DHL已经在关注如何能够使用量子计算机实现更高效地包装包裹并优化全球配送路线。该公司希望能够借助量子计算，提高自身的服务速度，同时能够有效地适应特殊变化的情形，如取消订单或重新安排交货时间等。此外，也有人提出采用量子计算来改善交通，合理分配交通流量，使得送货车辆在更短的时间内停靠更多的站点。德国大众汽车与D-Wave Systems在葡萄牙里斯本进行了一项优化公交线路的试点合作。该合作项目将给每辆参与的公交车分配一条单独的路线，并能够根据不断变化的交通状况实时更新。大众汽车对于交通运输与量子计算结合的前景表示乐观态度，并希望这样的合作能够早日实现正式的商业化落地。

总的来说，量子计算在制造业中的应用仍处于早期阶段，需要更加完善的硬件与软件设备的支撑，如专注于机器学习领域的初创公司 Solid State AI 已经在为智能制造行业提供量子支持服务。未来量子计算的发展将集中在提升量子计算性能以及探究量子计算应用两个方面。为了实现容错量子计算，需要考虑高精度地扩展量子计算系统规模。在实现量子比特扩展的时候，需要严格把控比特的数量和质量，保持高精度、低噪声的环境。随着量子比特数目的增加，噪声和串扰等因素带来的错误也随之增加，这对量子体系的设计、加工和调控带来了挑战。而在探索量子计算应用方面，未来几年有望突破上千比特，尽管暂时还无法实现容错的通用量子计算，但科学家们希望在带噪声的量子计算阶段将量子计算应用于机器学习、量子化学等领域，形成近期应用。这将需要不断地优化量子算法、加强量子编程能力，以实现更广泛的量子计算应用。

9.6　6G 通信

6G 通信是第六代移动通信技术，其定义包括在频谱效率、网络容量和数据速率上的显著提升，提供高达 1Tbit/s 的数据传输速率和微秒级的低延迟，旨在 5G 的基础上进一步提升网络性能，以满足未来社会和产业的需求。6G 通信利用了多种新兴技术，如太赫兹频段通信、智能反射面和量子通信等。这些技术不仅提高了数据传输速率和网络容量，还增强了通信的安全性和稳定性。太赫兹频段通信提供了更宽的带宽，使得大规模数据传输成为可能；智能反射面通过动态调整电磁波的传播路径，优化信号覆盖和质量；量子通信则通过量子加密技术，提高了数据传输的安全性。

在智能制造领域，6G 通信将发挥至关重要的作用，通过提供高度可靠和高效的通信解决方案，推动制造业的数字化和智能化转型。由于 6G 通信拥有超高速率的数据传输，它可以实现生产设备和系统之间的大量数据交换和实时通信。这种高速连接能够支持复杂的生产控制系统和大规模数据分析，使制造过程更加精准和高效。例如，工厂中的传感器、机器人和自动化设备可以通过 6G 网络实现无缝连接，实时传输生产数据，进行精确的监控和控制，从而提高生产率和产品质量。6G 通信的超低延迟特性也在智能制造中显得尤为重要。制造过程中许多操作需要实时响应，如机器人操作、自动化流水线和质量检测等。通过 6G 网络的低延迟通信，这些操作可以在毫秒级甚至微秒级的时间内完成，确保生产过程的顺畅运行和高度同步。这样可以显著减少停机时间，提高生产线的可靠性和稳定性。此外，其大规模连接能力可以支持大规模的工业物联网（IIoT）应用。在智能制造中，成千上万的设备、传感器和系统需要连接到网络中，进行数据采集和信息交换。6G 网络能够支持大量设备的同时接入，并保证每个设备的通信质量，从而实现全面的设备互联和数据共享。这种大规模的连接能力使得工厂可以实现全面的数字化管理和智能化生产，进一步推动制造业转型升级。

6G 通信在智能制造中扮演着关键角色，特别是在云网边端协同制造系统中，将 6G 通信与边缘计算、云计算等有机结合，使数据处理和决策能够既在边缘端快速响应，又能借助云端的强大计算资源进行复杂分析和长期存储；通过提供超高速率、超低延迟、大规模连接和高能效的网络服务，推动制造业的数字化和智能化转型，实现更高效、更精准和更可靠的生产过程，促进了工业 4.0 的实现和发展。

本章小结

本章探讨了新兴智能制造跨学科发展趋势，涵盖了工业元宇宙、具身智能、脑机接口、原子制造、量子计算、6G 通信等前沿技术。智能制造技术的迅猛发展不仅促进了制造业的转型升级，还推动了新一代信息技术的深度融合，形成了更加高效、智能、绿色的生产模式。通过对这些技术的详细介绍和分析，读者能够理解其基本概念、发展现状及在智能制造中的应用场景，认识到这些技术在实际应用中的巨大潜力和价值。工业元宇宙利用虚实结合的方式，通过数字孪生等技术在虚拟空间模拟现实世界，从而实现生产过程的优化和创新。具身智能则通过多模态感知和实时决策，提升了机器对环境的理解和适应能力。脑机接口技术、原子制造和量子计算代表了智能制造技术发展的前沿，具有广阔的应用前景。6G 通信和云网边端协同的结合，则为智能制造提供了强大的数据传输和计算能力支持。总之，本章展示了新兴智能制造技术在推动制造业高端化、智能化和绿色化升级方面的重要作用，为未来智能制造的发展提供了理论支持和实践指导。

习题

9-1　简述工业元宇宙的关键技术及在制造中的智能化应用场景。

9-2　简述具身智能在智能制造中的作用。

9-3　简述脑机接口技术在智能制造中的价值。

9-4　简述原子制造的基本方法。

9-5　简述量子计算的发展趋势。

参考文献

[1] 周济．智能制造："中国制造 2025"的主攻方向 [J]. 中国机械工程，2015，26（17）：2273-2284.

[2] 李培根，高亮．智能制造概论 [M]. 北京：清华大学出版社，2021.

[3] 刘强．智能制造概论 [M]. 北京：机械工业出版社，2021.

[4] 马玉山．智能制造工程理论与实践 [M]. 北京：机械工业出版社，2021.

[5] 李方园．智能制造概论 [M]. 北京：机械工业出版社，2021.

[6] 胡耀光，郑联语，潘旭东．智能制造工程：理论、方法与技术 [M]. 北京：北京理工大学出版社，2023.

[7] 臧冀原，王柏村，孟柳．智能制造的三个基本范式：从数字化制造、"互联网 +"制造到新一代智能制造 [J]. 中国工程科学，2018，20（4）：13-18.

[8] 辛国斌，田世宏．国家智能制造标准体系建设指南（2015 年版）解读 [M]. 北京：电子工业出版社，2016.

[9] 维纳．控制论 [M]. 洪帆，译．北京：北京大学出版社，2020.

[10] 江志斌，林文进，王康周，等．未来制造新模式：理论、模式及实践 [M]. 北京：清华大学出版社，2020.

[11] 闻邦椿．机械设计手册 [M]. 6 版．北京：机械工业出版社，2018.

[12] 谭建荣，冯毅雄．智能设计：理论与方法 [M]. 北京：清华大学出版社，2020.

[13] 缪宇泓．产品设计与开发 [M]. 北京：电子工业出版社，2022.

[14] 张鄂，张帆，艾尼．现代设计理论与方法 [M]. 北京：科学出版社，2019.

[15] 冯超．中国钢铁工业年鉴 [M]. 北京：中国冶金出版社，2021.

[16] WMO. 2023 年气候变化指标达创纪录水平：WMO[EB/OL].（2024-03-19）[2024-05-17]. https://wmo.int/zh-hans/news/media-centre/2023nianqihoubianhuazhibiaodachuangjilushuipingwmo.

[17] 中国水网．联想：绿色供应链管理深度解析 [EB/OL].（2019-03-18）[2024-05-17]. https://www.h2o-china.com/news/288993.html.

[18] 陈婉婷．"双碳"目标下制造企业绿色供应链管理转型发展研究 [J]. 商业经济，2024（4）：108-110；131.

[19] 国务院．国务院办公厅关于印发生产者责任延伸制度推行方案的通知 [EB/OL].（2016-12-25）[2024-05-17]. http://www.gov.cn/zhengce/content/2017-01/03/content_51560 43.htm.

[20] 国务院．国务院关于印发《中国制造 2025》的通知 [EB/OL].（2015-05-19）[2024-05-17]. http://www.gov.cn/zhengce/ content/2015-05/19/content_9784.htm.

[21] 工业和信息化部．《元宇宙产业创新发展三年行动计划（2023—2025 年）》解读 [EB/OL].（2023-09-08）[2024-07-03]. https://www.gov.cn/zhengce/202309/content_6903025.htm.

[22] 工业和信息化部，国家发展和改革委员会，教育部，等．"十四五"智能制造发展规划 [R/OL].（2021-12-28）[2024-05-17]. https://www.gov.cn/zhengce/zhengceku/2021-12/28/content_5664 996.htm.

[23] 工业和信息化部，国家发展改革委，教育部，等．工业和信息化部等八部门关于加快传统制造业转型升级的指导意见 [R/OL].（2023-12-28）[2024-05-17]. https://www.gov.cn/zhengce/zhengceku/202312/content_6923270.htm.

[24] 工业和信息化部．工业和信息化部关于加快培育共享制造新模式新业态促进制造业高质量发展的指导意见 [R/OL].（2019-11-13）[2024-05-17]. https://www.gov.cn/zhengce/zhengceku/2019-11/13/content_5451530.htm.

[25] 工业和信息化部，国家发展改革委，教育部，等．关于进一步促进服务型制造发展的指导意见 [R/OL].（2020-06-30）[2024-05-17]. https://www. gov.cn/zhengce/zhengceku/2019-11/13/

content_5451530.htm.
[26] 中共中央，国务院 . 扩大内需战略规划纲要（2022—2035 年）[R/OL].（2022-12-14）[2024-05-17]. https://www.gov.cn/gongbao/content/2023/content_5736706.htm.
[27] 蔡敏，崔剑，叶范波 . 数字化工厂 [M]. 北京：科学出版社，2014.
[28] 徐健丰 . 数字化工厂：中国智造大趋势 [M]. 沈阳：辽宁大学出版社，2019.
[29] 唐堂，滕琳，吴杰，等 . 全面实现数字化是通向智能制造的必由之路：解读《智能制造之路：数字化工厂》[J]. 中国机械工程，2018，29（3）：366-377.
[30] 霍永清，张国伟，姜伟兵 . 智能弹药发展趋势分析 [J]. 兵器装备工程学报，2022，43（9）：136-143.
[31] 崔瀚，焦志刚 . 国外末敏弹发展概述 [J]. 飞航导弹，2015（2）：24-31.
[32] 陶飞，张贺，戚庆林，等 . 数字孪生模型构建理论及应用 [J]. 计算机集成制造系统，2021，27（1）：1-15.
[33] 杨林瑶，陈思远，王晓，等 . 数字孪生与平行系统：发展现状、对比及展望 [J]. 自动化学报，2019，45（11）：2001-2031.
[34] 鲍劲松，张荣，李婕，等 . 面向人 - 机 - 环境共融的数字孪生协同技术 [J]. 机械工程学报，2022，58（18）：103-115.
[35] 赵申坤，姜潮，龙湘云 . 一种基于数据驱动和贝叶斯理论的机械系统剩余寿命预测方法 [J]. 机械工程学报，2018，54（12）：115-124.
[36] 陈明，梁乃明 . 智能制造之路 [M]. 北京：机械工业出版社，2017.
[37] 胡长明，贲可存，李宁，等 . 数字化车间：面向复杂电子设备的智能制造 [M]. 北京：电子工业出版社，2022.
[38] 中国水网 . 从绿色供应链角度解读惠普的循环经济理念 [EB/OL].（2019-04-18）[2024-05-17]. https://www.h2o-china.com/news/290457.html.

[39] 鲁冀，张琦彬 . 我国数字化绿色化协同发展现状及未来展望 [EB/OL].（2023-11-10）[2024-05-17]. https://iigf.cufe.edu.cn/info/1012/7903.htm.
[40] 朗绿科技 . 一文读懂“碳足迹”[EB/OL].（2022-07-08）[2024-05-17]. https://carbon.landleaf-tech.com/knowledge/2772/.
[41] 张铜柱，赵明楠 . 引领汽车行业绿色发展标准工作提速升级 [J]. 标准生活，2021（6）：16-21.
[42] 节能与综合利用司 . 汽车行业积极推进绿色低碳发展 [J]. 表面工程与再制造，2021，21（2）：28.
[43] 李晓巍，付祥，燕飞，等 . 量子计算研究现状与未来发展 [J]. 中国工程科学，2022，24（4）：133-144.
[44] 王柏村，薛塬，延建林，等 . 以人为本的智能制造：理念、技术与应用 [J]. 中国工程科学，2020，22（4）：139-146.
[45] 杜学美，李俊，陆剑峰 . 基于 CiteSpace 的国内云制造研究热点与发展趋势分析 [J]. 上海管理科学，2024，46（2）：9-18.
[46] 王飞跃 . 从社会计算到社会制造：一场即将来临的产业革命 [J]. 中国科学院院刊，2012，27（6）：658-669.
[47] 陈晓珊，佟梦晗，修世超 . 人机协作机器人在汽车总装行业中的应用与发展 [J]. 精密制造与自动化，2020（3）：1-4.
[48] 王隆太 . 先进制造技术 [M]. 3 版 . 北京：机械工业出版社，2020.
[49] 王细洋 . 现代制造技术 [M]. 北京：国防工业出版社，2017.
[50] 岳广鹏 . 人机交互变革时代 [M]. 北京：新华出版社，2021.
[51] 邓宏筹 . 面向 21 世纪的柔性制造技术 [J]. 中国工程科学，2000，2（9）：12-23.
[52] DOUGLASS B P. 敏捷系统工程 [M]. 张新国，谷炼，译 . 北京：清华大学出版社，2018.
[53] 克劳利，卡梅隆，塞尔瓦 . 系统架构：复杂系统的产品设计与开发 [M]. 爱飞翔，译 . 北京：机械

工业出版社，2017.
[54] 黄进，韩冬奇，陈毅能，等.混合现实中的人机交互综述 [J].计算机辅助设计与图形学学报，2016，28（6）：869-880.
[55] 范俊君，田丰，杜一，等.智能时代人机交互的一些思考 [J].中国科学（信息科学），2018，48（4）：361-375.
[56] 刘继英，李强.辊压成形在汽车轻量化中应用的关键技术及发展 [J].汽车工艺与材料，2010（2）：18-21.
[57] LI S F，ZHANG P，WANG L H. Proactive human-robot collaboration towards human-centric smart manufacturing[M]. Amsterdam：Elsevier，2024.
[58] SMITH J，MALHOTRA R，LIU W K，et al. Deformation mechanics in single-point and accumulative double-sided incremental forming[J]. International Journal of Advanced Manufacturing Technology，2013，69（5-8）：1185-1201.
[59] SEDLMAIER A，DIETL T，FERREIRA P. Digitalization in roll forming manufacturing[J]. Journal of Physics：Conference Series，2017，896.
[60] SHEU J J，LIANG C F，YU C H，et al. Flexible roll forming of U-section product with curved bending profile using advanced high strength steel[J]. Procedia Manufacturing，2018，15：782-787.
[61] PARK H S，DANG D V，NGUYEN T T. Development of a flexible roll forming machine for cutting curved parts with virtual prototyping technology[J]. Journal of Advanced Mechanical Design，Systems and Manufacturing，2019，13（2），JAMDSM0033.
[62] SAHYOUNI K，SAVASKAN R C，DASKIN M S. A facility location model for bidirectional flows[J]. Transportation Science，2007，41（4）：484-499.
[63] XU X，LU Y Q，VOGEL-HEUSER B，et al. Industry 4.0 and Industry 5.0—inception，conception and perception[J]. Journal of Manufacturing Systems，2021，61：530-535.
[64] LU Y Q，ZHENG H，SAAHIL C，et al. Outlook on human-centric manufacturing towards Industry 5.0[J]. Journal of Manufacturing Systems，2022，62：612-627.
[65] WANG B C，ZHENG P，YIN Y，et al. Toward human-centric smart manufacturing：A human-cyber-physical systems（HCPS）perspective[J]. Journal of Manufacturing Systems，2022，63：471-490.
[66] JIANG T Y，ZHOU J T，ZHAO J H，et al. A multi-dimensional cognitive framework for cognitive manufacturing based on OAR model[J]. Journal of Manufacturing Systems，2022，65：469-485.
[67] ZHENG P，XIA L Q，LI X Y，et al. Towards Self-X cognitive manufacturing network：An industrial knowledge graph-based multi-agent reinforcement learning approach[J]. Journal of Manufacturing Systems，2021，61：16-26.
[68] ELMARAGHY H，ELMARAGHY W. Adaptive cognitive manufacturing system（ACMS）-a new paradigm[J]. International Journal of Production Research，2022，60（24）：1-14.
[69] GOEDKOOP M J，VAN HALEN C J G，TE RIELE H R M，et al. Product service systems，ecological and economic basics[J]. Economic Affairs，1999，36.
[70] BAINES T，LIGHTFOOT H W，EVANS S，et al. State-of-the-art in product-service systems[J]. Proceedings of the Institution of Mechanical Engineers，Part B：Journal of Engineering Manufacture，2007，221：1543-1552.
[71] TUKKER A. Product services for a resource-efficient and circular economy：a review[J]. Journal of Cleaner Production，2015，97：76-91.
[72] WIESNER S，THOBEN K D. Cyber-physical product-service systems[M]. Cham：Springer International Publishing，2017.
[73] LEE J，KAO H A，YANG S H. Service innovation and smart analytics for industry 4.0 and big data

environment[J]. Procedia CIRP，2014，16：3–8.

[74] VALENCIA A，MUGGE R，SCHOORMANS J P L，et al. The design of smart product–service systems（PSSs）：An exploration of design characteristics[J]. International Journal of Design，2015，9（1）：13–28.

[75] ZHENG P，WANG Z，CHEN C H，et al. A survey of smart product–service systems：Key aspects，challenges and future perspectives[J]. Advanced Engineering Informatics，2019，42：100973.

[76] ARDOLINO M，RAPACCINI M，SACCANI N，et al. The role of digital technologies for the service transformation of industrial companies[J]. International Journal of Production Research，2018，56：2116–2132.

[77] TAO F，CHENG J F，QI Q L，et al. Digital twin–driven product design，manufacturing and service with big data[J]. The International Journal of Advanced Manufacturing Technology，2018，94：3563–3576.

[78] MORELLI N. Product–service systems，a perspective shift for designers：A case study：the design of a telecentre[J]. Design Studies，2003，24：73–99.

[79] LI H，JI Y J，GU X J，et al. Module partition process model and method of integrated service product[J]. Computers in Industry，2012，63（4）：298–308.